赵海莉　李并成　著

西北出土文献中的民众生态环境意识研究

科学出版社
北京

内 容 简 介

　　本书以汉代简牍、敦煌文书、吐鲁番文书、塔里木盆地文书、大谷文书、黑城出土西夏文书等西北出土文献为主要依据，结合传世典籍，并辅之以莫高窟、榆林窟等壁画资料，对其中蕴含汉代至唐宋、西夏时期西北地区民众生态环境意识的史料进行全面搜集、梳理和研究，并在此基础上，剖析导致民众生态环境意识产生的背景和基础，以期为今天生态文明建设提供有益的历史借鉴。

　　本书适合历史学、地理学、生态学等专业师生阅读和参考。

图书在版编目（CIP）数据

西北出土文献中的民众生态环境意识研究 / 赵海莉，李并成著. —北京：科学出版社，2018.11

ISBN 978-7-03-059703-8

Ⅰ.①西…　Ⅱ.①赵…　②李…　Ⅲ.①生态环境保护－群众意识－环境意识－研究－西北地区－汉代－西夏　Ⅳ.①X171.4–092

中国版本图书馆 CIP 数据核字（2018）第 262979 号

责任编辑：任晓刚 / 责任校对：韩　杨
责任印制：张　伟 / 封面设计：楠竹文化

科学出版社 出版
北京东黄城根北街 16 号
邮政编码：100717
http://www.sciencep.com
涿州市东南印刷厂 印刷
科学出版社发行　各地新华书店经销

*

2018 年 11 月第　一　版　开本：720×1000　1/16
2019 年 2 月第二次印刷　印张：26
字数：360 000
定价：98.00 元
（如有印装质量问题，我社负责调换）

前　　言

由于人们对物质生活水平的不断追求和以生产技术为标志的生产力的迅猛发展，在社会发展过程中，环境问题层出不穷。尽管环境问题的解决还有赖于科学技术的进步，但是其出现的根本原因在于人类本身。从人类自身的角度出发，其不当行为导致的环境问题，首先要从社会层面来解决，依靠一系列政治的、经济的、法律的和技术的手段。而环境意识的普及也是一个非常重要的方面。人类意识直接决定着其生活、消费和行为习性，从而对环境问题的产生起着直接或者间接的影响。因此，想要缓解和治理人类目前面临的种种环境问题，思想层面的手段也不可或缺，生态环境意识的普及尤为重要。事实上，西方世界也都非常重视生态伦理学或者环境伦理学的建设。在构建其生态理论学体系的过程中，许多西方学者都认为中国传统文化中蕴含的生态思想大有裨益。

本书以西北地区出土汉代简牍、敦煌文书、吐鲁番文书、塔里木盆地文书、大谷文书、黑水城出土西夏文书等文献为主要依据，结合传世典籍，并辅之以莫高窟、榆林窟石窟壁画，对其中蕴含的汉至西夏时期民众生态环境意识的史料进行检索、梳理和研究。笔者从自然和社会经济状况出发，分析导致民众生态环境意识产生的背景和基础，从传统儒家思想、佛教与道教思想等方面探讨古代民众生态环境意识产生的思想根源，并汲取古代民众生态智慧的菁华，为今天生态文明建设提供有益的历史借鉴。

本书所论"民众"，是指古代社会官、民、僧、道各界大众，并非专指平民百姓。本书所论生态环境意识，是指蕴含在卷帙浩繁的西北出土文献中的古代民众对于自己赖以生存的环境以及人与自然关系的看法和体认，这一意识既体现在社会各界广大民众的思想观念中，又体现在人们日常的生产活动和生活行为方式中，特别是对动植物资源、水资源、土地资源等的重视、管理、爱护及利用等方面；既体现在官方颁行的有关制度、法律法规上，如汉代悬泉置出土的《四时月令诏条》、佉卢文书中保护树木的法律条款、唐代敦煌县《沙州敦煌县行用水细则》、西夏时期《天盛改旧新定律令》等，更集中地体现在民间的习俗、信仰、祭祀、岁时节庆、民间禁忌、童蒙教育以及解梦、占卜、相宅等风俗上。

除绪论、结语外，全书共八章。第一章分六个阶段对传世文献中所见的生态环境思想进行了简要的概述。第二章至第六章通过检索、梳理大量的西北出土汉代简牍资料、敦煌文书、吐鲁番文书、塔里木盆地文书（主要为楼兰、尼雅等地出土的汉文、佉卢文简纸文书）、大谷文书、黑水城出土西夏文书等文献及莫高窟、榆林窟石窟壁画形象资料，从林草植被、动物资源、水资源、土地资源保护等几个方面探讨蕴含在其中的古代民众的生态环境意识。第七章探讨古代民众生态环境意识形成的自然、社会环境及环境问题产生的原因。第八章探讨古代民众生态环境意识的史鉴意义。

通过研究我们发现，从整体上看，西北出土文献中反映出的民众生态环境意识，表现出朴素、普遍、强烈等特点。古代西北民众生态意识的形成与发展在相当程度上应是自发的、不自觉的，或是环境所迫的，但也并非是零星的、片段的、随意的。西北民众的意识中或许缺少理论上的思辨，但人们对于自然山水、林草、动物普遍怀有淳朴的珍惜、爱护之情，主要表现在对土地资源、水资源、动植物资源等生态因素的全面体察与认知上，也表现在社会各界（官、民、僧、道等）民众普遍拥有的积极的生态观念、责任意识及生态行动中。我们还发现，古代西北民众尤其对于水资源、林草资源的生态意识更为强烈和高昂，这显然与西北地区特有的干旱少雨、沙漠戈壁广布的自然环境等因素密切相关。

生态环境意识的考论是一项内容庞杂的研究课题，对于有着五千年文明史的中国来说，开展这项研究的意义不言而喻。笔者希望本书能起到抛砖引玉的作用，愿其他有心人将更多的目光投身于相关领域的研究中。

本书是笔者国家自然科学基金项目"西北地区古代民众生态环境意识研究——以敦煌吐鲁番资料等为中心的探讨"（项目编号：41361032）的研究成果。由于著者水平有限，加之相关研究领域涉及面广，书中不足之处在所难免，敬请读者不吝指正。

赵海莉　李并成

2017 年 11 月

目　　录

绪　　论

一、选题缘由与研究意义

（一）选题缘由

党的十九大报告指出："坚持人与自然和谐共生。建设生态文明是中华民族永续发展的千年大计。必须树立和践行绿水青山就是金山银山的理念，坚持节约资源和保护环境的基本国策，像对待生命一样对待生态环境，统筹山水林田湖草系统治理，实行最严格的生态环境保护制度，形成绿色发展方式和生活方式，坚定走生产发展、生活富裕、生态良好的文明发展道路，建设美丽中国，为人民创造良好生产生活环境，为全球生态安全作出贡献。"①自十八大以来，习近平同志就十分关注建设生态文明、维护生态安全。生态文明的兴起是一场世界性革命，涉及生产方式、生活方式乃至价值观念的变革。文明皆是由意识和行为构成的，生态文明也不例外。建设生态文明，就要在全社会范围内形成健康的生态意识。只有对生态问题有了正确的意识，才能有合适的生态行为。因此，增强生态意识、践行生态理念，对于生态文明建设尤为重要。

生态意识的出现和相关概念的提出，并非始于今日。我们今天所讲的生态意识是作为一个专门术语被强调的，是针对当代社会发展所出现的生态危机而言的。但在人类漫长的演变过程中，生态或自然意识其实一直伴随着我们。在采集狩猎和早期农业社会中，由于社会生产力水平很低，人们必然要受自然力量的控制和摆布，也就形成了对自然的敬畏，出现了自然崇拜和图腾崇拜。农业社会时期，人口逐渐增多，耕地面积不断扩大，人们对地理环境的影响不断增加，多元化的生态意识显现。进入工业社会，由于生产力的发展和科技的进步，人类改造和利

---

① 习近平：《决胜全面建成小康社会　夺取新时代中国特色社会主义伟大胜利——在中国共产党第十九次全国代表大会上的报告》，北京：人民出版社，2017年，第23—24页。

用自然的能力得以大大提升，人和自然的关系发生了重大变化，"自然"变成了被人主宰的对象。而当我们陶醉在战胜自然、取得胜利的同时，自然界给了人类无情的报复，生态环境恶化的程度不断加深，已经严重威胁到了一些地区人们的生存和发展，这给人类敲响了警钟。研究表明，古巴比伦文明和玛雅文明消亡的重要原因之一，就在于对植被和土地的过度破坏，使沃野变成了荒漠，森林变成了荒野，以致生态的恶化与环境的颓败，最终失去支持生命因素的能力。在沉重的现实面前，人类不得不重新回眸自然，重新审视自己的行为，唤醒应有的生态意识。

正是在这种背景下，笔者以西北地区出土的文献资料，主要是汉代简牍、敦煌文书、吐鲁番文书、塔里木盆地文书、大谷文书、黑水城出土西夏文书等作为主要史料，探求古代民众生态环境意识的形成、发展过程；搜集、整理、研究这些珍贵文献中所反映出的各类生态环境意识表现，并对其进行分类总结；在此基础上，从自然环境和社会经济环境发展等角度分析导致生态环境意识产生的文化心理，进而以古鉴今，以期为今天的生态文明建设和绿色发展提供若干有益的历史借鉴。

（二）研究意义

1. 丰富敦煌吐鲁番学、西夏学的研究

尽管生态文明、生态环境意识、生态环境保护这些概念是现代人提出来的，但是生态环境问题却古已有之。作为文明古国，我国利用和改造自然的历史悠久，在长期和自然的相处中，古人认识到了生态环境对人类的重要性。罗桂环等人认为："在我国历史上的经史子集、科学著作、笔记札记、方志实录、诗词歌赋中确实有大量的与环境保护有关的记载和论述。"[①]这些思想和实践散见于传世文献和考古材料中，具有重要的历史价值，这无疑是一个等待我们去开启的智慧宝库。於贤德这样评价："古代中国的生态文化在中华民族的漫长历史进程中发挥着重要的推动作用，它的思想之花曾经结下了灿烂的文明之果，使中华民族在相当长的

---

① 罗桂环、王耀先、杨朝飞，等主编：《中国环境保护史稿》，北京：中国环境科学出版社，1995年，第14页。

岁月里走在世界各民族的前列，成为四大文明古国之一。"①可见古代生态环保思想对中国古代文明的形成和延续具有巨大的作用。

古代生态环境意识，不仅见于传世文献中，还大量地留存在出土文献中，特别是西北地区出土的大量古代文献中，这就需要我们进行深入挖掘，同时在还原历史事实的基础上，在描述与记录的前提条件下，进一步做出必要的解读、归纳与总结。因此，利用文献资料，对其中反映出的古代民众生态意识进行系统的检索、搜集、梳理和探讨，并找出促使其产生的环境基础和思想根源，具有重要意义。

敦煌吐鲁番学作为国际上受瞩目的学科，其以往的关注点主要集中在敦煌吐鲁番石窟考古、敦煌吐鲁番艺术、敦煌吐鲁番文书、石窟文物保护研究等方面，而对于敦煌吐鲁番资料中所包含的大量古代民众生态环境意识显然关注不足，几乎无人对其进行系统的整理和探讨。因此通过本书研究，笔者力图在此方面有所作为，从而为敦煌吐鲁番学开拓新的研究领域以及进一步的深入和发展做出一些力所能及的贡献。本书对于黑水城出土的西夏时期有关文书中反映的民众生态环境意识亦作了相应的检索和剖析，因而对于西夏学的研究也力图做出一些贡献。

2. 丰富历史地理学及环境史的研究

历史地理学是研究历史时期地理环境及其演变规律的学科，对于古代民众生态环境意识的关注，是其重要领域之一。近十多年来，环境史的研究方兴未艾。美国著名环境史学家 J. 唐纳德·休斯认为："环境史，作为一门学科，是对从古至今人类如何与自然界发生关联的研究；作为一种方法，是将生态学的原则运用于历史学。"②其研究主题可以宽泛地划分为三大类：①人类行为造成的环境变化，以及这些变化反过来在人类社会变化进程中引起回响并对之产生影响的多种方式。②环境因素对人类历史的影响。③人类的环境思想史，以及人类的各种态度借以激起影响环境之行为的方式。其中第三类主题是对人类有关生态环境的思想和观念的研究，是一种独特的人类经历，关注这方面的研究，可以更加准确地理解地球及其生命系统发生了什么。

---

① 於贤德：《中国古代生态文化的思想源流》，《嘉兴高等专科学校学报》2000 年第 1 期，第 9—14、19 页。

② 〔美〕J. 唐纳德·休斯：《什么是环境史》译者序，梅雪芹译，北京：北京大学出版社，2008 年，第 4 页。

以往历史地理学和环境史的研究中利用出土文献探讨古代民众生态环境意识的内容比较薄弱，而西北出土简牍、敦煌文书、吐鲁番文书、大谷文书、黑水城文书等史料以及莫高窟、榆林窟等画塑形象资料中所反映出的环境观念、伦理、法律和其他的意识体系是中国先民个体或群体与自然对话的重要组成部分。对其进行研究，无疑能够进一步丰富历史地理学及环境史的研究内容。

3. 弘扬中华传统优秀生态文化

随着生态环境问题的日益严重，在对生态环境保护问题关注的过程中，生态伦理学和生态哲学的思想应运而生，其核心就是要超越"人类中心主义"这一西方传统观念，树立"生态整体主义"的新观念。而当今世界的生态伦理学和生态哲学的观念与中国传统文化中的生态意识是相通的。中国传统哲学是"生"的哲学。《周易·系辞传》说，"生生之谓易"[①]，又说，"天地之大德曰生"[②]。生，指草木生长，创造生命。天地以"生"为道，"生"是宇宙的根本规律。因此，"生"就是"仁"，"生"就是善。儒家主张的"仁"，不仅仅是爱人，还要爱惜天地万物。孟子说："亲亲而仁民，仁民而爱物。"[③]张载说："民吾同胞，物吾与也。"[④]程颐说："人与天地一物也。"[⑤]其又说："仁者，浑然与物同体。仁者，以天地万物为一体。"[⑥]朱熹说："天地万物本吾一体。"[⑦]这些论述都表明人与万物是同类，是平等的，应该建立一种和谐的关系。[⑧]

中国传统文化中还有一种生态美学意识。中国古代思想家认为，大自然（包括人类）是一个生命世界，天地万物都包含有活泼的生命和生意，这种生命和生

---

① （清）阮元校刻：《十三经注疏·周易正义》卷7《系辞上》，北京：中华书局，1980年，第78页。

② （清）阮元校刻：《十三经注疏·周易正义》卷8《系辞下》，北京：中华书局，1980年，第86页。

③ （清）阮元校刻：《十三经注疏·孟子注疏》卷13《尽心章句上》，北京：中华书局，1980年，第2771页。

④ （宋）张载撰，章锡琛点校：《张载集·正蒙·乾称篇第十七》，北京：中华书局，1978年，第62页。

⑤ （宋）程颐著，王孝鱼点校：《二程集·河南程氏遗书》卷11《师训》，北京：中华书局，1981年，第120页。

⑥ （宋）程颐著，王孝鱼点校：《二程集·河南程氏遗书》卷2上《二先生语上》北京：中华书局，1981年，第15、16页。

⑦ （宋）朱熹：《四书章句集注·中庸章句》，北京：中华书局，1983年，第18页。

⑧ 叶朗：《中国传统文化中的生态意识》，《北京大学学报（哲学社会科学版）》2008年第1期，第11—13页。

意是最值得观赏的。人们在这种观赏中得到极大的精神愉悦。程颢喜欢养鱼，时时去看鱼，"欲观万物自得意"[①]，并作诗来描述自己的快乐："万物静观皆自得，四时佳兴与人同"（程颢《秋日偶成》）[②]，"云淡风轻近午天，傍花随柳过前川"（程颢《春日偶成》）[③]。他体验到了天地万物的"生存意境"及人与自然的和谐，"浑然与物同体"，得到一种快乐。周敦颐喜欢"绿满窗前草不除"（周敦颐《四时读书乐》）[④]。窗前生长的青草让他体验到了天地的"生意"。这种对天地万物"心心爱念"和观天地万物"生意"的生态意识，在中国古代文学艺术作品中有着鲜明的体现。中国古代画作最强调的就是要表现天地万物的"生机"和"生意"。宋代董逌在《广川画跋》中强调画家赋形出像必须"发于生意，得之自然"。清代王概的《画鱼诀》说："画鱼须活泼，得其游泳像……悠然羡其乐，与人同意况。"[⑤]中国画家画的鱼鸟是活灵活现的。他们的花鸟虫鱼的意象世界，体现的是人与天地万物为一体的生命世界，突出中国人的生态意识。文学作品也是如此。蒲松龄的《聊斋志异》就是贯穿了人与天地万物为一体意识的文学作品。在他的作品中，花草树木、鸟兽虫鱼都幻化成美丽的少女，与人产生爱情。蒲松龄创造的这些意象世界充满了对天地间一切生命的爱，表明人与万物都属于一个大生命世界，人与万物一体，生死与共，休戚相关。这就是现在人们所说的"生态美"，也就是"人与万物一体"之美。而西北出土文献中保留了大量的关于古代民众重视生态环境、保护生态资源的内容，成为中国传统优秀文化的一个重要组成部分，我们应该高度重视这方面的内容，把它们充分发掘出来，这有助于中华生态文化的传承与弘扬。

4. 为今天的生态文明建设提供历史借鉴

研究中国古代生态环境思想和实践，对于树立现代生态文明观念有着重要的借鉴意义。研究中国环境问题发展史，注重我们怎样在新的历史条件下继承发扬

---

① 李建华、洪梅：《论程颢的生态伦理思想》，《湘潭大学学报（哲学社会科学版）》2011年第5期，第138—142页。

② 包和平编著：《书画千家诗》，武汉：武汉理工大学出版社，2013年，第415页。

③ （宋）谢枋得选编，（清）王相选注，李延平校注：《千家诗》（第二版），西安：三秦出版社，2005年，第1页。

④ 张卫中主编：《中国传统文化概论》，杭州：浙江大学出版社，2008年，第191页。

⑤ （清）王概等编绘：《芥子园》，北京：线装书局，2008年，第466页。

（当然不是完全照搬和模仿，更不是复古倒退）；尤其是我们怎样避免重蹈历史的覆辙。这样，可使我们少走弯路，早日把我们的环境保护事业搞得更好。环境保护部前副部长潘岳说："由于长期不合理的资源开发，环境污染和生态破坏导致我国的环境质量严重恶化，我国已经是世界上环境污染最为严重的国家之一。"①面临如此严重的生态环境问题，国人的生态环境保护意识亟待增强和提升。因此，深入挖掘敦煌吐鲁番等史料中所蕴含的民众生态保护思想和行为，总结历史经验教训，对于唤醒全体民众的生态环境保护意识，让每一个人自觉地行动起来，共同解决我们今天所面临的生态问题，是很有必要的。

二、生态环境意识的源起与概念

（一）生态环境意识的源起

1. 中国古代生态环境意识的源起

中国古代民众的生态环境意识源远流长，除了有丰富的实物佐证外，更有着浩如烟海的文字记载，包括出土文献的记载，沿承至今。毋庸置疑，中国古代生态环境意识，应当起源于人类早期社会对自然界的依赖与敬畏。此后，生态环境意识不断变迁发展，且贯穿于人类社会的整个历程，以至成为社会文化与生活不可分割的一部分。因而，理清其源起与发展演变脉络，无疑具有重要的学术价值与现实意义。

（1）古代生态环境意识萌芽于图腾崇拜

在人类社会产生的初期，人们过着采集渔猎的生活，毫无疑问，自然环境与自然现象对人类的生存和发展有着深刻的影响和制约，于是人们就会产生对自然和生命体的敬畏，其核心的表现形式就是图腾崇拜。这是先民们在不断地认识自然、利用自然的过程中，对自然界及其动植物产生的各种认知，是人类最早产生的生态文化现象。一般认为，古代图腾崇拜中最常见的是对动物的崇拜，动物图腾中，既有现实中存在的狼、鹿、熊、鹰、虎、豹等，也有人类想象臆造出来的

---

① 吴志菲：《潘岳力倡"绿色崛起"共建"绿色和谐"》，《财经界》2007 年第 8 期，第 86—99 页。

龙、凤等。此外，对植物崇拜也较为兴盛，其中山林崇拜和蚕桑崇拜最为典型。古人的动植物崇拜应是由于动植物资源是人类的衣食之本，而把天地日月、星雷云雨、水火山川、豺狼虎豹等自然物尊奉为神，则是由于人们当时认识水平低下，对自然现象无法进行科学的解释而产生的最原始的感性认识，将其作为神加以崇拜，通过图腾崇拜的方式和顶礼膜拜来祈求自然的恩赐和保护。而古代原始的生态和谐与生态保护意识，应萌芽于图腾崇拜这种对自然界的感性认识之中。

（2）古代生态环境意识的发展与农耕文明

在旧石器时代采集狩猎生产方式催生下的中国古代生态环境意识的萌芽，在新石器时代农耕、畜牧文明的推动下继续发展。与蒙昧时代相比，文明时期的人类，同样关注和尊重自然环境，而且更加注重人伦或人事。"天人合一""阴阳调和""天地人和"的观念得以形成和推崇，其中也融入了热爱土地和保护自然的理念。先秦时期，在农耕文明的基础上，中国古代生态环境意识得以发展。特别是到春秋战国时期，由于社会生产力水平的进步和科技水平的提高，人类探索自然、利用自然的能力进一步增强，从而对自然环境和天人关系有了更深刻的认识。在此基础上，人们开始思考人类在自然界中处于何种位置、人类与自然之间是何种关系、人类应当如何处理与自然的关系等问题，由此形成和阐发了诸多关于生态问题的言论和见解。

2. 西方世界生态环境意识的孕育与发展

自从人类诞生起，西方世界关注人与自然关系的视线就不曾中断过，其生态意识的发展大致经历了孕育、创立和发展三个阶段。特别是到了16—17世纪，伴随着工业革命取得巨大胜利的同时，"三废"不断被制造出来，而这一时期对欧洲工业化发展道路表示不满和担忧的，主要是诗人和作家，但他们的生态观念大多是停留在情感的、信念的执着诉求上，且是零星的、不自觉的思想火花，缺乏哲学层面上的阐述。20世纪初至20世纪中叶，随着两次世界大战的爆发、世界性经济危机的出现，资本主义世界的资源掠夺、环境破坏更为严重。与此同时，生态科学日趋成熟，种种新的观念诸如"食物链"①、"小生境"②、"生态系统"③等得到确立。这一时期西方生态伦理的发展呈现出以下特征：①生态意识的理念有了较大的影响，20世纪60年代末开展了新环境运动，代表人物有利奥波德、施韦泽、卡逊等思想家，他们的理念指导和影响了这次运动，关心土地有机体、敬畏生命、关注生物的生存等生态伦理的基本观点深入人心。②生态伦理得到了开拓，如施韦泽深入考察了欧洲传统文化和东方生态智慧。③扩展了生态伦理学的边界，开始探讨人类不合理的行为与环境之间的关系，将传统伦理道德向生态伦理思想扩展。④《寂静的春天》的出版被看作是现代环境运动的肇始，也是西方生态思想史上的一座里程碑。⑤自此，西方生态思想走进了绿色政治时代，即不满足于仅仅对生态环境的人文关怀，而是诉诸群众运动和建立政党政治，试图"通过行动、资源和意识形态结构发展的全部内容作为西方政治话语的部分来建构绿色理想"。

3. 现代生态环境意识的崛起

近代工业革命以来，人类加大了开发利用自然的力度，对自然界无休止地征服索取，带来了一系列环境问题，如大气污染、水环境污染、土地荒漠化、水土流失、生物多样性遭到破坏等，整个生态系统面临着严峻的形势，再次唤起了人们对生态问题丰富思想遗产的美好回忆，以及对违反生态平衡规律带来的严重后果的痛苦反思，从而导致了人类现代生态环境意识的崛起。1866年德国动物学家海克尔首次提出了"生态学"；1935年英国植物群落学家坦斯利提出了"生态系统"；1972年斯德哥尔摩人类环境会议的召开，揭开了人类全面审视和全方位重视人类社会自身生存与发展的生态环境问题的崭新一页。特别是1992年6月在巴西里约热内卢举行的联合国环境与发展大会，通过了《里约环境与发展宣言》《二十一世

---

① 由英国动物学家埃尔顿于1927年首次提出，见于冯江、高玮、盛连喜主编：《动物生态学》，北京：科学出版社，2005年。

② 由英国动物学家埃尔顿于1927年首次提出，见于冯江、高玮、盛连喜主编：《动物生态学》，北京：科学出版社，2005年。

③ 由英国植物学家和生态学先驱乔治·斯坦利于1935年首次提出，见于冯江、高玮、盛连喜主编：《动物生态学》，北京：科学出版社，2005年。

④ 曾建平：《自然之思——西方生态伦理思想探究》，《道德与文明》2002年第4期，第31—36页。

⑤ 〔美〕蕾切尔·卡森：《寂静的春天》，吕瑞兰、李长生、鲍冷艳译，上海：上海译文出版社、北京：中国青年出版社，2015年。

纪行动纲领》等一系列文件。此次会议是联合国成立以来级别最高、人数最多、规模最大、影响最为深远的一次国际性盛会，说明环境与发展问题已经引起了世界各国和国际社会的广泛关注。在保证经济发展的同时，保护生态环境，使地球成为人类安居乐业的美好家园，成为全人类的神圣职责。现代生态意识的崛起，充分反映了生态环境的客观现实与人类生存与发展的迫切需要之间的对立与统一，具有重大的意义。

（二）对生态环境意识概念的界定

随着人类社会从农业文明进入工业文明，生态环境问题变得愈加突出，成为全球共同关注的问题。但究竟什么是"生态环境意识"，时至今日仍没有一个统一的定义。最早的关于生态环境意识的定义出现在 20 世纪 30 年代，是美国科学家利奥波德在他的著作《大地伦理学》中提出的。他说："没有生态意识，私利以外的义务就是一种空话，所以，我们面对的问题是把社会意识的尺度从人类扩大到大地（自然界）。"[①]苏联学者基路索夫在《生态意识是社会和自然最优相互作用的条件》一文中认为："生态意识是根据社会和自然的具体可能性，最优地解决社会和自然关系的观点、理论和感情的总和。"[②]这一定义包含了几方面含义：一是生态意识是人们的"观念、理论和感情的总和"，如果说观念、理论是人们对"社会和自然"的理性认识，那么"感情"则一般意味着人对自然的非理性的情感体验和表达，即生态环境意识是一种理性认识和非理性体验的集合体，是知识和情感的集合体；二是生态环境意识的存在性基础是"社会和自然的具体可能性"，这种"具体可能性"应该是包括了社会生产力发展水平、人们的认识与实践能力以及人们所处的自然区域地理状况等方面，即这种"具体可能性"是人们对"社会和自然关系"的理解和把握的具体表现；三是生态环境意识是一种"最优"意识，是对社会和自然关系优化实践的意识反映，"最优"体现了生态环境意识指导下的优化实践的价值取向。

近些年来，我国学者也从不同的角度对生态环境意识进行了诠释，代表性的

---

① 〔美〕奥尔多·利奥波德：《大地伦理学》，侯文蕙译，长春：吉林人民出版社，1997 年，第 199 页。

② 〔苏联〕基路索夫：《生态意识是社会和自然最优相互作用的条件》，《哲学译丛》1986 年第 4 期，第 29 页。

观点如下：

申曙光认为："生态意识是指对生态环境及人与生态环境关系的感觉、思维、了解和关心。"①这种生态意识观念是指人们对人与生态环境之间关系的认识，是人的认识在生态环境方面的体现。刘湘溶把生态意识界定为："人类以包括自己于内的自然中的一切生物与环境之关系的认识成果为基础而形成的特定的思维方式和行为取向。"②侯吉侠认为："生态环境意识是人们对生存环境的观点和看法。"③李万古认为："社会生态环境意识是对人与自然的关系及其变化的哲学反思，是对现代科学发展新成果的概括和总结。"④包庆德等认为："生态环境意识是指人与社会不断地作用于自然界的过程中，不合理的实践必然造成或导致生态环境的破坏、污染或失衡，对这些活动和现象，作为生态主题的任何人和人类社会总是做出这样或那样的反应和认识，这些反应和认识的总和构成我们所说的生态环境意识，它是人类社会发展到一定阶段的产物。"⑤姚文放认为："生态环境意识是指人们在把握和处理人与自然环境的关系时应持的一种健康、合理的态度，应有一种认真、负责的精神，其要义在于，尊重物类的存在，维护生命的权利，顺应自然运行的规律，谋求自然世界的和谐关系，保证自然系统的良性循环、正常流通和动态平衡。"⑥余谋昌的《生态哲学》认为："从广义上说生态环境意识是人类在自然生态中的表现形式，是对人与自然关系以及社会之间的相互依存、相应影响、相互作用等关系的反映；从狭义上说，是自然生态环境问题到一定的阶段，即人类对工业文明时期所造成的自然资源、环境污染和生态失衡等实践问题所产生的反映。"⑦高中华认为："生态环境意识是人类以包括自己在内的一切生物与环境之关系的认识成果为基础而形成的特定的思维方式和行为取向。是人们为了保护良好的生态环境，

---

① 申曙光：《生态文明及其理论与现实基础》《北京大学学报（哲学社会科学版）》1994年第3期，第31—37页。
② 刘湘溶：《论生态意识》，《求索》1994年第2期，第56—61页。
③ 侯吉侠：《试论生态意识与环境道德》，《烟台大学学报（哲学社会科学版）》1996年第3期，第52—56页。
④ 李万古：《论社会生态意识》，《齐鲁学刊》1997年第2期，第61—64页。
⑤ 包庆德、包红梅："生态学马克思主义"研究述评》，《南京林业大学学报（人文社会科学版）》2004年第1期，第10—14页。
⑥ 姚文放：《文学传统与生态意识》，《社会科学辑刊》2004年第3期，第117—123页。
⑦ 余谋昌：《生态哲学》，西安：陕西人民教育出版社，2000年，第237页。

对于自身行为自觉地按照生态发展的规律来规范各种活动的观念和意识。"[1]

上述国内外学者对生态环境意识含义的界定和表述虽然不尽相同，但是其中的精神实质是基本一致的。笔者认为其共同点在于：一是生态环境意识是人与生态环境之间关系的意识，意识的对象是生态环境以及人与生态环境之间的关系。二是这种意识包含了人与自然之间的伦理关系，其价值取向是人与自然的协调共生，是一种事实性意识和价值性意识的统一。三是这种意识与人们的实践活动紧密相关，是人与生态环境协调发展的实践关系的观念反映，因此也必然会是生态性实践的意识反映。

现代生态环境意识是人类在遵循自然规律的基础上，力图正确认识和处理人与自然之间的关系，保持人与自然和谐发展的一种意识的反映和行为方式，以达到对自然资源的可持续发展和持续利用的价值取向。它应含有生态伦理意识、生态忧患意识、生态保护意识、生态管理意识、生态回归意识和生态价值意识等。

（三）对生态环境意识概念的认识

1. 生态环境意识的历史连续性与局限性

当今的生态环境意识定义是在现代环境问题凸显的背景下产生的，具有充分的社会性和时代性。然而，人类发展的历史是连续的。现代生态环境意识概念所反映的许多内容，在我们的历史发展和文化存留中都客观地存在着。一方面，历史已经证明，人类诸多古文明的消失，其重要原因之一是环境的毁灭性破坏，古文明的消失必然会在人类的社会意识中有所反映。在古今中外不同的文化区域，都不乏哲人、智者从多方面对这些生态问题进行总结和论述，甚至产生较为深刻的认识和思想。另一方面，在世界各地不同地域的民族当中，依然保留着人类原生态的生态环境意识及相关文化，这些文化是人类远古文化的存留，是人类历史活的见证，这表明人与自然的关系在人类产生之始就已经存在了，却正在被我们漠视和遗忘。既然人与自然的关系在人类产生时就已经是客观存在的，那么这一客观存在也必然会在人类各个历史阶段的社会意识中有所反映，进而产生体现人

---

[1] 高中华：《试论左宗棠的荒政思想及其边疆救荒实践》，《中国边疆史地研究》2005 年第 3 期，第 40—45 页。

与自然相处关系的知识、观念、情感及相应的行为，即传统生态意识。事实上，在人类的历史中，尽管由于环境的毁灭性破坏导致了一些区域性文明消失，但就地球整体环境而言，人与自然总体上是呈现和谐状态的。这是因为在农耕、游牧、渔猎等几大文化圈中，都存在着传统的、深厚的而又各具特色的生态环境意识体系。这些意识约束着人类的行为，促使人们对自然的破坏程度降到环境所能承受的限度，从而基本上保持了自然环境的稳定。这种相对稳定状态一直到工业文明的产生才被打破。工业文明的出现使人类的生产力实现了巨大的飞跃，而伴随着工业文明出现的人类新的社会意识——资本的逻辑，与极大增长的生产力一道，使人们在征服自然的心理基础上，对人自身对抗自然能力的高低产生了误判，使传统生态环境意识发生了变化甚或逆转，成为不可持续的意识（生态环境意识的可变性），使人们对人与自然的关系产生了认识上的误解和行为上的过激，导致全球环境问题的出现。可见，人类生态意识的发展具有历史连续性和局限性，因而，对于生态环境意识的认识以及一切关于生态环境保护的理论建设和社会实践都不能脱离历史与人类文化的根基，对于人类生态环境意识的崛起与发展历程，就很有必要，追根溯源了。

2. 生态环境意识的概念

综上所述，我们认为，生态环境意识是人类在不同的生产力发展水平和历史时期，对相应的生态存在（人赖以生存的环境要素以及体现人与自然关系的一切客观事物的总和）的主观反映，体现在思想文化领域及社会实践的诸多层面，包括知识、情感、宗教信仰、思想观念、风俗习惯、法律制度、生产活动等，是反映人对于自然以及人与自然关系认识的思想意识总和。生态环境意识指导着人的实践活动，最终体现在人的行为文化上；同人类其他意识内容一样，它具有历史连续性、局限性和可变性，需要不断发展和完善。

本书所论生态环境意识，是指蕴含在卷帙浩繁的西北地区出土文献中的古代民众对于自己赖以生存的环境以及人与自然关系的看法与体认，这一意识既体现在社会各界广大民众的思想观念中，又体现在人们日常的生产活动和生活行为方式中，特别是对土地资源、水资源、动植物资源等的重视、管理、爱护及利用等方面；既体现在官方颁行的有关制度、法律法规上，如汉代敦煌悬泉置出土的《四时月令诏条》、尼雅佉卢文书中有关保护树木的法律条款、唐代敦煌县《沙州敦煌县行用水细则》、西夏时期《天盛改旧新定律令》等，也集中地体现在民间的习俗、信仰、祭祀、岁时节庆、民间禁忌、童蒙教育，以及解梦等风俗上。本书拟就上述这些方面进行全面系统的研究。

二、古代生态环境意识研究概况

（一）关于中国古代生态环境意识的研究概况

随着生态文明建设越来越受到重视，史学界对古代生态环境意识的研究成果也不断涌现。其主要研究领域和成果集中在以下几个方面。

1. 对于不同历史时期生态环境意识的研究

（1）先秦时期生态环境意识研究

春秋战国时期，学者辈出，诸子百家著作中蕴含着广泛的生态环境思想，对其进行挖掘整理是研究古代生态环境意识的一个重要方面。

对《诗经》中所体现的生态环境意识进行探讨的有李金坤《〈诗经〉自然生态意识发微》[①]及《〈诗经〉自然生态意识新探》[②]、杜未《诗经生态意识研究》[③]等。他们均以《诗经》中的生态环境意识作为研究对象，深入发掘了其中关注生态环境保护、谋求人与自然和谐发展的思想资料，表明当时人们已将自然生态纳入审美范畴，反映了人们亲近自然、关爱自然、以物为友、寄情自然的生态审美意识。周雪梅、华建宝《儒家的生态意识及其现代价值》[④]，袁付成《诸子百家生态意识探究》[⑤]，蒲沿洲《孔子生态环境保护思想的渊源及诠释》[⑥]，毛永波《儒家环境

[①] 李金坤：《〈诗经〉自然生态意识发微》，《学术研究》2004 年第 11 期，126—130 页。

[②] 李金坤：《〈诗经〉自然生态意识新探》，《毕节学院学报》2009 年第 9 期，第 67—73 页。

[③] 杜未：《诗经生态意识研究》，内蒙古大学硕士学位论文，2011 年。

[④] 周雪梅、华建宝：《儒家的生态意识及其现代价值》，《南京航空航天大学学报（社会科学版）》2005 年第 2 期，第 17—21 页。

[⑤] 袁付成：《诸子百家生态意识探究》，《农业考古》2009 年第 3 期，第 17—19 页。

[⑥] 蒲沿洲：《孔子生态环境保护思想的渊源及诠释》，《太原师范学院学报（社会科学版）》2009 年第 1 期，第 30—32 页。

保护思想发微》①，钱国旗《儒学生态意识论要》②，陈业新《儒家生态意识特征论略》③，郭书田《浅谈儒家的生态环境保护意识》④等，普遍认为反映在《论语》等论著中的天人合一、民胞物与、仁民爱物、各得其养的思想有着强烈的生态环境意识，是先秦时期人们朴素的生态环境思想和智慧的结晶，是我国传统生态环境意识的源头。许玮、廖常规《〈周礼〉中的林业生态思想》⑤，认为《周礼》是我国目前发现成文最早、保存最完整的综合性行政法典，其中有不少关于森林的规章制度，闪烁着传统生态思想的智慧光芒。王东文《〈周礼〉的生态伦理系统思想》⑥指出，《周礼》中所包括的完备的机制基础、伦理制度和具体的伦理原则与现代生态伦理学有很多相通之处，分析、阐释和借鉴这些思想，并在此基础上实现从传统生态意识到现代生态意识的转换和超越，对当代走可持续发展道路具有一定的理论意义。

蒲沿洲《论孟子的生态环境保护思想》⑦认为，孟子的自然环境变迁思想、"爱物"与"时养"的思想、生态美的思想以及"天人合一""以人为本"的思想言论中蕴含了丰富的生态环境观念和意识，阐释和借鉴《孟子》中的思想观念，对重塑人与自然的和谐关系具有重要意义。陈瑞台《〈庄子〉自然环境保护思想发微》⑧及黄震《庄子的环境保护思想及其启示》⑨，总结了庄子的生态思想，认为庄子在道家"法自然""为无为"等思想指导下，主张人类与自然和谐统一，反对肆意掠夺毁坏自然，反对把万物区分为有用和无用，反对人类使用高效率的有害技术。庄子突破狭隘的功利主义局限，从美学价值出发，强调人类保护自然环境的重要意义，我们应该吸收庄子关于自然环境保护的思想，为构建生态文明和社会主义和谐社会服务。

① 毛永波：《儒家环境保护思想发微》，《唐都学刊》2009 年第 4 期，第 72—75 页。

② 钱国旗：《儒学生态意识论要》，《青岛大学师范学院学报》1999 年第 2 期，第 1—5 页。

③ 陈业新：《儒家生态意识特征论略》，《史学理论研究》2007 年第 3 期，第 42—51 页。

④ 郭书田：《浅谈儒家的生态环境保护意识》，《生态农业研究》1998 年第 2 期，第 6—7 页。

⑤ 许玮、廖常规：《〈周礼〉中的林业生态思想》，《才智》2010 年第 24 期，第 223—224 页。

⑥ 王东文：《〈周礼〉的生态伦理系统思想》，《阴山学刊》2012 年第 3 期，第 5—11 页。

⑦ 蒲沿洲：《论孟子的生态环境保护思想》，《河南科技大学学报（社会科学版）》2004 年第 2 期，第 48—51 页。

⑧ 陈瑞台：《〈庄子〉自然环境保护思想发微》，《内蒙古大学学报（人文社会科学版）》1999 年第 2 期，第 102—108 页。

⑨ 黄震：《庄子的环境保护思想及其启示》，《梧州学院学报》2008 年第 2 期，第 75—80 页。

　　罗移山《论〈周易〉中的生态意识》①、张宜《对〈周易〉的生态美学思想解读》②、任俊华《"厚德载物"与生态伦理——〈周易〉古经的生态智慧观》③及彭松乔《〈周易〉生态美意蕴解读》④等对《周易》中蕴含的生态观进行了阐释，他们认为天、地、人三才论是《周易》生态意识的宏观表述，其八卦所列举的自然物质，都是自然界一切生命得以产生和发展的环境系统，即生态环境系统，提倡弘扬《周易》精神，服务于可持续发展。陈业新专著《儒家生态意识与中国古代环境保护研究》，设专章对"三驱"礼仪的生态保护意义进行了分析，为我们更好地研读儒家的思想精髓提供了桥梁。⑤

　　总之，发掘、探讨先秦诸子百家思想中有益的生态意识，能更好地汲取古代生态文化的财富，服务于当前生态文明建设。

　　（2）对于秦及其以后民众生态环境意识的研究简况

　　1）对于生态环境的总体认识。罗桂环等《中国环境保护史稿》⑥，系统地论述了中国环境保护的历史演进；王玉德等《中华五千年生态文化》⑦（上下册），分上下两编从横、纵两个方面对五千年来中华生态文化进行了探讨。该书从文化角度探索我国长时段生态环境的尝试为我们开阔了视野，提供了新的思考角度。周景勇《中国古代帝王诏书中的生态意识研究》⑧，分秦汉、魏晋南北朝、隋唐五代、辽宋金元、明清等五个阶段对帝王诏书中的生态环境意识进行了总结，认为中国古代帝王某些诏书在布告国家大政方针的同时，也蕴含着有益的生态环境意识，如追求自然和谐、顺应天地时令、珍爱万物生命、强调植树造林等，这些都是传统生态意识的重要组成部分，是生态管理意识的集中体现。邹逸麟《我国古

① 罗移山：《论〈周易〉中的生态意识》，《孝感师专学报》1999年第1期，第60—64页。
② 张宜：《对〈周易〉的生态美学思想解读》，《辽宁大学学报（哲学社会科学版）》2003年第3期，第15—19页。
③ 任俊华：《"厚德载物"与生态伦理——〈周易〉古经的生态智慧观》，《孔子研究》2005年第4期，第24—31页。
④ 彭松乔：《〈周易〉生态美意蕴解读》，《江汉大学学报（人文科学版）》2005年第6期，第15—20页。
⑤ 陈业新：《儒家生态意识与中国古代环境保护研究》，上海：上海交通大学出版社，2012年。
⑥ 罗桂环、王耀先、杨朝飞，等主编：《中国环境保护史稿》，北京：中国环境科学出版社，1995年。
⑦ 王玉德、张全明等：《中华五千年生态文化》（上下册），武汉：华中师范大学出版社，1999年。
⑧ 周景勇：《中国古代帝王诏书中的生态意识》，北京林业大学博士学位论文，2011年。

代的环境意识和环境行为——以先秦两汉时期为例》^①一文，探讨了我国古代环境意识产生的历史地理背景、不合理的环境行为及后果，把生态意识的探讨放在了环境的背景下，分析了两者之间的关系，是生态意识研究的一个新的尝试。

2）对于不同历史阶段生态环境意识的研究。倪根全《秦汉环境保护初探》^②，探讨了秦汉时期存在的环境问题、自然环境的保护措施及污染防治。陈业新《秦汉生态职官考述》^③，对秦汉时的"生态职官"进行了考察。刘华《我国唐代环境保护情况述论》^④，介绍了唐代环境的保护情况。张全明《论宋代的生物资源保护及其特点》^⑤及《简论宋人的生态意识与生物资源保护》^⑥，探讨了宋代生物资源保护的特点和宋人的生态意识。王风雷《论元代法律中的野生动物保护条款》^⑦，分析了元代野生动物保护的法律条款。杨昶《明代的生态观念和生态农业》^⑧，对明人的生态观念进行了考察。王社教《清代西北地区地方官员的环境意识——对清代陕甘两省地方志的考察》^⑨，从区域的角度对生态环境意识进行了研究，认为清代是我国西北地区环境遭到破坏的一个重要阶段，而当时的地方官员对环境问题普遍缺乏应有的意识，个别地方官员的环境意识也只集中表现在对森林涵养水源和保护水土功能的认识上，以及在此基础上对于保护森林和植树造林的关注。

韩茂莉《历史时期黄土高原人类活动与环境关系研究的总体回顾》^⑩，对历史

---

① 邹逸麟：《我国古代的环境意识和环境行为——以先秦两汉时期为例》，《椿庐央地论稿》，天津：天津古籍出版社，2005 年。

② 倪根全：《秦汉环境保护初探》，《中国史研究》1996 年第 2 期，第 3—13 页。

③ 陈业新：《秦汉生态职官考述》，《文献》2000 年第 4 期，第 41—47 页。

④ 刘华：《我国唐代环境保护情况述论》，《河北师范大学学报（社会科学版）》1993 年第 2 期，第 111—115 页。

⑤ 张全明：《论宋代的生物资源保护及其特点》，《求索》1999 年第 1 期，第 115—119 页。

⑥ 张全明：《简论宋人的生态意识与生物资源保护》，《华中师范大学学报（人文社会科学版）》1999 年第 5 期，第 80—87 页。

⑦ 王风雷：《论元代法律中的野生动物保护条款》，《内蒙古社会科学（文史哲版）》1996 年第 3 期，第 46—51 页。

⑧ 杨昶：《明代的生态观念和生态农业》，《中国典籍与文化》1998 年第 4 期，第 116—120 页。

⑨ 王社教：《清代西北地区地方官员的环境意识——对清代陕甘两省地方志的考察》，《中国历史地理论丛》2004 年第 1 辑，第 138—148 页。

⑩ 韩茂莉：《历史时期黄土高原人类活动与环境关系研究的总体回顾》，《中国史研究动态》2000 年第 10 期，第 20—24 页。

时期黄土高原人地关系研究作了总体性回顾。朱士光《我国黄土高原地区几个主要区域历史时期经济发展与自然环境变迁概况》[①]，对黄河流域的人地关系进行了探讨。马雪芹《明清时期黄河流域农业开发和环境变迁述略》[②]、王建革《马政与明代华北平原的人地关系》[③]、蓝勇《历史上长江上游的水土流失及其危害》[④]，均认为宋代以后尤其是明清以来长江上游地区的水土流失加重了中下游的洪涝灾害。刘沛林《历史上人类活动对长江流域水灾的影响》[⑤]，认为长江流域水灾频率的增强基本上是与历史上地区开发进程同步的。汪润元等《清代长江流域人口运动与生态环境的恶化》[⑥]、张国雄《明清时期两湖开发与环境变迁初议》[⑦]、戴一峰《近代闽江上游山区的开发与生态环境》[⑧]、邓辉《全新世大暖期燕北地区人地关系的演变》[⑨]、韩光辉《清初以来围场地区人地关系演变过程研究》[⑩]，分别就长江流域、两湖、广东、闽江上游、燕北、围场等地区的人地关系进行了探讨。

虽然由于时代所限，我国古代的生态意识与当前生态文明内涵不可同日而语，但其在一定程度上是客观的、朴素的，甚至具有多面性，运用辩证的、历史的观点考察其中蕴含的某些有益成分，值得我们今天深入研究、发掘、提炼，这对于

---

① 朱士光:《我国黄土高原地区几个主要区域历史时期经济发展与自然环境变迁概况》,《中国历史地理论丛》1992年第1辑, 第125—151页。

② 马雪芹:《明清时期黄河流域农业开发和环境变迁述略》,《徐州师范大学学报（哲学社会科学版）》1997年第3期, 第122—124页。

③ 王建革:《马政与明代华北平原的人地关系》,《中国农史》1998年第1期, 第25—33页。

④ 蓝勇:《历史上长江上游的水土流失及其危害》,《光明日报》1998年9月25日, 第7版。

⑤ 刘沛林:《历史上人类活动对长江流域水灾的影响》,《北京大学学报（哲学社会科学版）》1998年第6期, 第144—151页。

⑥ 汪润元、勾利军:《清代长江流域人口运动与生态环境的恶化》,《上海社会科学院学术季刊》1994年第4期, 第132—140页。

⑦ 张国雄:《明清时期两湖开发与环境变迁初议》,《中国历史地理论丛》1994年第2辑, 第127—142页。

⑧ 戴一峰:《近代闽江上游山区的开发与生态环境》,《厦门大学学报（哲学社会科学版）》1991年第4期, 第114—119页。

⑨ 邓辉:《全新世大暖期燕北地区人地关系的演变》,《地理学报》1997年第1期, 第63—70页。

⑩ 韩光辉:《清初以来围场地区人地关系演变过程研究》,《北京大学学报（哲学社会科学版）》1998年第3期, 第139—150页。

当前生态文明建设、民族自信力的提高，具有积极的借鉴意义。

2. 对古代文学等作品中生态环境意识的探讨

历史上很多有重要影响的作品，都蕴含着一定的生态环境意识。沈利华《论杜甫"草堂诗"中的生态意识》①认为，"草堂诗"中体现出的"万物一体、物我同一"的思想感情提出了如何善待自然的问题，是现代生态环境意识的核心问题，也是中国诗学中极其宝贵的精神财富。李金坤《论唐代诗人的自然生态意识》②认为，唐代诗人与草木虫鱼等自然生态和谐相处的诗歌世界，主要表现在与物谐乐、以物为友、颂物以美、感物惠德、赏物生趣、悲物悯天、由物悟理、托物寄怀、假物以讽、护物有责十个方面。唐诗浓郁的自然生态意识，是唐诗精神的有力体现，具有重要的思想史、文学史、艺术史的审美价值。于国华、洪燕佳《论〈归去来兮辞并序〉的生态意识》③，以生态批评为视角，深入剖析了陶渊明的思想中所蕴含的生态环境意识。连雯《谢灵运〈山居赋〉的生态意识》④认为，《山居赋》中的生态环境意识主要体现在两个方面：一是生命意识，即作者对人自身的重视和对其他生命的珍惜；二是山林意识，即作者对山林中生物资源的认知和合理利用，以及将自然作为精神家园与对山林精神价值的追求。李金坤《〈楚辞〉自然生态意识审美》认为："《楚辞》自然生态意识之表现特征与审美价值有四个方面，即'图腾崇拜之原始遗韵，民神糅合之自然神世界，草木之巫术与药用价值，心物关系之有机统一'。《楚辞》与《诗经》相比，其自然生态的'博物学、社会学、文艺学、教育学'四大层面的意义更为丰富多彩。"⑤张实龙《从〈放生序〉看清末中国乡村的生态意识》⑥，总结出清末中国乡村的生态意识来源于人的生命之感，其保护生态的方式是神道设教，认为虽然传统文化中蕴含的生态环境意识的确有其可取之处，但是现代人需要在古人的生态环境意识中融入科学理性。李澍《李

① 沈利华：《论杜甫"草堂诗"中的生态意识》，《江苏社会科学》2005 年第 6 期，第 202—206 页。
② 李金坤：《论唐代诗人的自然生态意识》，《宝鸡文理学院学报（社会科学版）》2008 年第 3 期，第 66—71 页。
③ 于国华、洪燕佳：《论〈归去来兮辞并序〉的生态意识》，《通化师范学院学报》2008 年第 5 期，第 45—47 页。
④ 连雯：《谢灵运〈山居赋〉的生态意识》，《鄱阳湖学刊》2010 年第 5 期，第 61—67 页。
⑤ 李金坤：《〈楚辞〉自然生态意识审美》，《南京师范大学文学院学报》2006 年第 4 期，第 15—23 页。
⑥ 张实龙：《从〈放生序〉看清末中国乡村的生态意识》，《学术交流》2011 年第 3 期，第 203—205 页。

白诗歌中的生态意识及思想渊源》[①]，认为李白诗中所表达的，无论是对大自然的崇尚敬畏、热爱欣赏之情，还是天人合一的情怀，无一不是中国传统思想中生态环境意识的折射，而这些又与现代社会关于生态问题的普遍价值观不谋而合。朱永香《翩然走来的精灵——从"异类"解读〈聊斋志异〉的生态意识》[②]，认为《聊斋志异》中的生态环境意识体现在三个方面：生物的多样性、反映了人与异类和谐正常的关系、肯定了异类的自在价值。

3. 对民间信仰习俗中的生态环境意识的探讨

民间信仰习俗是那些在民间广泛存在的，属于非官方的、非组织的，具有自发性的一种情感寄托、崇拜，以及伴随精神信仰而发生的行为。学者们对其中的生态环境意识也进行了积极的探讨，包括对少数民族的传统环保习俗与生态环境意识关系的关注。如杨顺清《侗族传统环保习俗与生态意识浅析》[③]，得出侗族人生活环境的优美是与侗族民间传统环保习俗中的爱护环境、美化自然的良好美德和独特的生态环境意识密切相关的。宝贵贞《蒙古族传统环保习俗与生态意识》[④]，认为蒙古族传统环保习俗与生态环境意识是从其宗教信仰、法律制度、生产生活方式等多方面体现出来的，具有独特的地域色彩和民族特色，是蒙古游牧文明的重要内容，对调适北方草原牧区人与自然关系、保护草原生态环境发挥过积极的作用，对今天西部地区的环境保护和可持续发展也具有一定的借鉴价值。张建的硕士学位论文《东山瑶民俗文化中的生态适应及生态意识》[⑤]中提出，民族民俗文化与自然生态环境一直是处于一个互动的过程，以或隐藏或显露的方式传承在他们的生活中，并成为处理自身与自然关系的基本准则和行为标准，制约着他们对于自然的态度和行为。刘代汉等《桂林瑶族狩猎传统习俗中的生态意识及其社会

① 李澍：《李白诗歌中的生态意识及思想渊源》，《科技资讯》2012年第14期，第246页。
② 朱永香：《翩然走来的精灵——从"异类"解读〈聊斋志异〉的生态意识》，《宁波大学学报（人文科学版）》2012年第2期，第27—31页。
③ 杨顺清：《侗族传统环保习俗与生态意识浅析》，《中南民族学院学报（人文社会科学版）》2000年第1期，第62—65页。
④ 宝贵贞：《蒙古族传统环保习俗与生态意识》，《黑龙江民族丛刊》2002年第1期，第96—99页。
⑤ 张建：《东山瑶民俗文化中的生态适应及生态意识》，广西师范大学硕士学位论文，2005年。

功能》^①，认为居住在桂林山区的瑶族在长期的生产生活中形成了祭祀山神、不杀孕兽等狩猎传统习俗，这些习俗中蕴含着敬畏自然、顺应自然、关爱生命等生态环境意识，是瑶族优秀森林文化的重要组成部分，对现代生态文明建设具有重要借鉴意义。令昕陇《民间信仰的发生及其生态意识》^②及《民间信仰中的生态意识——人与自然相互沟通的文化要素》^③，认为民间信仰中包含着先民们朴素的生态环境意识，反映了原始先民逐渐萌生的"天人合一""万物有灵"的自然生态观念，这种朴素的生态观积淀为人类文化的生成因素，被一代代传承下来，构筑成人与自然和谐相处的思想基础。

4. 对我国古代宗教教义中生态环境意识的探讨

佛教和道教作为中国历史上源远流长的两大宗教体系，其宗教文化中亦蕴含着丰富的生态智慧，剖析其基本教义中的朴素自然观与环保实践，挖掘其中蕴含的生态观念，用现代生态学原理加以解释，是生态环境意识研究的一个非常重要的方面。吴晓华《生态意识的觉醒："道家万物齐一"思想的意义》^④、谢清果《道家的生态意识管窥》^⑤、卿希泰《道教生态伦理思想及其现实意义》^⑥、于耀《从道教天人合一看生态环境保护思想》^⑦等均指出道家在生态伦理上尊重自然，甚至以天地为父母；在生态保护方面，道家认为人与自然之间不是相互战胜的关系，人应当在认识自然的前提下通过自律来辅助自然；在生态利用方面，道家讲究人应当有理、有利、有节地利用自然，以维护生态和谐，而尹志华《道教戒律中的环境保护思想》^⑧还剖析了道教教义中的朴素自然观。

---

① 刘代汉、何新凤、吴江萍，等：《桂林瑶族狩猎传统习俗中的生态意识及其社会功能》，《桂林师范高等专科学校学报》2010 年第 3 期，第 77—79 页。
② 令昕陇：《民间信仰的发生及其生态意识》，《齐齐哈尔大学学报（哲学社会科学版）》2010 年第 3 期，第 48—50 页。
③ 令昕陇：《民间信仰中的生态意识——人与自然相互沟通的文化要素》，《连云港师范高等专科学校学报》2008 年第 1 期，第 33—35 页。
④ 吴晓华：《生态意识的觉醒："道家万物齐一"思想的意义》，《南昌大学学报（人文社会科学版）》2008 年第 2 期，第 26—30 页。
⑤ 谢清果：《道家的生态意识管窥》，《北京林业大学学报（社会科学版）》2012 年第 2 期，第 6—12 页。
⑥ 卿希泰：《道教生态伦理思想及其现实意义》，《四川大学学报》2002 年第 1 期，第 39—43 页。
⑦ 于耀：《从道教天人合一看生态环境保护思想》，《重庆工学院学报（社会科学版）》2007 年第 10 期，第 94—95 页。
⑧ 尹志华：《道教戒律中的环境保护思想》，《中国道教》1996 年第 2 期，第 33—34 页。

　　王斌等人的《佛教、道教文化中生态意识及环保实践的比较研究》^①，对道教和佛教教义中的自然观与环保实践方面的异同进行了比较，从生物学的角度挖掘了其中蕴含的生态意识，用现代生态学原理加以解释。孙利玲《〈太平经〉生态意识管窥》^②认为，《太平经》蕴含着丰富的生态环境意识，其中包括以顺天道、顺天地之性为主的回归意识，以中和阴阳为主的科学意识，以担忧人对天地（自然）的危险从而伤及人类自身为主的忧患意识，以制止"承负"向消极发展为主的责任意识，以恶杀好生为主的价值意识。方立天《佛教生态哲学与现代生态意识》^③认为，佛教是一个以超越人类本位的立场和追求精神解脱为价值取向的宗教文化体系，其中蕴含着丰富的生态哲学思想。

　　对我国古代生态环境意识进行探讨的著作与文章还有很多，限于篇幅的原因，在此不一一叙述。总体来讲，"生态环境意识"这一概念虽然是在近代才被提出和重视的，但其思想自从有了人类社会就萌芽、产生了，伴随在人地关系演变的每一个过程中，值得我们去细细梳理和品味，这对我们今天建设生态文明社会有着重要而深远的史鉴意义。

（二）国外学者关于我国古代生态环境意识的研究概况

　　海外学界对东方生态智慧的关注度一向较高，如叔本华、史怀泽、赫胥黎、汤因比、池田大作、卡普拉、罗尔斯顿等思想家或生态学家都强调了古代东方生态智慧的重要意义，认为建构当代生态伦理学和解决当代环境危机需要从中国传统智慧中汲取营养。如美国环境学家罗尔斯顿认为，吸取东方尤其是中国传统文化，可以部分地提高西方人的伦理水平，改变直到现在西方还存在的那种仅仅把动植物当作"拧在太空飞船地球上"的铆钉，而不是当作"地球生命共同体中的一个成员"的错误观点。^④德国汉学家卜松山对中国哲学界关于"天人合一"的观

① 王斌、王莹、马建章：《佛教、道教文化中生态意识及环保实践的比较研究》，《生命科学研究》2006年第3期，第10—16页。
② 孙利玲：《〈太平经〉生态意识管窥》，《重庆科技学院学报（社会科学版）》2008年第4期，第154—155页。
③ 方立天：《佛教生态哲学与现代生态意识》，《文史哲》2007年第4期，第22—28页。
④ 〔美〕霍尔姆斯·罗尔斯顿：《科学伦理学与传统伦理学》，转引自王雪梅：《儒家思想的生态智慧及其现实诠释》，《河南工业大学学报（社会科学版）》2015年第3期，第53—57页。

点持赞同的态度，在环境危机和生态平衡受到严重破坏的情况下，强调的'天人合一'，或许可以避免人类在错误的道路上越走越远①，认为这是一个"在今日具有不可忽视的世界性意义"的思想。一些日本学者也纷纷把目光从西方哲学或思想转向东方智慧，尝试性地从东亚自身传统思想中挖掘对现代环境思想的意义，推出了诸如梅原猛等人的《东方思想的智慧》等著作，对于儒家的"天人合一"与"普遍和谐"的生态智慧给予了相当的重视，认为儒家思想是自孔孟以来融汇朱子学、阴阳学等各种流派思想发展起来的思想体系。②另外，为了深入探讨东方生态思想对当今生态文化思想的巨大价值，哈佛大学宗教研究中心先后组织了多次大型学术研讨会，影响很大。

（三）出土文献中有关生态环境意识的研究概况

一些学者利用西北地区出土文献、画塑形象资料中有关生态环境保护方面的材料，从意识根源、动植物资源保护、艺术审美等方面对古代生态环境保护做过若干探讨，主要集中在以下几个方面。

胡同庆等《初探敦煌壁画中的环境保护意识》③及《论古代敦煌环保意识基础及其与现代大西北可持续发展之关系》④，对敦煌壁画中所反映的古代敦煌的环境保护意识进行了探讨，指出壁画内容所宣传的众生平等、因果报应是古代敦煌佛教环保意识的思想理论基础，只有建立在一定思想理论基础上的环保意识，才有利于环保行动和环保建设的可持续发展。许文芳《古代敦煌民众生态环境保护意识考论》⑤，以敦煌简牍文书、壁画、考古发掘等资料为主要依据，结合传世典籍，

---

① 〔德〕卜松山：《儒家传统的历史命运和后现代意义》，赵成：《当代自然观的生态化转向及其意义》，《科学技术与辩证法》2006 年第 6 期，第 1—4 页。

② 〔日〕龟山纯生、龚颖：《东方思想在现代画家思想中的意义——以佛教思想为中心》，王雪梅：《儒家思想的生态智慧及其现实诠释》，《河南工业大学学报（社会科学版）》2015 年第 3 期，第 53—57 页。

③ 胡同庆：《初探敦煌壁画中的环境保护意识》，《敦煌研究》2001 年第 2 期，第 51—59 页。

④ 胡同庆、施寿生：《论古代敦煌环保意识基础及其与现代大西北可持续发展之关系》，《敦煌研究》2001 年第 3 期，第 31—36 页。

⑤ 许文芳：《古代敦煌民众生态环境保护意识考论》，西北师范大学硕士学位论文，2006 年。

对汉至唐五代、宋元时期敦煌民众生态环境保护意识的形成和发展作了若干梳理和研究。明成满《隋唐五代佛教的环境保护》[①]，利用敦煌文书和壁画资料探讨了隋唐五代时期僧侣们面对自然环境遭到破坏的社会现实，以佛教教义的相关内容为思想武器，在放生和护生、植树造林和宣传环保方面做出的贡献。谢继忠《从敦煌悬泉置〈四时月令五十条〉看汉代的生态保护思想》，提出《四时月令五十条》以法律"诏书"的形式确立了以"四时"为基础的自然时序和人事活动应遵循自然时序的生产生活准则，突出了对自然资源开发利用"以时禁发""用养结合"的原则，提出了保护农业生态系统和保护林木资源、动物资源、水资源的思想，它在古代生态保护和法律史上占有重要地位。[②]

苏金花《从敦煌、吐鲁番文书看古代西部绿洲农业的灌溉特点——基于唐代沙州和西州的比较研究》[③]，说明唐代西州和沙州绿洲农业为了充分利用各种水资源，修建了完备的水利灌溉系统，制定了严格的灌溉用水制度，设立了完善的水利管理机制。灌溉用水既体现了《水部式》"依次取用"和"务使均普"的总原则，又保持了地方用水的独特性，始终遵循"自下始"的原则，按照"以水定地""以地定役"来建立灌溉设施日常维护机制；指出西州和沙州绿洲农业的灌溉受地形、气候、水源等自然因素的制约，更受到政治、经济、文化等社会因素的影响，国家和地方政府在灌溉管理中占主导地位。殷光明《从敦煌汉晋长城、古城及屯戍遗址之变迁简析保护生态平衡的重要性》[④]，从敦煌汉晋长城、古城、屯戍区域之变迁，保护和破坏自然环境之得失方面论证了保护生态平衡的重要性。李并成、许文芳《从敦煌资料看古代民众对于动植物资源的保护》[⑤]，对敦煌资料（简牍、遗书、壁画等）中蕴含的丰富的古代民众对于动植物资源保护方面的内容进行了

---

① 明成满：《隋唐五代佛教的环境保护》，《求索》2007年第5期，第200—202页。
② 谢继忠：《从敦煌悬泉置〈四时月令五十条〉看汉代的生态保护思想》，《衡阳师范学院学报》2008年第5期，第114—117页。
③ 苏金花：《从敦煌、吐鲁番文书看古代西部绿洲农业的灌溉特点——基于唐代沙州和西州的比较研究》，《中国经济史研究》2015年第6期，第72—79页。
④ 殷光明：《从敦煌汉晋长城、古城及屯戍遗址之变迁简析保护生态平衡的重要性》，《敦煌学辑刊》1994年第1期，第53—62页。
⑤ 李并成、许文芳：《从敦煌资料看古代民众对于动植物资源的保护》，《敦煌研究》2007年第6期，第90—95页。

挖掘和论证。李并成《敦煌文献中蕴涵的生态哲学思想探析》[①]，认为敦煌文献保存了一批弥足珍贵的古代生态环境方面的资料，其中闪耀着丰富的生态哲学思想的光辉，主要体现在"敬畏自然""天人合一"的自然观，遵循自然规律保护生态环境的思想，保持生态平衡、维系林草植被永续利用的理念和实践，"钓而不网、弋不射宿"保护动物资源的思想，"合敬同爱"保护水源讲求公共卫生等方面。李艳、谢继忠《从黑城文书看元代亦集乃路的水利管理和纠纷》[②]，认为元代亦集乃路是甘肃行省的北部重镇，军民所依赖的农业生产全靠黑河水灌溉，由于人口、耕地、气候、民户负担等多种因素，当地水利灌溉管理严格，并针对纠纷时常发生的事实，官府有相应的处理纠纷的方式和方法。吴宏岐《〈黑城出土文书〉中所见元代亦集乃路的灌溉渠道及其相关问题》[③]，研究了亦集乃路渠道和灌溉问题。孔德翊《黑城文书所见亦集乃路自然灾害》[④]，利用黑水城文书资料，总结出西夏时期存在旱灾、寒灾、盐碱化、沙漠化、虫灾等自然灾害，并分析了这些灾害产生的原因及其表现特点。朱建路《从黑城出土文书看元代亦集乃路河渠司》[⑤]，认为元代亦集乃路河渠司承担了呈报粮食收成分数、催征税粮和拘收蒙古子女等本应由州县负责的行政事务，其职能相当宽泛，这与其他地区有很大不同；这种情况的出现与亦集乃地区缺乏水资源、行政建置不全及河渠司掌管水利与基层村社联系密切有很大关系。

① 李并成：《敦煌文献中蕴涵的生态哲学思想探析》，《甘肃社会科学》2014 年第 4 期，第 34—38 页。

② 李艳、谢继忠：《从黑城文书看元代亦集乃路的水利管理和纠纷》，《边疆经济与文化》2010 年第 1 期，第 121—122 页。

③ 吴宏岐：《〈黑城出土文书〉中所见元代亦集乃路的灌溉渠道及其相关问题》，周伟洲主编：《西北民族史论丛》第 1 辑，北京：中国社会科学出版社，2002 年。

④ 孔德翊：《黑城文书所见亦集乃路自然灾害》，《西夏研究》2013 年第 2 期，第 13—18 页。

⑤ 朱建路：《从黑城出土文书看元代亦集乃路河渠司》，《西夏学》2010 年第 1 期，第 85—91 页。

第一章　传世文献中所见的
生态环境思想概述

　　挖掘、研究出土文献中蕴含的民众生态环境意识，首先有必要对我国浩博的传世文献中所见的生态环境思想做一个简单的梳理与回顾，也以此作为本书研究的重要背景。

第一节　传世文献中所见生态环境思想的产生与发展

　　环境保护问题归根结底是处理人与自然之间的关系问题，但相比较而言，人与自然的关系问题比环境保护的内涵更加宽泛，它是伴随人类意识产生以来就一直思考着的、带有哲学性质的问题。这一问题包含三个相互关联的方面：一是人作为自然的一部分，思考和认识人自身的哲学问题。二是人作为自然的对应物，认识和改造自然的科学问题。三是人类认识到自身既是自然的对应物又是自然的一部分，从而去协调人与自然关系的环境保护问题。而环境保护实质上是人类将自己的生存与自然的生存作为一个整体时才逐渐明确起来的问题。环境保护的意识经历了从不自然到自觉、从朦胧到清晰的过程，上升为人类普遍关注和思考的重大问题。

一、先秦时期的生态环境思想简述

（一）先民对环境的认识和改造

　　大约在 300 万年前，人类开始从自然界分化出来，踏上了人猿相揖别的漫长道路。我国广大地区分布着许多古人类文化遗址。考古发掘的结果表明，遗址所在之处，当时大都是林草植被茂盛、水源丰富、气候温暖湿润的地区。这说明先民们从一开始就是根据自己的直觉选择追逐适合人类生存的自然环境。工具和火的使用虽然使人与动物有了区别，但由于当时社会生产力水平低下，与自然环境相比较，人类的力量是相当微弱的，人类在这一阶段是依附于自然的。

史前时期的人类对自然环境的依附远远大于对自然环境的改造，从自然环境中寻求生机的迫切性，使得人们对自然环境的认识囿于生存上严重的依赖性，呈现出明显的物我难分的混沌色彩。《艺文类聚》引《三五历纪》和《绎史》引《五运历年纪》，都记载了"天地混沌如鸡子，盘古生其中，万八千岁，天地开辟，阳清为天，阴浊为地"①。盘古死后，"气成风云，声为雷霆，左眼为日，右眼为月，四肢五体为四极五岳，血液为江河，筋脉为地里，肌肉为田土，发髭为星辰，皮毛为草木，齿骨为金石，精髓为珠玉，汗流为雨泽，身之诸虫，因风所感，化为黎甿"②。《太平御览》引《风俗通》中记载女娲造人的传说："俗说天地开辟，未有人民，女娲抟黄土作人。"③人产生以后，"四极废，九州裂，天不兼覆，地不周载。火爁炎而不灭，水浩洋而不息，猛兽食颛民，鸷鸟攫老弱"④。《淮南子·本经训》记载，上古时候，天上十日并出，焦禾稼，杀草木，而民无所食。各种凶禽猛兽危害百姓，后羿用箭射下了九个太阳，又斩杀了各种凶禽猛兽。这些神话传说中，自然环境被人形化了，而人（英雄）被自然化了。他们具有与自然界一样的威力。人类经历着不可抗拒的自然环境施与的暴虐，幻想着抵御自然环境的能力，而这些幻想中的能力又只能以神秘莫测的自然现象为依据。在神话传说中，人与自然之间界限的模糊特征反映出人类在精神上尚未与自然界完全分离，而这在图腾崇拜中表现得更为突出，这至少说明在远古时期，人类还没有把自身与自然界分离开来，而是将自身看作是自然界的延续，将自然物看作是自身的渊源。《史记·五帝本纪》记载黄帝与炎帝作战时，曾驱熊、罴、貔、貅、虎等与炎帝战于

---

① （唐）欧阳询撰，汪绍楹校：《艺文类聚》上册，北京：中华书局，1965年，第2页。

② （清）马骕：《绎史》，南京：江苏广陵古籍刻印社，1987年影印本，第73页。

③ （宋）李昉等：《四部丛刊三编·子部·太平御览》卷78《皇王部三》，上海：上海书店出版社，1936年，第43页。

④ （汉）刘安撰，陈静注译：《淮南子》卷6《览冥训》，郑州：中州古籍出版社，2010年，第99页。

阪泉。而实际上，黄帝并非具有指派动物作战的本领，只是调动了以上述几种动物为图腾的氏族部落协同作战而已。《诗·商颂》记载："天命玄鸟，降而生商。"[①]《史记·殷本纪》描述："见玄鸟堕其卵，简狄取吞之，因孕生契。"[②]《史记·秦本纪》记载"女修织，玄鸟陨卵"[③]，秦的先祖"女修吞之，生子大业"[④]。这实际上说明商人、秦人都是以玄鸟为其图腾的。

《左传·昭公十七年》记，郑国国君郯子到鲁国，昭子问郯子："少皞氏，鸟名官，何故也？"郯子回答："吾祖也，我知之。昔者黄帝氏以云纪，故为云师而云名。炎帝氏以火纪，故为火师而火名。共工氏以水纪，故为水师而水名。大皞氏以龙纪，故为龙师而龙名。我高祖少皞挚之立也，凤鸟适至，故纪于鸟，为鸟师而鸟名。凤鸟氏，历正也。玄鸟氏，司分者也。伯赵氏，司至者也，青鸟氏，司启者也。丹鸟氏，司闭者也。祝鸠氏，司徒也。鸤鸠氏，司马也。鸬鸠氏，司空也。爽鸠氏，司寇也。鹘鸠氏，司事也。"[⑤]显然，以少皞氏为首的这个氏族是以凤鸟为原生图腾的，并由此衍生出各个胞族的图腾。

人们从对图腾物的崇拜发展到对图腾符号的崇拜，说明了人类抽象思维能力的提高，但也表明人类在主观上尚未摆脱对自然环境的皈依。处在图腾社会的人们认定自身是某种自然物的后代，一方面能够在幻想中借助于图腾物的力量来建立对自然环境的虚构统治；另一方面则通过图腾崇拜，把自己与自然看成是一体的，自然环境的威力就是自身的力量，人类服从的不过就是自己。这样，既为人类的生存状况提供了理由，也为氏族的生存行为设置了规范。

总之，远古时期人类对自然环境的依顺，是其本能的认同自然界的规律的产物，尽管其中确有一些保护环境的行为，但却是基于物种保护之外的理由而出现的。因此，环境意识在当时还是处在一种主客不分、物我不分的混沌状况之中。

① （清）阮元校刻：《十三经注疏·毛诗正义》卷20，北京：中华书局，1980年，第622页。
② 《史记》卷3《殷本纪》，北京：中华书局，1999年，第67页。
③ 《史记》卷5《秦本纪》，第125页。
④ 《史记》卷5《秦本纪》，第125页。
⑤ （清）阮元校刻：《十三经注疏·春秋左传正义》卷48，北京：中华书局，1980年，第2083页。

（二）夏、商、周人们对人与自然关系的理解

陈子展通过对《诗经》的研究指出："此皆具有经济政策上利用物质、保养资源之重要意义。此种思想及其措施，盖远自渔猎时代，人知利用自然经济、采集经济，长期积累无数之经验知识而逐渐形成。"①这就是说那时的人类完全依赖自然自生的物产维系生命，所以他们懂得有控制地利用、有保护地采集，实则是一种物产养护的生态维系观。这种对物产养护的生态观在以后的生态环境保护思想的发展过程中贯穿始终。根据《史记·五帝本纪》记载，黄帝就曾教人"劳勤心力耳目，节用水火材物"②，提出了"节用"的观点。

我国进入奴隶社会之后，生产力水平有了较大的提高，农业和手工业生产水平都得到了提高。尤其是青铜冶铸业发展更为突出，所制成品非常精美。这增强了人们征服自然的能力，也影响着人们对自然关系的认识，并进入以具体的自然物为崇拜对象，向以抽象的自然界为崇拜对象的认识过程。夏朝时，已有了"时禁"的观念。《逸周书·大聚篇》载："旦闻禹之禁：春三月山林不登斧，以成草木之长；夏三月川泽不入网罟，以成鱼鳖之长……"③通过制定相应的法令来保护林草植被和生物资源。《礼记·月令》载："孟春之月……禁止伐木，毋覆巢，毋杀孩虫、胎、夭、飞鸟、毋麛、毋卵。"④"仲春之月……毋作大事，以妨农之事。是月也，毋竭川泽，毋漉陂池，毋焚山林。"⑤"季春之月……无伐桑柘。"⑥"孟夏之月，是月也……继长增高，毋有坏堕，毋起土功，毋发大众，毋伐大树。"⑦"季夏之月……乃命虞人入山行木，毋有斩伐。"⑧

商代人崇拜"帝"。"帝"甲骨文作"采"。"采"是束柴的象征，表示燔柴祭祀的意思。人们祭祀祖先时称"帝"。《礼记·祭法》记载："祭法：有虞氏禘黄帝

---

① 陈子展撰述：《诗经直解》卷16，上海：复旦大学出版社，1983年，第557页。

② 《史记》卷1《五帝本纪》，第5页。

③ 黄怀信：《逸周书校补注译》，西安：三秦出版社，2006年，第191页。

④ （清）阮元校刻：《十三经注疏·礼记正义》卷14，第1357页。

⑤ （清）阮元校刻：《十三经注疏·礼记正义》卷15，第1362页。

⑥ （清）阮元校刻：《十三经注疏·礼记正义》卷15，第1363页。

⑦ （清）阮元校刻：《十三经注疏·礼记正义》卷15，第1365页。

⑧ （清）阮元校刻：《十三经注疏·礼记正义》卷16，第1371页。

而郊喾，祖颛顼而宗尧；夏后氏亦禘黄帝而郊鲧，祖颛顼而宗禹；殷人禘喾而郊冥，祖契而宗汤；周人禘喾而郊稷，祖文王而宗武王。"[①]可见，"帝"既表示祭祀祖先，也表现为对祖先的崇拜。

从对个别自然物的图腾崇拜到对人自身祖先的崇拜，已经接近了从"万物有灵"观念向"一元神"过渡的模式。虽然在商时，祖先尚不具备完全人格化神的特征，但是，对祖先的崇拜表现出观念上人与自然的分离。祖先本身就体现着前人的活动经历和劳动经验，对祖先的崇拜意味着对人自身历史的继承和对劳动经验的延续，意味着把人看成是主宰万物的神灵。

《周易》中的"八卦"是将"天、地、雷、风、水、火、山、泽"八种自然要素作为万物之源，八卦交互叠加反映了物质环境的内部联系，天地是总根源。"《彖》曰：大哉乾元，万物资始，乃统天。云行雨施，品物流形。大明终始，六位时成，时乘六龙以御天。乾道变化，各正性命。保合大和，乃利贞。首出庶物，万国咸宁。"[②]其中的大明是指太阳，天既包括太阳，也包含云、雨等气象。因此，它能繁殖出万物。而对于坤来讲，"《彖》：至哉坤元，万物资生，乃顺承天。坤厚载物，德合无疆。含弘光大，品物咸亨"[③]，说明地是万物生长的基础，顺承着天的变化而变化。大地蕴藏深厚，承载万物，面积广大，物类各得其所，一方面说明土地的作用；另一方面表明了天与地的关系。《周易》中还记载"地道变盈而流谦"[④]的变化原则是侵蚀那些高处的土石而增高低凹之处。这些对环境认识的论述均带有朴素的辩证唯物主义色彩。

《山海经》是我国上古的一部奇书，记载的内容富有传奇色彩，分为《山经》《海经》。《山海经》中饱含着先民探索生态环境的知识结晶，反映了先民对自然界知识的渴求愿望。其《海外东经》记载："帝命竖亥步，自东极至于西极，五亿十选（万）九千八百步。竖亥右手把算，左手指青丘北。"[⑤]竖亥对自然界空间的测量，正是追求知识的过程。《山海经》对上古的生态状况有许多记载，

①　（清）阮元校刻：《十三经注疏·礼记正义》卷21，第1414页。

②　（清）阮元校刻：《十三经注疏·周易正义》卷1，第14页。

③　（清）阮元校刻：《十三经注疏·周易正义》卷1，第18页。

④　（清）阮元校刻：《十三经注疏·周易正义》卷2，第31页。

⑤　袁珂校注：《山海经校注·海经新释卷4·海外东经》，上海：上海古籍出版社，1980年，第258页。

山脉、河流、矿物、植物、动物、气象皆有涉及。如《南山经》记："羽山，其下多水，其上多雨，无草木，多蝮虫。"[①] "瞿父之山，无草木，多金玉。"[②] "仆勾之山，其上多金玉，其下多草木，无鸟兽，无水。"[③] "洵山，其阳多金，其阴多玉。"[④]《山海经》还对山阳（南坡）的生态状况颇多称誉，如《西山经》说钟山之阳"五色发作，以和柔刚。天地鬼神，是食是飨"[⑤]。《中山经》说："和山……吉神泰逢司之，其状如人而虎尾，是好居于萯山之阳，出入有光。泰逢神动天地气也。"[⑥]山南负阴抱阳，所以植被丰厚，生机勃勃。《山海经》也反映了先民的物候学知识，他们认为当某物出现时，就预示着某一对应的现象出现。如对旱灾的认识，《南山经》说有鲐鱼、颙出现时，天下大旱。《西山经》说有肥蟥、出现时大旱。《中山经》说有鸣蛇出现时则旱。又如对水灾的认识，《西山经》说蛮蛮、胜遇、嬴鱼出现时，天下大水。《东山经》说犰山上"其状如夸父"[⑦]的兽出现时则天下大水。此外，还有此类对于风灾、蝗灾、火灾等的认识。

中国先民很注重生态的时间性，认定不同的年、月生态再现不同的现象，人们必须按照生态的规律办事。《夏小正》就是最早的农家月令历书，按夏历十二月的顺序讲述每月的气象、物候、农事及文化。通过对其月令的学习可以知道飞禽走兽在当时的活动规律，亦可知道农夫们每月忙碌的事情，还可知道贵族们的祭祀和赏赐活动。而《诗经·国风·豳风·七月》则反映了周代月令的情况。《七月》描述的是豳邑（今陕西彬州市）一带的农事和文化，如：

> 七月流火。九月授衣。春日载阳，有鸣仓庚……六月食郁及薁，七月亨葵及菽，八月剥枣，十月获稻。为此春酒，以介眉寿。七月食瓜，八月断壶。

---

① 袁珂校注：《山海经校注·山经东释卷 1·南山经》，上海：上海古籍出版社，1980 年，第 11 页。
② 袁珂校注：《山海经校注·山经东释卷 1·南山经》，第 11 页。
③ 袁珂校注：《山海经校注·山经东释卷 1·南山经》，第 13 页。
④ 袁珂校注：《山海经校注·山经东释卷 1·南山经》，第 13 页。
⑤ 袁珂校注：《山海经校注·山经东释卷 2·西山经》，第 41 页。
⑥ 袁珂校注：《山海经校注·山经东释卷 5·中山经》，第 128 页。
⑦ 袁珂校注：《山海经校注·山经东释卷 4·东山经》，第 103 页。

九月叔苴。采荼薪樗，食我农夫。①

由《夏小正》开创的月令体裁的农历书对后世有很大影响，东汉崔寔《四民月令》、唐韩鄂《四时纂要》，都是按月叙述天文、气象、占候、种植、修造等事项，指导农民合理安排生产和生活。此外，元代有《农桑衣食撮要》，明代有《便民图纂》《沈氏农书》等，大抵都属于此类。

（三）春秋战国时期人们的环境意识概述

春秋战国时期，社会生产力的发展，促进了社会大变革，许多思想家从不同角度对社会变革发表主张，形成了"百家争鸣"的生动局面，使得人们的环境意识得到进一步提升与发展。这特别体现在老子、管仲、荀子等人的思想及《吕氏春秋》《黄帝内经》等有关论述中。

1. 老子思想中的环境观点

老子是我国古代第一位对人类所生活的物质世界做出较系统论述的学者。老子以"道"为世界的本源。"有物混成，先天地生。寂兮廖兮！独立不改，周行而不殆。可以为天下母，吾不知其名，字之曰'道'，强为之名曰'大'。"②他认为在天地产生之前，有一种混沌未分的东西，它静寂无声，虚渺无体，独立自存，不消不亡，循环运行，永不歇息，它可以成为天地的产生者，不知道它的名字，把它叫作"道"。老子认为"道"是天地万物的总根源。"道冲，而用之或不盈。渊兮，似万物之宗。挫其锐，解其纷，和其光，同其尘。湛兮，似或存。吾不知谁之子，象帝之先。"③老子的"道"是颇为神秘的，它完全不同于宗教中的神仙上帝，老子用"道"的概念否定了上帝的至上地位和权威，认为"道"更为本原，同时道本身也没有意志，并不是最高的神。"道之尊，德之贵，夫莫之命而常自然。故道生之，德畜之，长之育之，亭之毒之，养之覆之。生而不有，为而不恃，长

---

① （清）阮元校刻：《十三经注疏·毛诗正义》卷8，北京：中华书局，1980年，第389—391页。

② （魏）王弼注，楼宇烈校释：《老子道德经校释》第25章，北京：中华书局，2008年，第62—63页。

③ （魏）王弼注，楼宇烈校释：《老子道德经校释》第4章，第10页。

而不宰,是谓玄德。"① "道"生养万物而不占有万物,"道"有所成就却不自恃有功,"道"并不是有意志有目的的主宰万物的神,更不是后来的人格化神。

可见,老子在"道"的基础上把人与自然统一了起来,人要遵循"道",天也要遵循"道":"人法地,地法天,天法道,道法自然。"②遵循"道"就是要按万物自然的规律去看待自然。"道常无为,而无不为。"③从以上所述可以看出,老子以独特的视角关注人与自然的和谐发展问题,其思想包含了道法自然的生态平衡观、万物相系的生态整体观和知常曰明的生态保护观。

2. 庄子思想中的环境观点

庄子是老子之后道家最杰出的人物。他在《庄子·山木》中讲到食物链:"睹一蝉,方得美荫而忘其身;螳螂执翳而搏之,见得而忘其形;异鹊从而利之,见利而忘其真。"④动物之间有生克关系,每一动物都有所食之物,而其本身也是其他动物的所食之物。

庄子提倡自然、平淡、无为,以之为人文境界。《庄子·刻意》云:"夫恬惔寂漠、虚无无为,此天地之平而道德之质也。故曰:圣人休休焉则平易矣,平易则恬惔矣。平易恬惔,则忧患不能入,邪气不能袭,故其德全而神不亏。"⑤

庄子以相对主义看待生态,强调主观感受。《庄子·齐物论》云:"天下莫大于秋豪之末,而大山为小;莫寿于殇子,而彭祖为夭。天地与我并生,而万物与我为一。"⑥庄子倡导顺应自然,认为不可为之而为之,必然适得其反。其《应帝王》篇举例说:"南海之帝为倏,北海之帝为忽,中央之帝为浑沌。倏与忽时相与遇于浑沌之地,浑沌待之甚善。倏与忽谋报浑沌之德,曰:'人皆有七窍以视听食息,此独无有,尝试凿之。'日凿一窍,七日而浑沌死。"⑦浑沌本是非无非有的自

---

① (魏)王弼注,楼宇烈校释:《老子道德经校释》第51章,第137页。
② (魏)王弼注,楼宇烈校释:《老子道德经校释》第25章,第64页。
③ (魏)王弼注,楼宇烈校释:《老子道德经校释》第37章,第90页。
④ (清)郭庆藩撰,王孝鱼点校:《庄子集释》卷7上,北京:中华书局,1961年,第695页。
⑤ (清)郭庆藩撰,王孝鱼点校:《庄子集释》卷6上,第538页。
⑥ (清)郭庆藩撰,王孝鱼点校:《庄子集释》卷1上,第79页。
⑦ (清)郭庆藩撰,王孝鱼点校:《庄子集释》卷3下,第309页。

然存在，而忽却要按自己的意志去穿凿，结果导致了浑沌的死亡，造成了悲剧。这个寓言包含深刻的哲理，自然有自然的存在方式，人不应要求自然像人一样"视听食息"，人若对自然改造过度，必然徒劳。

《庄子·秋水》讨论了天与人的关系，把天与人理解为内与外两个层次，人必因于天，谨守天道，才符合天人之真谛。"天在内，人在外，德在乎天。知天人之行，本乎天，位乎得，蹢躅而屈伸，反要而语极。曰：'何谓天？何谓人？'北海若曰：'牛马四足，是谓天；落（络）马首，穿牛鼻，是谓人。故曰：无以人灭天，无以故灭命，无以得殉名'。"[①]牛马有足是天生，羁马首、穿牛鼻是人为，人为终归造物之自然。

庄子主张回归自然，其思想近乎极端。《庄子·马蹄》记载庄子认为时代有"同德"之世和"至德"之世，"至德之世，其行填填，其视颠颠。当是时也，山无蹊隧，泽无舟梁；万物群生，连属其乡；禽兽成群，草木遂长。是故禽兽可系羁而游，鸟鹊之巢可攀援而窥"[②]。由于世道淳和之至，人们忘乎物我，不伐不夺，莫往莫来，不害飞禽走兽，不伤蔬萩果木，人无害物之心，物无畏人之虑，万物同一。

3. 《论语》思想中的环境观点

《论语》相传是孔子后学编纂的记载孔子及其弟子言行的儒家经典。孔子一生重视伦理礼制，孔子也不相信鬼神，不赞成祈祷和占卜，采取"敬鬼神而远之"的态度。但是，孔子有其自然观，持客观自然主义态度。《论语》多次论天，如《阳货》篇记载："子曰：'天何言哉？四时行焉，百物生焉，天何言哉？'"[③]《泰伯》篇记载："子曰：'大哉尧之为君也！巍巍乎！唯天为大，唯尧则之。'"[④]这就是说四季的运行和百物的生长都有自身的规律，不因外物而改变。尧能够效法自然，所以成就斐然。如果违背了自然，即使祈祷也没有用。《八佾》篇载孔子语："获罪于天，无所祷也。"[⑤]

---

① （清）郭庆藩撰，王孝鱼点校：《庄子集释》卷 6 上，第 590—591 页。

② （清）郭庆藩撰，王孝鱼点校：《庄子集释》卷 4 中，第 334 页。

③ （清）阮元校刻：《十三经注疏·论语注疏》卷 17，北京：中华书局，1980 年，第 2526 页。

④ （清）阮元校刻：《十三经注疏·论语注疏》卷 8，第 2487 页。

⑤ （清）阮元校刻：《十三经注疏·论语注疏》卷 3，第 2467 页。

《论语·雍也》记载孔子的一句名言："知者乐水，仁者乐山。"[1]这句话指出了山与仁爱者、水与智慧者的缘分。葱茏巍峨的群山孕育了人的博大仁爱精神，畅流不止的江河启迪了人的无限智慧。因此，仁者喜欢宽广厚实的群山，智者喜欢涌动起伏的流水。生活在山区的人和生活在水域的人，在情操和智慧上是有差别的。

地理条件对人的影响，孔子曾多次给予肯定，"四书"之一的《中庸》记载：

> 子路问强。子曰：南方之强与？北方之强与？抑而强与？宽柔以教，不报无道，南方之强也，君子居之。衽金革，死而不厌，北方之强也，而强者居之。[2]

子路问什么是坚强，孔子回答南北有不同。南方的坚强是用宽和柔顺的精神感化别人，对横逆无道也不报复。北方的坚强是用兵器甲胄当枕席，死了也不后悔。概言之，南方人以柔为强，北方人以刚为强。

孔子的学说以尊重和顺从自然为重要内容，忽略驾驭和征服自然，近人梁启超在《孔子》一文中评论说：

> 孔子终是崇信自然法太过，觉得天行力绝对不可抗，所以总教人顺应自然，不甚教人矫正自然，驾驭自然，征服自然。原来人类对于自然界，一面应该顺应它，一面应该驾驭它。非顺应不能自存，非驾驭不能创造，中国受了知命主义的感化，顺应的本领极发达。所以数千年来，经许多灾害，民族依然保存，文明依然不坠，这是善于顺从的好处。但过于重视天行，不敢反抗，创造力自然衰弱，所以虽能保存，却不能向上，这是中华民族一种大缺点……[3]

---

① （清）阮元校刻：《十三经注疏·论语注疏》卷 6，第 2479 页。

② （宋）朱熹：《四书章句集注·中庸章句》，第 21 页。

③ 梁启超：《饮冰室合集·专集之三十六》，北京：中华书局，1989 年，第 25 页。

儒家学说偏重于自然，相信天、天道、天命。法国耶稣会士李明在 300 年前写了一本《中国现势新志》，介绍儒教的自然神论，说《论语》有 20 多处谈"天"，纯任自然。这本书对欧洲的启蒙运动有一些影响，自然神论者以之与传统神学做斗争，向正统的基督教神学进攻。自然神论是当时一股进步思潮，它反对宗教狂热和教派纷争，有利于自然科学的发展。当然，它仍属于有神论范畴。值得深思的是，儒家推荐自然神秘主义，但并没有促进中国古代的自然科学发展，而是为西方中世纪吹进了新风，被西方启蒙思想家作为借鉴的思想。

4.《管子》《孟子》思想中的环境观点

管子认为，自然环境是人类生存的基础、衣食的来源。"地者，万物之本源，诸生之根菀也"[①]，而山林草泽则是"地利之所在也"[②]。因此，必须要保护好山林，才能使衣食之源用之不尽，"山不童而用赡"[③]。如果滥伐山林，就会"五谷不宜其地，国之贫也"[④]。而《管子·轻重甲》亦载："山林、菹泽、草莱者，薪蒸之所出，牺牲之所起也。故使民求之，使民籍之，因以给之。"[⑤]这概括了森林及动物资源在社会经济生产中的重要性。

《管子》不仅明确提出了若干环境保护的观点，而且还提出了具体的保护措施。他认为要制定严格的法律，以保护山林资源。"春政不禁则百长不生，夏政不禁则五谷不成。"[⑥]"山林虽广，草木虽美，禁发必有时；国虽充盈，金玉虽多，宫室必有度；江海虽广，池泽虽博，鱼鳖虽多，网罟必有正，船网不可一财而成也。非私草木爱鱼鳖也，恶废民于生谷也。故曰：先王之禁山泽之作者，持民于生谷地。"[⑦]《管子》的观点是保护自然，但并非一味地封闭自然，而是提倡合理地开发自然，即"以时禁发"。春尽而夏始，必须夏禁，"毋行大火，毋断大木"及"毋斩大山"[⑧]。阳春三月"毋杀畜生，毋拊卵，毋伐木，毋夭英，毋拊竿，

---

① （春秋）管仲撰，吴文涛、张善良编著：《管子·水地》，北京：北京燕山出版社，1995 年，第 297 页。
② （春秋）管仲撰，吴文涛、张善良编著：《管子·地数》，第 503 页。
③ （春秋）管仲撰，吴文涛、张善良编著：《管子·侈靡》，第 262 页。
④ （春秋）管仲撰，吴文涛、张善良编著：《管子·立政》，第 40 页。
⑤ （春秋）管仲撰，吴文涛、张善良编著：《管子·轻重甲》，第 527 页。
⑥ （春秋）管仲撰，吴文涛、张善良编著：《管子·七臣七主》，第 361 页。
⑦ （春秋）管仲撰，吴文涛、张善良编著：《管子·八观》，第 117 页。
⑧ （春秋）管仲撰，吴文涛、张善良编著：《管子·轻重己》，第 566 页。

所以息百长也"①。《管子》所提出的合理开发，其合理性并不只是合乎人类的需要，而是合乎自然生发之理。因此，其提倡"毋征薮泽以时禁发之"②，"泽梁时纵，关讥而不征"③。在"时禁"之外，《管子》还主张人类对自然的攫取亦应有"度"，"山林虽广，草木虽美，宫室必有度，禁发必有时"④，提出了对草木的使用要有"度"的思想。

《管子》思想中关于环境保护的另外一个内容是将环境与人口联系起来的观点。《管子》主张增加人口，但认为统治者必须对人口进行必要的安排和管理，否则，人口众多非但不是好事，反而会导致国家的败亡。"地大而不为，命曰土满；人众而不理，命曰人满；兵威而不止，命曰武满。三满而不止，国非其国也。"⑤首先，要使人口与土地保持适当的比例。"凡田野万家之众，可食之地，方五十里，可以为足矣。"⑥如果地多人少，"则不足以守其地"⑦；如果人多地少，"彼野悉辟而民无积者，国地小而食地浅也"⑧，后果则不堪设想。因此，"故善者必先知其田，乃知其人，田备然后民可足也"⑨。其次，要使各类人口保持适当的比例。"夫国城大而田野浅狭者，其野不足以养其民；城域大而人民寡者，其民不足以守其城。"⑩

孟子在继承孔子的"仁""德"政治思想的同时，主张合理地利用自然环境，即应时而用的环境思想。孟子认为，"不违农时，谷不可胜食也。数罟不入洿池，鱼鳖不可胜食也。斧斤以时入山林，材木不可胜用也。谷与鱼不可胜食，材木不可胜用，是使民养生丧死无憾也。养生丧死无憾，王道之始也"⑪。"数罟"是一种编制特别细密的渔网，可捕捞极小的鱼鳖。孟子坚决反对用这种网捕鱼，幼鱼只有正常长为成品，才能取之不尽。同样，林木也要按时取用，才能取之不竭。

① （春秋）管仲撰，吴文涛、张善良编著：《管子·禁藏》，第369页。
② （春秋）管仲撰，吴文涛、张善良编著：《管子·幼官图》，第86页。
③ （春秋）管仲撰，吴文涛、张善良编著：《管子·霸形》，第197页。
④ （春秋）管仲撰，吴文涛、张善良编著：《管子·八观》，第117页。
⑤ （春秋）管仲撰，吴文涛、张善良编著：《管子·霸言》，第206页。
⑥ （春秋）管仲撰，吴文涛、张善良编著：《管子·八观》，第115页。
⑦ （春秋）管仲撰，吴文涛、张善良编著：《管子·八观》，第114页。
⑧ （春秋）管仲撰，吴文涛、张善良编著：《管子·八观》，第117页。
⑨ （春秋）管仲撰，吴文涛、张善良编著：《管子·禁藏》，第370页。
⑩ （春秋）管仲撰，吴文涛、张善良编著：《管子·八观》，第115页。
⑪ （宋）朱熹：《四书章句集注·孟子集注》卷1，第203页。

孟子反对"揠苗助长"的急功近利倾向，他认为："牛山之木尝美矣，以其郊于大国也，斧斤伐之，可以为美乎？是其日夜之所息，雨露之所润，非无萌蘖之生焉，牛羊又从而牧之，是以若彼濯濯也。"[1]孟子也注重居住环境对人的身体健康的影响，"居移气，养移体，大哉居乎"[2]。

5. 荀子的人与自然关系的思想

荀子关于自然与人关系的一个鲜明观点是"天人相分"。"故明于天人之分，则可谓至人矣。"[3]虽然荀子也认为人是自然万物中的一物，人的感情、感官、思维器官都是自然生成的，他将其分别称之为"天情、天官、天君"；人类利用自然界的万物来养育自己，就是"天养"；利用自然界的万物来养育自己必须要接受自然法规的制约，这就是"天政"，但荀子在自己的思想中并非突出人与自然的联系，而是强调它们的区别。这种强调应该是我国古代环境保护思想史上的一大进步，表现了人们在意识上与自然界的"揖别"。

荀子认为："天有常道矣，地有常数矣，君子有常体矣。"[4]这就是说自然界有不随人的意志为转移的客观规律，人类社会也有自己特有的规范法规，社会的治乱取决于能否遵循这种法则，而与自然无关。他接着提出了"天行有常"的著名论题，"天行有常"就是说自然过程有不以人的意志为转移的客观规律，如日、月、星辰的运转，四季的交替，水、旱、寒、暑等自然现象都有其自身的规律，它们不会因人的喜好而存在，更不会为人的厌恶而消失，只要人们按照这些规律去行事，自然就不能使人遭到祸害。

荀子认为，自然与人各有其职能，彼此不能互相代替，但人能够以完成自己职能的方式参与自然过程。"天有其时，地有其财，人有其治，夫是之谓能参。"[5]天、地、人的职能不能互相代替，但"天能生物，不能辨物也；地能载人，不能治人

---

① （宋）朱熹：《四书章句集注·孟子集注》卷11，第330页。

② （宋）朱熹：《四书章句集注·孟子集注》卷13，第360页。

③ （清）王先谦撰，沈啸寰、王星贤点校：《荀子集解》卷11，北京：中华书局，1988年，第308页。

④ （清）王先谦撰，沈啸寰、王星贤点校：《荀子集解》卷11，第311页。

⑤ （清）王先谦撰，沈啸寰、王星贤点校：《荀子集解》卷11，第308页。

也；宇中万物、生人之属，待圣人然后分也"①。他提出治理社会和自然的职责非人莫属的观点。

荀子还提出"制天命而用之"的思想。他认为："大天而思之，孰与物畜而制之？从天而颂之，孰与制天命而用之？望时而待之，孰与应时而使之？因物而多之，孰与骋能而化之？思物而物之，孰与理物而勿失之也？愿于物之所以生，孰与有物之所以成？故错人而思天，则失万物之情。"②荀子对于人类利用自然内在规律而征服自然的伟力的赞扬，突出了人能主宰万物与天地并立，不能坐等天地的恩赐，这在人们对自然现象还相当普遍地持恐惧敬畏之心的古代，是非常难得的。当然，荀子在讲"制天命而用之"的同时，也十分注重顺天。他提出："圣人清其天君，正其天官，备其天养，顺其天政，养其天情，以全其天功。"③荀子一方面认为事在人为，"唯圣人为不求知天"④；另一方面又说："其行曲治，其养曲适，其生不伤，夫是之谓知天。"⑤即人本身及其环境又是自然存在物，有其"天"（自然）的方面，从而要懂得人该如何遵循客观自然规律，使"天地官而万物役"。实质上，荀子在讲"天人之分"时也包含着对自然（天）与人事如何相适应、相符合的重视和了解，强调了解与人事相关或能用人事控制和改造的自然，以顺应自然规律，使自然为我所用。其突出的方面是在生产中要求"不失时""上察于天""下错于地"，这与其前面的思想家的"天人合一"提法一致，但更为具体和实在。⑥

出于这种关系的考虑，荀子认为生态环境与生物生活之间应"树成阴而众鸟息焉，醯酸而蚋聚焉"⑦，"川源深而鱼鳖归之，山林茂而禽兽归之"⑧。破坏了生物生存的环境，就会"川渊枯则龙鱼去之，山林险则鸟兽去之"。因此，荀子倡导"时禁"的生态观："草木荣华滋硕之时则斧斤不入山林，不夭其生，不绝其长也；鼋鼍、鱼鳖、鳅鳣孕别之时，网罟毒药不入泽，不夭其生，不绝其长也；春耕、

---

① （清）王先谦撰，沈啸寰、王星贤点校：《荀子集解》卷 13，第 366 页。
② （清）王先谦撰，沈啸寰、王星贤点校：《荀子集解》卷 11，第 317 页。
③ （清）王先谦撰，沈啸寰、王星贤点校：《荀子集解》卷 11，第 310 页。
④ （清）王先谦撰，沈啸寰、王星贤点校：《荀子集解》卷 11，第 309 页。
⑤ （清）王先谦撰，沈啸寰、王星贤点校：《荀子集解》卷 11，第 310 页。
⑥ 李泽厚：《中国古代思想史论》，北京：人民出版社，1985 年，第 116—117 页。
⑦ （清）王先谦撰，沈啸寰、王星贤点校：《荀子集解》卷 1，第 7 页。
⑧ （清）王先谦撰，沈啸寰、王星贤点校：《荀子集解》卷 9，第 260 页。

夏耘、秋收、冬藏四者不失时，故五谷不绝而百姓有余食也；洿池、渊沼、川泽，谨其时禁，故鱼鳖优多而百姓有余用也；斩伐养长不失其时，故山林不童而百姓有余材也。"①按照自然万物的生长规律，对山林川泽进行"时禁"，不但有利于动植物的休养生息，促进自然环境的良性循环，而且还可以保障自然资源的可持续发展，不断满足人类的生存需求。

另外，荀子在《富国》篇中也提出了"节用"的观点。他说："余若丘山，不时焚烧，无所藏之，夫君子奚患乎无余？故知节用裕民，则必有仁义圣良之名，而且有富厚丘山之积矣。此无它故焉，生于节用裕民也。"②这就是说人们要珍爱自然资源，合理利用，不能过度消耗和破坏它，人们只有"谨养其和，节其流，开其源，而时斟酌焉"③，才能"使天下有余""上下俱富"。

6. 《吕氏春秋》中有关环境思想的表述

成书于战国末年的《吕氏春秋》，以老庄学派为主，兼容并蓄了儒法思想，对先秦诸子进行了总结，其中关于人和自然关系的论述，是以老庄的天道观为基础，同时接受并改造了阴阳家、儒家、墨家等思想。在天人关系上，《吕氏春秋》提出了"法天地"和"因则无敌"。"法天地"就是说人的活动应该和天地的性质相适应，人应该将天地作为楷模进行仿效。为了达到天地和人的一致，《吕氏春秋》提倡"无为而行"，认为"无为之道曰胜天"。清代学者王念孙注，"胜，犹任也"，这里"无为"就是要求人们按照自然客观规律去办事，不要违反自然事物的本性。《吕氏春秋》根据"法天地"的思想，为自然变化和社会活动编制了一个统一的无所不包的体系，在《十二纪》中表现最为突出。《吕氏春秋》肯定了天地的自然属性和自然规律的客观性，同时强调了人类活动必须遵循自然规律。《吕氏春秋》对于环境的认识，对于合理利用自然资源的认识都是建立在这种思想基础之上的，其中《具备》篇中记载了宓子夜鱼时捕小鱼而舍之的故事，说明了当时人们的环境保护意识有了提高。

---

① （清）王先谦撰，沈啸寰、王星贤点校：《荀子集解》卷5，第165页。
② （清）王先谦撰，沈啸寰、王星贤点校：《荀子集解》卷6，第177页。
③ （清）王先谦撰，沈啸寰、王星贤点校：《荀子集解》卷6，第194页。

《吕氏春秋》还强调了"因",把"因"作为天人关系理论的基本范畴。"三代所宝莫如因,因则无敌。禹通三江五湖,决伊阙,沟回陆,注之东海,因水之力也。舜一徙成邑,再徙成都,三徙成国,而尧授之禅位,因人之心也。汤、武以千乘制夏、商,因民之欲也。如秦者立而至,有车也;适越者坐而至,有舟也。秦、越,远途也,竫立安坐而至者,因其械也。"① "夫审天者,察列星而知四时,因也;推历者,视月行而知晦朔,因也;禹之裸国,裸入衣出,因也;墨子见荆王,锦衣吹笙,因也;孔子道弥子瑕见釐夫人,因也;汤、武遭乱世,临苦民,扬其义,成其功,因也。故因则功,专则拙。因者无敌,国虽大,民虽众,何益?"② "因"包含人和自然的关系,也有人和社会的关系。在人和自然的关系上,"因"指人们应当认识并服从客观世界变化的规律,顺应客观事物发展的必然趋势,另外,"因"强调人的主观能动性,应当发挥主观能动性,利用客观事物的性质和规律,因势利导。

7. 《黄帝内经》中有关环境思想的表述

《黄帝内经》是中国传统医学的奠基石,也是中国古代生态与文化的百科全书。《著至教论》云:"上知天文,下知地理,中知人事,可以长久,以教众庶,亦不疑殆。"③

《黄帝内经》认为人与天地是一个整体,人体就是一个小天地,身体的结构与功能都和天地有相通、相参、相应之处。《素问·宝命全形论》说:"人以天地之气生,四时之法成。"④《素问·阴阳应象大论》说:"故清阳为天,浊阴为地;地气上为云,天气下为雨;雨出地气,云出天气。故清阳出上窍,浊阴出下窍;清阳发腠理,浊阴走五藏;清阳实四支,浊阴归六腑。"⑤

《黄帝内经》认为不同方位的人,因为生态环境不同,所以民俗不同。《素问·异

---

① (汉)高诱注,(清)毕沅校,余翔标点:《吕氏春秋·慎大览·贵因》,上海:上海古籍出版社,1996年,第255—256页。

② (汉)高诱注,(清)毕沅校,余翔标点:《吕氏春秋·慎大览·贵因》,第258页。

③ 崔应珉、王淼校注:《黄帝内经·素问》,郑州:中州古籍出版社,2010年,第455页。

④ 崔应珉、王淼校注:《黄帝内经·素问》,第163页。

⑤ 崔应珉、王淼校注:《黄帝内经·素问》,第43页。

法方宜论》云：

> 东方之域，天地之所始生也，鱼盐之地，海滨傍水，其民食鱼而嗜咸，皆安其处，美其食……
>
> 西方者，金玉之域，沙石之处，天地之所以收引也，其民陵居而多风，水土刚强，其民不衣而褐荐，其民华食而脂肥，故邪不能伤其形体。
>
> 北方者，天地所闭藏之域也，其地高陵居，风寒冰冽，其民乐野处而乳食……
>
> 南方者，天地所长养，阳之所盛处也，其地下，水土弱，雾露之所聚也，其民嗜酸而食胕，故其民皆致理而赤色……
>
> 中央者，其地平以湿，天地所以生万物也众，其民食杂而不劳，故其病多痿厥寒热……①

《黄帝内经》用朴素的阴阳五行学说解释自然气候变化规律，进而说明人体疾病。《素问·气交变大论》说："岁木太过，风气流行，脾土受邪……岁火太过，炎暑流行，肺金受邪。……岁土太过，雨湿流行，肾水受邪……岁金太过，燥气流行，肝木受邪……岁水太过，寒气流行，邪害心火。"②气运说在2000多年中一直作为推测每年常见病症的依据，并且发挥了一定的作用。

根据人与环境的关系，《黄帝内经》倡导遵循自然规律。《素问·上古天真论》云："其知道者，法于阴阳，和于术数，食饮有节，起居有常，不妄劳作，故能形与神俱，而尽终其天年。"③《素问·四气调神大论》亦云："圣人春夏养阳，秋冬养阴，以从其根……逆其根，则伐其本，坏其真矣。"④

8. 《礼记》中有关环境思想的表述

《礼记》是儒家重要经典，其中的《月令》记载了四时气候与相应措施，《王制》记载了赐田等制度，其他卷中也散见生态与文化的相关资料。

① 崔应珉、王淼校注：《黄帝内经·素问》，第84—86页。
② 崔应珉、王淼校注：《黄帝内经·素问》，第382—385页。
③ 崔应珉、王淼校注：《黄帝内经·素问》，第17页。
④ 崔应珉、王淼校注：《黄帝内经·素问》，第27页。

《曲礼》记载对自然的祭祀制度，"天子祭天地，祭四方，祭山川，祭五祀"①，诸侯和大夫都要依次从事祭祀。所谓祭四方，就是在四郊祭句芒、祝融、后土、蓐收、玄冥五神，以求风调雨顺。《王制》说天子每五年巡行一次天下，二月到东岳、五月到南岳、八月到西岳，十一月到北岳，祭山川、观民风。

《王制》主张合理而有效地利用土地，不论是建城镇还是盖房屋，都要经过测量和计算，做到"凡居民，量地以制邑，度地以居民，地、邑、民居，必参相得也。无旷土，无游民，食节事时，民咸安其居，乐事劝功，尊君亲上，然后兴学"②。

《礼运》讨论了天、地、人的关系，指出："圣人参于天地，并于鬼神，以治政也。"③天生时，地生财；天秉阳，地秉阴。有天地，才有人，才有文化。"故人者，其天地之德，阴阳之交，鬼神之会，五行之秀气也。"④"故人者，天地之心也……故圣人作则，必以天地为本，以阴阳为端，以四时为柄，以日、星为纪，月以为量，鬼神以为徒，五行以为质，礼义以为器，人情以为田，四灵以为畜。"⑤这是要求圣人制定政令时，要尊重自然及其规律，求得天人和谐，切不可违背天道而乖行。

《郊特生》中也强调尊重自然，"地载万物，天垂象，取财于地，取法于天，是以尊天而亲地也"⑥。在岁末举行蜡祭时，进行爱护生态的教育，"迎猫，为其食田鼠也；迎虎，为其食田豕也。……祭坊与水庸，事也曰：土反其宅，水归其壑，昆虫毋作，草木归其泽"⑦。其中包含着生物链的思想，所以猫、虎都要祭祀。而坊和水庸是蓄水和泄水的设施，有利于防旱排涝，所以也要祭祀，让水土保持平衡，蝗虫不做害，草木茂盛。

古人的这些主张和思想，反映了当时人们生态环境保护意识的提高，对人们自觉保护生态环境的实践势必发挥重要作用。

---

① （清）阮元校刻：《十三经注疏·礼记正义》卷 5，第 1268 页。
② （清）阮元校刻：《十三经注疏·礼记正义》卷 12，第 1338 页。
③ （清）阮元校刻：《十三经注疏·礼记正义》卷 22，第 1422 页。
④ （清）阮元校刻：《十三经注疏·礼记正义》卷 22，第 1423 页。
⑤ （清）阮元校刻：《十三经注疏·礼记正义》卷 22，第 1424 页。
⑥ （清）阮元校刻：《十三经注疏·礼记正义》卷 22，第 1449 页。
⑦ （清）阮元校刻：《十三经注疏·礼记正义》卷 26，第 1454 页。

二、秦汉时期的生态环境思想简述

秦自商鞅变法以来颇重视农业，抑制工商业的发展。始皇二十八年（前 219年）作琅琊台，立石刻曰："皇帝之功，勤劳本事。上农除末，黔首是富。"①始皇"三十一年，使黔首自实田"②，在全国范围内确定地主和有地农民的土地所有权。同年，"赐黔首里六石米，二羊"③，以资庆贺。始皇三十二年（前 215 年），刻碣石门"男乐其畴，女修其业"④，即男耕女织，可见秦代对农业的重视。当时"农民一般都拥有一小块土地。虽然'男子力耕，不足粮饷，女子纺绩，不足衣服'，在统治者看来，算是'黔首是富'，在农民看来，比前代也算是'黔首安宁'了"⑤。在这种情况下，人民生活不像先秦那样多依赖于山林川泽中的自然资源。在水资源的开发利用上，秦始皇改变了战国时期诸侯国各自为政的做法，"决通川防，夷去险阻"⑥打通了战国时代各国以邻为壑的不合理的堤防，树立了全局观念的水利工程，不仅对当时起到了重大作用，对后世亦有深远的意义。在水利工程方面，"始皇帝元年……作郑国渠"⑦，"渠就，用注填阏之水，溉泽卤之地四万余顷，收皆亩一钟。于是关中为沃野，无凶年，秦以富强，卒并诸侯"⑧。此外，还有"灵渠、通陵、汨罗之流，兴成渠、秦渠、琵琶沟等"⑨。其中灵渠的开发具有重大而深远的意义，灵渠的斗门是世界运河史上最早出现的船闸，而灵渠则是世界上第一条等高线运河，其沟通了长江和珠江水系，对后来发展南北水路交通，促进南北经济和文化交往起了积极作用。

秦始皇时对植树也很重视，"为驰道于天下，东穷燕齐，南极吴楚，江湖之上，

---

① 《史记》卷 6《秦始皇本纪》，第 174 页。
② 《资治通鉴》卷 7《秦纪二》，北京：中华书局，1956 年，第 241 页。
③ 《史记》卷 6《秦始皇本纪》，第 178 页。
④ 《史记》卷 6《秦始皇本纪》，第 179 页。
⑤ 范文澜：《中国通史简编·第二编》，北京：人民出版社，1965 年，第 15 页。
⑥ 《史记》卷 6《秦始皇本纪》，第 179 页。
⑦ 《史记》卷 15《六国年表》，第 623 页。
⑧ 《史记》卷 29《河渠书》，第 1197 页。
⑨ 马非百：《秦始皇帝传》，扬州：江苏古籍出版社，1985 年，第 511—514 页。

濒海之观毕至。道广五十步，三丈而树，厚筑其外，隐以金椎，树以青松。为驰道之丽至于此"①，可见在驰道上种植有行道树。秦代重视植树的另一例证是在焚书时，"所不去者，医药卜筮种树之书"②，种树之书不烧。

西汉王朝建立后，采取休养生息的发展政策，但人口的快速增长，导致粮食需求增长，开垦荒地就成为解决粮食问题的最重要手段，于是出现了大规模的垦殖。加上这一时期冶铁技术的发展，为铁制农具的进一步推广提供了可能，增强了人们垦殖土地的能力，提高了人们征服自然的能力，使得人类对自然环境的影响相应加剧。但由于环境恶化的后果不可能立刻暴露，人们对此缺乏明确的感知，而且由于农业的发展，人民的衣食有了保障，对山林川泽的天然产物需求会有所减少，这也在客观上起到了保护自然环境的作用。但是，在非丰年或受到自然灾害时，每以山林川泽的天然产物作为补充。如文帝后元七年（前157年），"夏四月，大旱，蝗。令诸侯无入贡。弛山泽"③。又如，武帝元鼎三年（前114年）九月，诏曰："……今京师虽未为丰年，山林池泽之饶与民共之……"④《后汉书·孝和孝殇帝纪》载："十一年春二月，遣使循行郡国，廪贷被灾害不能自存者，令得渔采山林池泽，不收假税。"⑤以上这些记述表明只有在农业受灾的情况下，山林川泽等自然资源才向百姓开禁，而通常是封禁的，这有利于自然资源的保护。

这一时期"独尊儒术"的思想基本上是一种为适应大一统中央集权国家需要的政治学说，其中亦蕴含关于环境保护的思想。例如，董仲舒认为，宇宙的本源是类似于老子的"道"的"元"，"元者为万物之本"，而将宇宙本体称为"天"，并使之人格化，"天执其道为万物主"，所以地上万物应该"卑其位所以事天也"。"天"不仅仅是万物之祖，也是人之"曾祖父"。人与万物之间不同处在于，人是天的副本，人与天同类。"人有三百六十节，偶天之数也；形体骨肉，偶地之厚也。"⑥

① 《汉书》卷51《贾邹枚路传》，北京：中华书局，1999年，第1781页。
② 《史记》卷6《秦始皇本纪》，第181页。
③ 《汉书》卷4《文帝纪》，第95页。
④ 《汉书》卷6《武帝记》，第130页。
⑤ 《后汉书》卷4《孝和孝殇帝》，北京：中华书局，1999年，第126页。
⑥ （汉）董仲舒撰、苏舆义证：《春秋繁露义证》卷13，北京：中华书局，1992年，第354页。

"天亦有喜怒之气，哀乐之心，与人相副，以类合之，天人一也。"①"人之超然万物之上，而最为天下贵也。人下长万物，上参天地。"②"天地人、万物之本也。天生之，地养之，人成之。"③

天、人同类，天和人就可以相互感应，相互制约，这即董仲舒思想的核心"天人感应"学说，它把自然界拟人化，赋予自然界意志、意识和情感，甚至判断是非的能力，并把自然界与人类的相互联系、作用理解为一种有目的的行为，它们之间相生、相胜、相感，并把人作为这个大系统中的一个要素来强调人的作用。董仲舒在阐发他"天人感应"思想的同时，还借用阴阳五行学说，来说明自然环境的内在规律，敦促统治者勿夺农时。董仲舒在自然观方面仍是强调人与自然的和谐关系，主张遵循自然规律的，但是由于其哲学思想上的唯心主义和为封建统治服务的根本目的，其思想理论在环境关系方面带有较多的虚构臆断的色彩认为人与自然是一个统一体。④

西汉武帝时淮南王刘安组织宾客编撰的《淮南子》一书，也仿照《吕氏春秋》叙述了十二个月所应作农事及保护环境之事。如"孟春之月……立春之日，天子亲率三公九卿大夫以迎岁于东郊。……禁伐木。毋覆巢杀胎夭，毋麑毋卵。毋聚众置城郭，掩骼薶骴。……仲春之月……毋竭川泽，毋漉陂池，毋焚山林，毋作大事以妨农功。……季春之月……命司空：时雨将降，下水上腾，循行国邑，周视原野，修利堤防，导通沟渎，达路除道，从国始，至境止。田猎毕弋、罝罘罗网，馁毒之药，毋出九门。乃禁野虞，毋伐桑柘"⑤。这些内容来源于先秦时期的《礼记·月令》，刘安将此书献于汉武帝，说明其内容符合统治者的思想和主张。《淮南子》还集中论述了重农与保护环境思想的结合："食者民之本也，民者国之本也，国者君之本也。是故人君者，上因天时，下尽地财，中用人力，是以群生遂长，五谷蕃植。教民养育六畜，以时种树，务修田畴，滋植桑麻，肥硗高下各因其宜。丘陵阪险不生五谷者，以树竹木。春伐枯槁，夏取果蓏，秋畜疏食，冬

---

① （汉）董仲舒撰、苏舆义证：《春秋繁露义证》卷 12，第 341 页。

② （汉）董仲舒撰、苏舆义证：《春秋繁露义证》卷 17，第 466 页。

③ （汉）董仲舒撰、苏舆义证：《春秋繁露义证》卷 6，第 168 页。

④ 罗桂环、王耀先、杨朝飞，等主编：《中国环境保护史稿》，北京：中国环境科学出版社，1995 年，第 33 页。

⑤ （汉）刘安：《淮南子·时则训》，长沙：岳麓书社，1991 年，第 48—49 页。

伐薪蒸，以为民资。是故生无乏用，死无转尸。故先王之法：畋不掩群，不取麛夭，不涸泽而渔，不焚林而猎。豺未祭兽，罝罦不得布于野。獭未祭鱼，网罟不得入于水。鹰隼未挚，罗网不得张于溪谷。草木未落，斤斧不得入山林。昆虫未蛰，不得以火烧田。孕育不得杀，鷇卵不得探。鱼不长尺不得取，彘不期年不得食。是故草木之发若蒸汽，禽兽归之若流原，飞鸟归之若烟云，有所以致之也。故先王之政，四海之云至而修封疆，虾蟆鸣、燕降而达路除道，阴降百泉则修桥梁，昏张中则务种谷，大火中则种黍菽，虚中则种宿麦，昴中则收敛畜积，伐薪木。上告于天，下布于民。先王之所以应时修备，富国利民，实旷来远者，其道备矣。"①这说明统治者只要因时因地进行农林牧渔业的生产和保护自然资源，就可以达到富国利民的目的。

汉代既重视农业，也极力主张进行水利灌溉。汉武帝元光六年（前 129 年），"时郑当时为大司农，言'异时关东漕粟从渭上，度六月罢，而渭水道九百余里，时有难处。引渭穿渠起长安，旁南山下，至河三百余里，径，易漕，度可令三月罢；（罢）而渠下民田万余顷又可得以溉。此〔损〕漕省卒，而益肥关中之地，得谷。'上以为然，令齐人水工徐伯表，发卒数万人穿漕渠，三岁而通。以漕，大便利。其后漕稍多，而渠下之民颇得以溉矣"②。这表明此项水利工程既有漕运功能又有灌溉作用。"其后严熊言：'临晋民愿穿洛以溉重泉以东万余顷故恶地。诚即得水，可令亩十石。'于是为发卒万人穿渠，自徵引洛水至商颜下。岸善崩，乃凿井，深者四十余丈。往往为井，井下相通行水。水陨以绝商颜，东至山领十余里间。井渠之生自此始。穿得龙骨，故名曰龙首渠。作之十余岁，渠颇通，犹未得其饶。"③这个龙首渠就是我国第一个井渠。"自是之后，用事者争言水利。朔方、西河、河西、酒泉皆引河及川谷以溉田。而关中灵轵、成国、湋渠引诸川，汝南、九江引淮，东海引钜定，泰山下引汶水，皆穿渠为溉田，各万余顷。它小渠及陂山通道者，不可胜言也。"④由此可见，汉代水资源开发颇具规模。

① （汉）刘安：《淮南子·主术训》，郑州：中州古籍出版社，2010 年，第 154—155 页。
② 《汉书》卷 29《沟洫志》，第 1336 页。
③ 《汉书》卷 29《沟洫志》，第 1337 页。
④ 《汉书》卷 29《沟洫志》，第 1339 页。

汉代也重视植树。汉文帝前元十二年（前 168 年）春，"诏曰：'道民之路，在于务本。朕亲率天下农，十年于今，而野不加辟，岁一不登，民有饥色，是从事焉尚寡，而吏未加务也。吾诏书数下，岁劝民种树，而功未兴，是吏奉吾诏不勤，而劝民不明也。且吾农民甚苦，而吏莫之省，将何以劝焉？其赐农民今年租税之半'"①。又如，景帝后元三年（前 141 年）春正月，诏曰："农，天下之本也。黄金珠玉，饥不可食，寒不可衣，以为币用，不识其终始。间岁或不登，意为末者众，农民寡也。其令郡国务劝农桑，益种树，可得衣食物。吏发民若取庸采黄金珠玉者，坐赃为盗；二千石听者，与同罪。"②诏书突出了农桑与种树的重要性。成帝河平四年（前 25 年）春正月的诏书中亦"其令二千石勉劝农桑"③。地方官员不敢怠慢，亦积极推行植树。如宣帝时，颍川太守黄霸"为选择良吏，分部宣布诏令，令民咸知上意。……然后为条教，置父老师帅伍长，班行之于民间，劝以为善防奸之意，及务耕桑，节用殖财，种树畜养，去食谷马"④。又如，宣帝时龚遂为渤海太守时，"乃躬率以俭约，劝民务农桑"，令口种一树榆、百本薤、五十本葱、一畦韭，家二母彘、五鸡。⑤《史记·货殖列传》论曰："故曰……山居千章之材。安邑千树枣；燕、秦千树栗；蜀、汉、江陵千树橘；淮北、常山以南，河济之间千树萩；陈、夏千亩漆；齐、鲁千亩桑麻；渭川千亩竹……此其人皆与千户侯等。"⑥由此可见，当时种树有很好的经济效益。

和先秦时期相比，汉代以来，人们对草木的生态功能也有了更为深层次的认识。在先秦时期人类就已经认识到了草木固土涵水、防止水土流失的生态功能，如《管子·度地》中就有："树以荆棘，以固其地，杂之以柏杨，以备决水。"⑦汉代对此有了更进一步的认识，人们看到了破坏植被会造成水土流失的严重后果，"河水重浊，号为一石水而六斗泥"⑧。

① 《汉书》卷 4《文帝纪》，第 90 页。

② 《汉书》卷 5《景帝纪》，第 109 页。

③ 《汉书》卷 10《成帝纪》，第 220 页。

④ 《汉书》卷 89《循吏传》，第 2691 页。

⑤ 《汉书》卷 89《循吏传》，第 2698 页。

⑥ 《史记》卷 129《货殖列传》，第 2474 页。

⑦ （春秋）管仲撰，吴文涛、张善良编著：《管子·度地》，第 386 页。

⑧ 《汉书》卷 29《沟洫志》，第 1348 页。

三、魏晋南北朝时期的生态环境思想简述

魏晋南北朝时期，为了解决军队粮食问题和安抚人民定居，除了由统治者组织的屯田外，在北方还出现了一种自卫和自养相结合，被称为坞壁的农业社会组织。坞壁是防御性的，多建于山区，不免产生人多地少的矛盾，为了满足人们的食和用等物资的要求，坞壁农业就必须在较小的耕地面积上加大人力、肥料、良种、改良农具和耕作技术的投资来取得农业增产。这可以说是现代集约农业的先导，促进了农业技术的发展。在南方，魏晋前的人民饭稻羹鱼，生产和生活都很简单。晋室南渡后，北方人大量涌到江南，扩大了垦田的面积，还带去了不少农林蔬果的品种，到了南朝刘宋时，已经形成"田非畛水，皆播麦菽，地堪滋养，悉艺纻麻，荫巷缘藩，必树桑柘，列庭接宇，唯植竹栗"①的多种农业的生态景观，人们生活水平也随之提高。南朝还有庄园农业，庄园主多为世家大族，占有大片耕地甚至山林沼泽，庄园中除了生产粮食桑麻外，还种植果树、蔬菜、茶及药用植物，并建园亭别墅，饲养鸟兽鱼虫，广植花卉，在客观上促进了果树园艺、蔬菜园艺、花卉园艺的发展，美化了环境。

由于这一时期农业生产发展的需求，水资源的开发利用与保护受到重视，这主要体现在三个方面。首先，在灌溉和漕运结合方面，曹魏正始四年（243年），邓艾"以为田良水少，不足以尽地利，宜开河渠，可以大积军粮，又通运漕之道。……遂北临淮水，自钟离而南横石以西，尽沘水四百余里，五里置一营，营六十人，且佃且守。兼修广淮阳、百尺二渠，上引河流，下通淮颍，大治诸陂于颍南、颍北，穿渠三百余里，溉田二万顷，淮南、淮北皆相连接。自寿春到京师，农官兵田，鸡犬之声，阡陌相属。每东南有事，大军出征，泛舟而下，达于江淮，资食有储，而无水害，艾所建也"②。其次，整顿治理故旧及小型陂塘。由于当时农田用水的小型陂堨塘堰甚多，它们不仅占地多，且因工程简陋，不能防洪。再次，

① 《宋书》卷82《周郎传》，北京：中华书局，1999年，第1388页。
② 《晋书》卷26《食货志》，北京：中华书局，1999年，第509页。

洪水过后，陂堨已经被冲坏，又会带来干旱的威胁。所以，晋初杜预提出按照质量进行修缮或决沥的处理意见。"其汉氏旧陂旧堨及山谷私家小陂，皆当修缮以积水。其诸魏氏以来所造立，及诸因雨决溢蒲苇马肠陂之类，皆决沥之。"①章句县有汉时旧陂，毁废数百年，东晋时孔愉"修复故堰，溉田二百顷，皆成良田"②。最后，水系流域治理。如西晋时，在太湖的西北曲阿修建了练湖。东晋时，又在曲阿增筑新丰塘，"使诸山之潴而后泄。其潴也可以救彼此之旱；其泄也，可以杀彼地之潦。且视苏松水势之大小而启闭之，计无便于此者"③。因此，这一水系流域的水旱灾害甚少。

从这些记载可以看出，这一时期的水资源得到了有效的开发和利用，水旱灾害减少，人们的生存环境良好。

魏晋南北朝时期，虽然由于战争等原因，森林资源遭到不断破坏，但也有不少有识之士及统治者提出植树与保护森林的法令与措施。曹魏文帝时，郑浑为山阳、魏郡太守，"以郡下百姓，苦乏材木，乃课树榆为篱，并益树五果；榆皆成藩，五果丰实。入魏郡界，村落齐整如一，民得财足用饶"④。种树不仅有经济效益——"民得财足用饶"，而且还有环境效益——"村落整齐如一"。前秦"王猛整齐风俗……自长安至于诸州，皆夹路树槐柳……百姓歌之曰：'长安大街，夹树杨槐，下走朱轮，上有鸾栖'"⑤。这反映了当时行道树种植的盛况，也提出了种树有益于民风民俗好转的见解。这一时期还特别重视经济林木的种植，北燕王冯跋下书曰："桑柘之益，有生之本。此土少桑，人未见其利，可令百姓人殖桑一百根，柘二十根。"⑥北魏孝文帝太和九年（485年）诏："男夫一人给田二十亩，课莳余，种桑五十树，枣五株，榆三根。非桑之土，夫给一亩，依法课莳榆、枣。奴各依良。限三年种毕，不毕，夺其不毕之地。于桑榆地分杂莳余果及多种榆桑

① 《晋书》卷26《食货志》，第512页。
② 《晋书》卷78《孔愉传》，第1366页。
③ 李伯重：《唐代江南农业的发展》，北京：农业出版社，1990年，第36页。
④ 《三国志》卷16《郑浑传》，北京：中华书局，1999年，第511页。
⑤ 《晋书》卷113《苻坚载记》，第1939页。
⑥ 《晋书》卷125《冯跋载记》，第2105页。

者不禁。"①

南朝的帝王则开山泽之禁，让老百姓进入山泽种树。如刘宋时，羊玄保兄子希上书说："凡是山泽，先常炘爁种养竹木杂果为林芿，及陂湖江海鱼梁鳅鲎场，常加功修作者，听不追夺。"②此建议得到了批准，说明这样的开山泽之禁有其积极意义，比单纯的封山禁伐是进步的。南齐时，刘善明为"海陵太守。郡境边海，无树木，善明课民种榆槚杂果，遂获其利"③。又梁武帝天监七年（508年）诏曰："刍牧必往，姬文垂则；雉兔有刑，姜宣致贬。薮泽山林，毓材是出，斧斤之用，比屋所资。而顷世相承，并加封固，岂所谓与民同利，惠兹黔首？凡公家诸屯戍见封燻者，可悉开常禁。"④由于当时佛教发达，寺院兴建甚多，在森林营建及保护方面"亦曾开一新纪元，即寺院森林是也。……各寺院无不以茂林环绕，盖非此不足以云清净，故曰禅林，斧斤不得入之"⑤。

四、唐五代时期的生态环境思想简述

唐代，封建社会进入鼎盛时期。社会富足、经济繁荣、生活安定，政府奖励生育，人口迅速增长。唐天宝十四载（755年），全国人口达5300多万。盛唐时开垦的土地达到620万顷，"开元、天宝之中，耕者益力，四海之内，高山绝壑，耒耜亦满"⑥。这种开垦方式，对盛唐时期环境的破坏是显而易见的，也促使人们更为深刻地思考人与自然的关系。

这一时期的人们认为四季气序顺畅，才有农田的春种、夏长、秋收、冬藏，而天帝是四季的主宰，所以要祭祀天帝。贞观时的《祀五方上帝于五郊乐章》颂黄帝云："气调四序，风和万籁。祚我明德，时雍道泰。"颂青帝云："律候新风，阳开初蛰。至德可飨，行潦斯挹。锡以无疆，蒸人乃粒。"颂白帝云："白藏应节，

---

① 《魏书》卷110《食货志》，北京：中华书局，1999年，第1906页。
② 《宋书》卷54《羊玄保传》，第1013页。
③ 《南齐书》卷28《刘善明传》，北京：中华书局，1999年，第351页。
④ 《梁书》卷2《武帝本记》，北京：中华书局，1999年，第32页。
⑤ 陈嵘：《中国森林史料》，北京：中国林业出版社，1983年，第15页。
⑥ （唐）元结：《元次山集》卷7《问进士》，北京：中华书局，1960年，第14页。

天高气清。岁功既阜，庶类收成。""九谷已登，万厢流咏。"颂黑帝云："严冬季月，星回风厉。享祀报功，方祚来岁。"颂赤帝云："峰云暮起，景风晨扇。""芬馥百品，铿锵三变。"①乐章中的神是有意识的、超自然的力量，可操纵自然，协调阴阳，赐福人类，表现了唯心主义生态观，但是这些乐章也包含着某些合理的认识，如自然与人的生存有密切关系，人的生存依赖于天地气候等自然资源，崇尚自然并不是人在自然界手足无措，而是人对自然的感戴和期盼。既然是神灵在操纵自然，那么当时人们认识自然的活动也就带有了体察天意的特点。如宪宗元和七年（812年）八月，京师地震。宪宗问："咋地震，草树皆摇，何祥异也？"宰臣李绛曰："昔周时地震，三川竭，太史伯阳甫谓周君曰：'天地之气，不过其序。若过其序，人乱也。人政乖错，则上感阴阳之气，阳伏而不能出，阴迫而不能升，于是有地震。……伏愿陛下体励虔恭之诚，动以利万物、绥万方为念，则变异自消，体征可致。'"②

贞观十一年（637年）七月，大雨引发水灾，唐太宗下诏曰："暴雨为灾，大水泛滥，静思厥咎，朕甚惧焉。文武百僚，各上封事极言朕过，无有所讳。诸司供进，悉令减省。凡所力役，量事停废。遭水之家，赐帛有差。"③同光四年（926年）正月，后唐庄宗因水灾敕令："宜自今月三日后，避正殿，减常膳，彻乐省费，以答天谴。"④

开元四年（716年）五月，山东螟蝗害稼，朝廷分遣御史捕蝗，有人反对，理由是"蝗是天灾，自宜修德"⑤。及至获蝗14万，投之汴河，朝中议论纷纷，皇帝的决心也随之动摇，对主张捕蝗的姚崇说："杀虫太多，有伤和气，公其思之。"⑥开成四年（839年），蝗、旱肆虐，唐文宗祈祷无效，忧形于色。大臣安慰他，他严肃地说："朕为人主，无德及天下，致兹灾旱，又谪见于天。若三日不雨，当退

---

① 《旧唐书》卷30《音乐志》，北京：中华书局，1999年，第748页。
② 《旧唐书》卷37《五行志》，第935页。
③ 《旧唐书》卷37《五行志》，第937页。
④ 《旧五代史》卷141《五行志》，北京：中华书局，1999年，第1302页。
⑤ 《旧唐书》卷37《五行志》，第945页。
⑥ 《旧唐书》卷37《五行志》，第945页。

归南内，更选贤明以主天下。"①朝廷体察天意的方式，如后唐官员李祥所说："王者祥瑞至而不喜，灾异见而辄惊，罔上寅畏上穹，思答天谴。"②无论时政善否、治道如何，遇上天灾，都要思虑它反映了什么样的天意，也在一定程度上反映了人们对于自然灾害的高度重视。在这种观念影响下的消灾措施自然也有荒诞之处，如以北方为阴气必由之路，井、妇人是阴气的载体，为对付雨患，关闭坊市北门，盖井，禁止妇人入街市。这样的措施当然无济于事，但是为答天谴而实行的善政，其中的一些赈灾措施如免租税、贷给种子、移民就食、开仓救济、扑灭蝗虫等，无疑具有积极意义。如唐太宗贞观元年（627年），"是夏，山东诸州大旱，令所在赈恤，无出今年租赋"③。贞观十年（636年），"是岁，关内、河东疾病，命医赍药疗之"④。贞观二十三年（649年），"八月癸酉朔，河东地震，晋州尤甚，坏庐舍，压死者五千余人。三日又震。诏遣使存问，给复二年，压死者赐绢三匹"⑤。唐玄宗开元二十二年（734年），"（春正月）乙酉，怀、卫、邢、相等五州乏粮，遣中书舍人裴敦复巡问，量给种子"⑥。开元二十一年（733年），"是岁，关中久雨害稼，京师饥，诏出太仓米二百万石给之"⑦。德宗贞元七年（791年），三月，"关辅牛疫死，十亡五六。上遣中使以诸道两税钱买牛，散给畿民无牛者"⑧。这些措施对人们克服环境灾害无疑是有益的。

　　唐代韩愈和柳宗元曾进行过天人关系问题的讨论。韩愈认为人们开垦田地、砍伐树木、凿井、筑城、兴修水利、冶炼金属等生产活动，都破坏了天地自然，主张节制人类的繁殖生育以减少破坏。韩愈已经感到了人类过度的生产活动会破坏自然界的平衡状态，但在如何处理人和自然关系的问题上，韩愈则采取了一切顺从天命的态度。"所谓顺乎在天者，贵贱穷通之来，平吾心而随顺之，不以累于

① 《旧唐书》卷17《文宗本纪》，第393页。
② 《旧五代史》卷141《五行志》，第1303页。
③ 《旧唐书》卷2《太宗本纪》，第23页。
④ 《旧唐书》卷3《太宗本纪》，第31页。
⑤ 《旧唐书》卷4《高宗本纪》，第46页。
⑥ 《旧唐书》卷8《玄宗本纪》，第133页。
⑦ 《旧唐书》卷8《玄宗本纪》，第133页。
⑧ 《旧唐书》卷13《德宗本纪》，第252页。

其初。"①韩愈主张人对天命应该绝对服从，不能用人力去改变。柳宗元提出"天人不相预"的观点，认为天是一种自然物，自然是其根本属性。"彼上而玄者，世谓之天；下而黄者，世谓之地。浑然而中处者，世谓之元气。寒而暑者，世谓之阴阳。是虽大，无异果蓏、痈痔、草木也。"②天地作为自然物和瓜果草木无异。柳宗元肯定了天地是自然物的同时，进一步论述了天地与人的关系。"天地，大果蓏也；元气，大痈痔也；阴阳，大草木也。其乌能赏功而罚祸乎？功者自功，祸者自祸，欲望其赏罚者大谬。"③他认为天地是自然物，有其自身的规律，不可能对人类社会的治乱兴衰产生什么影响，人类社会的变化是人类自身行为的结果，在天与人之间是不相预的。"生殖与荒灾，皆天也；法制与悖乱，皆人也，二之而已。其事各行，不相预，而凶丰、理乱出焉，究之矣。"④他认为自然界的法则不适合人类社会，自然与社会各有其不同的规律。柳宗元"天人不相预"的观点是荀子"天人相分"思想的复归，对于人们在认识自然、掌握自然规律、发挥人的作用方面是有一定积极意义的。

刘禹锡认为柳宗元的说法不全面，进一步提出了"天人交相胜"的观点，在《天论》中论述了天人关系。首先，他认为天和人不一样，其职能作用都是不同的，"天，有形之大者也；人，动物之尤者也。天之能，人固不能也；人之能，天亦有所不能也"⑤。

天的作用是自然界的变化，春夏阳气上升，万物生长；秋冬阴气上升，万物凋零。人的作用是在阳气上升时进行种植，阴气上升时收获，防病除灾，采矿冶炼，制造农具，制定礼仪，尊重贤人，树立正气等。天不能制定礼仪，人也无法改变四季。由于天和人的功能作用是不同的，"天理"和"人理"自然也就不同，"天理"即自然规律，是有力者占先；"人理"即人生准则，是有德者占先。有时天理胜，有时人理胜，刘禹锡强调"天非务胜乎人"，天理胜是"人不宰则归乎天

①（唐）韩愈：《四库家藏·韩愈书启杂文集》，济南：山东画报出版社，2004 年，第 28 页。

② 侯外庐等编：《柳宗元哲学选集》，北京：中华书局，1964 年，第 51 页。

③ 侯外庐等编：《柳宗元哲学选集》，第 51 页。

④ 侯外庐等编：《柳宗元哲学选集》，第 73 页。

⑤ 赵娟、姜剑云评注：《刘禹锡集》，太原：山西古籍出版社，2004 年，第 212—213 页。

也"。而"人诚务胜乎天",因为"天无私,故人可务乎胜也"①。天不是有意识地要胜人,当"人理"不起作用时,自然力量就自发地起作用了。这说明刘禹锡的"人理"也不是单纯指伦理道德,它包括对涉及的有关自然环境的人类活动的治理、管理。自然环境是按照其自身的"天理"生长运行的,当人们能够有效地按照这样的"天理"去发挥自己的作用时,自然环境看上去就是为人的活动所左右,即人"胜天",否则,当人们不能自持,失去控制地"改造"自然时,自然力量将强制人们去按"天理"行事。刘禹锡还提出了天人之间"还相用"的结论,人和自然之间不仅存在着相互作用、相互战胜的方面,同时更存在相互补充、相互促进的一面。自然环境通过自己的物产、运转为人类的生存、发展提供了条件;反之,人类的生存、发展也为自然环境的成长、繁衍造就着条件。二者是相互依存的,善待自然环境也就是维护人类自身的生存,破坏了自然环境也就意味着破坏了人类自身生存的基础。

总之,刘禹锡提出的"交相胜,还相用"的环境思想,认识到人类社会生活与自然界的情况既有区别,又有联系;既相互作用,又相互依存。虽然从形式上它是荀子"天人相分"思想的复归,但从根本上看,它比荀子的思想前进了一步。

唐时,人们还认识到了植被与气候之间的关系,注意到大片山林的存在有利于提高空气湿度和增加降水量,因此明文规定五岳及其他名山禁止樵采。《唐六典》卷 7《虞部》云:"凡五岳及名山,能蕴灵产异,兴云致雨,有利于人者,皆禁其樵采。"②

五、宋元时期的生态环境思想简述

宋元时期,许多官员、学者、儒士,从不同侧面论述过保护自然环境、维护生态平衡的见解,尤其注重提倡植树造林、保持水土、顺乎自然之利,搞好农业生产。

两宋时,历朝君主都曾下诏"课民种树",种植桑枣、杨柳、松杉等,并且在

---

① 赵娟、姜剑云评注:《刘禹锡集》,第 217 页。
② (唐)李林甫等撰,陈仲夫点校:《唐六典》,北京:中华书局,1992 年,第 225 页。

植树地点的选择上，注意到了农、林业之间的用地关系，提倡在荒山、空地及非宜粮地植树。当时人们还认识到，应结合水土保持和水利建设来广植树木，这样既扩大了植树面积，又利于保持水土，保护了自然环境，维护了生态平衡，保障了水利设施的安全。

北宋著名学者张载是一个被同时代人称为"自孟子后，儒者都无他见识"的大思想家。他认为："儒者则因明至诚，因诚至明，故天人合一。"[①]这里的"诚"指的是天道，圣人的境界，"明"是指对世界的认识和理解，意思是圣人通过对世界的认识和理解就能知道客观世界的发展规律，从而达到人的主观认识与客观世界的统一。在这种思想的指导下，其提倡人与自然之间应相互关爱、和谐相处。张载还进一步论道："乾称父而坤称母，予兹藐焉，乃混然中处。故天地之塞，吾其体；天地之帅，吾其性。民吾同胞，物吾与也。"[②]这是说天地是万物和人的父母，人是天地万物中的一员，天、地、人三者混然共处在整个宇宙当中。天地万物与人的本性是一致的，所以人类是我的同胞，万物是我的朋友，它包含了人与自然、人与人之间的双重和谐与平衡的内容。南宋的魏岘看到四明地区植被被破坏，注重森林破坏与水土流失之间的关系，提出"昔时巨木高森，沿溪平地，竹木蔚然茂密"[③]，很少有水土流失的情况，由于山民追求木材价值，滥砍滥伐，造成"麾山不童，而平地竹木，亦为之一空"[④]。生态环境遭到破坏，一遇暴雨，就会造成严重的水土流失，从而导致"舟楫不通，田畴失溉"[⑤]。

由于环境破坏后果的直观性，宋代，人们对于环境保护的认识更为深刻和具体，注重在发展农业生产、围湖造田和修建水利设施的过程中要注意大自然的生态平衡和水域的生态平衡。如郑侨在《水利书》[⑥]中，提出了综合治理太湖水患的策略，主张治水治田应同时并举，灌溉与防洪并重，其主张的原因有两点：一是

---

① （宋）张载：《正蒙·乾称篇第十七》，《张载集》，北京：中华书局，1978年，第62页。

② 《宋史》卷427《道学一》，北京：中华书局，1985年，第12724页。

③ （宋）魏岘撰：《四明它山水利备览·淘沙》，北京：中华书局，1985年，第4页。

④ （宋）魏岘撰：《四明它山水利备览·淘沙》，第4页。

⑤ （宋）魏岘撰：《四明它山水利备览·淘沙》，第5页。

⑥ （宋）郑侨：《水利书》，载影印本文渊阁《四库全书·史部·地理类·吴中水利全书》卷13，台北：商务印书馆，1983年，第578册，第383页。

在于湖田围垦使湖区生态平衡遭到破坏。二是来水与去水的不平衡。这种意识反映出当时的人们已经朦胧地认识到在一定的地理范围内，只有保持大自然的生态平衡，才能减少水旱等各种灾害，保障农业生产丰收和人类的正常生存活动。

宋朝思想家朱熹在解释《孟子·梁惠王》中的一段话"数罟不入洿池，鱼鳖不可胜食也；斧斤以时入山林，材木不可胜用也"①时，提出了"因天地自然之利"的自然哲学观，认为"因天地自然之利"乃"撙节爱养之事也"②。可见，朱熹已认识到人类必须尊重、顺应自然客观规律，合理利用自然资源，对天地自然之利因势利导，维护生态自然环境的平衡。

虽然宋代学者的注意力仍然较多地集中在社会人文政治方面，但是生存的现实使他们或多或少都认识到在环境方面遵循自然规律的重要性，要保护自然资源，反对急功近利，以求自然资源的永续利用。

元代，环境问题仍然受到人们的关注，政府也为之颁布了若干相关法令，其中兵部的职能就有："凡城池废置之故，山川险易之图，兵站屯田之籍，远方归化之人，官私刍牧之地，驼马、牛羊、鹰隼、羽毛、皮革之征，驿乘、邮运、祗应、公廨、皂隶之制，悉以任之。"③

元代的《王祯农书》反映了重视农业综合环境，即农业与天、地、人以及与经济的、政治的、技术的、自然的关系内容，"土性所宜，因随气化，所以远近彼此之间风土各有别也"④；"九州之内，田各有等，土各有差；山川阻隔，风气不同，凡物之种，各有所宜；故宜于冀兖者，不可以青徐论，宜于荆扬者，不可以雍豫拟"⑤；"江淮以北，高田平旷，所种宜黍稷等稼；江淮以南，下土涂泥，所种宜稻秫。又南北渐远，寒暖殊别，故所种早晚不同；惟东西寒暖稍平，所种杂错，然亦有南北高下之殊"⑥。

宋元时期，有关治水、水利工程等水系生态系统的文献有郏亶的《吴门水利

① （宋）朱熹：《四书章句集注·孟子集注》卷1，北京：中华书局，1983年，第203页。
② （宋）朱熹：《四书章句集注·孟子集注》卷1，第204页。
③ 《元史》卷85《百官志》，北京：中华书局，1999年，第1424页。
④ （元）王祯著，王毓瑚校：《王祯农书·农桑通诀·地利篇》，北京：农业出版社，1981年，第13页。
⑤ （元）王祯著，王毓瑚校：《王祯农书·农桑通诀·地利篇》，第13页。
⑥ （元）王祯著，王毓瑚校：《王祯农书·农桑通诀·地利篇》，第14页。

书》①、单锷的《吴中水利书》②、郏侨的《水利书》③、周文英的《三吴水利书》④、魏岘的《四明它山水利备览》⑤、欧阳玄的《至正河防记》⑥、沈立的《河防通议》⑦等，这些文献不仅综合或专门论述了我国疆域范围内主要水系的分布状况、流域地区、水产品分布状况及其特点，而且有些还涉及其水系流域范围内的水旱灾害及其出现的原因与根治办法，具有朴素的维持水系生态平衡的思想主张。

六、明清时期的生态环境思想简述

元末明初思想家谢应芳曾针对当时盛行的巫觋煽惑愚俗、伐树毁林的恶劣行径，提出"严加禁约"的主张，并上书督府长官，请发布榜文，予以取缔。他说："恐革命以来，巫觋之流复以妖像混淆，煽惑愚俗，军民樵采或不知禁。更乞上陈督府，旁及郡县，请给榜文，严加禁约。"⑧刘基在"造物无心"天道自然论的基础之上，建立起一套人与自然关系的学说，认为"天"是由浑浑然的气构成的，地包在气中。他在《郁离子·神仙》中论述道："天以其气分而为物，人其一物也。天下之物异形，则所受殊矣。修、短、厚、薄，各从其形，生则定矣……"⑨他在《郁离子·造物无心》中说："夫天下之物，动者、植者、足者、翼者、毛者、倮者，鱐鱐如也，沸如也，蓁如也，森如也，出出而不穷，连连而不绝，莫非天之生也，则天之好生亦尽其力矣。"⑩按照刘基的天道观，物与人都是得天之气而生，天下万物之所以千差万别，只是由于他们禀受的气不同，绝不是造物主的有心安

<hr>

① （宋）郏亶：《吴门水利书》，已佚。
② （宋）单锷：《吴中水利书》，北京：中华书局，1985年。
③ （宋）郏侨：《水利书》，参见（明）张国维：《吴中水利全书》卷13，载文渊阁影印本《四库全书》，上海：上海古籍出版社，1987年。
④ 周文英：《三吴水利书》，参见（明）归有光编著：《三吴水利录》，上海：商务印书馆，1936年。
⑤ （宋）魏岘：《四明它山水利备览·淘沙》，北京：中华书局，1985年。
⑥ （元）欧阳玄：《至正河防记》，参见（明）宋濂等撰：《元史》卷60《河渠志》，第1094页。
⑦ （元）沈立：《河防通议》，上海：商务印书馆，1936年。
⑧ （元）谢应芳：《龟巢稿》卷12，《四部丛刊三编集部》，上海：上海书店出版社，1936年，第2册，第48页。
⑨ （明）刘基原著，傅正谷评注：《郁离子评注》，天津：天津古籍出版社，1987年，第363页。
⑩ （明）刘基原著，傅正谷评注：《郁离子评注》，第203页。

排，乃是一种自然因素所决定的。刘基还尝试着解决"天人关系"的问题，在他看来，人与天不是各不相关的，人对天也不是无所作为的。《郁离子·茧丝》中说："人夺物之所自卫者为己用，又戕其生而弗之恤矣，而曰天生物以养人。人何厚，物何薄也？人能裁成天地之道，辅相天地之宜，以育天下之物，则其夺诸物以自用也亦弗过。不能裁成天地之道，辅相天地之宜，蚩蚩焉与物同行，而曰天地之生物以养我也，则其获罪于天地也大矣。"[1]这充分肯定和赞扬了人的主观能动作用。关于人如何发挥主观能动性，刘基在《郁离子·天地之盗》中云："人，天地之盗也。天地善生，盗之者无禁，惟圣人为能知盗，执其权，用其力，攘其功，而归诸己，非徒发其藏，取其物而已也。庶人不知焉，不能执其权，用其力；而遏其机，逆其气，暴夭其生息，使天地无所施其功。则其出也匮，而盗斯穷矣。……而各以其所欲取之，则物尽而藏竭，天地亦无如之何矣。是故天地之盗息，而人之盗起，不极不止也。然则，何以制之？曰遏其人盗，而通其为天地之盗，斯可矣。"[2]人要向生成万物的自然索取，而这种索取是善于利用自然的规律、力量、功效来进行的生产，倘若人对自然进行掠夺性的索取，恣意破坏自然资源和物力，必将造成物尽藏竭、民庶穷困以至社会动乱的恶果。这说明刘基已经意识到向自然索取财富一定不能违背自然规律的重要性。刘基所阐发的天人关系论是比较全面的，他既肯定前辈无神论思想家所主张的"天人相分"观，并创造性地发展为"造物无心"的天道自然无为论，又弘扬了《周易·周易上经·泰象》的"后以财成天地之道，辅相天地之宜"[3]和《周易·系辞上》的"范围天地之化而不过，曲成万物而不遗"[4]的天人相互协调的意旨，倡导人类不仅要作"天地之盗"，而且要"善盗"，这种改造自然与顺应自然的行为相辅相成、征服自然与保护自然并行不悖的真知灼见，确实很有价值。

明代中期，阎绳芳在所撰《镇河楼记》中，通过将山西祁县森林植被由繁茂转尽竭的变迁及其造成的后果进行深刻对比，来寻究森林植被与水土保持的内在

---

① （明）刘基原著，傅正谷评注：《郁离子评注》，第286页。
② （明）刘基原著，傅正谷评注：《郁离子评注》，第217页。
③ （清）阮元校刻：《十三经注疏·周易正义》卷2，第28页。
④ （清）阮元校刻：《十三经注疏·周易正义》卷7，第77页。

联系。他描述道：祁县在正德朝之前，"树木丛茂，民寡薪采；山之诸泉，汇而为盘陀水，流而为昌源河，长波澎湃"，即使每年六七月大雨骤降，但凭借森林所蕴蓄，汾河水总是沿固定的河床而下，不改其道，未曾干涸。然而，至于嘉靖朝之初，"元民竞为屋室，南山之木，采无虚岁，而土人且利山之濯濯，垦以为田，寻株尺蘗，必铲削无遗。天若暴雨，水无所得，朝落于南山，而夕即达于平壤，延涨冲决，流无定所，屡徙于贾令岭南北，而祁丰富减于前之什七矣"①。此文剖析了滥伐林木造成灾害和贫穷恶果的实例，表达了对森林植被保护水土作用的关注，强调了自然环境的生态效益，提醒人们重视水土保持，防止垦荒毁林，阐明了人类对大自然无节制的索取必将遭到大自然无情报复的道理。

晚明进步思想家陈确则把目光投向土地资源的保护问题，在合理利用土地资源方面提出了一些具有远见的构想，"草木本乎地，非得土气而不生"②，把土地视为万物化育生长的基本条件。他还主张节用土地，大胆地抨击了以沃田膏壤作坟地而"以死伤生"的愚俗："每一拭目，平原旷野，垄树弥望，率皆沃壤；耕夫拱手，民业日促，可为寒心！"③在《葬论》中，陈确提出了与世俗迥别的"择地而葬"观念：

> 成子高曰："吾生无益于人，死可以害于人乎？吾死则择不食之地而葬我焉"，君子以为达。程子曰："择葬地，当避五患，使他日不为城郭，不为道路，不为沟池，不为势家所夺，不为耕犁所及。"若由是观，所谓择，择人之所弃者而已，非今之所谓择也。④

他又从合理利用和保护土地资源的意识出发，反对一家一户各建坟茔，提倡"聚族而葬"，为此慷慨陈词：

---

① 张全明、王玉德等：《生态环境与区域文化史研究》，武汉：崇文书局，2005年，第413页。
② 侯外庐等编辑：《陈确哲学选集》（增订本），北京：科学出版社，1959年，第53页。
③ 侯外庐等编辑：《陈确哲学选集》（增订本），第58页。
④ 侯外庐等编辑：《陈确哲学选集》（增订本），第55页。

　　且欲以一人之朽骨长据数亩之腴田，其茔封开广者，或更至数十亩。苟此俗不变，地何以给？民何以堪？①

　　陈确对极不合理的传统丧葬方式发出的挑战，虽然在当时的历史条件下难以如愿，但是不失为具有进步意义的主张，在古代生态环境思想史上占有一席之地。

　　大思想家王夫之在生态环境理论方面更有独到之处。王夫之汲取《周易大传》的"裁成辅相天地"之学说，阐发了人类只有遵循自然规律才可以对生态环境加以调整的观点。其所撰《续春秋左传·博仪·吴征百牢》中，有一段精彩的"相天"之议：

　　语相天之大业，则必举而归之于圣人。乃其弗能相天与，则任天而已矣。鱼之泳游，禽之翔集，皆其任天者也。人弗敢以圣自尸，抑岂曰同禽鱼之化哉？……天之所有因而有之，天之所无因而无之，则是可无厚生利用之德也；天之所治因而治之，天之所乱因而乱之，则是可无秉礼守义之经也。……夫天与之目力，必竭而后明焉；天与之耳力，必竭而后聪焉；天与之心思，必竭而后睿焉；天与之正气，必竭而后强以贞焉。可竭者天也，竭之者人也。人有可竭之成能，故天之所死，犹将生之；天之所愚，犹将哲之；天之所无，犹将有之；天之有乱，犹将治之。②

　　王夫之的"相天"说，强调人有能力使得将死之"天"成活，"所无"之"天"富有，紊乱之"天"得到治理，即充分发挥人的能动作用，去调整人类本身和自然环境的关系，治理万物。而人的这种能动作用并非圣人所特有，凡人虽非圣人，但与禽鱼殊异，是有能力改变自然万物的。从客观上分析，这也是对劳动人民维护生态平衡的创造性作用的认可。

　　明代，不少人对水、土、生物之间生态关系的认识日益深刻，并在理论上有所表述，由此推动着社会采取某些有益的措施，来缓解日益恶化的生态环境，这

---

① 侯外庐等编辑：《陈确哲学选集》（增订本），第58页。

② （明）王夫之著，船山全书编辑委员会编校：《船山全书》，长沙：岳麓出版社，1988年，第5册，第617页。

无疑是具有积极意义的。然而这些闪光的思想火花，在当时的影响力是十分有限的，它们很难为大多数人接受而形成社会共识。

晚清许多思想家和政治家以天人学说为精神支柱，认为在人类社会以外有主宰万物的天，天就是有意志的人格神。龚自珍就说过："天与人，旦有语，夕有语。万人之大政，欲有语天人，则有传语之民，传语之人，后名为官。"①他还认为："天也者，福之所自出也。"②

魏源赞成天人感应观念，认为天治可以辅助人治。他在《书古微·顾命篇发微》中说："生民之初，天与人近，天下通，人上通，旦上天，夕上天……其政令灾祥祸福，一以天治而不纯以人治。"③康有为在他的《地势篇》中从地势的角度解释社会的演进，认为文化的传播与地势的走向有关，印度坐北向南，南海为襟带，海水向东流，佛教顺势到了中国。中国的山川坐西向东，使得儒教传入日本，而没有传到印度。在世界文化中，地中海水向东流泻，使西方的政教盛行于亚洲。他还认为，社会的聚散兴衰也与地势有关，"中国地域有结，故古今常一统，小分而旋合焉"。欧洲的地势分散，气不能聚，所以很难统一。他总结说："故二帝、三王、孔子之教，不能出中国，而佛氏、耶稣、泰西能肆行于地球也。皆非圣人所能为也，气为之也，天也。"④这说明康有为对地理环境决定论的认同。

梁启超在《近代学风之地理的分布》序文中说："气候山川之特征，影响于住民之性质；性质累代之蓄积发挥，衍为遗传；此特征又影响于对外交通及其他一切物质上生活；物质上生活，还直接间接影响于习惯及思想。故同在一国，同在一时，而文化之度相去悬绝；或其度不甚相远，其质及其类不相蒙，则环境之分限使然也。环境对于'当时此地'之支配力，其伟大乃不可思议。"⑤

梁启超的《地理与文明之关系》是一篇研究环境与文化的代表作，他认为亚洲的地理相互隔绝，印度与波斯、印度与中国，交通不便。"虽有创生文明之力，

---

① （清）龚自珍著，王佩诤校：《王癸之际胎观第一》，《龚自珍全集》第一辑，北京：中华书局，1959年，第13页。

② （清）龚自珍著，王佩诤校：《五经大义终始论》，《龚自珍全集》第一辑，第46页。

③ （清）魏源撰，魏源全集编辑委员会编校：《书古微》卷11《顾命篇发微下》，《魏源全集》，长沙：岳麓出版社，2004年，第2册，第16页。

④ 黄明同、吴熙钊主编：《康有为早期遗稿述评》，广州：中山大学出版社，1988年，第38页。

⑤ 梁启超：《饮冰室合集·文集之十》，北京：中华书局，1989年，第2册，第110页。

而无发扬文明之力。盖由各地孤立，故生反对保守之恶风，抱惟我独尊之妄见，以地理不便，故无交通，故无竞争。无竞争故无进步，亚洲所以弱于欧洲，其大原在是。"①地形地势影响人的心理状态。"凡天然之景物过于伟大者，使人生恐怖之念，想象力过敏，而理性因以减缩，其妨碍人心之发达，阻文明之进步者实多。苟天然景物得其中和，则人类不被天然所压服，而自信力乃生，非直不怖之，反爱其美，而为种种之试验，思制天然力以为人利用。"②

梁启超还论述了中国人对中庸之道的重视与生态之间的关系，持地理环境决定论的思想。在《孔子》一文中说："中国为什么能产生这种大规模的中庸学说呢？我想，地势、气候、人种都有关系。因为我们的文明是发育在大平原上头，平原是没有什么险峻恢诡的形状，没有极端的深刻，也没有极端的疏宕，没有极端的忧郁，也没有极端的畅放。这块大平原位置在温带，气候四时具备，常常变迁，却变迁得不甚激烈。所以对于自然界的调和性看得最亲切，而且感觉他的善美。人类生在这种地方，调和性本已应该发达，再加上中华民族是由许多民族醇化而成，若各执极端，醇化事业便要失败，所以多年以来，调和性久已孕育。孔子的中庸主义，可以说都是这种环境的产物。"③这种思想在清人中是较普遍的。

第二节　中国古代生态环境管护机构的设立概况

人类社会的发展过程就是人类不断调整和自然环境关系的过程。尽管不同的历史时期、不同的地域，不同的民族社会经济发展程度存在着明显的差异，人们对自然界的认识以及利用与改造程度也有所不同，但是追求人类与自然关系的和谐统一，实现可持续发展应该是人类共同的主题。但是，纵观人类历史，西方工业文明的发展进程及世界各国的工业化发展是以牺牲环境利益为代价的，致使我们不得不面对环境污染、资源枯竭等众多生态环境问题。人类开始反思自己的行为，开始注重对生态环境进行保护，树立生态环境意识。在我国漫长的历史时期，

---

① 梁任公先生：《饮冰室文集》，北京：大道书局，1936年，第3册，第124页。

② 梁启超：《饮冰室合集·文集之十》，第2册，第110页。

③ 梁启超：《梁启超全集》，北京：北京出版社，1999年，第3151页。

几乎各朝各代都设有与环境保护相关的机构，这里有必要对其进行挖掘、梳理，以期对今天环境保护制度的建设和完善有所裨益。

一、隋以前环境管护机构及官员的设置

（一）先秦时期

据《尚书·尧典》，五帝时代舜即位后，派益为管理山泽草木鸟兽的官员——虞。"帝曰：'畴若予上下草木鸟兽？'佥曰：'益哉！'帝曰：'俞，咨！益，汝作朕虞。'益拜稽首，让于朱虎、熊罴。帝曰：'俞，往哉！汝谐。'"[①]可以说世界上最早的管理山林草泽鸟兽的机构是"虞"，同时"虞"也是官职的名称；世界上最早的环境保护官员就是"益"。

清代黄本骥所编的《历代职官表》[②]列出夏、商、周三代均设有虞。在先秦古籍中，只有《周礼》比较详尽地记述了周代关于虞的建制、编制及职责等内容。据李丙寅先生等的研究，虞既是机构的名称也是官名，也称为虞师或者虞人。周代虞人归地官司徒统领。据《周礼·地官司徒第二》，不仅周天子设置虞，各诸侯国也设虞，也叫作虞或衡，有山虞、泽虞、川衡、林衡；并按山、林、川、泽的大小规定了机构中各级人员的数目。其详细规定为：①"山虞掌山林之政令，物为之厉，而为之守禁。仲冬斩阳木，仲夏斩阴木。凡服耜，斩季材，以时入之。令万民时斩材，有期日。凡邦工入山林而抡材，不禁。春秋之斩木，不入禁。凡窃木者，有刑罚。若祭山林，则为主而修除，且跸。若大田猎，则莱山田之野。及弊田，植虞旗于中，致禽而珥焉。"[③]山虞的人员配置为"山虞，每大山中士四人，下士八人，府二人，史四人，胥八人，徒八十人；中山下士六人，史二人，胥六人，徒六十人；小山下士二人，史一人，徒二十人"[④]。②"林衡掌巡林麓之禁

---

① 常万里主编：《四书五经·尚书》，北京：中国华侨出版社，2003年，第14页。

② （清）黄本骥编，中华书局上海编辑所编辑：《历代职官表》，北京：中华书局，1965年。

③ （清）阮元校刻：《十三经注疏·周礼注疏》卷16，第747页。

④ （清）阮元校刻：《十三经注疏·周礼注疏》卷9，第699页。

令而平其守,以时计林麓而赏罚之。若斩木材,则受法于山虞,而掌其政令。"①林衡是管理和巡视林麓的官员,其人员配置为"每大林麓下士十有二人,史四人,胥十有二人,徒百有二十人;中林麓如中山之虞;小林麓如小山之虞"②。③"川衡掌巡川泽之禁令而平其守。以时舍其守,犯禁者,执而诛罚之。祭祀、宾客,共川奠。"③其人员设置为"每大川下士十有二人,史四人,胥十有二人,徒百有二十人;中川下士六人,史二人,胥六人,徒六十人;小川下士二人,史一人,徒二十人"④。④泽虞"掌国泽之政令,为之厉禁。使其地之人,守其财物,以时入之于玉府,颁其余于万民。凡祭祀、宾客、共泽物之奠。丧纪,共其苇蒲之事。若大田猎,则莱泽野。及弊田,植虞旌以属禽。"即泽虞掌管国家湖沼之政令,根据湖沼的大小配备泽虞的属官。"泽虞每大泽、大薮中士四人,下士八人,府二人,史四人,胥八人,徒八十人;中泽、中薮如中川之衡;小泽、小薮如小川之衡。"⑤此外,还有迹人、矿人、角人、羽人、掌葛、掌染草、掌炭、掌荼、掌蜃、囿人、场人、廪人、仓人等,分别掌管田猎、采矿、禽兽、捕获、囿游、场圃、瓜果植物采摘收藏、粮粟入藏等事宜与时禁守护。

据《周礼·地官司徒第二》,"迹人掌邦田之地政,为之厉禁而守之。凡田猎者受令焉,禁麛卵者,与其毒矢射者"⑥。即迹人专管田猎地方的政令,设立界限、禁令,使人守护,凡田猎的人都必须听从迹人的命令,禁止捕杀幼兽、摘取鸟卵及使用有毒的箭射杀禽兽。

"囿人掌囿游之兽禁,牧百兽。祭祀、丧纪、宾客,共其生兽死兽之物。"⑦即囿人掌管君主囿中活动群兽的看管遇有祭祀、丧事或者招待宾客,则提供活动的或死的兽。

"场人掌国之场圃,而树之果蓏珍异之物,以时敛而藏之。凡祭祀、宾客,

---

① (清)阮元校刻:《十三经注疏·周礼注疏》卷16,第747页。
② (清)阮元校刻:《十三经注疏·周礼注疏》卷9,第700页。
③ (清)阮元校刻:《十三经注疏·周礼注疏》卷16,第747页。
④ (清)阮元校刻:《十三经注疏·周礼注疏》卷9,第700页。
⑤ (清)阮元校刻:《十三经注疏·周礼注疏》卷9,第700页。
⑥ (清)阮元校刻:《十三经注疏·周礼注疏》卷16,第748页。
⑦ (清)阮元校刻:《十三经注疏·周礼注疏》卷16,第749页。

共其果蓏。享，亦如之。"①即场人掌管君主的场圃，种植果树、瓜果等物，按时收摘贮存，凡有祭祀及招待宾客即提供瓜果，宗庙祭享也一样。

"矿人掌金玉锡石之地，而为之厉禁以守之。若以时取之，则物其地图而授之。巡其禁令。"②即矿人掌管出产金玉锡石的地方，设立藩界禁令并予守护，如按时采取，则将物产的地图给予采矿者，并进行巡视，执行禁令。

根据以上分析及李丙寅先生的研究③，可以看出先秦时期重视对动物资源和森林资源的保护，这与当时丰富的森林和动物资源相关，也说明在生产力水平低下的社会，人们对自然资源的依赖性很大；另外，还可以看出先秦时期有关环境保护的机构职能设置较为细密，虞衡的职责、管辖范围、人员组成都有着详细的规定，职官可以各司其职，提高管理水平。

（二）秦汉时期

根据《汉书·百官公卿表》记载，"少府，秦官，掌山海地泽之税，以给共养，有六丞"④。其属官甚多，下属的上林苑令和钩盾令分别管理上林苑等的动物资源和森林资源，其余和环境保护关系不大。"上林苑令一人，六百石。本注曰：主苑中禽兽。颇有民居，皆主之。捕得其兽送太官。丞、尉各一人。"⑤"钩盾令一人，六百石。本注曰：宦者。典诸近池苑囿游观之处。"⑥钩盾令是由宦官担任的，主要负责苑囿中的花草果木等。王莽改少府曰共工。少府虽然是掌管全国土地资源和农林的官员，但其职责主要是为皇室收税。

汉武帝时期设立了水衡都尉，但主要是管财务。《汉书·食货志》载："初，大农干盐铁官布多，置水衡，欲以主盐铁；及杨可告缗，上林财物众，乃令水衡主上林。"⑦后武帝禁民间郡国铸钱，把货币铸造权收归国家，专令上林三官铸五

① （清）阮元校刻：《十三经注疏·周礼注疏》卷16，第749页。
② （清）阮元校刻：《十三经注疏·周礼注疏》卷16，第748页。
③ 李丙寅：《略伦先秦时期的环境保护》，《史学月刊》1990年第1期，第7—13页。
④ 《汉书》卷19《百官公卿表》，第616页。
⑤ 《后汉书》志26《百官三》，第2450页。
⑥ 《后汉书》志26《百官三》，第2452页。
⑦ 《汉书》卷24《食货志》，第979页。

铢钱，于是水衡都尉又主管国家货币制造，成为西汉王朝重要的财政部门。汉代也设立了大司农管理农林，设东园专管材木。

东汉设有司空，"掌水土事。凡营城起邑、浚沟洫、修坟坊之事，则议其利，建其功。凡四方水土功课，岁尽则奏其殿最而行赏罚"①，说明司空是管城建与水利的官员。

（三）魏晋南北朝时期

据黄本骥《历代职官表》，魏、晋、宋、齐、梁、陈设虞曹郎管理山林川泽。北魏设虞曹郎中，北齐设虞曹郎中及虞曹主事，北周设虞部下大夫、小虞部上士、山虞、泽虞、川衡、林衡中士和下士，主管山林川泽事务。

魏晋南北朝时期政局动荡不安，朝代更替频繁，但民族和文化融合的速度却加快，新机构层出不穷，前后不同时期的变迁沿革也很难做到一一对应。史籍对许多问题的记载也相对缺失，如在水利方面，汉朝的水衡都尉主管上林苑等皇家苑囿，曹魏时主管水军军务，晋武帝时裁撤，继起的都水台则掌管各种水利事务。又如南北朝时尚书系统的水部、农部等机构陆续兴起，但史籍中并没有关于其职掌的明确记载。②

二、隋至宋时期环境管护机构及官员的设置

隋代在尚书省中设"吏部、礼部、兵部、都官、度支、工部等六曹事……"工部尚书统工部、屯田侍郎各二人，虞部、水部侍郎各一人"③。屯田、虞部、水部等，均与生态环境有关。

唐代，工部"掌天下百工、屯田、山泽之政令。其属有四：一曰工部，二曰屯田，三曰虞部，四曰水部"④。这四部均与环境有关。其中虞部"掌天下虞衡、

---

① 《后汉书》志24《百官一》，第2430页。

② 夏瑜：《中国古代中央生态管理机构变迁初探》，北京林业大学硕士学位论文，2012年，第12页。

③ 《隋书》卷28《百官志下》，北京：中华书局，1999年，第525页。

④ （唐）李林甫等撰，陈仲夫点校：《唐六典》卷7《尚书工部》，第215页。

山泽之事，而辨其时禁。凡采捕、畋猎，必以其时。冬、春之交，水虫孕育，捕鱼之器，不施川泽；春夏之交，陆禽孕育，餧兽之药，不入原野；夏苗之盛，不得蹂藉；秋实之登，不得焚燎"[①]。水部"掌天下川渎、陂池之政令，以导达沟洫，堰决河渠。凡舟楫、溉灌之利，咸总而举之"[②]。除中央有虞部、水部等管理环境的机构外，地方亦有管理山泽的官吏，如唐文宗"开成元年，复以山泽之利归州县，刺史选吏主之"[③]。

除此之外，隋唐时期九寺五监也从事大量具体的生态环境管护工作，但有更多为皇室服务的色彩，其地位稍低于六部。六部的各司对有关寺监的分工明确具体，有利于资源的合理开发和可持续利用。

五代时期，工部以下有屯田司与都水司。吴越国"置都水营使以主水事，募卒为都，号曰撩浅军，亦谓之'撩清'，命于太湖旁置'撩清卒'四部，凡七八千人，常为田事，沿河筑堤，一路径下吴淞江，一路自急水港下淀山湖入海，居民旱则运水种田，涝则引水出田。又开东府南湖，立法甚备"[④]。正是因为有了一套组织机构，并立法甚备，才造成了吴越86年间"岁多丰稔"。

宋代工部下设虞部，官吏有虞部郎中、虞部员外郎、虞部主事，掌山泽苑囿场冶之事。所谓场冶即矿场及冶金。《宋史》记载，徽宗崇宁四年（1105年），"是岁，山泽坑冶名数，令监司置籍，非所当收者别籍之，若弛兴、废置、移并，亦令具注，上于虞部"[⑤]。以后六部的生态方面职能继续加强，使职差遣制度得到更广泛的应用，帝王普遍派遣使职去办理各种事务，并将其制度化。这一制度在加强中央集权的同时，也有利于提高行政效率，在生态管护领域，能够不断应对新出现的社会事务，促进资源的可持续利用。

---

① （唐）李林甫等撰，陈仲夫点校：《唐六典》卷7《尚书工部》，第224页。
② （唐）李林甫等撰，陈仲夫点校：《唐六典》卷7《尚书工部》，第225页。
③ 《新唐书》卷54《食货志四》，北京：中华书局，1975年，第1383页。
④ （清）吴任臣撰，徐敏霞、周莹点校：《十国春秋》卷77《吴越》，北京：中华书局，1983年，第1090页。
⑤ 《宋史》卷185《食货下》，北京：中华书局，1999年，第3034页。

三、明清时期环境管护机构及官员的设置

明清两代都在工部下设虞衡清吏司、都水清吏司和屯田清吏司。明代，"虞衡典山泽采捕、陶冶之事。凡鸟兽之肉、皮革、骨角、羽毛，可以供祭祀、宾客、膳羞之需，礼器、军实之用，岁下诸司采捕。水课禽十八、兽十二，陆课兽十八、禽十二，皆以其时。冬春之交，罝罛不施川泽；春夏之交，毒药不施原野。苗盛禁蹂躏，谷登禁焚燎。若害兽，听为陷阱获之，赏有差。凡诸陵山麓，不得入斧斤、开窑冶、置墓坟。凡帝王、圣贤、忠义、名山、岳镇、陵墓、祠庙有功德于民者，禁樵牧。凡山场、园林之利，听民取而薄征之"①。这时仍强调采捕"皆以其时"，重视生态平衡，对当时和前代的陵墓及名山等皆禁樵牧。虞衡清吏司在明清时期管理事务大体相同，但各有侧重。明朝时侧重于对动物和植物资源的管理，包括按"时禁"对其进行开发和利用，以保证其可持续发展。清朝时除了完成上述工作外，更侧重于备办军需物器。

都水则"典川泽、陂池、桥道、舟车、织造、券契、量衡之事。水利曰转漕，曰灌田……舟楫，砲碾者不得与灌田争利，灌田者不得与转漕争利。凡诸水要会，遣京朝官专理，以督有司"②。此外，还有专门管理皇家苑囿的官吏，即上林苑监。设左右监正各一人、左右监副各一人、左右监丞各一人。下设"良牧、蕃育、林衡、嘉蔬四署……监正掌苑囿、园池、牧畜、树种之事。凡禽兽、草木、蔬果，率其属督其养户、栽户，以时经理其养地、栽地，而畜植之，以供祭祀、宾客、宫府之膳羞。凡苑地，东至白河，西至西山，南至武清，北至居庸，西南至浑河，并禁围猎。……林衡典果实、花木，嘉蔬典苇艺瓜菜，皆计其町畦、树植之数，而以时苞进焉"③。

---

① 《明史》卷72《职官一》，北京：中华书局，1999年，第1175页。
② 《明史》卷72《职官一》，第1175页。
③ 《明史》卷74《职官三》，第1209页。

第三节 中国古代生态环境保护法令的颁布概况

一、隋以前生态环境保护法令的颁布

（一）先秦时期

早在公元前 11 世纪，西周就颁布了《伐崇令》，规定"毋坏屋，毋填井，毋伐树木，毋动六畜。有不如令者，死无赦"[1]，堪称我国历史上第一部保护环境的法令。西周时，根据季节的变化，规定了施火的时间："季春出火，民咸从之，季秋内火，民亦如之。时则施火令。"[2]到春秋战国时期，进而提出了防止污染环境的法令。《韩非子·内储说上》就有"殷法刑弃灰"[3]。商鞅变法时也曾规定："弃灰于道者被刑。"[4]春秋时期，管仲任齐相时提出的"四禁"中有"春无杀伐，无割大陵，倮大衍，伐大木，斩大山，行大火……夏无遏水达名川，塞大谷，动土功，射鸟兽"[5]。又"山林虽广，草木虽美，禁发必有时"，并提出："山林梁泽，以时禁发而不正也。"[6]即山林水泽按时封禁和开放就不征税，以予鼓励。又"苟山之见荣者，谨封而为禁。有动封山者，罪死而不赦。有犯令者，左足入，左足断，右足入，右足断"[7]。荀况提出以税收制度来加强管理，"山林泽梁以时禁发而不税"[8]。《吕氏春秋·士容论·上农》中记载："然后制四时之禁：山不敢伐材下木，泽人不敢灰僇，缳网罝罦不敢出于门，罛罟不敢入于渊，泽非舟虞不敢缘名，为害其时也。"[9]即要制定春夏秋冬的禁令，在生物繁育时期，不准砍伐山中

---

① 中国大百科全书编辑部编：《中国大百科全书·环境科学》，北京：中国大百科全书出版社，1983年，第502页。

② （清）阮元校刻：《十三经注疏·周礼注疏》卷30，第843页。

③ （清）王先慎撰，钟哲点校：《韩非子集解》卷9，北京：中华书局，1998年，第212页。

④ 《史记》卷87《李斯列传》，第1988页。

⑤ （春秋）管仲撰，吴文涛、张善良编著：《管子·七臣七主》，第361页。

⑥ （春秋）管仲撰，吴文涛、张善良编著：《管子·戒》，第220页。

⑦ （春秋）管仲撰，吴文涛、张善良编著：《管子·地数》，第503页。

⑧ （清）王先谦，沈啸寰、王星贤点校：《荀子集解》卷5，第160页。

⑨ （汉）高诱注，（清）毕沅校，余翔标点：《吕氏春秋·士容论·上农》，第462页。

树木，不准在泽中割草烧灰，不准用网具捕捉鸟兽，不准用网下水捕鱼；除舟虞外不准乘船过泽。

《国语·鲁语上》记载了"里革断罟匡君"的故事，鲁宣公夏天带人去泗水泛舟撒网捕鱼，大夫里革将鲁宣公的网割断，丢到岸上，还对宣公讲了古代保护生物资源的制度，说："古者大寒降，土蛰发，水虞于是乎将眾罶，取名鱼，登川禽，而尝之庙，行诸国，助宣气也。鸟兽孕，水虫成，兽虞于是乎禁置罗麗，獺鱼鳖以为夏犒，助生阜也。鸟兽成，水虫孕，水虞于是乎禁置罜麗，设阱鄂，以实庙庖，畜功用也。且夫山不槎蘖，泽不伐夭，鱼禁鲲鲕，兽长麛麇，鸟翼鷇卵，虫舍蚔蝝，蕃庶物也，古之训也。今鱼方别孕，不教鱼长，又行网罟，贪无艺也。"鲁宣公闻之，曰："吾过而里革匡我，不亦善乎！是良罟也，为我得法。使有司藏之，使吾无忘谂。"①

周代加强了山林川泽的保护和管理，设置了中央和地方有关环境保护的机构和官员，颁布了相关的法令，使得当时的环境得到了相应的保护。

（二）秦汉时期

秦时颁布《秦律》，作为当时秦国的根本大法，里面就有不少关于环境保护方面的法律条文。其中《田律》规定："春二月，毋敢伐材木山林及雍（壅）堤水。不夏月，毋敢夜草为灰，取生荔、麛卵鷇，毋□□□□□毒鱼鳖，置阱网。到七月而纵之。唯不幸死而伐绾享者，是不用时。……百姓犬入禁苑中而不追兽及捕兽者，勿敢杀；其追兽及捕者，杀之。河禁所杀犬，皆完入公；其它禁苑杀者，食其肉而入皮。"②条文中对树木、水道、植被、鸟兽虫鱼等，以及保护对象、时间限制、捕猎采集的方法和对违反规定的处理办法都做了详尽的规定，为后世历朝历代制定有关环境保护的法规提供了有益的借鉴。《田律》还要求基层官员及时汇报旱、风、涝、虫灾，以便采取对策，如有渎职者辄重出。《田律》可谓迄今所知我国最早的环境保护成文法，由各级政府严格执行。但是，遗憾的是，秦代的

---

① 徐元浩撰，王树民、沈长云点校：《国语集解·鲁语上第四·宣公夏滥于泗渊》，北京：中华书局，2002年，第167—170页。

② 睡虎地秦墓竹简整理小组编：《睡虎地秦墓竹简》，北京：文物出版社，1990年，第20页。

"严刑峻法"主要是对待庶民百姓的，对统治者却另当别论。秦始皇大伐林木建宫室，"乃写蜀、荆地材皆至。关中计宫三百，关外四百余"①。秦始皇时期还肆意毁灭山林，始皇二十八年（前 219 年），"至湘山祠。逢大风，几不得渡。上问博士曰：'湘君何神？'博士对曰：'闻之，尧女，舜之妻，而葬此。'于是始皇大怒，使刑徒三千皆伐湘山树，赭其山"②。

汉代重视动物资源的保护。《汉书·西域传》载武帝《轮台诏》："今边塞未正，阑出不禁，障候长吏使卒猎兽，以皮肉为利，卒苦而烽火乏，失亦上集不得，后降者来，若捕生口虏，乃知之。"③武帝训斥"边塞"防务"未正"，其中包括对戍守士卒"猎兽，以皮肉为利"行为的指责。

《汉书·宣帝纪》载，元康三年（前 63 年），"夏六月，诏曰：'前年夏，神爵集雍。今春，五色鸟以万数飞过属县，翱翔而舞，欲集未下。其令三辅毋得以夏春摘巢探卵，弹射飞鸟。具为令'"④，这应是我国历史上最早的保护鸟类的法令。

迨及东汉，明帝永平三年（60 年）春正月，诏曰："有司其勉顺时气，劝督农桑，去其螟蜮，以及蝥贼……"⑤章帝建初元年（76 年）诏曰："……方春东作，宜及时务。二千石勉劝农桑，弘致劳来。"⑥章帝元和三年（86 年），敕侍御史、司空曰："方春，所过无得有所伐杀。车可以引避，引避之；騑马可辍解，辍解之。《诗云》：'敦彼行苇，牛羊勿践履。'《礼》，人君伐一草木不时，谓之不孝。俗知顺人，莫知顺天。其明称朕意。"⑦

汉代对全国的山林陂池也是严格控制与管理的，一般禁止随意砍伐渔采。遇到荒年则予开禁。西汉文帝后元六年（前 158 年），"夏四月，大旱，蝗。令诸侯无入贡。弛山泽"⑧。武帝元鼎二年（前 115 年）秋九月，诏曰："仁不异远，义

①《史记》卷 6《秦始皇本纪》，第 182 页。
②《史记》卷 6《秦始皇本纪》，第 176 页。
③《汉书》卷 96《西域传》，第 2883 页。
④《汉书》卷 8《宣帝纪》，第 180 页。
⑤《后汉书》卷 2《显宗孝明帝纪》，第 72 页。
⑥《后汉书》卷 3《肃宗孝章帝纪》，第 91 页。
⑦《后汉书》卷 3《肃宗孝章帝纪》，第 107 页。
⑧《汉书》卷 4《文帝纪》，第 95 页。

不辞难。今京师虽未为丰年，山林池泽之饶与民共之。"①元帝初元元年（前48年）夏四月，诏曰："关东今年谷不登，民多困乏。其令郡国被灾害甚者毋出租赋。江海陂湖园池属少府者以假贫民，勿租赋。"②王莽时规定："凡田不耕为不殖，出三夫之税；城郭中宅不树艺者为不毛，出三夫之布……"③东汉和帝永元九年（97年）六月，蝗、旱，诏令："今年秋稼为蝗虫所伤，皆勿收租、更、刍稿；若有所损失，以实除之，余当收租者亦半入。其山林饶利，陂池渔采，以赡元元，勿收假税。"④永元"十一年春二月，遣使循行郡国，禀贷被灾害不能自存者，令得渔采山林池泽，不收假税"⑤。以上事例说明在汉代山林池泽等国家自然资源是受政府保护的，平时严禁随意采伐，只有遇到大的自然灾害，由皇帝下令才能开禁，以使百姓得到救灾活命的物资。汉时还颁布了护林律令，如《汉律类纂》载，"贼伐树木禾稼……准盗论""有人盗柏，弃市"。⑥

（三）魏晋南北朝时期

刘宋孝文帝元嘉三十年（453年）秋七月辛酉诏曰："水陆捕采，各顺时月。"⑦其要求按季节捕捉禽兽，采摘果实。北魏高宗和平四年（463年）八月诏曰："朕顺时畋猎，而从官杀获过度，既殚禽兽，乖不合围之义。其敕从官及典围将校，自今已后，不听滥杀。其畋获皮肉，别自颁赍。"⑧宋明帝泰始三年（467年）诏曰："古者衡虞置制，蜫蚳不收；川泽产育，登器进御。所以繁阜民财，养遂生德。顷商贩逐末，竞早争新，折未实之果，收豪家之利，笼非膳之翼，为戏童之资。岂所以还风尚本，捐华务实。宜修道布仁，以革斯蠹。自今鳞介羽毛，肴核众品，非时月可采，器味所须，可一皆禁断，严为科制。"⑨诏书中斥责了一些商人唯利

---

① 《汉书》卷6《武帝纪》，第130页。
② 《汉书》卷9《元帝纪》，第196页。
③ 《汉书》卷24《食货志》，第987页。
④ 《后汉书》卷4《和帝纪》，第125页。
⑤ 《后汉书》卷4《和帝纪》，第126页。
⑥ 陈业新：《秦汉生态法律文化初探》，《华中师范大学学报（人文社会科学版）》1998年第2期，第87—92页。
⑦ 《宋书》卷6《孝武帝纪》，第75页。
⑧ 《魏书》卷5《高宗纪》，第82页。
⑨ 《宋书》卷8《明帝纪》，第107页。

是图采摘不熟果实、捕捉仅供儿童玩赏的禽兽等行为，认为这是不良的社会风尚，应予革除。这种能把保护生态环境与社会风尚联系在一起的诏书在环保史上具有重要意义。

北魏延兴三年（473年），显祖下诏："禁断鸷鸟，不得畜焉。"①延兴五年，"诏禁畜鹰鹞"②。高祖太和六年（482年），诏曰："虎狼猛暴，食肉残生，取捕之日，每多伤害，既无所益，损费良多，从今勿复捕贡。"③北齐天统五年（569年），后主"诏禁网捕鹰鹞及畜养笼放之物"④。北朝的统治者原是我国以游牧为生的少数民族，他们所提出的禁止捕养与狩猎鹰鹞及畜养可以在笼中生活的鸟和其他小动物，并制止从猎官员的滥杀，禁止捕贡虎狼等，表明其对保护野生动物资源有较清醒的认识。

这些禁断科制的施行，对于禽兽等资源的保护无疑具有重要意义。

此外，南北朝时期还颁有保护林草植被和草原的禁令。如《晋书·成帝纪》载："擅占山泽，强盗律论。"⑤北齐天保九年（558年）春，"诏限仲冬一月燎野，不得他时行火，损昆虫草木"⑥，严厉反对滥用资源、追求利益的唯利是图的思想。

二、隋至元时期生态环境保护法令的颁布

《唐律疏议·杂律》载"诸侵巷街、阡陌者，杖七十。若种植、垦食者，笞五十。各令复故。虽种植，无所妨废者，不坐"⑦；"诸占固山野、阪湖之利者，杖六十"⑧；"诸于山陵兆域内失火者，徒二年；延烧林木者，流二千里"⑨；"诸失火及非时烧田野者，笞五十"⑩。对城市环境卫生亦有规定。如"其穿垣出秽污

---

① 《魏书》卷114《释老志》，第2020页。

② 《北史》卷3《魏本纪》，北京：中华书局，1999年，第60页。

③ 《魏书》卷7《高祖纪》，第102页。

④ 《北齐书》卷8《后主》，北京：中华书局，1999年，第68页。

⑤ 《晋书》卷7《成帝纪》，第92页。

⑥ 《北齐书》卷4《帝纪·文宣》，第43页。

⑦ （唐）长孙无忌等：《唐律疏议》，扬州：江苏广陵古籍刻印社，1984年，第8册，第96页。

⑧ （唐）长孙无忌等：《唐律疏议》，第8册，第97页。

⑨ （唐）长孙无忌等：《唐律疏议》，第8册，第124页。

⑩ （唐）长孙无忌等：《唐律疏议》，第8册，第126页。

者，杖六十；出水者，勿论。主司不禁，与同罪"①。同书《贼盗》载"诸盗园陵内草木者，徒二年半。若盗他人墓茔内树者，杖一百"②；"诸盗官私马牛而杀者，徒二年半"③。唐时为保护自然动物资源，曾多次下诏。高宗永徽二年（651年）十一月诏："禁进犬马鹰鹘。"④咸亨四年（673年）五月诏令："禁作簺捕鱼、营圈取兽者。"⑤玄宗开元二年（714年）四月，"辛未，停诸陵供奉鹰犬"⑥。开元三年（715年）二月令"禁捕鲤鱼"⑦。代宗大历四年（769年）十一月诏："禁畿内弋猎。"⑧大历九年（774年）三月，"禁畿内渔猎采捕，自正月至五月晦，永为常式"⑨。大历十三年（778年）十月诏："禁京畿持兵器捕猎。"⑩禁止捕猎，特别是正月至五月这段时间正是万物繁衍、生长的关键时期，这样做有利于保持自然生态的平衡，亦能满足人类的长期需求。这些法令的颁布和执行，取得了显著成效。唐高祖武德元年（618年）出现了"大鸟五集于乐寿，群鸟数万从之，经日乃去"⑪的景象；玄宗开元二十五年（737年），"贝州蝗食苗，有白鸟数万，群飞食蝗，一夕而尽"⑫。五代后周显德五年（958年）七月七日敕："剥人桑树致枯死者，至三功绞。不满三功及不致枯死者，等第科断。"⑬这些诏令的颁发，均有助于野生动植物的保护，有益于生态环境的平衡。

　　唐《开元水部式》（敦煌文书 P.2507），是我国古代由中央政府颁布的第一部水利法典，是唐代水利管理的一项创造。其内容包括农田水利管理、碾硙设置及其用水量的规定、运河船闸的管理与维护、桥梁的管理与维修、内河航运船只及

① （唐）长孙无忌等：《唐律疏议》，第 8 册，第 96 页。

② （唐）长孙无忌等：《唐律疏议》，第 8 册，第 137 页。

③ （唐）长孙无忌等：《唐律疏议》，第 8 册，第 137 页。

④ 《新唐书》卷 3《高宗本纪》，北京：中华书局，1999 年，第 34 页。

⑤ 《新唐书》卷 3《高宗本纪》，第 45 页。

⑥ 《新唐书》卷 5《玄宗本纪》，第 78 页。

⑦ 《旧唐书》卷 8《玄宗本纪》，第 117 页。

⑧ 《新唐书》卷 6《代宗本纪》，第 111 页。

⑨ 《旧唐书》卷 11《代宗本纪》，第 205 页。

⑩ 《新唐书》卷 6《代宗本纪》，第 115 页。

⑪ 《资治通鉴》186 卷《唐纪二》，第 5806 页。

⑫ 《旧唐书》37 卷《五行》，第 946 页。

⑬ 梁太济、包伟民：《宋史食货志补正》，杭州：杭州大学出版社，1994 年，第 47 页。

水手的管理、海运管理、渔业管理以及城市水道管理等。水部式对于如何充分利用有限的水资源来求得最大的水利效益起到了保障作用。如规定"诸溉灌大渠有水下地高者，不得当渠（造）堰；听于上流势高之处为斗门引取。其斗门皆须州县官司检行安置，不得私造。……凡浇田皆仰预知顷亩，依次取用。水遍，即令闭塞。务使均普，不得偏并"①，并规定"诸渠长及斗门长，至浇田之时，专知节水多少，其州县每年各差一官检校，长官及都水官司时加巡察。若用水得所，田畴丰殖，及用水不平并虚弃水利者，年终录为功过附考"②。

宋太祖建隆元年（960 年）诏曰："课民种树，定民籍为五等，第一等种杂树百，每等减二十为差，桑枣半之……"③其明确规定了植树的数量和品种。宋初曾规定"其逃民归业，丁口授田，烦碎之事，并取大司农裁决。耕桑之外，令益树杂木蔬果，孳畜羊犬鸡豚"④；"若宽乡田多，即委农官裁度以赋之。其室庐、蔬韭及桑枣、榆柳种艺之地，每户十丁者给百五十亩，七丁者百亩，五丁者七十亩，三丁者五十亩，不及三丁者三十亩"⑤。倡导粮、蔬、林、果的综合经营，有利于保持良好的生态环境。

宋太宗时为激发百姓植树的积极性，于至道元年（995 年）下诏规定：新增林田，不增收赋税，"令诸路州府各据本县所管人户，分为等第，依元定桑、枣株数依时栽种。如欲广谋栽种者，亦听。其无田土，及孤老、残疾，女户无男丁力者，不在此限。如将来增添桑土，所纳税课并依元额，更不增加"⑥。宋时保护林木的诏令，还如真宗大中祥符元年（1008 年）诏："泰山七里内禁樵采。"⑦三年十二月诏："禁扈从人爇道路草木。"⑧六年（1013 年）八月"禁太清宫五里内樵采"⑨。

① 周魁一：《〈水部式〉与唐代的农田水利管理》，《历史地理》，上海：上海人民出版社，1986 年，第 88—101 页。

② 周魁一：《〈水部式〉与唐代的农田水利管理》，《历史地理》，第 88—101 页。

③ 《宋史》卷 173《食货上一》，第 2784 页。

④ 《宋史》卷 173《食货上一》，第 2786 页。

⑤ 《宋史》卷 173《食货上一》，第 2787 页。

⑥ 刘琳、刁忠民、舒大刚校点：《宋会要辑稿·食货六三》，上海：上海古籍出版社，2014 年，第 6798 页。

⑦ 《宋史》卷 7《真宗本纪》，第 92 页。

⑧ 《宋史》卷 7《真宗本纪》，第 93 页。

⑨ 《宋史》卷 8《真宗本纪》，第 103 页。

孝宗淳熙元年（1174 年）春正月乙未"禁淮西诸关采伐林木"①。宋代规定："民伐桑枣为薪者罪之：剥桑三工以上，为首者死，从者流三千里；不满三工者减死配役，从者徒三年。"②即使军队用薪，也要有采伐的时间和地点的限制，还要有长官的通行证方可伐薪。高宗绍兴元年（1131 年）颁诏令，各地驻军"自二月十三日后权住采斫。若缺少柴薪，申取指挥，给限于买到山内采斫。如擅出城斫柴，当依军法。将佐不钤束，重置典宪外"③。即只准许在指定的山林中采伐，违者军法处置，军官如对部下约束不力也要被追究责任。同时还规定："今后诸军并三衙遇得朝廷指挥，许打柴，军兵并令长官给号，差官部押。如无押号及虽有而采斫坟茔林木作过，许巡尉、乡保收捉，赴枢密院取旨，部押官重作行遣。"④这就是说，军队要依照朝廷指令或颁发的凭证方能上山打柴，而且必须由差官押送；没有凭证或砍伐指定区域外的树木，视为违法，须送中央枢密院，给予严厉惩罚。

在保护动物资源方面，宋太祖于建隆二年（961 年）下《禁采捕诏》："王者稽古临民，顺时布政，属阳春在候，品汇咸亨，鸟兽虫鱼，俾各安于物性，置罘罗网，宜不出国门，庶无胎卵之伤，用助阴阳之气。其禁民无得采捕鱼虫，弹射飞鸟。仍永为定式，每岁有司具申明之。"⑤禁令每年都要重申。这有利于自然资源的利用保护和生态平衡的维持。太祖"开宝四年（971 年）罢海南采珠"⑥；太宗太平兴国三年（978 年）又颁发在鸟兽鱼虫的繁殖、生长时期禁止采捕弹射的诏令，而且诏令要以固定的形式延续下去。"禁民二月至九月，无得捕猎，及持竿挟弹，探巢摘卵"⑦，并要求"州县吏严饬里胥，伺察擒捕，重置其罪，仍令州县于要害处粉壁揭诏书示之"⑧，要求基层官吏主动"伺察擒捕违禁者"，扩大宣传。宋太宗"雍熙四年（987 年）正月十日，帝以万州所获犀皮及蹄、角示近臣。先是，有

---

① 《宋史》卷 34《孝宗本纪》，第 440 页。

② 《宋史》卷 173《食货上一》，第 2785 页。

③ 刘琳、刁忠民、舒大刚校点：《宋会要辑稿·刑法二》，第 8341 页。

④ 刘琳、刁忠民、舒大刚校点：《宋会要辑稿·刑法二》，第 8341 页。

⑤ （宋）司仪组整理：《宋大诏令集》，北京：中华书局，1962 年，第 731 页。

⑥ （清）毕沅：《续资治通鉴》，北京：中华书局，1957 年，第 162 页。

⑦ 刘琳、刁忠民、舒大刚校点：《宋会要辑稿·刑法二》，第 8387 页。

⑧ 刘琳、刁忠民、舒大刚校点：《宋会要辑稿·刑法二》，第 8387 页。

犀自黔南来，入忠、万之境，郡人因捕杀之。诏自今有犀勿杀"①。太宗端拱元年（988年）二月"丙申，禁诸州献珍禽奇兽"②。淳化三年（992年）"复冬十月辛酉朔，折御卿进白花鹰，放之，诏无复献"③。宋代还有一项值得称道的保护野生动物的措施就是严禁捕食青蛙。青蛙是不少农业害虫的天敌，保护青蛙对农作物的生长有重要的作用。宋人赵葵在《行营杂录》中载："马裕斋知处州，禁民捕蛙。"④而孝宗"淳熙三年（1176年）五月八日诏：民间采捕田鸡，杀害生命，虽累有约束，货卖愈多。访问多是缉捕使臣火下买贩，及纵容百姓出卖。令出榜晓谕，差不干碍人收捉，如火下货卖，捉获，其所管使臣一例坐罪"⑤。对青蛙的保护即使在今天，仍值得人们借鉴。

　　宋真宗天禧三年（1019年）十月十六日，"禁京师民卖杀鸟兽药"⑥。真宗大中祥符四年（1011年）"十二月十二日，上封者言，京城多杀禽鸟水族以供食馈，有伤生理。帝谓近臣曰：如闻内庭泊宗室市此物者尤众，可令约束，庶自内形外，使民知禁"⑦，禁止以国家保护动物为菜肴。徽宗政和三年（1113年）"十一月十九日，诏以毒药捕鱼者杖一百。因食鱼饮水杀人者减斗杀罪一等"⑧。该诏令旨在保护鱼类资源，同时也保护了饮用水。类似的还有禁止以鸟羽、龟甲、兽皮为服饰的禁令。如宋仁宗景祐三年（1036年）颁布的《禁鹿胎诏》："猎捕居多，资其皮存，用诸首饰，兢剡胎而是取。……既浇民风，且暴天物。特申明诏，仍立严科。绝其尚异之术……宜令刑部遍牒三京及诸路转运司辖下州府军监县等，一应臣僚士庶之家不得戴鹿胎冠子，及今后诸色人不得采捕鹿胎并制造冠子。如有违犯，并许诸色人陈告，其本人严行断遣。告事人，如捕鹿胎人，支赏钱二十贯文。陈告戴鹿胎冠子并制造人，支赏钱五十贯文，以犯事人家财充。"⑨徽宗大观元年（1107年）有大臣奏乞《今后中外并罢翡翠装饰》，

① 刘琳、刁忠民、舒大刚校点：《宋会要辑稿·刑法二》，第8282页。
② 《宋史》卷5《太宗本纪》，第55页。
③ 《宋史》卷5《太宗本纪》，第60页。
④ （明）陆楫编，刘新生校译：《古今说海·说纂部》，成都：巴蜀书社，1996年，第48页。
⑤ 刘琳、刁忠民、舒大刚校点：《宋会要辑稿·刑法二》，第8374页。
⑥ 刘琳、刁忠民、舒大刚校点：《宋会要辑稿·刑法二》，第8290页。
⑦ 刘琳、刁忠民、舒大刚校点：《宋会要辑稿·刑法二》，第8388页。
⑧ 刘琳、刁忠民、舒大刚校点：《宋会要辑稿·刑法二》，第8316页。
⑨ （宋）司仪组整理：《宋大诏令集》，第737页。

皇帝批示："先王之政，仁及草木禽兽，皆在所治。今取其羽毛，用于不急，伤生害性……可令有司立法间奏。"①宋高宗绍兴二十九年（1159年）有大臣奏："……望今后不得用龟筒、玳瑁为器用，鹿胎为冠，所有与贩制造，乞依翠毛条禁。从之。"②龟筒、玳瑁、翠毛、鹿胎冠都是捕杀珍稀野生动物的产物，依令禁止，这对于保护这些珍稀动物无疑颇有益处。

元世祖至元二年（1265年），"据大司农司奏：'自大都、随路州县城郭周围并河渠两岸、急递铺、道店侧畔，各随地宜，官民栽植榆、柳、槐树，令本处正官提点本地分人，护长成树。系官栽道者，各家使用，似为官民两益。'准奏。随路委自州县正官提点，春首栽植，务要生成，仍禁约蒙古、汉军、探马赤、权势诸色人等，不得恣纵头疋啃咬，亦不非理斫伐，违者仰各路达鲁花赤、管民官依例治罪，本处官却不得因而骚扰违错"③。该诏书内容涉及道路栽植榆、槐、柳等树，不仅要求官民种什么树，而且要求保护其长成，并提出树成后的利益获得者，同时提出禁约及对违者治罪的执行者。世祖至元九年（1272年）冬十月"己亥，敕自七月至十一月终听猎捕，余月禁之"④。至元十七年（1280年）"禁伐橘橙果树"⑤。成宗大德元年（1297年）二月十八日钦奉圣旨："'……在前正月为怀羔儿时分，至七月二十日，休打捕者。打捕呵，肉瘦，皮子不成用，可惜了性命。野物出了踏践田禾……如今正月初一日为头，至七月二十日，不拣是谁休捕者。打捕的人每有罪过者。'道来，圣旨。钦此。"⑥成宗大德五年（1301年）"禁斫伐桑果树"⑦。仁宗延祐三年（1316年）"禁天下春时畋猎"⑧，并"禁地内放鹰犬"⑨。

综观这一时期，中国古代的环境保护思想从先秦时期的萌芽逐渐到汉、唐五代、宋元时期得到了进一步发展，人们通过采取各种不同措施，积极保护自然资

① 刘琳、刁忠民、舒大刚校点：《宋会要辑稿·刑法二》，第8309页。
② 刘琳、刁忠民、舒大刚校点：《宋会要辑稿·刑法二》，第8390页。
③ 陈高华、张帆、刘晓，等点校：《元典章》卷23《户部卷·农桑》，北京：中华书局，20111年，第935页。
④ 《元史》卷7《世祖本纪》，第96页。
⑤ 陈高华、张帆、刘晓，等点校：《元典章》卷23《户部卷·农桑》，第935页。
⑥ 陈高华、张帆、刘晓，等点校：《元典章》卷38《兵部卷·捕猎》，第1326页。
⑦ 陈高华、张帆、刘晓，等点校：《元典章》卷23《户部卷·农桑》，第936页。
⑧ 《元史》卷25《仁宗本纪》，第387页。
⑨ 陈高华、张帆、刘晓，等点校：《元典章》卷38《兵部卷·捕猎》，第1325页。

源，折射出民众生态环境保护意识的不断深化，说明古代的民众已切身认识到了人与自然之间是互相依存、不可分割的关系，只有保护好自然环境，合理地利用好自然资源，才能使自然资源得到了持续利用。

三、明清时期生态环境保护法令的颁布

明代颁行的《刑部·律例十三（工律）》中，涉及了关于城市环境管理的一些法令。如建筑房屋，"凡军民有司，有所营造，应申上而不申上，应待报而不待报，而擅起差人工者，各记所役人、雇工钱，坐赃论。若非法营造，及非时起差营造者，罪亦如之"①。如果侵占街道，则"凡侵占道路，而起盖房屋，及为园圃者，杖六十，各令复旧"②。"其穿墙而出污秽之物于街巷者，笞四十。出水者勿论。"③即不准向街上抛扔垃圾，排放污水。同时规定："京城内外街道若有作践、掘成坑坎或淤塞沟渠，盖房侵占；或傍城使车，撒放牲口，损坏城角，及大明门前御街道棋盘并护门栅栏、正阳门外、御桥南北、本门月口（原字缺）将军楼、观音堂、关王庙等处、作践损坏者，俱问罪，枷号一个月发落。"④以及"东西公生门、朝房官吏等人带住家小，或做造酒食，或寄放货柜，开设卜肆，停放马骡、取土作坯、撒秽等项作践，问罪。枷号一个月发落。"⑤这些均是针对损害及影响市容方面的法律，处罚很严厉。

《明史·食货志》："明初，上供简省。郡县贡香米、人参、葡萄酒，太祖以为劳民，却之。仁宗初，光禄卿井泉奏，岁例遣正官往南京采玉面狸，帝叱之曰：'小人不达政体。朕方下诏，尽罢不急之务以息民，岂以口腹细故，失大信耶！'"⑥玉面狸属珍稀野生动物，不得因"口腹细故"而捕杀。"景帝时，从于谦言，罢真定、河间采野味"，弘治十五年（1502 年），"放去乾明门虎、南海子猫、西华门

① （明）申时行等重修：《明会典》卷172《刑部·律例十三》，上海：商务印书馆，1936年，第3517页。
② （明）申时行等重修：《明会典》卷172《刑部·律例十三》，第3520页。
③ （明）申时行等重修：《明会典》卷172《刑部·律例十三》，第3520页。
④ （明）申时行等重修：《明会典》卷172《刑部·律例十三》，第3521页。
⑤ （明）申时行等重修：《明会典》卷172《刑部·律例十三》，第3521页。
⑥ 《明史》卷82《食货志》，第1327页。

鹰犬、御马监山猴、西安门大鸽等"①，使这些珍稀动物都回归山林。又如，宪宗成化三年（1467 年），"朝鲜献海青、白鹊，谕毋献"②；"广东珠池，率数十年一采。宣宗时，有请令中官采东莞珠池者，系之狱"③；隆庆元年（1567 年）夏四月"丙午，禁属国毋献珍禽异兽"④。以上均是关于野生动物保护的诏令。

清代亦颁布有保护野生动物等自然资源的诏令与禁书。如顺治四年（1647 年），"冬十月……壬辰，以广东采珠病民，罢之"⑤。顺治八年（1651 年），"冬十月……甲子，免诸王三大节进珠、貂……"⑥ 康熙六年（1667 年），"六月己亥，禁采办楠木官役生事累民"⑦。康熙二十一年（1682 年），"五月……丙寅，免吉林贡鹰"⑧。乾隆二十九年（1764 年），"五月壬子朔，谕粤海关官贡毋进珍珠等物"⑨。清代还出台了世界上第一个禁止象牙制品的禁令：雍正十二年（1734 年），"夏四月……庚午。谕大学士等。朕于一切器具，但取朴素实用，不尚华丽工巧，屡降谕旨甚明。从前广东曾进象牙蓆，朕甚不取，以为不过偶然之进献，未降谕旨切戒，今者献者日多，大非朕意。夫以象牙编织为器，或如团扇之类，具体尚小。今制为座席 ，则取材甚多，倍费人工，开奢靡之端矣。等传谕广东督抚，若广东工匠为此，则禁其勿得再制。若从海洋而来，从此屏弃勿买，则制造之风，自然止息矣"⑩。

清代亦有保护土地资源的诏令。如康熙四十二年（1703 年），"冬十月……庚寅，喇嘛请广洮州卫庙。上曰：'取民地以广庙宇，有碍民生。其永行禁止'"⑪。

① 《明史》卷 82《食货志》，第 1328 页。
② 《明史》卷 13《宪宗本纪一》，第 113 页。
③ 《明史》卷 82《食货志》，第 1331 页。
④ 《明史》卷 19《穆宗本纪》，第 169 页。
⑤ 《清史稿》卷 4《世祖本纪》，北京：中华书局，1976 年，第 108 页。
⑥ 《清史稿》卷 5《世祖本纪》，第 126 页。
⑦ 《清史稿》卷 6《圣祖本纪》，第 175 页。
⑧ 《清史稿》卷 7《圣祖本纪》，第 210 页。
⑨ 《清史稿》卷 12《高宗本纪》，第 466 页。
⑩ 《清实录》卷 158《世宗宪皇帝实录》，北京：中华书局，1985 年，第 790 页。
⑪ 《清史稿》卷 8《圣祖本纪》，第 263 页。

第二章　西北出土简牍中蕴含的民众生态环境意识

　　西北地区出土简牍，主要是指 20 世纪以来在我国甘肃、新疆、内蒙古西部等地区发掘所获的两汉时期简牍。其中包括：斯文赫定所获楼兰出土简牍残纸文书，斯坦因所获楼兰、尼雅等地出土简牍残纸文书和敦煌汉简，日本大谷探险队所获楼兰出土简牍残纸文书；西北科学考察团所获罗布淖尔汉简、居延汉简和敦煌汉简，敦煌研究院所藏敦煌汉简；甘肃省考古队等发掘居延新简，甘肃省考古研究所发掘的敦煌马圈湾汉简和采集的玉门花海汉简，内蒙古文物考古研究所采集的居延汉简、西北边塞地区墓葬所出简牍，甘肃省文物考古研究所发掘的敦煌悬泉置汉代简牍，新疆考古研究所所获楼兰、尼雅等地出土简牍残纸文书。对于这些简牍，发现者和研究者做了一系列的整理、考释、研究工作，出版发表了一批相关著作和论文。西北出土的简牍数量宏大，内容丰富，具有极高的科学、历史与文物价值，其中不乏关于生态环境意识方面的内容。

第一节　林草植被的种植与保护意识

　　森林作为人类一种重要的物质资源，古代文献中"采树木之实"（《淮南子·修务训》）[①]、"构木为巢"（《韩非子·五蠹》）[②]、"筑土构木，以为宫室"（《淮南子·氾论训》）[③]等记载，都表明古人对于林木资源的高度依赖性。而森林对于生存环境的重要性也早为人们所认识，这从古代哲学的"五行说"中有"木"，建筑中的"木

[①]（汉）刘安撰：《淮南子·修务训》，第 292 页。

[②]（战国）韩非著，秦惠彬校点：《韩非子》，沈阳：辽宁教育出版社，1997 年，第 177 页。

[③]（汉）刘安撰：《淮南子·氾论训》，第 204 页。

结构",衣饰饮食方面倚重桑、茶、枣、桃、杏、李、栗、橘、苹果等,文化用具中倚重竹子,以及为维护良好的生产和生活环境,保护居住区周围和田边地角的"风水林"等习俗中皆可反映出来。从某种意义上说,中国古代文明中具有"森林"二字的基本字——"木"字的深深烙印。

一、《悬泉诏书》中对林草资源保护的记载

西北出土汉简中,有关林草资源保护的内容每每可见,尤其是在敦煌汉代悬泉置遗址发现的泥墙所书"四时月令"中更有突出的体现。

悬泉置遗址地处今甘肃省敦煌市和瓜州县交界处,西去敦煌市 64 千米,东距瓜州 60 千米,位于国道 313 线(瓜州—敦煌—若羌)公路甜水井道班南侧 1.5 千米处的戈壁荒漠中。两汉时期属于敦煌郡效谷县辖域。《元和郡县图志》载:"悬泉水,在(敦煌)县东一百三十里,出龙勒山腹,汉将李广利伐大宛还,士众渴乏,引佩刀刺山,飞泉涌出,即此也。水有灵,车马大至即出多,小至即出少。"[①]敦煌文书《沙州都督府图经》(P.2005)引《西凉异物志》载:"汉贰师将军李广利西伐大宛,回至此山,兵士众渴乏,广乃以掌拓山,仰天悲誓,以佩剑刺山,飞泉涌出,以济三军,人多皆足,人少不盈,侧出悬崖,故曰悬泉。"[②]悬泉水,今名吊吊水,悬泉置遗址即位于其侧旁。悬泉遗址结构完整,总面积 22 500 平方米,是一个方形城堡,四周有墙,土坯垒成。门开在东面,堡内有供住宿和办公用的房舍,堡内外建有马厩。

1990 年 10 月至 1992 年 12 月,甘肃省文物考古研究所对敦煌汉代悬泉置遗址连续三年进行了考古发掘,出土了大量文物。经初步整理,其中共有简牍 35 000 余枚,其中有字者 23 000 余枚。这批简牍按形制可分为简、牍、两行、觚、削衣、封检六种;按内容分类有诏书、律令、科品、爰书、簿籍、檄记、符传、术数、历谱、医方及一些古籍残篇。有完整和基本完整的册子 40 多个,还发现帛书 10 件,写有文字的残片纸文书 10 件。这对于研究两汉时期的政治、经济、军事、外

① (唐)李吉甫:《元和郡县图志》,北京:中华书局,1983 年,第 1026 页。
② 郑炳林校注:《敦煌地理文书汇辑校注》,兰州:甘肃教育出版社,1989 年,第 6 页。

交、交通、邮驿、民族、文化、习俗等至关重要。①

悬泉置遗址出土的两汉简牍，是继 20 世纪 30 年代和 70 年代两批居延汉简之后的又一重大发现。根据纪年简牍可以推知，悬泉置遗址创建约在西汉武帝元鼎时，历经西汉中晚期、王莽时期、东汉早期。东汉晚期悬泉置曾一度被废弃，至魏晋时又在原址上修建，设立邮驿机构。"置"为汉代驿站的专名，负责丝绸路上往来人员的接待和邮件的中转。这一接通中原王朝与西域诸国的重要驿置前后延续了近 400 年之久。这一遗址曾被评为 1991 年度全国十大考古发现之一、"八五"期间全国十大考古发现之一。

悬泉汉简中最重要的就是 20 000 多枚简牍和墨书写在泥墙上的《使者和中所督察诏书四时月令五十条》(以下简称《悬泉诏书》)。

《悬泉诏书》发现于堡北侧房屋东端一个封闭的小院落前堂的遮护式建筑内，编号为 F26。其建筑东西长 9 米，南北宽 4 米，门坐北朝南，房屋东侧保存完好，西侧已被破坏。《悬泉诏书》是在发掘清理此建筑内的废弃堆积时发现的，泥墙迭压在晚期东汉遗迹之下，写有墨书题记的墙体被推倒在 F26 内。写字的墙面朝下紧贴在建筑地面，发掘人员从其倒塌的方向推测，《悬泉诏书》原来可能写在该建筑的南墙上，墙体似曾遭人为的破坏，发现时已支离破碎，残块共计 203 块，经多次拼合与修补，方得大致还原。1996 年夏天，《悬泉诏书》由国家文物局专家组定为"国宝"。

《文物》杂志于 2000 年第 5 期发表《甘肃敦煌汉代悬泉置遗址发掘简报》《敦煌悬泉汉简内容概述》《悬泉汉简释文》《悬泉诏书》的图片等资料。但当时《文物》所载悬泉月令诏条复原图片及释文皆有不尽如人意之处，后由中国文物研究所胡平生先生等重新拼合、修补，重作释文，并撰写有关论文。2001 年，《悬泉诏书》之有关资料及胡平生教授等的研究成果结集为《敦煌悬泉月令诏条》一书，由中华书局出版。该书面世以来，于振波《从悬泉置壁书看〈月令〉在汉代的法律地位》、魏启鹏《敦煌悬泉〈诏书四时月令五十条〉校笺》等对其做过研究。《悬泉诏书》的发现对于文献学、历史学、语言学、文书档案学、生态法学等学科的研究，极富学术价值。恰如前辈学者王国维所说："吾辈生于今日，幸于纸上之材料外，更得地下之新材料。由

---

① 甘肃省文物考古研究所：《甘肃敦煌汉代悬泉置遗址发掘简报》，《文物》2000 年第 5 期，第 4—20 页。

此种材料，我辈固得据以补正纸上之材料，亦得证明古书之某部分全为实录……亦不无表示一面之事。此二重证据法惟在今日始得为。"①

《悬泉诏书》是西汉平帝元始五年（5年）五月十四日由王莽奏呈、以太皇太后名义颁布的诏书。诏文文首是太皇太后诏文，主要交待诏书产生的缘起以及下达诏书的目的；次为和仲使者下发于郡太守的例言；中间主体部分是月令50条：按四时十二月顺序布告令文。其中，春季20条（孟春11条、仲春5条、季春4条），夏季12条（孟夏6条、仲夏5条、季夏1条），秋季8条（孟秋3条、仲秋3条、季秋2条），冬季10条（孟冬4条、仲冬5条、季冬1条）。月令50条言四时之禁，与《礼记·月令》《四民月令》《吕氏春秋·十二月纪》（首篇）《淮南子·时则训》等多有相似之处，可互为补充。结束部分为王莽的奏请和逐级下达诏书的格语（"承书从事下当用事者""如诏书、使者书，书到言"一类）以及敦煌太守的发文告语。《悬泉诏书》是迄今我国发现最早的一部较为完备的环境保护法规，内容颇为全面，主要涉及四季的不同禁忌和须注意的事项。例如，春季禁止伐木、禁止猎杀幼小动物、禁止捕射鸟类、禁止大兴土木，夏季禁止焚烧山林，秋季禁止开采金石银矿，冬季禁止掘地三尺做土活等，反映出当时民众强烈的生态观念。

《悬泉诏书》中对林草植被资源保护的记载主要有以下几点。

1. "孟春月令"第二条规定

禁止伐木。·谓大小之木皆不得伐也。尽八月。草木零落，乃得伐其当伐者。②

《吕氏春秋·孟春纪》亦记："禁止伐木。"高诱注："春，木王，尚长养也。"③《礼记·月令》："禁止伐木。"郑注："盛德所在。"《正义》云："禁止伐木者，禁

① 王国维：《古史新证》，北京：清华大学出版社，1994年，第2页。
② 中国文物研究所、甘肃省文物考古研究所编：《敦煌悬泉月令诏条》，北京：中华书局，2001年，第4页。
③ （汉）高诱注，（清）毕沅校，余翔标点：《吕氏春秋·孟春纪》，第12页。

谓禁其欲伐，止谓止其已伐者。此伐木在山中，或在禁障之处。十月许人采取，至正月之时，禁令止息，故《王制》云'草木零落，然后入山林'。"[1]《毛诗传》云"草木不折不蹂，斧斤不入山林"[2]是也。若国家随时所需，以为材用者，虽非冬月亦得取之。《淮南子·时则训》："禁伐木。"高诱注："春，木王，当长养，故禁之也。"[3]又，《孟春纪》曰："先立春三日，太史谒之天子曰：'某日立春，盛德在木。'"高诱注："盛德在木，王东方也。"[4]

　　《悬泉诏书》亦按照五行终始的原则以及当时林木生长的状况定宜忌，因春主木，且正是树木生叶、返青之时，故而强调"大小之木皆不得伐也"。这一规定比《孟春纪》与《礼记·月令》更为明确、具体、严格。《吕氏春秋·仲秋纪》曰：八月"杀气浸盛，阳气日衰"[5]。此处说"尽八月"，是从九月起，"乃伐其当伐者"。《礼记·王制》正义云："草木零落然后入山林者。"[6]按《月令·季秋》"草木黄落"[7]，其零落芟析，则在十月也。故"草木不折不蹂，斧斤不入山林"[8]，此谓民众摁取林木。若依时取者，则《山虞》中有仲秋斩阳木，仲夏斩阴木，不在零落之时。《悬泉诏书》的规定则指出，即使在九月允许伐木之后，仍然是只能"伐其当伐者"。

2. "孟夏月令"第四条规定

　　　　　毋攻伐□□。·谓□……[9]

　　"攻伐"下残缺的应为"大树"二字。《吕氏春秋·季夏纪》云："是月也，

① （汉）郑玄：《礼记正义》，上海：上海古籍出版社，2008 年，第 625 页。
② （清）阮元校刻：《十三经注疏·毛诗正义》卷 9，第 417 页。
③ （汉）高诱注：《淮南子注》，上海：上海书店出版社，1986 年，第 70 页。
④ （汉）高诱注，（清）毕沅校，余翔标点：《吕氏春秋·孟春纪》，第 11 页。
⑤ （汉）高诱注，（清）毕沅校，余翔标点：《吕氏春秋·仲秋纪》，第 119 页。
⑥ （汉）郑玄：《礼记正义》，第 505 页。
⑦ （汉）郑玄：《礼记正义》，第 717 页。
⑧ 中国文物研究所、甘肃省文物考古研究所编：《敦煌悬泉月令诏条》，第 13 页。
⑨ 中国文物研究所、甘肃省文物考古研究所编：《敦煌悬泉月令诏条》，第 6 页。

树木方盛，乃命虞人入山行木，无或斩伐。"① "斩伐"亦可用于"树木"。《礼记·月令》："毋伐大树。"②《淮南子·时则训》云："毋伐大树。"③孙希旦《礼记集解》卷 16 说："愚谓此谓邦工抡材，及万民斩禁外之木也。孟春禁伐木，此特禁伐其大者，亦为其伤盛大之气也。其小者，则得伐之。"④春夏是树木成长的黄金季节，此时"砍伐"，会违背树木的生长习性，没有做到"顺时生养"，以致"违逆时气""阴阳不调，风雨不时"。而相关文献都强调不要砍伐"大树"，清李光坡《礼记述注》卷 6 引陈潞《礼记集说》云："一说伐大木，谓营宫室。"⑤即是说不要因为修建宫室而在孟夏时节去砍伐"大树"。虽说"无伐大树"，然一些细小枝条及杂乱荆棘等，不堪"大用"，且易与"大树"争夺水分和营养等物质，当可以伐之。

《天水放马滩秦简》中亦有类似的记载。放马滩一号秦墓属战国晚期，出土秦简共 461 枚。简书内容分甲种《日书》、乙种《日书》和《志怪故事》三种。日书即日者所用工具书。《史记·日者列传》裴骃集解："古人占候卜筮，通谓之'日者'。"司马贞索隐："卜筮占候时日通名'日者'。"⑥孙占宇认为，凡与百姓生活相关的占卜书、厌禳术、祝由术及其他术数内容者，皆可归入"日书"。⑦其相关内容择录如下：

二七　伐木忌（一）

四月中不可伐木（乙 1002）⑧

三六　伐木忌（二）

春三月甲乙不可伐大榆东方，父母死。（乙 1092）

---

① （汉）高诱注，（清）毕沅校，余翔标点：《吕氏春秋·季夏纪》，第 89 页。
② （清）阮元校刻：《十三经注疏·礼记正义》卷 15，第 1365 页。
③ （汉）刘安撰：《淮南子·时则》，第 87 页。
④ （清）孙希旦撰，沈啸寰、王星贤点校：《礼记集解》，北京：中华书局，1989 年，第 444 页。
⑤ 中国文物研究所、甘肃省文物考古研究所编：《敦煌悬泉月令诏条》，第 22 页。
⑥ 《史记》卷 127《日者列传》，第 2435 页。
⑦ 孙占宇：《天水放马滩秦简集释》，兰州：甘肃文化出版社，2013 年，第 3 页。
⑧ 孙占宇：《天水放马滩秦简集释》，第 142 页。

夏三月丙丁不可伐大棘（枣）南方］，长男死。（乙1302）

戊己不可伐大桑中央［二］，长女死之。（乙1312）[①]

四九　伐木忌（三）

丁未、癸亥、酉、甲寅、五月申不可之山谷帝〈辛〉（新）以材木及伐空桑[-]。（乙305）[②]

空桑：空心桑树。材木，即木材。《孟子·梁惠王上》载："斧斤以时入山林，材木不可胜用也。"[③]《汉书·匈奴传下》载："匈奴有斗入汉地，直张掖郡，生奇材木，箭杆就羽，如得之，于边甚饶。"[④]

简文规定了不可伐木的具体时间、品种以及擅自伐木会导致家人死亡，尽管有迷信的成分，但把不按规定伐树同人死相对等，也恰好说明当时人们对林木资源的重视程度。

二、居延汉简对边塞生态环境保护的记载

汉代西北边地出土的简牍，为研究当时边塞社会生活和军事行政管理制度提供了丰富的资料。而其中一些关于生态保护的记录，是我们研究汉代居延边塞生态保护状况的第一手资料，弥足珍贵。王子今先生《汉代居延边塞生态保护纪律档案》[⑤]，具体分析了居延汉简中所提到的"吏民毋犯四时禁"及"吏民毋得伐树木"的制度。

---

① 孙占宇：《天水放马滩秦简集释》，第155页。

② 孙占宇：《天水放马滩秦简集释》，第178页。

③（宋）朱熹：《四书章句集注·孟子集注》卷1，第203页。

④《汉书》卷94《匈奴传下》，第2814页。

⑤ 王子今：《汉代居延边塞生态保护纪律档案》，《历史档案》2005年第4期，第111—121页。

（一）"吏民毋得伐树木有无四时言"

居延破城子22号房屋遗址出土简文：

（1）建武四年五月辛巳朔戊子，甲渠塞尉放行候事，敢言之，诏书曰，吏民

毋得伐树木，有无四时言·谨案部吏，毋伐树木者敢言（《居延新简》EPF22：48A）

掾谭（《居延新简》EPF22：48B）①

相关简文内容雷同且同样署名"掾谭"者还有：

（2）建武六年七月戊戌朔乙卯，甲渠鄣候　敢言之，府书曰，

吏民毋得伐树木，有无四时言·谨案部吏毋伐树木（《居延新简》EPF22：53A）

掾谭，令史嘉（《居延新简》EPF22：53B）②

这两件文书的内容大致相同，不同的地方：一是书写的时间，分别是"建武四年（28年）五月辛巳朔戊子"和"建武六年（30年）七月戊戌朔乙卯"。二是文书所记述行为主体，一为"甲渠塞尉放行候事"，一为"甲渠鄣候"，甲渠为居延都尉所属五个候官之一，其所辖塞垣位处古居延绿洲西部，长近100汉里（合今约40千米）。③三是所奉指令，一为"诏书"，二为"府书"。

同一遗址，又有：

（3）建武四年五月辛巳朔戊子，甲渠塞尉放行候事敢言之，府书曰，吏民毋犯四时禁，有无四时言·谨案部吏，毋犯四时禁有无四时言·谨案部吏

---

① 甘肃省文物考古研究所、甘肃省博物馆、文化部古文献研究室，等编：《居延新简》，北京：文物出版社，1990年，第479页。

② 甘肃省文物考古研究所、甘肃省博物馆、文化部古文献研究室，等编：《居延新简》，第480页。

③ 李并成：《河西走廊历史地理》，兰州：甘肃人民出版社，1995年，第207页。

毋犯四时禁者敢言之　（《居延新简》EPF22：50A）

掾谭（《居延新简》EPF22：50B）①

（4）建武六年七月戊戌朔乙卯，甲渠鄣守候　敢言之，府书曰，吏民毋
犯四时禁，有无四时言·谨案部吏毋犯四（《居延新简》EPF22：51A）

掾谭令史嘉（《居延新简》EPF22：51B）②

与（EPF22：51A）文字衔接的，应当是："时禁者敢言之"（EPF22：52）。把
文字连续起来读，应是"建武六年七月戊戌朔乙卯，甲渠鄣守候敢言之，府书曰：
吏民毋犯四时禁，有无四时言·谨案部吏毋犯四时禁者，敢言之"。这说明当时有
逐级强调"吏民毋犯四时禁""吏民毋得伐树木"的制度，并严格检查，责任官吏
必须定时上报"有无"的情形，并具名存档。

可以看出，简（1）、简（3）是在同一天书写存档的，而简（2）、简（4）也
是同一天书写存档的。在"建武四年五月辛巳朔戊子"这一天"行候事"的"甲
渠塞尉放"上报了甲渠部吏，遵行上级要求"吏民毋得伐树木，有无四时言"和
"吏民毋犯四时禁，有无四时言"的情形，所属人员没有违反规定的。在"建武
六年七月戊戌朔乙卯"这一天，"甲渠鄣守候"上报了甲渠部吏遵行"府书"所说
"吏民毋得伐树木，有无四时言"和"吏民毋犯四时禁有无四时言"的情形，所
属人员没有违反规定的。

简（2）和简（4）的内容、标题应与以下简例有关：

甲渠言部吏毋
犯四时禁者（《居延新简》EPF22：46）③

甲渠言部吏毋犯
四时禁者（《居延新简》EPF22：49）④

---

① 甘肃省文物考古研究所、甘肃省博物馆、文化部古文献研究室，等编：《居延新简》，第480页。
② 甘肃省文物考古研究所、甘肃省博物馆、文化部古文献研究室，等编：《居延新简》，第480页。
③ 甘肃省文物考古研究所、甘肃省博物馆、文化部古文献研究室，等编：《居延新简》，第479页。
④ 甘肃省文物考古研究所、甘肃省博物馆、文化部古文献研究室，等编：《居延新简》，第479页。

这类简牍的总题可能为"·甲渠言部吏毋犯四时禁者"。

其他相关简例，还有（《居延新简》EPT59∶161）：

> 以书言会月二日·谨案：部隧六所、吏七人、卒廿四人，犯四时禁者，
> 调报，敢言之。①

可见，"毋犯四时禁"的规定，不仅仅针对"卒"，约束对象也包括"吏"。但此类文书，更强调对"吏"的严格规范。事实上在边塞军事组织的日常卫戍和劳作中，严守"四时禁"这种纪律，军官的作用远比普通士兵重要。②

（二）关于"四时禁"

"四时禁"，是《月令》等文献体现的传统礼俗中所规定的四季禁忌的内容。

《吕氏春秋》的"十二纪"描述了一年 12 个月的天象规律、物候特征、生产程序以及应当分别注意的事项，其中涉及了生态保护的诸多内容。如孟春之月，命祀山林川泽，牺牲毋用牝。禁止伐木，无覆巢，无杀孩虫胎夭鸟，无麑无卵。仲春之月无竭川泽，无漉陂池，无焚山林。季春之月田猎毕弋，置罘罗网，喂兽之药，无出九门。无伐桑柘。

而《逸周书》中的《周月》《时训》《月令》等篇，以及《礼记·月令》《淮南子·时则训》等，都有涉及生态环境保护的类似内容。

汉初名臣晁错在奏书中亦发表了有关生态保护的言辞："德上及飞鸟，下至水虫草木诸产，皆被其泽。然后阴阳调，四时节，日月光，风雨时。"③"德"及草木，万物"皆被其泽"，晁错认为只有这样，才能四时节、日月光、风雨时、阴阳调，从中也体现了当时人们的生态观念。

《汉书·宣帝纪》记录元康三年（前 63 年）六月诏：

---

① 甘肃省文物考古研究所、甘肃省博物馆、文化部古文献研究室，等编：《居延新简》，第 370 页。

② 王子今：《汉代居延边塞生态保护纪律档案》，《历史档案》2005 年第 4 期，第 111—121 页。

③ 彭清寿：《中国历代安邦治国方略集要》，北京：海洋出版社，1993 年，第 25 页。

其令三辅毋得以春夏摘巢探卵，弹射飞鸟。具为令。①

这正是《礼记·月令》所强调的保护生态环境的禁令。西汉中晚期的《焦氏易林》亦有相关内容，如《讼·睽》：

秋冬探巢，不得鹊雏。御指北去，惭我少姬。②

《师·革》：

秋冬探巢，不得鹊雏。衔指北去，惭我少夫。③

又《观·屯》及《革·复》：

秋冬探巢，不得鹊雏。衔指北去，媿我少姬。④⑤

《汉书·元帝纪》载，元帝初元三年（前46年）六月，因气候失常，"风雨不时"，诏令"有司勉之，毋犯四时之禁"⑥。又永光三年（前41年）十一月诏书，以地震雨涝之灾责问："吏何不以时禁？"颜师古注："时禁，谓《月令》所当禁断者也。"⑦其认为所谓"时禁"，就是《月令》中所规定禁止的内容。《汉书·成帝纪》载：阳朔二年（前23年）春季，气候寒冷异常。汉成帝颁布诏书指责公卿大夫等高级行政长官"所奏请多违时政"，要求"务顺《四时月令》"。对于所谓"多违时政"的指责，颜师古注引李奇的解释说："时政，《月令》也。"汉哀帝即位之

---

① 《汉书》卷8《宣帝纪》，第180页。
② 焦延寿：《焦氏易林》卷1，北京：中华书局，1985年，第27页。
③ 焦延寿：《焦氏易林》卷1，第32页。
④ 焦延寿：《焦氏易林》卷2，第91页。
⑤ 焦延寿：《焦氏易林》卷4，第227页。
⑥ 《后汉书》卷9《元帝纪》，第200页。
⑦ 《后汉书》卷9《元帝纪》，第204页。

初，李寻就灾异频繁发表意见，以为"四时失序"，与"号令不顺四时"有关，批评"不顾时禁"的政策失误，强调应当"尊天地，重阴阳，敬四时，严《月令》"①，认为"今朝廷忽于时月之令"，建议皇臣下都应当"通知《月令》之意"；如果皇帝颁布的命令有不合于"时"的，应当及时指出，"以顺时气"。李寻的奏言，也强调了《月令》的权威。李寻自称曾经"学天文、《月令》、阴阳"，说明《月令》在西汉的时候就已经是专学了。而所谓"时月之令"，应当就是《月令》和"时禁"即"四时之禁"的统称。《后汉书·侯霸传》有"奉四时之令"的说法，李贤注："奉四时，谓依《月令》也。"②

居延汉简中关于"吏民毋犯四时禁"和"吏民毋得伐树木"的内容，体现出当时人们爱护森林植被的观念及制度。而所谓"有无四时言"，反映了对于执行这种制度的纪律检查机制。基层军事组织上报文书即"吏民毋犯四时禁"及"吏民毋得伐树木"的形成，说明这种机制的严肃性。③

而就现今居延地方的生态条件而言，似乎可供砍伐的树木较少，那为什么还要制定严格的生态保护纪律呢？有学者认为，古代居延一带的生态环境远较今日为好，弱水沿岸有良好的森林植被，由于河岸树林过于茂密，以至于有些烽火台之间连信号都观察不到了，因而需要执行严格的制度保护这些植被，使其免于遭到破坏。诚然，古代居延及河西走廊一带的林草植被的确优于今日，笔者就此做过专题研究④，这些植被的确需要实行严格制度加以保护。然而，笔者认为，在植被良好的情况下固然需要有严格的制度加以保护，但是越是在生态条件严酷的地区，越是"可供砍伐的树木较少"，就越加需要妥善保护好这些有限的林草植被，就越有必要严格制定并执行相应的"生态纪律"，这应是古代居延实行严格的生态保护的主要原因。

又如，以下简例：

---

① 《汉书·李寻传》卷75，第2383页。
② 《后汉书·侯霸传》卷26，第603页。
③ 王子今：《汉代居延边塞生态保护纪律档案》，《历史档案》2005年第4辑，第111—121页。
④ 李并成：《河西走廊历史时期绿洲边缘荒漠植被破坏考》，《中国历史地理论丛》2003年第4辑，第124—133页。

尉史并白

教问木大小，贾谨问，木大四韦，长三丈，韦七十，长二丈五尺，韦五十五·三韦木，长三丈，枚百六十；橡木，长三丈，枚百；长二丈五尺，枚八十，毋棣棨（《居延新简》EPT65：120）①

简文反映出了居延当地木材市场的价格，木材种类、长度不等，价格不等。古代尽管这一带植被好于今日，但其仍主要分布在河流两岸及居延绿洲上，主要树种为胡杨、柽柳、梭梭、沙枣等，均为耐干旱的植物。两汉时期居延绿洲大规模屯垦军队及移民的进入，屯戍活动的展开及农牧业开发，需要大量的建筑材料（修筑塞墙、烽燧、城障、住宅等）、燃料、饲料、肥料等，这需要砍伐大量林木，刈割大片草被，至今在许多城障（如破城子等）和烽燧中，仍可以发现木材的残存。为了维护边防军事建设及人们的日常生产生活所需大量的林草资源及良好的生态环境，军政当局不得不重视对"四时禁"的执行。

（三）"四时禁"与"四时言"

居延汉简中还有其他涉及"四时"的文书，即有的学者指出的所谓《四时簿》《四时杂簿》《四时簿算》等。②在"吏民毋犯四时禁"及"吏民毋得伐树木"简册中，按照规定，"吏民毋犯四时禁，有无四时言"，"吏民毋得伐树木，有无四时言"，为什么都要在"四时言"？这是因为汉代礼俗制度对"四时"特别尊重，习惯以"四时"为确定时节的传统。当时的祭祀礼仪，有"四时上祭"③、"四时致祠"④、"四时奉祠"⑤、"四时禘祫"⑥、"四时至敬"⑦、"四时给祭具"⑧、"四时

---

① 甘肃省文物考古研究所、甘肃省博物馆、文化部古文献研究室，等编：《居延新简》，第428页。
② 参看李均明、刘军：《简牍文书学》，南宁：广西教育出版社，第203—204页。
③ 《后汉书》卷1《光武帝下》，第56页。
④ 王子今：《汉代居延边塞生态保护纪律档案》，《历史档案》2005年第4期，第111—116页。
⑤ 赵旭：《唐宋时期私家祖考祭祀礼制考论》，《中国史研究》2008年第3期，第17—44页。
⑥ 《后汉书》卷3《章帝纪》，第90页。
⑦ 《后汉书》卷60下《蔡邕传》，第1346页。
⑧ 《后汉书》卷55《章帝八王传·清河孝王庆》，第1216页。

行园陵"①、"四时致宗庙之胙"②的定制。行政程式也有"四时诣郡朝谒"③、"四时诣郡朝觐"④、"四时见会"⑤、"四时讲武"⑥"四时宠赐"⑦等。这就是《汉书·魏相传》颜师古注引应劭所说的"四时各举所施行政事"⑧。

在汉代行政制度中，与"吏民毋犯四时禁"及"吏民毋得伐树木"有关的，可以举出《后汉书·百官志三》中关于"大司农"职能的一段文字："大司农，卿一人，中二千石。本注曰：掌诸钱谷金帛诸货币。郡国四时上月旦见钱谷簿，其逋未毕，各具别之。"⑨各郡国应于"四时"上报《月旦见钱谷簿》，拖欠没有按时缴纳的，应一一详细说明。所谓"郡国四时上月旦见钱谷簿"，应"四时上"，但是必须呈奉的并非季度统计资料，而是"月旦见"，即每一个月第一天的"钱谷"数字。

居延汉简所见"吏民毋犯四时禁"及"吏民毋得伐树木"中虽言"四时言"，但是所见"建武四年五月辛巳朔戊子"和"建武六年七月戊戌朔乙卯"上报文书，一为"五月"，一为"七月"，在春夏两季中一为仲春，一为孟夏，序次并不相同，尤其是前者，似乎并非季度总结。对于这一现象产生的疑问，如《后汉书·百官志三》"大司农"条所说"郡国四时上月旦见钱谷簿"事是一种行政定式、一种文书常例，则或许可以得到解释。规定"四时禁"，是否有所违犯，亦必须"四时言"。这种制度，是以汉代人"敬四时"⑩、"顺四时"⑪、"奉四时之令"⑫、"承天顺地，调序四时"⑬、"顺乎天地，序乎四时"⑭的观念作为意识背景的。以四季运行的规

---

① 《汉书·鲍宣传》《汉书·张汤传》又说到"丞相以四时行园"。

② 《后汉书》卷44《邓彪传》，第1009页。

③ 《三国志》卷30《魏书·东夷传》，北京：中华书局，1999年，第630页。

④ 《三国志》卷37《蜀书·法正传》，第710页。

⑤ 《后汉书》卷60《马融传》，第1319页。

⑥ 《三国志》卷1《魏书·武帝纪》，第34页。。

⑦ 《三国志》卷49《吴书·刘基传》，第877页。

⑧ 《汉书·魏相传》，第2350页。

⑨ 《后汉书》志26《百官三》，第2447页。

⑩ 《汉书》卷75《李寻传》，第2383页。

⑪ 《后汉书》卷44《张敏传》，第1014页。

⑫ 《后汉书》卷26《侯霸传》，第603页。

⑬ 《汉书》卷8《宣帝纪》，第178页。

⑭ 《汉书》卷21《律历志上》，第842页。

律作为社会法纪和人文秩序，体现出文明成熟的农耕社会的特定的自然观。看来，对于居延汉简"吏民毋犯四时禁"及"吏民毋得伐树木"的分析，除了可以帮助我们理解当时人们的生态意识外，还有助于深化我们对汉代社会自然主义观念的认识。[①]

第二节　动物资源的保护意识

一、出土简牍资料对动物资源保护的记载

根据文献记载、岩画壁画描绘及出土资料的反映，古代西北地区动物资源比较丰富。如甘肃省博物馆（1960 年、1978 年）发掘的武威皇娘娘台等新石器遗址出土了不少鹿等野生动物骨骼，这些动物被认为是当时人们猎获的主要对象。另外，皇娘娘台遗址出土骨器 416 件，约占工具总数的 1/2，其中很多是用野生动物的骨骼制作的。《太平寰宇记》卷 152 记，本区"出赤鹿，足短而形大，如牛，肉千斤"[②]。可见河西当时的野鹿体量较大。河西史前遗址中还出土大量的羊、马、牛、猪、犬等家畜的骨骼，有些还用做作殉葬品（如猪下颚骨等），并以其数量的多寡来显示墓主人占有财富的不同及社会地位的高下。其中有些动物应该是河西先民在当地驯化的。

《史记·乐书》《汉书·武帝纪》载，敦煌龙勒县渥洼地出"天马"，实际上应是野生良骥。悬泉汉简Ⅱ90DXT0115④：37 记："元平元年十一月己酉，□□诏使甘护民，迎天马敦煌郡，为驾一乘传，载御史大夫广明，下石扶风，以次为驾，当舍传舍，如律令。"[③]可见至汉昭帝时还不断从敦煌获取天马到长安。

嘉峪关市文物清理小组[④]、杨惠福等[⑤]人发现，嘉峪关黑山岩画中刻有或者绘有大量的野驴、野驼、野马、赤鹿、马鹿、梅花鹿、水鹿、毛冠鹿、驼鹿、麋鹿、驯鹿、獐、野牛、野牦牛、瘤牛、黄羊、岩羊、滩羊、盘羊、北山羊、大角羊、

---

① 王子今：《汉代居延边塞生态保护纪律档案》，《历史档案》2005 年第 4 期，第 111—116 页。

② （宋）乐史撰，王文楚等点校：《太平寰宇记》卷 152，北京：中华书局，2007 年，第 2939 页。

③ 胡平生、张德芳编撰：《敦煌悬泉汉简释粹》，上海，上海古籍出版社，2001 年，第 104 页。

④ 嘉峪关市文物清理小组：《嘉峪关汉画像砖墓》，《文物》1972 年第 12 期，第 24—43 页。

⑤ 杨惠福、张军武：《嘉峪关黑山岩画》，兰州：甘肃人民出版社，2001 年。

鹅喉羚、藏羚、斑羚、原羚、野猪、虎、豹、雁、鹰、天鹅、石鸡、乌鸦、鱼、
鳖、兔、狼、豺、蟒蛇、狍、狐、獾、狮、熊、草蜥、虎鼬、跳鼠、松鼠等野生
动物，种类多达 60 余种，并有许多射猎、围猎动物和牧放羊、马、牛等家畜的画
面。狩猎工具有弓箭、木棍、投矛器、标枪、石球、长柄钩形器、兽夹圈等。据
推测这些画作可能是羌、月氏和匈奴人早期留在河西的遗迹。此外，在龙首山、
雅布赖山、马鬃山区的黑山梁、五个墩、下然扎得盖、山德尔、祁连山区的大黑
沟、野牛沟、灰湾子、七下驴沟、鱼儿红、红柳峡、查干格奴、别盖等地亦发现
不少此类岩画，可见史前河西地区确有许多野生动物活动栖息。

根据学者们对居延出土简牍的整理，也可以了解到居延地区的野生动物的情况，
有"野马""野橐佗""野羊""野鹿""鱼"等。其中涉及"野马"的简文有：

☑野马除☑（《居延汉简释文合校》50.9）①

☑即野马也，尉亦不诣迹，所候长迹不穷☑（《居延新简》EPT8：14）

☑野马一匹，出殄北候，皆☑（《居延新简》EPT43：14）

☑□以为虏举火，明旦踵迹野马，非虏政放举火，不应☑（《居延新简》
EPF22：414）②

简文中提到"野马"迹，说明可以找到"野马"的踪迹，原先在草原戈壁成群
活动的野生动物，已经开始占有定居地。"野马一匹"说明"野马"离开原本的群体，
独自活动的情形。简文（EPF22：414）所描述的应是成群的"野马"，夜间驰行被
误认为是匈奴入侵，烽燧值班士兵"举火"通告，而"明旦踵迹"则判定只是"野
马"群经过。③

根据生物学家的介绍，产于甘肃省西北部和新疆附近地区及准噶尔盆地和蒙
古的野马，即以上简文所记的野马，数量稀少，是世界上唯一幸存的一种野马，

---

① 谢桂华、李均明、朱国炤编：《居延汉简释文合校》，北京：文物出版社，1987 年，第 87 页。

② 甘肃省文物考古研究所、甘肃省博物馆、文化部古文献研究室，等编：《居延新简》，第 51、100、503 页。

③ 王子今：《简牍资料所见汉代居延野生动物分布》，《鲁东大学学报（哲学社会科学版）》2012 年第 4 期，
第 63—67 页。

现为国家一级保护动物。

居延汉简中还有许多关于"野橐佗"的记载，如：

　　☑赵氏故为收虏隧长，属士吏张禹，宣与禹同治，乃永始二年正月中，禹病，禹弟宗自将驿牝胡马一匹来视禹，禹死，其月不审，日宗见塞外有野橐佗☑☑☑☑

　　☑宗马出塞逐橐佗，行可卅余里，得橐佗一匹，还未到隧，宗马萃僵死，宣以死马，更所得橐佗归宗，宗不肯受。宣谓宗曰：强使宣行马，幸萃死，不以偿宗马也。

　　☑☑共平宗马直七千，令宣偿宗，宣立以☑钱千六百付宗，其三年四月中，宗使肩水府功曹，受子渊责宣，子渊从故甲渠候杨君取直，三年二月尽六（《居延汉简释文合校》229.1，229.2）[①]

　　状何如，审如贤言也，贤所追野橐。（《居延新简》EPT5：97）[②]

从以上简文中的"出塞逐橐佗""见塞外有野橐佗"可以看出在居延地区应该可以经常见到"野橐佗"。

居延汉简中还有关于"野羊脯"的记录，可能是当时居延吏卒的一种食品形式。大湾出土帛书，编号为乙附51的书信，可见以"小笥"（有专门用途的竹制容器）盛装往长安"遗脯"的情形。其中包括"野羊脯"：

　　☑为书遗　　　　　·长☑贵之米财予钱可以
　　　　　市者☑
　　☑☑孙少君遗稯米，肉廿斤
　　☑府幸长卿遗脯一☑，御史之长安☑☑，以小笥盛之·毋以☑脯野羊脯贵之也，信伏地再拜多问

　　次君，君平足下，厚遗信非自二信，幸甚，寒时信愿次君，君平近衣强

---

① 谢桂华、李均明、朱国炤编：《居延汉简释文合校》，第371页。

② 甘肃省文物考古研究所、甘肃省博物馆、文化部古文献研究室，等编：《居延新简》，第24页。

酒食察事，毋自易信幸甚，薄礼

　　□絮一信，再拜进君，平来者数寄书使信，奉闻次君，君平毋恙，信幸，甚伏地，再拜再拜次君，君平足下　　初叩头多问

　　丈人寒时初叩头，愿撞人近衣强奉酒食，初叩头，幸甚甚，初寄□赣布二两□□者丈人数寄书

　　使，初闻丈人毋恙，初叩头，幸甚幸甚，丈人遗初手衣已到[①]

由简文"之长安"，可知应是自居延发送至长安，则"□脯野羊脯"应是在居延当地加工，那么"野羊"也应当是居延地方的野生动物。

居延汉简中关于"鹿"的记载也较多，如：

　　具鹿铺办
　　少使张临谨具上☑（《居延汉简释文合校》262.25）[②]

"鹿铺"就是"鹿脯"。前引"□脯野羊脯"与"野羊脯"之前的"□脯"或许就是"鹿脯"。

又敦煌汉简：

　　南合檄一，诣清塞掾治所，杨檄一，诣府闰月廿日起，高沙督印，廿一日受深（A）
　　刑驻鹿蒲，即付桢中隧长程伯（B）（《敦煌汉简》2396）[③]

这里也不排除将"鹿脯"写成"鹿蒲"的可能。又如：

　　□水候官如意隧长公士□

① 谢桂华、李均明、朱国炤编：《居延汉简释文合校》，第 677 页。
② 谢桂华、李均明、朱国炤编：《居延汉简释文合校》，第 435 页。
③ 甘肃省文物考古研究所编：《敦煌汉简》，北京：中华书局，1991 年，第 314 页。

☑肩水候官☑　　　遂☑

☑□□鹿（《居延汉简释文合校》239.78）①

这册简文中的"鹿"，亦可能与野生动物"鹿"有关。

汉代时期，猎鹿并以鹿肉作为饮食来源的情形已经十分普遍。有学者认为，"鹿肉成为猎户的产品，往往可能以'鹿脯'的形式上市"②。

居延汉简中涉及"渔产"的简文也是比较多的，如：

出鱼卅枚，直百☑（《居延汉简释文合校》274.26A）③

鱼百廿头　　☑它，今遣崔尉史执物如牒，十五日寄书万侠游付

［此简中部缺］（《居延新简》EPT44：8A）

庞子阳鱼数也，愿君☑且慎风寒，谨候望，忍下愚吏士慎官职，加强澺食数进所便（《居延新简》EPT44：8B）④

□余五千头，宫得鱼千头，在吴夫子舍□□复之海上不能备□

☑头鱼□请令吕收具鱼毕凡□□□□☑

☑□卤备几千头，鱼千□食相□☑（《居延汉简释文合校》220.9）⑤

而根据《建武三年十二月候粟君所责寇恩事》（EPF22：36），我们还可以知道这数以千计的鱼，并不是人工养殖的，应该是自然水域的野生鱼类。

以去年十二月廿日，为粟君捕鱼，尽今正月闰月二月，积作三月十日，不得贾直时（《居延新简》EPF22：15）⑥

欲取轴器物去粟君，谓恩，汝负我钱八万，欲持器物怒，恩不敢取器物去，又恩子男钦以去年十二月廿日

---

① 谢桂华、李均明、朱国炤编：《居延汉简释文合校》，第397页。

② 谢成侠：《中国养牛羊史（附养鹿简史）》，北京：农业出版社，1985年。

③ 谢桂华、李均明、朱国炤编：《居延汉简释文合校》，第462页。

④ 甘肃省文物考古研究所、甘肃省博物馆、文化部古文献研究室，等编：《居延新简》，第125页。

⑤ 谢桂华、李均明、朱国炤编：《居延汉简释文合校》，第358页。

⑥ 甘肃省文物考古研究所、甘肃省博物馆、文化部古文献研究室，等编：《居延新简》，第476页。

为粟君捕鱼，尽今年正月闰月二月，积作三月十日，不得贾直，时市庸平贾，大男日二斗为谷廿石，恩居（《居延新简》EPF22：26）①

一些简文还涉及"卖鱼"的数量：

以当载鱼就，直时粟君借恩，为就载鱼五千头到觻得，贾直牛一头，谷廿七石，约为粟君卖鱼沽

出时行钱卅万，时粟君以所得商牛，黄特，齿八岁，谷廿七石，予恩，顾就直后二<三日当发粟君，谓恩曰黄牛（《居延新简》EPF22：23）②

建武三年十二月癸丑朔辛未，都乡啬夫宫敢言之，廷移甲渠候书曰，去年十二月中，取客民寇恩为

就，载鱼五千头到觻得，就贾用牛一头，谷廿七石，恩愿沽出时行钱卅万，以得卅二万，又借牛一头（《居延新简》EPF22：29）③

以上简文"载鱼五千头"以及前面所载的"☐余五千头""☐鱼千头""☐卤备几千头鱼千☐"等，可以说明当时居延地区自然湖泽中鱼类生存的条件是比较好的。

居延汉简中有关野生动物分布的信息，尽管当时记录的目的可能是多种多样的，但从中我们至少可以推知在这些记录书写的年代，西北"边塞"地方的生态环境是比较优越的，可以让许多种类的动物生活其间，而对于这些野生或家养的动物生活情况的详细记载，既体现了动物资源对当时民众生产生活的重要性，也体现了当时人们对它们的重视。

① 甘肃省文物考古研究所、甘肃省博物馆、文化部古文献研究室，等编：《居延新简》，第477页。
② 甘肃省文物考古研究所、甘肃省博物馆、文化部古文献研究室，等编：《居延新简》，第477页。
③ 甘肃省文物考古研究所、甘肃省博物馆、文化部古文献研究室，等编：《居延新简》，第477页。

二、《悬泉诏书》对动物资源保护的记载

汉室曾颁布了若干动物保护的法令，如前述宣帝元康三年（前63年）专门保护鸟类的法令。后汉应劭在《风俗通仪》卷9《怪神》中引东汉初年太守司空第五伦之言说汉"律不得屠杀少齿"。"少齿"就是指幼小的动物，要保护幼小动物，不得随意屠杀。

《悬泉诏书》依据不同节令动物生长繁育的特点，就如何对其实施有效的保护作了细致的规定。

1）"孟春月令"第三条规定：

> 毋摘剿。谓剿空实皆不得摘也。空剿尽夏，实者四时常禁。[1]

"摘"，挑也，取也。《集韵·麦韵》："摘，取也。或从适。"[2]《集韵·锡韵》云："摘，挑也。或作𢳇、𢽳。"[3]《说文·手部》云："摘，搔也，一曰投也。"[4]《吕氏春秋·求人》载："啁噍巢于林。""巢，𧕄也。"段玉裁云："摘，它历反，音剔。爵𧕄，谓爵巢也。""剿"，读为"巢"。孔颖达正义："余月皆无覆巢。因初春施生之时，故设戒也。巢若其夭鸟之巢，则覆之。"[5]"四时常禁"指四时皆不能犯的禁令，一年四季都须保护鸟巢。词条明确规定，孟春之月（正月）不得捅摘鸟巢，直到夏末。[6]

2）"孟春月令"第四条规定：

> 毋杀口虫。谓幼少之虫。不为人害者也，尽九［月］。[7]

① 中国文物研究所，甘肃省文物考古研究所编：《敦煌悬泉月令诏条》，第4页。

② （宋）丁度：《集韵》卷10《麦韵》，北京：北京市中国书店，1983年，第1519页。

③ （宋）丁度：《集韵》卷10《锡韵》，第1542页。

④ （汉）许慎撰，（宋）徐铉校定：《说文解字》，北京：中华书局，2013年，第254页。

⑤ （汉）高诱注，（清）毕沅校，余翔标点：《吕氏春秋·求人》，第411页。

⑥ 中国文物研究所，甘肃省文物考古研究所编：《敦煌悬泉月令诏条》，第14页。

⑦ 中国文物研究所，甘肃省文物考古研究所编：《敦煌悬泉月令诏条》，第4页。

口虫，应指幼小的虫，不能构成对人或农作物的危害，因此不可杀死，此禁令到九月末为止。

3）"孟春月令"第五条规定：

毋杀孡。谓禽兽六畜怀任（妊）有孡者也，尽十二月。常禁。①

"孡"今通"胎"。《玉篇·子部》："孡，孕也。亦作胎。"②《淮南子·时则训》《礼记·月令》"孡"作"胎夭"，高诱注："胎，兽胎，怀妊未育者也。"③孔颖达正义："胎谓在腹中未出，夭为生而已出者。"④"任"，通"妊"，妊娠，怀孕。此禁一年四季都要遵守，禽兽六畜怀胎时，均不得杀之。"诏条"将"毋杀孡"单列为一条，强调保护禽兽六畜怀妊有胎者。

4）"孟春月令"第六条规定：

毋夭蜚鸟。谓夭蜚鸟不得使长大也，尽十二月。常禁。⑤

"夭"，亦作"狖"，郑玄注《礼记·王制》云："狖，断杀。""蜚"，通"飞"。⑥《说文》作从虫，非声，或从虫。段玉裁注："古书多假字为飞字。"⑦《礼记·月令》云："胎夭、飞鸟。"孔颖达正义："此飞鸟，谓初飞之鸟。"⑧此禁要求一年四季都不能猎捕还没有长大的小鸟。

5）"孟春月令"第七条规定：

① 中国文物研究所，甘肃省文物考古研究所编：《敦煌悬泉月令诏条》，第 4 页。

② （南朝·梁）顾野王：《玉篇·子部》，北京：中华书局，1985 年，第 56 页。

③ （汉）高诱注：《淮南子注》，第 70 页。

④ （汉）郑玄注，（唐）孔颖达等正义，黄侃经文句读：《礼记正义》，上海：上海古籍出版社，1990 年，第 288 页。

⑤ 中国文物研究所、甘肃省文物考古研究所编：《敦煌悬泉月令诏条》，第 4 页。

⑥ （汉）郑玄注，（唐）孔颖达等正义，黄侃经文句读：《礼记正义》，第 506 页。

⑦ （汉）许慎撰，（宋）徐铉校定：《说文解字》，第 245 页。

⑧ （汉）郑玄注，（唐）孔颖达等正义，黄侃经文句读：《礼记正义》，第 288 页。

毋麑。谓四足……及畜幼少未安者也，尽九月。①

《礼记·王制》《释文》："麛，本又作麑，音迷。""麑"读如"麛"②。《说文通训定声》中"麛"，假借为"麑"。③《汉书·古今人表》作"诅麑"④，《左传·宣公二年》作"诅麛"。⑤《尔雅·释兽》云："鹿：牡麚，牝麀，其子麛，其迹速，绝有力，麝。"⑥麛，即幼小之鹿。从春至秋，是幼畜的生长期，不能杀食，其中蕴含资源可持续的思想。

6）"孟春月令"第八条规定：

毋卵。谓蜚鸟及鸡□卵属也，尽九月。⑦

"毋卵"，谓毋取飞鸟及鸡类之卵。陈奇猷《吕氏春秋校释》云："无麛无卵，犹言无捕麛，无取卵也。"⑧《正义》释"夭"为生而已出者。《季冬》"胎夭多伤"⑨与此条意同，不杀一切未成长之生物。虫与鸟皆通名，不得谓"夭"，飞鸟指初飞之鸟，小鸟也。不得获取飞鸟及鸡类禽属的卵，一直禁到九月末，以保证其孵化孳育。

7）"仲春月令"第四条规定：

毋□水泽，□陂池、□□。四方乃得以取鱼。尽十一月。常禁。⑩

---

① 中国文物研究所、甘肃省文物考古研究所编：《敦煌悬泉月令诏条》，第4页。

② （汉）郑玄注，（唐）孔颖达等正义，黄侃经文句读：《礼记正义》，第236页。

③ （清）朱骏声：《说文通训定声》，武汉：武汉古籍书店，1983年，185页。

④ 《汉书》卷《古今人表》。

⑤ （春秋）左丘明撰，蒋冀骋标点：《左传》卷7《宣公二年》，长沙：岳麓书社，1988年，第120页。

⑥ （晋）郭璞注：《尔雅·释兽》，上海：上海古籍出版社，2015年，第188页。

⑦ 中国文物研究所、甘肃省文物考古研究所编：《敦煌悬泉月令诏条》，第4页。

⑧ 陈奇猷校释：《吕氏春秋校释》，上海：学林出版社，1984年，第18页。

⑨ （汉）高诱注，（清）毕沅校，余翔标点：《吕氏春秋·季冬纪》，176页。

⑩ 中国文物研究所、甘肃省文物考古研究所编：《敦煌悬泉月令诏条》，第5页。

《吕氏春秋·仲春纪》云："无竭川泽，无漉陂池。"高诱注："皆为尽类夭物。"①《礼记·月令》曰："毋竭川泽，毋漉阪池。"郑玄注："顺阳养物也。畜水曰陂，穿地通水曰池。"《释文》曰："漉，音鹿，竭也。"②《尚书传》云："泽障曰陂，停水曰池。"③蔡邕《月令章句》曰："堤障曰陂，大小旁小水曰池。""四方乃得以取鱼"④，此条反映出保护川泽、陂池、山林与养物之间相生相因的关系。经过秋天，一直禁到十一月末，到冬季时鱼鳖已经非常肥美，方可捕取。⑤《吕氏春秋·季冬纪》曰："是月也，命渔师始渔，天子亲往，乃尝鱼，先荐寝庙。冰方盛，水泽复，命取冰。"⑥可见，天寒地冻之时正是捕鱼时节。《国语》里革曰："古者大寒降，土蛰发，水虞于是乎讲罛罶，取名鱼，登川禽，而尝之寝庙……鸟兽孕，水虫成，兽虞于是乎禁置罗，猎鱼鳖，以为夏犒。"⑦"盖自此月始渔，以至于季春，皆取鱼之时也。"⑧

8）"仲春月令"第五条规定：

　　毋焚山林。谓烧山林田猎，伤害禽兽□虫草木……［正］月尽……⑨

"焚山林"，指烧山打猎。孙希旦《礼记集解》卷 15 载："毋焚山林，主田言之。"⑩《吕氏春秋·仲春纪》云："无焚山林。"⑪《礼记·月令》载："毋焚山林。"⑫张虑《月令解》云："春田主用火，因焚莱除陈草，此惟蒐时为然耳，常

---

① （汉）高诱注，（清）毕沅校，余翔标点：《吕氏春秋·仲春纪》，第 28 页。

② （汉）郑玄：《礼记正义》，第 634 页。

③ （清）阮元校刻：《十三经注疏》，北京：中华书局，1980 年，第 1363 页。

④ （汉）郑玄：《礼记正义》，第 634 页。

⑤ 中国文物研究所、甘肃省文物考古研究所编：《敦煌悬泉月令诏条》，第 18 页。

⑥ （汉）高诱注，（清）毕沅校，余翔标点：《吕氏春秋·季冬纪》，第 174 页。

⑦ 徐元诰撰，王树民、沈长云点校：《国语集解·鲁语上第四·宣公夏滥于泗渊》，北京：中华书局，2002 年，第 167—169 页。

⑧ （清）孔希旦撰：《礼记集解》卷 17《月令第六之三》，北京：中华书局，1989 年，第 501 页。

⑨ 中国文物研究所、甘肃省文物考古研究所编：《敦煌悬泉月令诏条》，第 5 页。

⑩ （清）孙希旦撰；沈啸寰、王星贤点校：《礼记集解》，北京：中华书局，1989 年，第 427 页。

⑪ （清）阮元校刻：《十三经注疏·礼记正义》卷 15，北京：中华书局，1980 年，第 1362 页。

⑫ （清）阮元校刻：《十三经注疏·礼记正义》卷 15，北京：中华书局，1980 年，第 1362 页。

时固有禁也，皆所以遂生物之性也。"①孙希旦《礼记集解》曰："方氏悫曰：川泽非竭其水不能取，若阪池，则漉以网罟可以尽之矣。二者主渔言之。毋焚山林，主田言之。"②《周礼》曰："春田用火，此国家大搜之礼也。若民间焚山林则有禁，以蛰虫已出故也。"③焚烧山林田猎，必然伤害林中草木及禽兽，知此类规定与养鱼及禽兽、草木的繁育生长有关，亦为顺应时气。"[正]月尽……"，全句怀疑应为"从正月尽八月"，从八月起，"草木繁动"，"盛德在木"。《吕氏春秋·孟春纪》规定的毋焚山林应当始于正月，"尽八月"。《季秋纪》云："是月也，天子乃教于田猎，以习五戎搜马。"④烧山林与田猎相关，季秋起将举行田猎，则烧山林不可避免，故当尽于八月。⑤

9）"季春月令"第四条规定：

> 毋弹射蜚鸟，及张罗、为它巧以捕取之。谓□鸟也……⑥

《淮南子·时则》云："田猎毕弋，罝罦罗网，毒兽之药，毋出九门。"⑦《吕氏春秋·季春纪》同。《礼记·月令》云："田猎罝罦，罗网、毕、翳。""罗"，高诱注"鸟网也"，也可用于捕捉兽类。⑧《周礼·秋官·冥氏》云："冥氏掌弧张，为阱擭以攻猛兽。"郑玄注："弧张，罝罦之属，所以捕缉禽兽。"⑨"张罗"，即张设罗网以捕鸟兽。"为巧"犹言"作巧"，采取巧妙方法。《汉书·食货志》云："作巧成器曰工。"⑩"它巧"，包括"张罗"，据《淮南鸿烈解》卷5，总共"七物"，即"毕、弋、罝、罦、罗、网、毒（药）"⑪。其中"弋"类即本条"弹射"。上引

---

① （宋）张虑撰：《月令解》卷2，第7页。

② （清）孙希旦撰，沈啸寰、王星贤点校：《礼记集解》，第427页。

③ 中国文物研究所、甘肃省文物考古研究所编：《敦煌悬泉月令诏条》，第19页。

④ （汉）高诱注；（清）毕沅校；余翔标点：《吕氏春秋·季秋纪》，第132页。

⑤ 中国文物研究所、甘肃省文物考古研究所编：《敦煌悬泉月令诏条》，第19页。

⑥ 中国文物研究所、甘肃省文物考古研究所编：《敦煌悬泉月令诏条》，第5页。

⑦ （汉）高诱注：《淮南子注》，第72页。

⑧ （清）阮元校刻：《十三经注疏·周礼正义》卷15，第1363页。

⑨ （汉）郑玄注，（唐）贾公彦疏，黄侃经文句读：《周礼注疏》，上海：上海古籍出版社，1990年，第556页。

⑩ 《汉书》卷24《食货志》，第943页。

⑪ （汉）刘安撰，（汉）高诱注：《淮南鸿烈解》卷5，长春：吉林出版集团有限责任公司，2005年，第54页。

高诱注："弋，缴射飞鸟也。"只不过"弹射"可包括弹弓、石子等。季春时节，不能捕捉鸟兽。郑玄注云："为鸟兽方孚（通"哺"）乳，伤之逆天时也。"《淮南鸿烈解》："七物皆不得施用于外，以其逆生道也。"孔颖达正义："此月非田猎之时。"①

10）"孟夏月令"第五条规定：

驱兽［毋］害五谷。谓□……②

及第六条：

毋大田猎。尽八月。③

驱，从区从攴。《说文》曰："驱，驱马也，从马匹声。驱，古文驱从攴。"④《吕氏春秋·孟夏纪》云："驱兽无害五谷，无大田猎。"⑤《淮南子·时则》云："驱兽畜，勿令害谷。"⑥蔡邕《月令章句》云："兽，麋鹿之属，食谷苗穗者。"⑦《礼记·月令》云："孟春……天子乃以元日祈谷于上帝；孟夏……驱兽无害五谷；仲夏……乃命百县雩祀百辟卿士有益于民者，以祈谷实；孟秋……农乃登谷。天子尝新，先荐寝庙。"⑧"五谷"乃天子从上帝那儿祈祷而得的，因此，在农作物生长期间或快要收割的时候，要注意特别避免家畜及野兽的侵害《钦定礼记义疏》卷22云："是月也，驱兽无害五谷，毋大田猎。"高诱曰："毋大田猎，为夭物也。"张氏虑曰："五谷正长，兽或害之，不得不驱，重其所当重。然不敢多杀，

① （汉）刘安撰，（汉）高诱注：《淮南鸿烈解》卷5，第54页。
② 中国文物研究所、甘肃省文物考古研究所编：《敦煌悬泉月令诏条》，第6页。
③ 中国文物研究所、甘肃省文物考古研究所编：《敦煌悬泉月令诏条》，第6页。
④ （汉）许慎撰，（宋）徐铉校定：《说文解字》，第200页。
⑤ （汉）高诱注，（清）毕沅校，余翔标点：《吕氏春秋·孟夏纪》，第60页。
⑥ （汉）高诱注：《淮南子注》，第73页。
⑦ 中国文物研究所、甘肃省文物考古研究所编：《敦煌悬泉月令诏条》，第23页。
⑧ （清）阮元校刻：《十三经注疏·礼记正义》卷16，第1369—1373页。

以伤长气也。"①驱兽，是为了保护农业生产，但"驱兽"不等于"田猎"，特别不能是大规模的"田猎"，这要一直禁到八月末。《白孔六帖》卷85亦曰："驱兽无害五谷，无大田猎，不合围。"②"合围"也属于"大田猎"的范畴。只有到了秋冬节，才能开禁。本条所谓"尽八月"是指从九月开始才可"大田猎"。

目前我们所能见到的汉代保护动物资源最具体的诏令，即为上述悬泉《四时月令》，该诏令能够颁行至敦煌地区，且书写于驿置墙壁上，使过往使者客商尽人皆知，可见汉代王室对其的重视。它的颁行对于有效地保护动物资源，维系良好的生态环境无疑可起到积极作用。

三、圈养动物的爱惜与管护意识

（一）马的管理与保护意识

马是古代重要的生产、运输工具和军队的重要装备，被奉为"六畜之首"。《后汉书·马援传》载："马者甲兵之本，国之大用。安宁则以别尊卑之序，有变则以济远近之难。"③历代王朝基本上都设有专门养马的职官机构，可见对马的饲养和管理高度重视。西汉时期，由于社会经济、交通运输的发展和军事需要，再加上河西、西域等地的开发，政府非常重视养马业的发展。陈直、陈宁、黄敬愚、伊传宁、李洪波、米寿祺、赵莉、周峰、周凯军、高一萍等对秦汉时期的马政均进行了研究。这一时期对马的管理方式，在西北出土的汉代简牍中有大量记载。其记录的内容包括马的分类、马的饲料供给、马匹的登记和对马匹的医疗措施等。这些记录一方面体现了马的重要作用及汉室对马匹的重视程度；另一方面马政措施的实施，也无疑对马匹资源保护与管理起到重要作用。

1. 马匹颜色、身高、年龄、性别的记录

汉简中记录的马，就其毛色而言，有骊，毛浅黑色的马；驳，毛色不纯的马，

---

① 刘芳池：《〈悬泉诏书〉整理研究》，西南大学硕士学位论文，2006年，第30页。
② 刘芳池：《〈悬泉诏书〉整理研究》，西南大学硕士学位论文，2006年，第30页。
③ 《后汉书》卷24《马援传》，第562页。

騮，黑鬃黑尾巴的红马；骠，黄色有白色斑或黄身白鬃尾的马；骍，赤色的马；骆，鬃尾黑色的白马；馰，额白色的马；驹，少壮的马；駣，三四岁的马；騧，黑嘴的黄马；骓，毛色黑白相间的马；駹，面、额白色的黑马；駓（桃花马）、騜，毛色黄白相杂的马等。其中肩水金关简中此类的记录很多，举例如下：

> 马一匹，駣秉，牡齿，八岁，高六尺☐（《肩水金关汉简》73EJT21：209）
>
> ☐☐☐乘马一匹，骍牡，齿八岁☐《肩水金关汉简》73EJT21：216）
>
> 南阳阴乡啬夫曲阳里大夫冯均，年廿四，大奴，田兵，二轺车一乘，骍騩牝马一匹丿（《肩水金关汉简》73EJT23：53）[1]

简中所云"啬夫"，《仪礼·觐礼》："啬夫承命告于天子。"传先秦有吏啬夫人、人啬夫。《管子·君臣上》：吏啬夫任事，人啬夫为检束百姓之官。战国时各国似均设此官，县啬夫与县丞等并举，地位近似。一般认为，汉只在乡设啬夫，以听讼、收赋税为职务。

> 乘騩牝马，齿四岁，以为☐（《肩水金关汉简》73EJT23：106）
>
> 守左尉王顺，马一匹，騮牝，齿十二岁，高☐（《肩水金关汉简》73EJT23：611）
>
> ☐轺车一乘，用马一匹，騩牝，齿十六岁，高五（《肩水金关汉简》73EJT24：195）[2]

一般认为，轺车含义有二：①一马驾之轻便车。《释名·释车》载，"轺车，轺，遥也，远也；四向远望之车也"[3]，即是四面敞露之车。《墨子·杂守》："为解车以枱，城矣。以轺车，轮轵广十尺，辕长丈，为三辐，广六尺。"司马贞索隐：

---

[1] 甘肃简牍保护研究中心、甘肃省文物考古研究所、甘肃省博物馆，等编：《肩水金关汉简》第2辑，上海：中西书局，2011年，第60、61、119页。

[2] 甘肃简牍保护研究中心、甘肃省文物考古研究所、甘肃省博物馆，等编：《肩水金关汉简》第2辑，第127、190、303页。

[3] 王国珍：《〈释名〉语源疏证》，上海：上海辞书出版社，2009年，第287页。

"谓轻车，一马车也。"①《晋书·舆服志》："轺车，古之时军车也。一马曰轺车，二马曰轺传。"②②奉使者和朝廷急命宣召者所乘之车，亦可指代使者。唐王昌龄《送郑判官》："东楚吴山驿树微，轺车衔命奉恩辉。"③明朱鼎《玉镜台记·南北凯旋》："轺车日夜纷来往，驿使奔忙赖脚跟。"④

　　☐马一匹，骊牡，齿六岁，高五（《肩水金关汉简》73EJT24：412）

　　☐☐马一匹，骢牝，齿七岁（《肩水金关汉简》73EJT24：430）⑤

　　☐杨放　　　马一匹，白骢，牡，齿，马一匹，骍骈，牡，齿☐（《肩水金关汉简》73EJT2：54）

　　☐用马一匹，聊驳，齿七岁，高五尺八寸　六尺　（《肩水金关汉简》73EJT3：20）

　　车一乘，马一匹，骆，牡，齿七岁☐……（《肩水金关汉简》73EJT4：16）

　　轺车一乘，骢牡马一匹，齿十三☐（《肩水金关汉简》73EJT7：59）

　　☐柳辈，牡马一匹，齿十二岁，高☐（《肩水金关汉简》73EJT8：63）

　　轺车一乘，骢牡马一匹，齿九岁☐（《肩水金关汉简》73EJT8：68）

　　☐方相一乘，骆牝马一匹，齿十四岁☐　（《肩水金关汉简》73EJT9：46）⑥

　　一般认为，"方相车"即"方箱车"，与传世文献以及图像、出土实物中方形车箱的车比对，役车、辇车都不是和"方相车"等同的概念，方相车的形态应和辇车类似，但主要用于载人而不是载物。方相车是车箱为长方形的马车，车箱横广窄而进深长，使用不如轺车广泛。⑦

① （战国）墨子：《墨子·杂守》，长沙：岳麓书社，2014 年，第 505 页。

② 《晋书》卷 25《舆服志》，第 493 页。

③ （唐）王昌龄著，李云逸注：《王昌龄诗注》，上海：上海古籍出版社，1984 年，第 171 页。

④ （明）朱鼎：《玉镜台记》，章培恒主编，江巨荣、李平整理：《四库家藏·六十种曲 （五）》，济南：山东画报出版社，2004 年，第 62 页。

⑤ 甘肃简牍保护研究中心、甘肃省文物考古研究所、甘肃省博物馆，等编：《肩水金关汉简》第 2 辑，第 334、337 页。

⑥ 甘肃简牍保护研究中心、甘肃省文物考古研究所、甘肃省博物馆，等编：《肩水金关汉简》第 1 辑，第 25、30、39、81、97、104 页。

⑦ 李玥凝：《汉简中的"方相车"补说》，《鲁东大学学报（哲学社会科学版）》2015 年第 3 期，第 55—59 页。

一匹，骒牡，齿八岁（《肩水金关汉简》73EJT9：249）

方相车一乘，骒牡马一匹，齿十四岁，高六尺乃入（《肩水金关汉简》73EJT10：110A）

方相车一乘，骝牡马一匹，齿☒（《肩水金关汉简》73EJT10：151）

☐黑色，七尺二寸乘方相车，骢驳牡马一匹，齿十八，弓一十二（《肩水金关汉简》73EJT10：261）

☒方箱车一乘，骒驳牡马一匹，齿八字子惠（《肩水金关汉简》73EJT10：262）

方相一乘，马一匹，骢牡，齿八岁，☐月，辛☐出（《肩水金关汉简》73EJT10：297）

方相一乘，骝马一匹，齿十六☒（《肩水金关汉简》73EJT10：380）[①]

上引《肩水金关汉简》中详尽地记录了每匹马的体色、毛色、年龄、身高、性别、用途等信息，可见当时人们对马匹的爱惜程度之高，对马匹管理的制度也是非常细致严格的。

此外，甘肃省文物考古研究所编，吴礽骧、李永良、马建华释校的《敦煌汉简释文》类似的记载也较多，举例如下：

大子骢大，赤骊，骒句，赤句（《敦煌汉简释文》229）

戊曹右使原顺君伯，马一匹　二巳

二加一∨（《敦煌汉简释文》240）

后曲士田翁　私马一匹　一月（《敦煌汉简释文》357）

马一匹八☐☐佗一头☐☐（《敦煌汉简释文》429）

☒☐钟政■私驴一匹，骓牡，两捋，齿六岁　久在尻☐☒（《敦煌汉简释文》536）

---

① 甘肃简牍保护研究中心、甘肃省文物考古研究所、甘肃省博物馆，等编：《肩水金关汉简》第 1 辑，第 118、135、147、149、155 页。

高望部，元始元年十月，吏妻子从者奴，私马禀致（《敦煌汉简释文》545）

☑☑☑马九十，中贾百☑［《敦煌汉简释文》554（A）］

山箴廿枚　　五年正月癸未，佐梁买胡人柶板四杖，付御吏夏，赏官马下用一（《敦煌汉简释文》557）

校趣具鞍马，会正月十日，不具议罚，复日　十二月壬辰白（《敦煌汉简释文》615）

☑对☑☑卿☑并向大夏马［《敦煌汉简释文》756（A）］

☑　伯乐相马，自有刑齿，十四五，当下平　　　（《敦煌汉简释文》843）

车师绝水草，道使可以处塞，恐民与马畜不能遣☑☑☑☑以使利☑☑☑
　　　　　　　　　　　　　　　　　　　　　（《敦煌汉简释文》862）

羊二千余头，马数十匹，虏所略，车师大女巫干亡，求言虏死者
　　　　　　　　　　　　　　　　　　　　　（《敦煌汉简释文》962）

千人丞一人，令史四人　　假敦煌马五匹，人一匹（《敦煌汉简释文》997）

临泽候长董贤　马一匹（《敦煌汉简释文》1044）

候长董贤，私马一匹（《敦煌汉简释文》1045）

铁式，三木，式二见　　铁式见二
　　　　　　　　　其一马具失亡（《敦煌汉简释文》1309）

对马始长　　所马共始☑（《敦煌汉简释文》1758）

　　　　☑长☑卿　　☑得候史口所受官马食，二石七斗，五月十日己卯尽，己丑备客马食少，公毋，忽（《敦煌汉简释文》1813）

☑☑禁毋出兵，谷、马、牛、羊

☑☑掌故事，以便宜出家（《敦煌汉简释文》1845）

回　　降归义乌孙女子

　　　复☑献驴一匹，骒牡

　　　两拔齿，☑岁封颈以

敦煌王都尉章（《敦煌汉简释文》1906）

买马一匹☑牡（《敦煌汉简释文》1907）

☑☑　　牡马一匹，齿十四岁，高五尺（《敦煌汉简释文》2018）

饭念故人节，更嫁，毋多□□

妇未庬得，以买马，数积□□

□□□不□人视（《敦煌汉简释文》2045）

赵候，骑黄骓牡□□马言小史（《敦煌汉简释文》2249（A））①

2. 马匹管理机构的设置

从西北汉简记载中可以看出，西汉政府专门设置了养马机构对马匹进行管理。如：

厩佐范恽　用马一匹，骝牡，齿七岁，高五尺八寸，十月辛丑入，十一月甲子出（《肩水金关汉简》73EJT3：64）

厩佐苏博　十一月甲子出　用马□（《肩水金关汉简》73EJT3：68）②

□□卒□□遂□主，传马三匹，厩佐一人，徒四人（《居延汉简释文合校》3·33）③

其三缪，付厩啬夫章，治马羁绊　一缪治书绳（《居延新简》EPT57：44）④

传马死二匹，负一匹，直（值）万五千，长，丞，掾，啬夫负二，佐负一《敦煌悬泉汉简释粹》I0205②：8）⑤

曹马掾，遣从者来伐苇□（《敦煌汉简释文》204）⑥

由上可见，当时对于马匹的管理设有"厩"，以及厩啬夫、厩佐等专职官员和人员。厩，本意指马舍，厩佐为管理县属马舍的官吏，与《汉书·田广明传》中

① 吴礽骧、李永良、马建华释校：《敦煌汉简释文》，兰州：甘肃人民出版社，1991年，第21、23、37、44、55、56、57、62、77、87、89、98、102、107、136、185、190、194、202、216、220、244页。
② 甘肃简牍保护研究中心、甘肃省文物考古研究所、甘肃省博物馆，等编：《肩水金关汉简》第1辑，第33、34页。
③ 谢桂华、李均明、朱国炤编：《居延汉简释文合校》，第4页。
④ 甘肃省文物考古研究所、甘肃省博物馆、文化部古文献研究室，等编：《居延新简》，第340页。
⑤ 胡平生、张德芳撰：《敦煌悬泉汉简释粹》，第18页。
⑥ 吴礽骧、李永良、马建华释校：《敦煌汉简释文》，第19页。

记载的"厩啬夫"当是一官。①汉初并未见厩之后加啬夫一名，所以汉初县厩的主管官吏是否称啬夫，暂时无法确定，但按照常理推测，汉初县厩长官应该也是称"啬夫"的。秦简和西北汉简中多见"厩啬夫"之名，严耕望《秦汉地方行政制度》和《秦汉官制史稿》相关部分多有引述。除了县厩，中央也设置有许多厩。关于厩的职责，廖伯源认为"盖主马及车驾"。②睡虎地秦简《秦律杂抄》简29—30记载有厩啬夫和皂啬夫，整理小组注云："厩啬夫是整个养马机构的负责人，皂啬夫是厩中饲养人员的负责人。"③里耶秦简8—677："厩守信成敢言之：前日言启阳丞欧段（假）启阳传车……"④从简文中可以看出，传车是由县厩管理的，这印证了廖文的推测。《秦汉地方行政制度》收录有厩令史、厩啬夫、厩司御⑤，厩令史和厩司御应该是厩啬夫的下属，厩佐亦是辅助厩啬夫的小吏。

3. 马匹饲料的供给与管理

"茭"是干饲料，属于草类植物。汉简中关于"茭"的记载很多，有"伐茭""取茭""出茭""入茭""运茭""积茭"等记载，说明汉时期马以茭为主要饲料之一。除茭外，还有"莝"，指铡草，喂马的饲料。《辞海》："莝，斩刍。谓以铁斩断之刍。以推为莝，莝之者，以莝饲马也。"⑥马料还包括芦苇、粟、麦、糜、菽等，对马料的详细记录说明当时对马匹饲料的管理是非常精细的，体现出马的重要性，以及人们对马匹资源的爱护之情。择部分简文录下：

　　出茭千束，付从吏丁当　凡出茭五千二百束　今余茭廿五万四百卅束，其十一万束积，故□□□（《肩水金关汉简》73EJT2∶26A）⑦

　　☑丙辰　出茭卅束，食传马八匹　出茭八束，食牛（《居延汉简释文合校》

① 《汉书》卷90《酷吏传》，第2713页。
② 廖伯源：《汉初县吏之秩阶及其任命——张家山汉简研究之一》，《社会科学战线》2003年第3期，第100—107页。
③ 睡虎地秦墓竹简整理小组：《睡虎地秦墓竹简》，第22页。
④ 陈伟主编：《里耶秦简牍校释》（第1卷），武汉：武汉大学出版社，2012年，第201页。
⑤ 严耕望：《秦汉地方行政制度》，上海：上海古籍出版社，2007年，第231页。
⑥ 辞海编辑委员会编：《辞海》，上海：上海辞书出版社，1985年，第564页。
⑦ 甘肃简牍保护研究中心、甘肃省文物考古研究所、甘肃省博物馆，等编：《肩水金关汉简》第1辑，第22页。

32·15)^①

出谷小石卅四石四斗一升，其四石六斗五升粟，廿九石七斗六升麦，以食传马六匹，一月其二匹县马（《肩水金关汉简》73EJT10：67）

出糜小石五六斗，史田□□张掖传马二匹，往来五日食，积十五匹二食四斗（《肩水金关汉简》73EJT10：78）^②

笔者曾考得，汉唐时期饲草单位多用"束"和"石"来计量，每"束"茭草重约10斤（汉唐时的斤与今市斤重量略等）；1石4钧，1钧30斤，则1石120斤。^③上引金关73EJT2：26A简登记的余茭就达25万余束，重达250多万斤，可见为马匹准备的饲料十分充足。传马：驿站所用的马。《汉书·昭帝纪》："颇省乘舆马及苑马，以补边郡三辅传马。"^④

☑视平平以遗马食秳穄六石☑（《居延新简》EPT51：291）^⑤

少罢马，但食枯葭，饮水，恐尽死，欲还，又迫策上责（《敦煌汉简释文》43）

临私马一匹　十一月食麦五石二斗二升……（《敦煌汉简释文》355）

☑□苏党　□四用米一斗九升，大　马一匹，用粟二斗，莝一钧（《敦煌汉简释文》544）

☑元始二年四月壬午，仓曹史宗，付御史赵宏，足三月传马、候马食毕（《敦煌汉简释文》551）

山谷九十七石二斗　给稿，莫府马食☑（《敦煌汉简释文》941）

☑得候史□所受官马食，二石七斗，五月十日己卯尽己丑，备客马食少，公毋忽（《敦煌汉简释文》1813）^⑥

---

① 谢桂华、李均明、朱国炤编：《居延汉简释文合校》，第49页。

② 甘肃简牍保护研究中心、甘肃省文物考古研究所、甘肃省博物馆，等编：《肩水金关汉简》第1辑，第133页。

③ 李并成：《河西走廊历史时期沙漠化研究》，北京：科学出版社，2003年，第151页。

④ 《汉书》卷7《昭帝纪》，第160页。

⑤ 甘肃省文物考古研究所、甘肃省博物馆、文化部古文献研究室，等编：《居延新简》，第197页。

⑥ 吴礽骧、李永良、马建华释校：《敦煌汉简释文》，第5、37、55、56、97、190页。

甘露二年二月庚申朔丙戌，鱼离置啬夫禹移县（悬）泉置，遣佐光持传马十四，为冯夫人柱，廪穧麦小卌二石七斗，又荻廿五石二钧。今写券墨移书到，受薄（簿）入，三月报，毋令缪（谬），如律令。(《敦煌悬泉汉简释粹》Ⅱ0115③：96）①

制曰：下大司徒、大司空。臣谨案：令曰：未央厩、骑马、大厩马日食粟斗一升、（叔）菽一升。置传马粟斗一升，（叔）菽一升。其当空道日益粟，粟斗一升。长安、新丰、郑、华阴、渭成（城）、扶风厩传马加食，匹日粟斗一升。车骑马，匹日用粟、（叔）菽各一升。建始元年，丞相衡，御史大夫谭。(《敦煌悬泉汉简释粹》Ⅱ0214②：556）②

此简为各类马匹增加饲料的诏令，令文中规定增加马食的情况有三类：一是天子六厩中的"未央""骑马""大厩"等机构所养马匹。二是用于邮驿使用的传马，其中包括置，以及长安、新丰、郑、华阴、渭成（城）、扶风等三辅地区厩置，"置"马针对的就是悬泉置这类机构所饲养的马匹，而简文中规定"置"马匹的饲料数量要高于其他地区的饲养马匹。三是军事类用马，即车骑马，增加每日每匹的马食数量。这份"增马食令"属于国家颁发的有关马匹饲养管理的行政性命令，属于规范性的文本。③

汉简对养马饲料的供应量、饲料来源、饲料的采集、所养马的性质、马的种类、马的日食量等都有较为详细的记载。这在一定程度上反映出西汉政府对马匹的重视。

4. 马匹使用情况的登记

由于马在政治、经济、军事、邮驿、交通、生活中发挥着重要作用，汉朝政府对马匹的使用有着严格的登记管理制度，这在汉简中多有体现。

---

① 胡平生、张德芳编撰：《敦煌悬泉汉简释粹》，第141页。

② 胡平生、张德芳编撰：《敦煌悬泉汉简释粹》，第5页。

③ 于洪涛：《论敦煌悬泉汉简中的"厩令"——兼谈汉代"诏"、"令"、"律"的转化》，《华东政法大学学报》2015年第4期，第141—150页。

（1）对于马匹出入关的记录

由于西汉时期马匹资源并不富裕，"自天子不能具钧驷，而将相或乘牛车"①。为防止马匹流往关外，汉景帝中元四年（前146年）规定："禁马高五尺九寸以上，齿未平，不得出关。"②马匹进出关隘都要进行记录。其记录内容包括马出入关的时间、地点，马的主人，马的颜色、年龄、雄雌、身高、数量等，很是详备，以便查证。西北简牍中记录了进出边关和传、驿车马的这些特征。一般用"入""出"来表示，择录如下：

居延令从史唐□年卅二岁　　□□□一匹牡騮，齿七岁，□□□□□三岁，七月己巳入（《肩水金关汉简》73EJT3：108）

☑　车马一两　四月八日出（《肩水金关汉简》73EJT4：72）

☑　轺车一乘，马二匹出☑（《肩水金关汉简》73EJT7：72）

方相车一乘，骊牡马一匹，齿十四岁　高六尺乃入（《肩水金关汉简》73EJT10：110A）

☑　轺车一乘，马一匹　已出（《肩水金关汉简》73EJT10：269）③

奉明善居里公乘丘谊，年六十九，居延丞印，方相车一乘，用马一匹，驿牡，齿十岁，高六尺　闰月庚戌北☑（《居延汉简释文合校》53·15）

入方相一乘，驳牡马一匹，齿八岁　子蘽（《居延汉简释文合校》43·9）

□□长□里张信，轺车一乘，用马一匹，十二月辛卯北出（《居延汉简释文合校》505·9）

敦煌效谷宜王里琼阳，年廿八，轺车一乘，马一匹，闰月丙午南入（《居延汉简释文合校》505·12）

居延计掾卫丰，子男居延平里卫良，年十三，　轺车一乘，马一匹，十二月戊子北出（《居延汉简释文合校》505·13）

---

① 《史记》卷30《平准书》，第1203页。

② 《汉书》卷5《景帝纪》，第106页。

③ 甘肃简牍保护研究中心、甘肃省文物考古研究所、甘肃省博物馆，等编：《肩水金关汉简》第1辑，第36、43、82、135、147页。

轺车一乘，马一匹，骝牡，齿九，高六尺　　□□□南入（《居延汉简释文合校》506·3）①

大煎都候长，　安西　文德　里庶更李凤，年四十五　马一（《敦煌汉简释文》278）

大煎都候长效谷常利里上造张阳，年三十六，剑一，弓二，犊九各一，箭十二　马一匹，鞍勒各一（《敦煌汉简释文》279）

☑送所使马□☑（《敦煌汉简释文》476（A））

私府，出一卒二马□已遣□□□决以□□□过，五月辛丑，千秋隧护□自言，有牛一，黄（《敦煌汉简释文》787）

☑者马不当入关，敢言之（《敦煌汉简释文》797）

平望候官，马驰人走行……（《敦煌汉简释文》1381）

出入关人畜车马器物，如关书移官，会正月三日，毋忽如律令（《敦煌汉简释文》1759）②

（2）传马、驿马名籍的建立

传马和驿马是汉朝邮驿机构中的交通和通信工具，是运输物质或公务往来者驾车的马匹。颜师古注引张晏曰："传马，驿马也。"③传马和驿马在保障紧急公文的传递和公务人员的办事效率方面发挥着极其重要的作用，因此汉朝政府非常重视传马驿马的数量和质量，对其身高、颜色、饲料等情况进行了详细的登记。敦煌悬泉汉简中，即保存有详细登载传马的名籍。如：

传马一匹，骃，牡，左剽，决两鼻两耳数，齿十九岁，高五尺九寸……（《敦煌悬泉汉简释粹》V1610②：10）④

---

① 谢桂华、李均明、朱国炤编：《居延汉简释文合校》，第94、74、604、608页。

② 吴礽骧、李永良、马建华释校：《敦煌汉简释文》，第27、49、81、82、143、185页。

③ 《汉书》卷7《昭帝纪》，第160页

④ 胡平生、张德芳编撰：《敦煌悬泉汉简释粹》，第81页。

剽，标志。左剽，即在马的左部烙上徽记。《集韵·霄韵》："表，识也。或作剽。"[①]《周礼·春官·四师》："表貉盛。"郑玄注："故书'表'为'剽'。剽、表皆为徽识也。"[②]

　　私财物马一匹，骝，牡，左剽，齿九岁，白背，高六尺一寸，小鞍。补县（悬）泉置传马缺（《敦煌悬泉汉简释粹》V1610②：11）

　　传马一匹，骝，乘，白鼻，左剽，齿八岁，高六尺，驾，翟圣，名曰全（？）厩厶尸（《敦煌悬泉汉简释粹》V1610②：12）

　　……尺六寸，驾，名曰葆橐（《敦煌悬泉汉简释粹》V1610②：13）

　　传马一匹，骝，乘，左剽，决右鼻，齿八岁，高五尺九寸半寸，骖，名曰黄爵（雀）（《敦煌悬泉汉简释粹》V1610②：14）

　　传马一匹，骝，乘，左剽，八岁，高五尺八寸，中，名曰仓（苍）波，柱。（《敦煌悬泉汉简释粹》V1610②：15）

　　传马一匹，骝，乘，左剽，决两鼻，白背，齿九岁，高五尺八寸，中，名曰佳□，柱，驾。（《敦煌悬泉汉简释粹》V1610②：16）

　　传马一匹，赤骝，牡，左剽，齿八岁，高五尺八寸，驾，名曰铁柱。

(《敦煌悬泉汉简释粹》V1610②：17)

　　传马一匹，驿駒，乘，左剽，齿九岁，高五尺八寸，骖，吕载，名曰完幸。厶尸（《敦煌悬泉汉简释粹》V1610②：18）

　　私财物马一匹，骝，牡，左剽，齿七岁，高五尺九寸。补县（悬）泉置传马缺。（《敦煌悬泉汉简释粹》V1610②：19）

　　建始二年三月戊子朔庚寅，县（悬）泉厩啬夫欣敢言之：谨移传马籍一编，敢言之。（《敦煌悬泉汉简释粹》V1610②：20）[③]

上述 11 枚简均为西汉成帝建始二年（前 31 年）三月悬泉置传马名籍，详细

---

① （宋）丁度：《集韵》卷10《宵韵》，第 372 页。
② （汉）郑玄注，（唐）贾公彦疏，黄侃经文句读：《周礼注疏》，第 295 页。
③ 胡平生、张德芳编撰：《敦煌悬泉汉简释烨》，第 81—82 页。

登录了 11 匹传马的自然性状（毛色、剽识、性别、年龄、身高等），以及人们对其所起的名称（如葆橐、黄爵、苍波、铁柱、完幸等），其中两匹补入悬泉置的传马还特别注出，由此可见当时人们对于传马的高度重视以及对于传马的珍爱之情。

除此之外，悬泉汉简中还有一些零散的传马名籍，其他汉简中亦发现有传马名籍残简。如《敦煌汉简释文》167 简："买传马，以其卖马，买田马留养△马，一闲器☐。"①

5. 马匹患病及其医治、死亡后的处理

西北出土汉简中，多有关于马匹生病症状、治疗配方、用药量等的记录，也有马匹因病死亡后处理程序和责任的记载，亦体现出当时人们对马匹的重视和爱护。举例如下：

治马伤水方，姜桂、细辛、皂荚、付子，各三分，远志五分，桔梗五分，☐子十五枚☐（《敦煌汉简释文》2000）②

简中记载了治疗马喝水中毒的配方及用药的量，包括使用细辛、皂荚、付子、远志、桔梗等药。

治马胺方石方☐☐（《敦煌汉简释文》1996）

治马胺方，石南草五分☐（《敦煌汉简释文》2004）③

此两简记载了治疗马受伤后伤口感染的方子。

马　病今愈，食（《敦煌汉简释文》360（B））

---

① 吴礽骧、李永良、马建华释校：《敦煌汉简释文》，第 15 页。
② 吴礽骧、李永良、马建华释校：《敦煌汉简释文》，第 214 页。
③ 吴礽骧、李永良、马建华释校：《敦煌汉简释文》，第 214 页。

    ☑□为十二九，宿毌   □马以一九吞之（《敦煌汉简释文》2030）①

    治马欬涕出方，取戎盐三指，撮三□☑（《居延汉简释文合校》155·8）②

此简记载了治疗马匹咳嗽、流鼻涕的配方。又如：

    ☑并马病治马□☑（《居延新简》EPT50：67）

    ☑□□马所病苦，谨遣隧长（《居延新简》EPT59：601）

    马病，至戊辰旦，遣卒之廿三仓，取廪，彭诚闭亭户持马□陷，陈辟左子务舍，治马其日日中（《居延新简》EPT43：2）③

马匹因病死亡后必须要对马匹死亡情况进行详细的登记，形成爰书。如：

    五凤四年九月己巳朔己卯，县（悬）泉置丞可置敢言之：廷禾移府书曰，效谷传马病死爰书：县（悬）泉传马一匹，骊，乘，齿十八岁，高五尺九寸，送渠犁军   司［马］令史……（《敦煌悬泉汉简释粹》Ⅱ0115③：98）④

爰书，传统的看法是案件审理过程中所做的笔录。然而西北出土汉简中所见的爰书，其使用范围则更为宽广。薛英群先生认为，凡据证明书性质的文件均可用爰书，事实上简文中不少这类文书即自书为爰书，如"驿马病死""疾卒""病死物""秋射爰书"等；可以认为，一切文字证明材料，凡被法律承认其合法性的，在一定条件下都可以称为爰书，如"病不愈""债务""署功"，以及军用物质的收支等，均可用"爰书自证"，以澄清事实。⑤笔者赞同这一看法。有关马匹病死的爰书，如：

    始建国四年正月，驿马病死爰书（《居延汉简释文合校》96·1）

① 吴礽骧、李永良、马建华释校：《敦煌汉简释文》，第37、217页。

② 谢桂华、李均明、朱国炤编：《居延汉简释文合校》，第254页。

③ 甘肃省文物考古研究所、甘肃省博物馆、文化部古文献研究室，等编：《居延新简》，第157、397、100页。

④ 胡平生、张德芳编撰：《敦煌悬泉汉简释粹》，第116页。

⑤ 薛英群：《居延汉简通论》，兰州：甘肃教育出版社，1991年，第185—186页。

元凤四年，骑士死马爰书（《居延汉简释文合校》491·11A）①

记载马匹患病、死亡的爰书，还要送交上级有关部门，再由上级官员核对爰书所记录的内容，并进行现场勘验，最后确定马匹死亡的真正原因。如：

建昭元年八月丙寅朔戊辰，县（悬）泉厩佐欣敢言之：爰书：传马一匹骝駮（驳），牡，左剽，齿九岁，高五尺九寸，名曰骝鸿。病中肺，欬泲出臬，饮食不尽度，即与啬夫遂成、建杂诊：马病中肺，欬泲出臬，审证之。它如爰书。敢言之。（《敦煌悬泉汉简释粹》Ⅱ 0314②：301）②

神爵二年十一月癸卯朔乙丑，县泉啬夫□□敢言之，爰书，厩御千乘里畸利课告曰，所葆养传马一匹，雒牡，□□□□□□□□二□为六尺一寸，□□□□送□匹五乘至冥安病死，即与御张乃始＝治定药期，马死□定毋病□□索□病死，审澄之，它如爰书敢言之。（《敦煌汉简释文》1301）③

这两条简牍记载了传马因病患、死亡的验证报告，录有传马的身高、病情、颜色、年龄、性别、症状、徽记等信息。其中现场勘验应由两个管马的官员同时进行，确认无误后，才能登记。④

马匹死亡后，如有使用、管护方面的过失，还要追究相关人员的责任，并对处理结果进行记录。如：

传马死二匹，负一匹，直（值）万五千，长、丞、掾、啬夫负二，佐负一。（《敦煌悬泉汉简释粹》Ⅰ 0205②：8）

传马一匹，騩骓，乘，左剽，齿九岁，高五尺六寸，名曰蒙华。建昭二年十二月丙申病死，卖骨肉，受钱二百一十。（《敦煌悬泉汉简释粹》Ⅰ 0111

---

① 谢桂华、李均明、朱国炤编：《居延汉简释文合校》，第 163、591 页。

② 胡平生、张德芳编撰：《敦煌悬泉汉简释粹》，第 24 页。

③ 吴礽骧、李永良、马建华释校：《敦煌汉简释文》，第 135 页。

④ 吕志峰：《敦煌悬泉置考论——以敦煌悬泉汉简为中心》，《敦煌研究》2013 年第 4 期，第 67—72 页。

西北出土文献中的民众生态环境意识研究

②：2）

效谷移建昭二年十月传马薄（簿），出县（悬）泉马五匹，病死，卖骨肉，直钱二千七百册，校钱薄（簿）不入，解……（《敦煌悬泉汉简释粹》Ⅰ0116②：69）

……骝，乘，齿十八岁，送渠犁军司马令史勋，承明到遮要，病柳张，立死，卖骨肉临乐里孙安所，贾（价）千四百，时啬夫忠服治爰书，误脱千，以为四百。谒它爰书，敢言之。守啬夫富昌（《敦煌悬泉汉简释粹》Ⅱ0114③：468A、468B）①

上引悬泉Ⅰ0205②：8简，记载了传马的死亡责任，传马死亡二匹，要赔偿一匹，值钱一万五千，其中长、丞、掾、啬夫各承担二成，佐承担一成。另外三枚简记载了马匹死亡后，可以卖骨肉，但卖出去的价钱必须准确、及时地登记在簿子上，以便查看。

综上可见，西北出土汉简中关于马匹的资料非常丰富，分别对马匹的基本情况（包括其颜色、身高、年龄、性别等），马匹的使用情况、管理机构，马匹的饲料供给与食用情况以及马匹患病、死亡后的医治、处理等都详细记录在案，充分体现了马匹在军事、驿传和人们的生产生活中的重要性，以及人们对马匹的重视程度和爱惜之情。

（二）骆驼的管护意识

骆驼，在汉简中写作"橐驼""橐佗""橐它"等。在西北边郡骆驼是十分重要的牲畜。西北大多地区属于大陆性干旱气候，降水量小，蒸发量大，戈壁和沙漠广布，骆驼较其他牲畜的优越性得到充分体现，这在汉简中有着鲜明的反映。如：

即闻第一辈起居，虽徙后遣橐佗驰告之，窃欲德义（《敦煌汉简释文》42）

湖部尉，得房橐它上装，中尉梨侯房平□与逆虏受罕得脱（《敦煌汉简释

---

① 胡平生、张德芳编撰：《敦煌悬泉汉简释粹》，第18、84—85、112页。

122

文》111）

　　橐佗持食，救吏士命，以一郡力，足以澹养数十人（《敦煌汉简释文》124）

　　几何人俱到此亦，将军之功也，教言掾闻且毋决贵取橐佗，谨奉告矣，孟春闻李出所以□□□□（《敦煌汉简释文》235）

　　出橐二，勵一具，绊一，三月六日，第十三车子杨阅取给橐佗，一牛一头（《敦煌汉简释文》370）

　　□橐它，闻二头□诣邑，写仅二三人□□□□□□□□□□□□ 臣□□因

（《敦煌汉简释文》471）

　　☑□史□□橐佗□临从☑（《敦煌汉简释文》《敦》732（A））

　　责册故入七十钱，软食，虏餐，人辈长孙张买驼子食，载酒，虏二斗（《敦煌汉简释文》846（B））

　　□橐佗，宾不在独见……（《敦煌汉简释文》994（B））

　　☑驼一匹，谷十石五斗☑（《敦煌汉简释文》1057（A））

　　☑长从者陈君食，持□橐佗一匹☑（《敦煌汉简释文》1923）

　　出茭一钩七斤半斤，以食长罗侯、垒尉史官，橐他一匹，三月丁未，发至煎都行道，食率三食＝十二斤半斤（《敦煌汉简释文》2066）[①]

　　由上可见，骆驼在当地的运输中扮演了重要角色，人们对于骆驼的饲草饲料供给等，也颇为重视。

（三）牛的管护意识

　　牛是主要的耕地役畜，亦可用以驾车驭物，当然还可作为肉畜、乳畜和祭祀用品，对于人们的生产生活关系甚大。《礼记·曲礼下》载："凡祭，有其废之，莫敢举也；有其举之，莫敢废也。非其所祭而祭之，名曰淫祀。淫祀无福。天子以牺牛，诸侯以肥牛，大夫以索牛，士以羊豕。支子不祭，祭必告于宗子。"[②]《说

---

① 吴礽骧、李永良、马建华释校：《敦煌汉简释文》，第5、11、12、22、38、48、75、87、102、109、204、222页。
② （清）阮元校刻：《十三经注疏·礼记正义》卷5，第1268—1269页。

文·牛部》云："牺，宗庙之牲也。从牛，羲声。"①

在西北汉简中牛的出现次数很多，大多是用来驾车、耕地，也有食用的。如：

□□□□□益□欲急去，恐牛不可用，今天致卖目宿养之，目宿大贵，束三泉，留久恐舍食尽，今且寄广麦一石……（《敦煌汉简释文》239A）

酒四斛，□□□，黍米二斛，酱二斗，白稗米二斛，醯三斗，敦煌尹遣史氾迁，奉到牛肉百斤（《敦煌汉简释文》246）

大煎都候长王习，私从者，持牛车一两，三月戊申出东门（《敦煌汉简释文》526）

☑□□妻子持牛车一两　　　　　十月乙巳出东门（《敦煌汉简释文》527）

居摄三年，吏私牛出入关致籍（《敦煌汉简释文》534）②

第十四隧长徐汤，适牛一；☑□隧长董得禄，适牛一（《居延新简》EPT10：10）③

以上简册的记载说明，牛、牛车出入关也是需要登记造籍的，显示出管理的严格及对牛畜的重视。

牛万八千　……（《敦煌汉简释文》559）

……万共校其 一群千一百头，还，沙万共校牛凡百八十二头，其七头即游牧部取（《敦煌汉简释文》618（A））

牛一，黑黑舍，齿十岁（《敦煌汉简释文》690）

毋之叩=头=君伟，所赐死牛肉，君伟许予脾，今得肩幸赐贾，请遣使奉直诣门下，叩=头=（《敦煌汉简释文》780（A））

出黑辖牛一，富成妾传王子男常贤，皆□□☑（《敦煌汉简释文》785）

牛一，黑，捞舍，耳左剽，齿八岁，絮八□☑（《敦煌汉简释文》1166）

---

① （汉）许慎撰，（宋）徐铉校定：《说文解字》，第24页。

② 吴礽骧、李永良、马建华释校：《敦煌汉简释文》，第22、24、54页。

③ 甘肃省文物考古研究所、甘肃省博物馆、文化部古文献研究室，等编：《居延新简》，第55页。

及当负，故今移转牛□□（《敦煌汉简释文》1167）

不移转牛，凡三百廿九枚见，二百枚不付（《敦煌汉简释文》1168）

□假□□□□□出牛车转绢，如牒，毋失期□出牛车，毋□□（《敦煌汉简释文》1383）

……☑□以车牛牵负□禾（《敦煌汉简释文》1828）

☑□禁毋出兵谷马牛羊……（《敦煌汉简释文》1845）①

由上可见，当时牧养的牛的数量相当可观，其中校验的一群牛就达1100余头[《敦煌汉简释文》618（A）]，又有一群329头（《敦煌汉简释文》1168），牛在人们的日常生产生活及军事运输中发挥了重要作用，人们对牛的管护也倍加珍视。

（四）羊及狗、鸡、驴等家畜、家禽的爱惜与管护

羊为六畜之一，母系氏族公社时期，北方草原地区的原始居民就已经在沿河沿湖地带牧羊了。迨及汉代，西北的广大地域更是如此，汉简中就有许多关于羊的记载，除了作为肉畜外，羊的皮毛可用来制作衣服，乳可饮用，羊也可以用作祭祀，用途非常广泛，对于当地的民众来讲其重要性不言而喻。因此人们十分重视对羊的爱惜与管护。例如：

私从者，广陵嘉平里丘，丑羊二头=二百九十，案害从臧五百以上，真臧己具主（《敦煌汉简释文》788）

羊二千余头，马数十匹，虏所略，车师大女巫干亡求言，虏死者

（《敦煌汉简释文》962）

相私从者，敦煌始昌里阴□，年十五，羊皮裘二领，羊皮裤二两，革履二两 ☑（《敦煌汉简释文》1146）

☑□禁毋出兵谷，马牛羊……（《敦煌汉简释文》1845）②

---

① 吴礽骧、李永良、马建华释校：《敦煌汉简释文》，第57、63、70、80、120、121、144、192、194页。

② 吴礽骧、李永良、马建华释校：《敦煌汉简释文》，第81、98、118、194页。

　　除此之外，汉简中还有关于狗、鸡、驴等家禽、家畜的记载。如：

　　☑唯君月十日，莫府用白米一，斗鸡一，从者三人，以出报诣文书☑☑

　　　　　　　　　　　　　　　　　　　　[《敦煌汉简释文》713（A）]①

　　出鸡十只一枚，以过长罗侯军，长史二人、军候丞八人、司马丞二人、凡十二人。其九人再食，三人一食　　　　　　　　　　（Ⅰ0112③：68）②

　　☑□钟政■私驴一匹，骓牡，两㧱，齿六岁，久在尻□☑（《敦煌汉简释文》536）

　　☑隧狐子及谢剩叩头，请即记上：叩头谢剩卿买鹰一头，驿骑驴一匹，□□（《敦煌汉简释文》849）

　　☑故一驴，不可用☑（《敦煌汉简释文》866）

　　官属数十人，持校尉印，绶三十，驴五百匹，驱驴士五十人，之蜀名曰劳庸，部校以下，城中莫敢道，外事次，孙不知将（《敦煌汉简释文》981）

　　……大际驴一匹……骓牡，齿六岁（《敦煌汉简释文》1124）

　　回　降归义乌孙子女，复□献驴一匹，骓牡，两㧱，齿□岁，封颈以敦煌王都尉章（《敦煌汉简释文》1906）

　　☑□武威郡张掖长□……驴一□　（《敦煌汉简释文》1913）

　　□□□一狗，直石五斗……（《敦煌汉简释文》1847）③

　　汉简中关于马、驼、羊、牛、驴、鸡、犬等家畜、家禽的详细记录，反映出当时人们对家畜、家禽的重视，对其饲养管理也较为完善，这既说明了管理的细密与有序，也反映出了对动物资源的爱惜与保护。因为马是重要的军事装备，也是日常生产、运输的主要工具；牛是农耕等的主要畜力；骆驼更是在戈壁荒漠地带有着其他牲畜无法替代的作用；驴亦是特别适宜西北干旱半干旱地区的主要役畜，都需要倍加爱护，绝不允许随便屠杀。汉朝的法律明确规定不能偷盗和杀害

① 吴礽骧、李永良、马建华释校：《敦煌汉简释文》，第73页。
② 胡平生、张德芳编撰：《敦煌悬泉汉简释粹》，第148页。
③ 吴礽骧、李永良、马建华释校：《敦煌汉简释文》，第55、87、90、100、116、195、202页。

牛马，如果有此类行为，则"盗马者死，盗牛者枷"。①《淮南子·说山训》《后汉书·第五伦传》以及宋郑克撰《折狱龟鉴》卷4《议罪》载《陈矫传》中，都强调了牛马的重要性，要求民众对其妥加保护，不可随意杀害。特别是当牛、马、驴、驼数量变少时，如果随意杀害，可能会被处以死罪，可见对其的重视。鸡、犬对于人们亦有重要作用。②

第三节　水资源的管护意识

对十十旱少雨的西北地区来讲，水是发展农牧业生产的关键因素。新疆、河西、内蒙古西部，星罗棋布的沙漠绿洲就是由各条河流的冲积、灌溉而形成的，敦煌盆地也正是由于有氏置水（唐代叫甘泉水，今党河）和南籍端水的灌溉才孕育了灿烂的敦煌文化。当地民众对水资源的珍视、保护与利用体现在兴修水利、水利官员的设置等方面。

一、水利设施的维护意识

西北许多地区深居内陆，降雨量少，蒸发量大，农业的发展唯灌溉是赖。

> 地介沙漠，全资水利，播种之多寡，恒视灌溉之广狭以为衡，而灌溉之广狭，必按粮数之轻重以分水，此吾邑所以论水不论地也。③

河西走廊的水资源主要源自南部的祁连山脉，祁连山的冰雪融水及山区降水流入石羊河、疏勒河、黑河三大内陆河系，共计大小河流57条，年出山径流量为63.7亿立方米。汉武帝时期，河西地区就已经开始了对水资源有组织、有计划地改造利用及筑渠引灌。汉室为了充实边防，在河西地区实施了一系列大规模的开

---

① 程树德：《九朝律考》，北京：中华书局，2003年，第113页。
② 许文芳：《古代敦煌民众生态环境保护意识考论》，西北师范大学硕士学位论文，2006年。
③（清）许协等：《镇番县志》，道光五年（1825年）线装本，藏甘肃省图书馆。

发经营策略，筑长城，列亭障，设置郡县，移民屯田。但绿洲要发展，必须兴修水利。西汉时期对河西地区河渠水利最翔实的记载当属居延、敦煌汉简。据简文可知，河西地区的水利灌溉有明渠和井灌两大类，明渠又有官凿和民间开凿两种。明渠是当时主要的灌田方法，即开挖水渠引河水进行灌溉。汉简中有多处治渠卒穿渠的记载。

> 甘露四年六月丁丑朔壬午，所移军司马仁☑
> ☑龙起里王信，以诏书余梁，穿渠敦煌郡☑（73EJT9：322A）①

简文说明甘露四年（前50年）六月，移军司马仁要求龙起里人王信遵照诏书穿渠于敦煌郡。

> ……始元二年，戍田卒千五百人，为骓马田官穿泾渠……（《居延汉简释文合校》303·15、513·17）②

始元二年（前85年），有1500名田卒从事渠道的开浚，声势浩大。另外，"泾渠"又可见于简文120·18。居延汉简中还有甲渠（4·8、6·1、67·36、74EPF22：325B、74EPT68：81—92等）、临渠（10·16B）、广渠（75·3）等渠道的名称。

民间也会自发组织凿渠，这在汉简中也有体现。

> （2）民自穿渠，第二左渠、第二右内渠，水门广六尺，袤十二里，上广……（《敦煌悬泉汉简释粹》Ⅱ0213③：4）③

简文表明这次的渠道开凿活动是由民间自发组织的，渠道名称为"第二左渠""第二右内渠"，应该是按一定顺序排列的渠名，那么也应该会有"第一左渠""第一右内渠""第一右渠"……高荣先生依据居延汉简中"第五渠"（《新简》EPT52：

---

① 甘肃简牍保护研究中心、甘肃省文物考古研究所、甘肃省博物馆，等编：《肩水金关汉简》第1辑，第123页。
② 谢桂华、李均明、朱国炤编：《居延汉简释文合校》，第497页。
③ 胡平生、张德芳编撰：《敦煌悬泉汉简释粹》，上海：上海古籍出版社，2001年，第55页。

363）^①的记载，认为以"第一""第二"……"第五"命名的渠道为主干渠，而以"左""右""内""外"命名的渠道为主渠道之支渠。^②以此可推断，民间自发组织的这次开渠活动是引主干渠之水，修建支渠，而"第二右内渠"则是于支渠侧旁又引一支。另外，简文中提到了"水门"，而 565·12 简亦载："作门，七十付□成贤。右水门凡十四。"水门应该是指渠系中用来干支流分水或调节进水量的闸门，水门的配套制作和设置标志着渠道系统的完善。简文中还有"水门隧"（14·25、562·21）、"水门卒"（337·9）的记载，水门隧应置于某一水门附近，而水门卒应是水门隧的兵卒。

在凿井灌溉方面，简文中多次出现"卅井"的记载，如：

辞故卅井候官令史，乃五凤三年中为候官（《居延汉简释文合校》3·8）

卅井隧四石（《居延汉简释文合校》368·11）

卅井官以亭行（《居延汉简释文合校》401·2）^③

简文 484·34、74EPT57：15、74EPT61：4 等中也有类似记载，卅井应为农业灌溉用井。^④绿洲一些地势较高，岗阜之地无法自流引水，必须采用井水提灌，井以序号命名，表明这些井应是按照一定的规划布设的，并统一编号，有机地组成一个完整的灌溉系统。

敦煌亦利用井水灌溉。《汉书·西域传》记载："汉遣破羌将军辛武贤将兵万五千人至敦煌，遣使者案行表，穿卑鞮侯井以西，欲通渠转谷，积居庐仓以讨之。"孟康注曰，卑鞮侯井"大井六通渠也，下泉流涌出，在白龙堆东土山下"。^⑤白龙堆即今敦煌以西的库姆塔格沙漠，白龙堆东土山下应为敦煌绿洲。《敦煌汉简释文》1035 简："……煎都塞三里亭以东皆沙石，井深十丈五尺。"陈直先生《西汉屯戍

① 甘肃省文物考古研究所、甘肃省博物馆、文化部古文献研究室，等编：《居延新简——甲渠候官与第四燧》，北京：中华书局，1994 年。

② 高荣：《汉代河西的水利建设与管理》，《敦煌学辑刊》2008 年第 2 期，第 74—82 页。

③ 谢桂华、李均明、朱国炤编：《居延汉简释文合校》，第 2、546、551 页。

④ 李并成：《汉唐时期河西走廊的水利建设》，《西北师大学报（社会科学版）》1991 年第 2 期，第 59—62 页。

⑤ 《汉书》卷 96《西域传》，第 2879 页。

研究》认为，居延所凿的一些井与敦煌卑鞮侯井都是大井，等于渠道，可能是用井渠法开凿的地下渠道，如同关中的龙首渠。[1]

关于敦煌开凿井渠的情况，《敦煌汉简》中尚有如下记载：

……□百□□□沙□，井深七丈，菱积三，其一秒☒

□□积三□［《敦煌汉简释文》1017（B）］

☒　□人，穿井……（《敦煌汉简释文》2161）[2]

这是一枚日作简，简文中还记有"□人作桐"。从简文中"人，穿井"的记载可以看出，有些戍卒此日的劳作任务是穿井。

汉简中除了有专门穿井的记载外，敦煌的地名亦能反映出井渠的分布。汉简中有多处与井有关的地名。如：

效谷甘井骑置一所，弟（第）二，马三匹，吏一人，小未傅三人。

（Ⅱ0115③：32）[3]

该简出自悬泉置遗址，简文中提到效谷县有甘井骑置，并详细记载了这所骑置的人员及马匹配置。与"甘井骑置"的命名相同，汉简中还记载有"甘井里""甘井亭"。三处都以"井"命名，且皆为"甘井"的地名，可以推断它们当处于同一区域，这里有井，且井水甘甜，故以"甘井"得名。

另外，《悬泉月令》中"季春月令"的第一条规定：

修利堤防。谓［修筑］堤防，利其水道也，从正月尽夏。[4]

该月令是关于兴修水利的，堤防要从正月一直修到夏天，以备夏日洪水来临。

---

① 陈直：《西汉屯戍研究》，《两汉经济史料论丛》，西安：陕西人民出版社，1980年，第1—69页。

② 吴礽骧、李永良、马建华释校：《敦煌汉简释文》，第104、234页。

③ 郝树声、张德芳：《悬泉汉简研究》，兰州：甘肃文化出版社，2009年，第30页。

④ 中国文物研究所，甘肃省文物考古研究所编：《敦煌悬泉月令诏条》，第5页。

《吕氏春秋·季春纪》云："是月也，命司空曰：'时雨将降，下水上腾，循行国邑，周视原野，修利堤防，导达沟渎，开通道路，无有障塞。'"①《礼记·月令》亦曰："是月也，命司空曰：'时雨将降，下水上腾，循行国邑，周视原野，修利堤防，道达沟渎，开通道路，毋有障塞。'"郑玄注曰："沟渎与道路，皆不得不通，所以除水潦，便民事也。古者沟上有路。"②《淮南子·时则训》载："命司空，时雨将降，下水上腾，循行国邑，周视原野，修利堤防，导通沟渎，达路除道，从国始，至境止。"③

东汉时期，由于北匈奴、羌人的频繁袭扰和社会动乱，河西走廊的经济发展逊于西汉，但水利事业并无废辍。建武十三年（37年）任延出任武威太守时，打击地方豪强，抗击匈奴，同时积极从事生产建设。"置水官吏，修理沟渠，皆蒙其利"④，使得因为寇抄劫掠而荒芜的田业得以恢复。这一时期在汉简中仍然有许多"甲渠"等渠道名称（74EPT22：696、42、322、43，74EPF22：38、37、47、46、48、49、162、163等）。疏勒河流域汉简还记载了明帝永平年间兴建的水利工程"永平七年（64年）正月甲申朔十八日辛丑□春秋治渠各一通……"⑤

汉简中对于居延、敦煌等地水利设施修筑及维护情况的详细记载，体现出当地民众对自然禀赋及其属性的认知，以及对水资源进行合理开发、有效管理和保护的意识。

二、水利官员的设置

据西北出土简牍及有关史料，汉代水利管理机构及其官员的设置已较为完善。《汉书》卷19《百官公卿表》记载武帝时："大司农属官有……郡国诸仓农监、都水六十五官长丞皆属焉。"⑥都水虽为郡官，但隶属于大司农，可见其地位之高。《后

---

① （汉）高诱注，（清）毕沅校，余翔标点：《吕氏春秋·季春纪》，第44页。
② （汉）郑玄：《礼记正义》，第648页。
③ （汉）高诱注：《淮南子注》，第72页。
④ 《后汉书》卷76《循吏列传》，第1665页。
⑤ 吴礽骧、李永良、马建华释校：《敦煌汉简释文》，第264页。
⑥ 《汉书》卷19《百官公卿表》，第616页。

汉书》志 28《百官五》记载："郡有盐官、铁官、工官、都水官者，随事广狭置令、长及丞，秩次皆如县、道，无分士，给均本吏。"[①]《后汉书》志 26《百官三》又记："都水属郡国。"[②]可知到东汉时，都水官已经从西汉隶属于中央大司农改属于郡国，说明郡县有专门负责水利的管理系统。

由敦煌汉简知，敦煌地区由于农业发展的需求，对水资源的管理相当严格，除设置有专门的水利官员负责管理外，对违禁用水的惩罚也相当严苛。吴礽骧先生根据悬泉汉简推断敦煌郡府设有主水史（Ⅱ90DXT0216②246），下领东都水官（Ⅱ90DXT0314②52）和西都水官（Ⅱ0114③521）；置都水长、丞（Ⅱ0214②216），率都水卒、徒、官奴（0112②19）整治水利；又有渠官长、丞（0110①5），下领东道平水史（0114④294），率案渠卒、徒、官奴，管理官渠，"各作水衡"（0116②24），分配渠水；又设穿水督邮（0251c：405），专职督查水利。东汉安帝时又有西部劝农督邮（Ⅱ90DXT13c①28）等职，主导督农事。[③]此外，敦煌汉简中还有"穿渠校尉"（Ⅴ1311④：82）等。

由居延汉简知，居延地区还设有"佐史""令史"等专职官员经办、管理水利，并置"河渠卒"专事渠道的维修整治，从而保证灌溉的正常进行。"监渠佐史十人，十月行一人（498·10）""今中实见为甲渠令史（35·6）"；"河渠卒河东皮氏毋忧里公乘杜建，年廿五（140·15）"。武威磨咀子出土的一枚汉简云："□□□□□水社毋□河留。"[④]正史中没有"水社"的记载，估计是当地经办的与兴修水利有关的组织，说明河西地区的水利事业是统一组织进行的，并建有一套完善的管理系统。[⑤]以下笔者将进一步论证此问题。《悬泉汉简》Ⅱ0216②：246 记载：

> 建昭二年二月甲子朔辛卯，敦煌太守疆，守部候修仁行丞事，告督邮史众√欣、主羌史江曾、主水史众迁，谓县，闻往者府掾史书佐往来繇案事，公与宾客所知善饮酒，传舍请寄长丞食或数……[⑥]

① 《后汉书》志 28《百官五》，第 2475 页。
② 《后汉书》志 26《百官三》，第 2455 页。
③ 吴礽骧：《敦煌悬泉遗址简牍整理简介》，《敦煌研究》1999 年第 4 期，第 98—106 页。
④ 甘肃省博物馆：《武威汉简》，北京：文物出版社，1964 年：第 142、149 页。
⑤ 李并成：《汉唐时期河西走廊的水利建设》，《西北师范大学学报（社会科学版）》1991 年第 2 期，第 59—62 页。
⑥ 胡平生、张德芳编撰：《敦煌悬泉汉简释粹》，第 161 页。

简文的纪年为建昭二年（前37年）二月，简文中提到了"主水史"，此"主水史"应为一郡中辅助都水官从事河流水利管理的主要官员，下领东部水官、西部水官等。

《悬泉汉简》Ⅴ1611③：308：

> 出东书八封，板檄四，杨檄三。四封太守章：一封诣左冯翊，一封诣右扶风，一封诣河东太守府，一封诣酒泉府。一封敦煌长印，诣鱼泽候，二封水长印，诣东部水。一封杨建私印，诣冥安。板檄四，太守章：一檄诣宜禾都尉，一檄诣益广候，一檄诣广校候，一檄诣屋兰候。一杨檄敦煌长印，诣都史张卿。一杨檄郭尊印，诣广至。［一］杨檄龙勒长印，诣都史张卿。九月丁亥日下餔时，临泉禁付石靡卒辟非。①

此简是敦煌郡发出的一份邮书登记簿，简中所云"临泉"即悬泉驿，汉元帝时改称。其中有两封是寄往"东部水"的文件，封泥上盖有"水长印"，说明是由"水长"发往"东部水"的。"水长"应为"主水史"。简文中还提到"东部水"，既有"东部水"，那么就应有"西部水"，甚或"北部水"等，说明这是按方位划分的主水区域。从简文内容可以看出，经由悬泉置发往各处的"书八封、板檄四、杨檄三"应是由敦煌郡府发出的，因为有"太守章""敦煌长印"的封泥。由此可知，"水长"的驻所应位于郡府，而"东部水官"应为具体负责敦煌郡东部区域的职官，其驻所或位于东部的某县级官府。

《悬泉汉简》Ⅱ0114②：294：

> 出东书四封，敦煌太守章：一诣劝农掾、一诣劝农史、一诣广至、一诣冥安、一诣渊泉。合檄一，鲍彭印，诣东道平水史杜卿。府记四，鲍彭印，一诣广至、一诣渊泉、一诣冥安、一诣宜禾都尉。元始五年四月丁未日失中

---

① 胡平生、张德芳编撰：《敦煌悬泉汉简释粹》，第91页。

时，县（悬）泉置佐忠受广至厩佐车成辅。即时遣车成辅持东。①

该简也是一份邮书登记簿，其中的"合檄"，是把文书写在大小相等的两片木板上，把有字的一面相向重合，再缠上绳子，印上封泥。上面的一片木板上必然要写上收件人的地址、姓名，起到封简的作用。合檄只能由收件人拆封，不同于内容公开的板檄。②简文中提到"平水史"，亦为"史"级官员，应是敦煌郡负责主持平均分配灌溉用水的官员，东道平水史应具体负责敦煌境内东道的平均配水事务。同理，既有东道平水，亦应有西道平水，甚或北道平水等。对于干旱地区而言水资源为最宝贵的自然资源，合理、适时地分配灌溉用水对于当地农业生产及人们的生计无疑极为重要，因而"平水史"的设置在干旱地区显得尤为必要，其主要职责应在于对有限的水资源的合理、适时的分配与使用。

《悬泉汉简》Ⅴ1311④：82：

　　甘露二年四月庚申朔丁丑，乐官（涫）令充敢言之：诏书以骑马助传马，送破羌将军、穿渠校尉、使者冯夫人。军吏远者至敦煌郡，军吏晨夜行，吏御逐马前后不相及，马罢亟，或道弃，逐索未得，谨遣骑士张世等以物色逐各如牒，唯府告部、县、官、旁郡，有得此马者以与世等。敢言之。③

该简文中提到了"穿渠校尉"，"校尉"是将军的属官，位次于将军，由此简可知，"穿渠校尉"为"破羌将军"属下校尉，应该是专门负责水利的官员。

《悬泉汉简》Ⅱ0214③：73：

　　甘露二年十一月丙戌，富平侯臣延寿、光禄勋臣显，承制诏侍御史□，闻治渠军猥候丞承万年汉光王充诣校属作所，为驾二封轺传，载从者各一人，轺传二乘。传八百卌四。御史大夫定国下扶风厩，承书以次为驾，当舍传舍，

---

① 胡平生、张德芳编撰：《敦煌悬泉汉简释粹》，第92页。
② 中国简牍集成编辑委员会：《中国简牍集成》，兰州：敦煌文艺出版社，2001年，第9页。
③ 胡平生、张德芳编撰：《敦煌悬泉汉简释粹》，第140页。

如律令。（A）

　　□□□尉史□□书一封，十一月壬子人定时受遮要……。（B）①

　　简文中提到了"治渠军"。汉朝军卒除了军事任务外，治水、穿渠等水利任务也多由军卒为之。如《汉书》卷 29《沟洫志》记载：汉文帝时"河决酸枣，东溃金堤，于是东郡大兴卒塞之"②。汉武帝时，"发卒数万人穿漕渠，三岁而通"③，亦曾"……发卒数万人塞瓠子决河"④。则上简中的"治渠军"应为专门派遣的穿渠、治渠的军卒，这也与简文（Ｖ1311④：82）中所记"穿渠校尉"相对应，可以推断"穿渠校尉"为"治渠军"之总官，领导"治渠军"穿渠、治渠等水利工程。另《居延新简》EPT65：450 记有：

　　　　☑□三千四百八十五人，敦煌郡 ☑

　　　　☑发治渠卒，郡国收欲取□☑⑤

　　所记"三千四百八十五人"可能并非悉数为发往敦煌郡的"治渠卒"，但肯定有不少人为专事水利的军卒，这与以上所提"治渠军"应有密切关系。

　　除上述水利官员外，简牍中还可见到"监渠佐史"一称。《居延汉简释文合校》498.10 简："监渠佐史十人，十月行一人。"监渠佐史无疑是负责监督河流渠道水利灌溉顺畅运行的专职官员，对渠道的配水、修缮及有关人员负有监督之责，以防止此方面可能出现的失职和舞弊行为。监渠佐史不见于正史记载，有可能为干旱绿洲地区特设的官员。

　　《敦煌汉简》2418 载：

　　　　永平七年正月甲申朔十八日辛丑

---

① 胡平生、张德芳编撰：《敦煌悬泉汉简释粹》，第 40 页。

② 《汉书》卷 29《沟洫志》，1335 页。

③ 《汉书》卷 29《沟洫志》，第 1336 页。

④ 《汉书》卷 29《沟洫志》，第 1338 页。

⑤ 甘肃省文物考古研究所、甘肃省博物馆、文化部古文献研究室，等编：《居延新简》，第 449 页。

春秋治渠各一通，出块粪三百柒　☑

谷十石，文华出块粪少，一弃以上　（A）

亩，以上折胡谷十石。文华田六□

平人功为一石若文华□□□□☑

沽酒旁二斗（B）　①

该简是一件当地百姓自发组织的管理水渠的处罚文书，其组织应类似于"渠社"或"水社"。

就上述简文中记载的水利职官来看，负责一郡水利的主水官为"都水官"，"主水史"应为一郡中辅助都水官从事河流水利管理的主要官员，下辖"东部水官"和"西部水官"，"水长"则或为"主水史"的副官，"平水史"应为负责主持敦煌郡平均分配灌溉用水的官员，东道平水史应具体负责敦煌境内东道的平均配水事务，既有东道平水，亦应有西道平水，甚或北道平水等。"平水史"的设置在干旱地区显得尤为必要，合理、适时地分配有限的灌溉用水对于当地农业生产及人们的生计无疑极为重要。为了保证水资源特别是灌溉用水公平、合理使用，居延等地还专设监渠佐史，以负监督之责，防止失职和舞弊行为的发生。此外，敦煌、居延等地还专设河渠卒、治渠卒、水门卒等，专事渠道的日常维护、修治或水门的守护维修。另外，又有"穿渠校尉"统领"治渠军""治渠卒"，负责兴建水利事宜。民间亦有类似于"渠社"性质的自发组织，负责水利的分配、违禁用水的惩罚等。如此，敦煌、居延等地在汉代就已经形成了一整套自上而下完整的水利管理系统，这对保证水资源的合理利用起到了重要作用，也由此深刻地反映出生活在干旱地区的人们强烈的水资源管护意识。

第四节　土地资源的爱惜与管护意识

我国农业具有悠久的历史。在漫长的生产实践中，人们积累了丰富的经验，形成了一套以天地人协调为原则，较为符合自然规律的用地、养地耕作制度，取

---

① 吴礽骧、李永良、马建华释校：《敦煌汉简释文》，第264页。

得了较好的经济效益和环境效益。人们对土地的认识，也正如格言所云："万物土中生，有土斯有人。"管子把土地问题提到政治高度，"地者，万物之本原，诸生之根菀也"，"夫民之所生，衣与食。食之所生，水与土也"①，因而提出了"地为政本"的思想："地者，政之本也。"②《说苑·杂言》记孔子答子贡云：

> 夫水者，启子比德焉。……深者不测，似智；其外百初之谷不疑（移）……似察；受恶不让，似包；蒙不清以入，鲜洁以出，似善化；至量必平，似正；盈不求概，似度；其万折必东，似意。是以君子见大水必观焉尔也……③

其把山水的价值提高到了道德的高度。孟子更是把土地列为国之三宝之首："诸侯之宝三，土地、人民、政事。"④对土地的重视，也使得古代劳动人民在上千年的生产实践中就如何合理利用和保护土地资源积累了丰富的经验。

先秦的人们为了得到更多的农产品，除了注重"天时"外，还强调"尽地利"。其重点在于考察什么地方适合种什么作物，充分利用土地资源为农业生产服务，这就是农学家所谓的"地宜"问题。

因地制宜、合理规划土地用途的思想源于先秦。《周礼·地官·大司徒》说：

> 以土宜之法，辨十有二土之名物，以相民宅，而知其利害，以阜人民，以蕃鸟兽，以毓草木，以任土事。辨十有二壤之物，而知其种，以教稼穑树艺。⑤

古代的多种经营就是在这样的土地利用指导思想下形成并深化的。除了因地制宜地合理利用土地资源外，还要及时进行农业生产，不能荒废土地资源，即因时生产。这一观点在《悬泉诏书》中即有明显体现。如：

① （春秋）管仲撰，吴文涛、张善良编著：《管子》，北京：北京燕山出版社，1995年，第297页。
② （春秋）管仲撰，吴文涛、张善良编著：《管子》，第47页。
③ （汉）刘向著，杨以漟校：《说苑·杂言》，北京，中华书局，1985年，第173页。
④ （宋）朱熹注：《孟子》，上海：上海古籍出版社，1987，第114页。
⑤ （清）阮元校刻：《十三经注疏·周礼注疏》卷10，第703页。

"仲春月令"第三条:

> 毋作大事,以防农事。谓兴兵正(征)伐,以防(妨)农事者也,尽夏。①

"孟夏月令"第三条:

> 毋发大众。谓聚口【口非尤急事……为务非缮……之属也】……伐(?)……②

"孟夏月令"第四条:

> 毋攻伐□□ 谓口……③

《吕氏春秋·仲春纪》云:"无作大事,以妨农功。"高诱注:"大事,兵戈征伐也。"④《礼记·月令》云:"毋作大事,以妨农之事。"郑玄注:"大事,兵役之属。"⑤《淮南子·时则训》云:"毋作大事,以妨农功。"高诱注:"大事,戎旅征伐之事,妨害农民之功也。"⑥春夏之季正是农业生产的大好时节,而农业又是关系国计民生的重要基础,所以征讨一类需动用大量人力、物力、财力之事,绝不能占用农忙时节。蔡邕《月令章句》云:"无作大事,以妨农事,以耕者少休,调利阖扇,得为小事,嫌奢泰之君,因是修饬宫室,兴造大事,以妨农业,故发禁也。"⑦征讨之事只能放在秋收之后。《吕氏春秋·孟秋纪》就说:"立秋之

---

① 中国文物研究所、甘肃省文物考古研究所编:《敦煌悬泉月令诏条》,第5页。
② 中国文物研究所、甘肃省文物考古研究所编:《敦煌悬泉月令诏条》,第5页。
③ 中国文物研究所、甘肃省文物考古研究所编:《敦煌悬泉月令诏条》,第6页。
④ (汉)高诱注,(清)毕沅校,余翔标点:《吕氏春秋·仲春纪》。
⑤ (汉)郑玄:《礼记正义》,第681页。
⑥ (汉)高诱注:《淮南子注》,第71页。
⑦ 中国文物研究所、甘肃省文物考古研究所编:《敦煌悬泉月令诏条》,第18页。

日……天子乃命将帅，选士厉兵，简练桀俊，专任有功，以征不义。"①

"孟夏月令"第二条：

·毋起土功。·谓掘地［深三尺］以上者也，尽五［月］。②

《吕氏春秋·孟夏纪》云："无起土功，无发大众。"③《礼记·月令》云："毋起土功，毋发大众。"郑《注》："为妨蚕农之事。"④《淮南子·时则训》"毋兴土功"，谓掘地"深三尺"以上者也，尽五"月"。⑤《悬泉月令》73 行"土事无作"，说明有"谓掘地深三尺以上者也，尽冬"之语，盖《月令》所谓"毋起土功"者，以"掘地三尺以上者为限，少于'深三尺'者应不在禁止之列"。"尽五月"者，六月夏季"不可以兴土功"，则不论掘地深浅，一律不得动土也。孟夏之月"毋起土功"，主要是其避免影响农业生产。此禁令在本条"尽五月"，即直到六月初。⑥

"仲秋月令"第三条：

乃劝□麦，毋或失时，失时行□毋疑。·谓趣民种宿麦，毋令口【口种，主者】尽十月，隋（？）廉。⑦

《礼记·月令》云："乃劝种麦，毋或失时；其有失时，行罪无疑。"郑《注》："麦者，接绝续乏之谷，尤重之。"⑧《正义》云："前年秋谷，至夏绝尽，后年秋谷，夏时未登，是其绝也。夏时人民粮食缺短，是其乏也。麦乃夏时而熟，是接

---

① （汉）高诱注，（清）毕沅校，余翔标点：《吕氏春秋·孟秋纪》，第 104 页。

② 中国文物研究所、甘肃省文物考古研究所编：《敦煌悬泉月令诏条》，第 5 页。

③ （汉）高诱注，（清）毕沅校，余翔标点：《吕氏春秋·孟夏纪》，第 60 页。

④ （汉）郑玄：《礼记正义》，第 659 页。

⑤ （汉）高诱注：《淮南子注》，第 73 页。

⑥ 中国文物研究所、甘肃省文物考古研究所编：《敦煌悬泉月令诏条》，第 22 页。

⑦ 中国文物研究所、甘肃省文物考古研究所编：《敦煌悬泉月令诏条》，第 6 页。

⑧ （汉）郑玄：《礼记正义》，第 697 页。

其绝、续其乏也。'尤重之'者，以黍粟稷百谷不云'劝种'，于麦独'劝'之，是尤重故也。"① 蔡邕《月令章句》云："阳气初胎于酉，故八月荞麦应时而生也。"②《淮南子·时则训》作："劝种宿麦，若或失时，行罪无疑。"③《四时月令》云：八月，"凡种大、小麦，得白露节，可种薄田，秋分，种中田，后十日，种美田"。张虑说："即戒之积其所已有，又劝之殖其所未有。麦者接乏之谷也，于民尤切。麦备四时之气，当秋而种，洎夏而熟，一或失时，将无以济，谷之所不及，以失时而得罪，亦犹今惰农有刑也。"④ 综上，"毋起土功"与"毋发大众"均为一个主要目的：不要影响农业生产。这当然是为了满足国家发展和人民生活的需求，同时也包含着对土地资源的爱护之情。

第五节　《悬泉诏书》中的其他环境保护内容

一、净化空气

《悬泉诏书》"孟春月令"第十一条规定：

· 瘗骼貍（埋）骴。· 骼谓鸟兽之□也，其有肉者为骴，尽夏。⑤

《吕氏春秋·孟春纪》云："掩骼霾髊。"高诱注："髊，读水渍物之渍，白骨白胳，有肉有髊。掩霾者，覆藏之也。顺木德而尚仁恩也。"⑥《礼记·月令》云："掩骼埋胔。"郑玄注："为死气逆生也。骨枯曰骼，肉腐曰胔。"《正义》云："掩

---

① （汉）郑玄：《礼记正义》，第 699 页。

② （汉）郑玄：《礼记正义》，第 700 页。

③ （汉）高诱注：《淮南子注》，第 78 页。

④ 中国文物研究所、甘肃省文物考古研究所编：《敦煌悬泉月令诏条》，第 27 页。

⑤ 中国文物研究所、甘肃省文物考古研究所编：《敦煌悬泉月令诏条》，第 5 页。

⑥ （汉）高诱注，（清）毕沅校，余翔标点：《吕氏春秋·孟春纪》，第 13 页。

骼埋骴者。"①《淮南子·时则训》曰："掩骼埋骴。"高诱注："骼，骨也。掩覆埋藏之，慎生气也。"②蔡邕《月令章句》云："露骨曰骼，有肉曰骴。谓畜兽死在田野，春气尚生，故埋藏死物。"③《说文》曰：瘗，"幽薶也"。"薶"后写为"埋"。《说文》曰："瘗也，从艸声。字亦作埋。""貍"借为"薶"④，"掩骼埋骴"是为了不让已死的动物因腐烂变质而发出恶臭，从而成了环境保护中保证空气质量的重要一环。

二、矿产资源的保护

《悬泉诏书》"季秋月令"第二条规定：

·毋采金石银铜铁。·尽冬。⑤

此条内容为《吕氏春秋·孟秋纪》《月令》《淮南子》所无。秋季属金，《吕氏春秋·孟秋纪》云："是月也。以立秋。先立秋三日。大史谒之天子曰：'某日立秋，盛德在金。'"⑥或因秋季属金，故附会以不得开采金属，以免伤其时气。《吕氏春秋·季秋纪》云："是月也，霜始降，则百工休。"高诱注："霜降天寒，朱漆不坚，故百工休，不复作器。"⑦《礼记·月令》云："寒而胶漆之作不好也。"⑧《悬泉月令》"毋采金石银铜铁"，即"百工休"。"尽冬"，冬季禁止开采金石银铜铁，依四时阴阳之说则是冬为大阴，阳气潜藏地下，是时尤重闭藏，不得沮泄地气，若令地下之阳气发泄，称为发天地之房，是逆天时也。⑨但不论怎样，《悬泉月令》

---

① （汉）郑玄：《礼记正义》，第 624 页。

② （汉）高诱注：《淮南子注》，第 70 页。

③ （汉）郑玄：《礼记正义》，第 624 页。

④ （汉）许慎撰，（宋）徐铉校定：《说文解字》，第 291 页。

⑤ 中国文物研究所、甘肃省文物考古研究所编：《敦煌悬泉月令诏条》，第 7 页。

⑥ （汉）高诱注，（清）毕沅校，余翔标点：《吕氏春秋·孟秋纪》，第 104 页。

⑦ （汉）高诱注，（清）毕沅校，余翔标点：《吕氏春秋·季秋纪》，第 131 页。

⑧ （汉）郑玄注，（唐）孔颖达等正义，黄侃经文句读：《礼记正义》，第 336 页。

⑨ 中国文物研究所、甘肃省文物考古研究所编：《敦煌悬泉月令诏条》，第 29 页。

的规定对保护矿产资源起到了相应作用。

通过以上的探讨不难看出，这一时期民众对于自己生存、生活的生态环境有着切身的体认，已形成显明的保护环境的意识。这既体现在汉代官府颁布的诏令中，如《悬泉诏书》中对动物资源的保护意识，禁止随意伐木的意识，因时因地合理利用土地资源、无违农时的意识等，以及《天水放马滩秦简》中的伐木忌等；同时也体现在汉代边塞"吏民毋犯四时禁""吏民毋得伐树木"的具体行动中。另外，西北出土简牍中对动物种类的详细记载，对各类牲畜特别是对马匹颜色、身高、齿龄、马料供给、使用情况、马匹疾病、死亡情况的记载等，均体现出牲畜对于军事和人们日常生产生活的重要性，以及当时民众对动物资源的重视及爱护意识，而由于水资源的缺乏及水的极端重要性，西北民众对水资源更是充满了珍惜之情和爱护意识。

第三章　敦煌资料中蕴含的
民众生态环境意识

所谓敦煌资料，包括卷帙浩繁的敦煌遗书，以及莫高窟、榆林库等洞窟中丰富多彩的壁画塑像等。敦煌遗书，指 1900 年发现于敦煌莫高窟 17 号洞窟中的一批文书，亦含 1944 年发现于莫高窟土地庙、1990 年以来莫高窟北区及其他洞窟出土的文书，主要为 4—14 世纪的写本及少许印本，总数超过 5 万件。敦煌遗书内容可分为宗教典籍和世俗文献两大部分。世俗文献中除了传统的经、史、子、集之外，还有大量的其他文献，内容包括历史、政治、军事、民族、民俗、社会、经济、法律、文学、语言、音韵、地理、哲学、医学、数学、天文、体育、音乐、舞蹈、书法、工艺、水利、占卜等，还有多种名籍、账册、函状、表启、类书等，广泛反映了中古社会的各个方面，是研究中古社会的重要资料。其中不乏有关生态环境意识的丰富史料，价值极高。

第一节　林草植被资源的保护意识

如上所述，对于林草植被资源实施有效保护、永续利用，其萌芽最早可追溯到渔猎时代。《史记·五帝本纪》载，黄帝时期曾教人"劳勤心力耳目，节用水火材物"[1]。秦汉时有了"时禁"的理念，即按照自然万物生长的规律，对林草植被进行有效管护，以促使其休养生息，保持资源的再生能力，保障其不断满足人类的需求。敦煌资料中所见民众对于林草植被重视的思想和做法体现在许多方面。

---

[1] 《史记》卷 1《五帝本纪》，第 3 页。

一、壁画中所表现的人们对青山绿水、花草树木的喜爱和追求

民众对草木的珍爱之情在敦煌壁画当中有着非常丰富的体现。据王伯敏先生的考察，莫高窟的早、中期各类经变壁画中，几乎都配合有山水画，大约有80多窟重要的洞窟都属于此类情况。如中唐的第112窟中的"金刚经变"，画作总高235厘米，其上部和下部共约有70厘米，画的都是山水景致。又如303窟为隋朝初期的壁画，四壁最下层全部画的是山水，高为30厘米，把四壁的画连接在一起，就可以形成一幅1340多平方厘米的山水长卷。

壁画中所绘的大量的山水画，表现出人们对美好自然环境的追求和渴望。敦煌一地环处沙漠戈壁，人们对青山绿水、鸟语花香的自然环境有强烈的喜爱和追求。史苇湘先生在研究217窟《法华经变》中的山水画时认为，该窟以较大的壁面画出了一幅动人心弦的青绿山水，重峦叠翠，山花铺锦，长路逶迤……这虽然与经文上所说不符，非"旷绝无人……穷山恶水"，而壁画上表现出的却是"万壑争流"，流水淙淙、落花翩翩的美好世界。这并不是画工们不懂得经文上的意思，实际上走出窟门，就可以看到山峦嶙峋、令人生畏的"平沙万里绝人烟"的景象。而这种变异，恰好反映了古代画师及当地民众对"平沙万里绝人烟"的凄凉景象的厌恶和对幽美生活环境的喜爱和追求。①

王伯敏先生曾研究过莫高窟山水画中的树木品种。他认为莫高窟壁画中树的品种是极其丰富的，在对107窟唐窟壁画的树做了大略的统计后，得出所画树的品种应该有近百种，包括松、杉、银杏、菩提、梧桐、棕榈、竹、芭蕉等，还有许多因为简化和变形叫不出名字的树种。②

而壁画上的平棋、藻井、边饰、人字披、龛楣等图案，以及人物的头光、服饰等都可以表现出人们对花草树木的喜爱。敦煌莫高窟存有大量绘着忍冬纹等花草树木的壁画。如北凉第272窟藻井的中心是一朵莲花，四个蓓蕾衬在四角，外围有火焰纹、云纹和忍冬纹等（图3-1）。忍冬纹样，是我国南北朝时期许多民族

---

① 胡同庆：《初探敦煌壁画中的环境保护意识》，《敦煌研究》2001年第2期，第51—59页。

② 胡同庆：《初探敦煌壁画中的环境保护意识》，《敦煌研究》2001年第2期，第51—59页。

喜爱的纹样，现如今依然流行于哈萨克族、蒙古族的日常生活中。他们的箱柜、马鞍、地毯、挂毯、妇女衣服的领口、袖口、衣襟、裙边，以及儿童的帽子、书包上都采用忍冬纹样进行装饰。忍冬就是金银花，犹如松柏一样生命力很强，凌冬不凋，在西北地区广泛种植。

图 3-1　飞天忍冬藻井（第 272 窟 北凉）

资料来源：史敦宇、金洵瑨绘：《敦煌壁画复原精品集》，兰州：甘肃人民美术出版社，2010 年，第 5 页

　　敦煌壁画中的花草纹样，到了隋唐时期，增加了葡萄、石榴，以及变形或组合的各式卷草和团花等。如初唐第 329 窟藻井中方井外四周的莲花边饰，在白色的衬底上，有波浪状的葡萄、莲花、莲叶及缠枝纹饰，缠枝上还有小枝叶的藤蔓，纹样写实，又如图 3-2。如初唐第 334 窟的百花卷草边饰，在大波浪状的结构中，绘制着唐朝盛行的卷草纹，每一枝波形卷草中伸出的花叶，俯、仰、向、背方向各异，蟠曲多姿，大花中套着小花，大叶中套着小叶子，几种花和几种叶组合在一起，通过艺术的加工看上去似乎本就是一体的（图 3-3）。中唐第 158 窟、晚唐第 196 窟，画了大量的石榴卷草边饰，在赭红色或重青色、翠绿色的石榴果实里，用纯净的矿物质颜料涂色（图 3-4）。石榴籽粒，用从大到小、从疏到密的白色圆点来表现，点画出石榴卷草丰富多籽的形象。在盛唐时代，莫高窟还流行着一种叫"宝相花"的团花图案，是根据牡丹、芍药、莲花的共同特征绘制而成的，形象十分饱满，又运用了桃形的卷瓣莲、云头纹和层次较多的花瓣组成，艳丽迷人。

北魏第 254 窟绘有与远山相衬的葱郁林木丛（图 3-5），第 79 窟西龛壁上绘着依山而长的绿树。这些壁画中花草树木的存在，难道仅仅是对现实生活的写实吗？实际上，这是生活在戈壁荒漠的人们对绿水青山的向往，借壁画加以表达而已。

图 3-2　莲花飞天藻井（第 329 窟　初唐）

资料来源：敦煌文物研究所编：《中国石窟·敦煌莫高窟》第 3 册，北京：文物出版社，1982 年，第 50 图

图 3-3　百花卷草边饰（第 334 窟　初唐）

资料来源：敦煌文物研究所编：《中国石窟·敦煌莫高窟》第 3 册，北京：文物出版社，1982 年，第 82 图

图 3-4　石榴卷草边饰（第 45 窟　盛唐）

资料来源：敦煌文物研究所编：《中国石窟·敦煌莫高窟》第 3 册，北京：文物出版社，1982 年，第 133 图

图 3-5　葱郁林木丛（第 254 窟　北魏）

资料来源：敦煌文物研究所编：《中国石窟·敦煌莫高窟》第 1 册，北京：文物出版社，1982 年，第 36 图

图 3-6　莲花圆光（第 217 窟　盛唐）

资料来源：史敦宇、金洵瑨绘：《敦煌壁画复原精品集》，兰州：甘肃人民美术出版社，2010 年，第 108 页

二、重视林草植被的种植

（一）私家宅院及庄园中林草植被的种植

《诗·小雅·小弁》云："维桑与梓，必恭敬止。"① 说的是父母长辈在住宅旁种植树木，留给后代养蚕和制造器具。后人因此把"桑梓"作为家乡的代名词。《诗经·鄘风·定之方中》②就记述了卫文公在楚丘营造宫室时，种下了榛、栗两种果树和桐、梓、漆等用材树木。此外，《诗·郑风·将仲子》③也记载当时人们在住宅旁种植杞、桑、檀等树木。这说明在先秦时期，人们已经开始在房前屋后种树，以美化环境，并保证日常生活所需。《孟子·尽心上》所谓"五亩之宅，树墙下以桑"④，说明的正是这一情况。敦煌文书 P.3703V《释迦牟尼如来涅槃会功德赞并序》载索公：

① （清）阮元校刻：《十三经注疏·毛诗正义》卷 12，第 452 页。

② （清）阮元校刻：《十三经注疏·毛诗正义》卷 3，第 315 页。

③ （清）阮元校刻：《十三经注疏·毛诗正义》卷 4，第 337 页。

④ （宋）朱熹撰：《四书章句集注·孟子集注》卷 13，第 355 页。

青田数顷，世嗣丰年，绿树千株，负衣为业。①

索家是当时敦煌的显族，家里拥有田地数顷，树木千株。又 P.4640《阴处士碑》记阴嘉政家：

饮渥水之分流，声添骥响；畎平河之溉济，蚕赋马鸣。今则月德扶身，岁星应会；桑条小屈，敏事严君；棣萼相垂，高门庆及……瓜田广亩，虚心整履之人；李树长条，但竖移冠之客。更有山庄四所，桑杏万株。瓬颗篱头，馈饮逍遥之客；葛萝樛木，因缘得道之人。②

阴家也是敦煌显族，在当地就有山庄四座，所种植的桑杏有上万株，还种植了葛萝樛木等。

除索家、阴家这样的显族外，普通民众也在自家的庭院和园圃中种植树木，只是面积小些。如 P.2685《年代未详（828 年？）沙州善护、遂恩兄弟分家契》记载："……南园，于李子树以西大郎，已东弟；北园渠子已西大郎，已东弟；树各取半。"③ 可知善护、遂恩兄弟家至少拥有南园、北园两个果园，种植有李子等树木。又 S.11332《戊申年（828 年）四月六日沙州善护、遂恩兄弟分家契》云："城外庄田及舍园林，城内舍宅家资 ▢▢▢▢ 什物畜乘安马等，两家停分……"④ 可见这两兄弟除了南园和北园外，在城外还有庄田及园林。P.3744《年代未详（840 年）沙州僧月光兄弟分书》曰："平都渠庄园田地林木等，其年七月四日，就庄对邻人宋良升取平分割。""其树各依地界为主"⑤，说明月光兄弟家也有种植了林木的园地。P.2040V《后晋时期净土寺诸色入破历算会稿》载，罗平水、张音声把自己庄园中的树木出卖给净土寺。此外，P.2032V《后晋时代净土寺诸色人破历算会

① 法国国家图书馆编：《法藏敦煌西域文献》，第 27 册，第 3 页。
② 唐耕耦、陆宏基编：《敦煌社会经济文献真迹释录》第 5 辑，北京：全国图书馆文献缩微复制中心，1990 年，第 72—75 页。
③ 唐耕耦、陆宏基编：《敦煌社会经济文献真迹释录》第 2 辑，第 142 页。
④ 唐耕耦、陆宏基编：《敦煌社会经济文献真迹释录》第 2 辑，第 144 页。
⑤ 唐耕耦、陆宏基编：《敦煌社会经济文献真迹释录》第 2 辑，第 146—147 页。

稿》、P.3763V《年代不明（十世纪中期）净土寺诸色入破历算会稿》等文书中亦有类似记载。这说明敦煌地区民众在自家庭院中栽植树木是很普遍的。

敦煌文献中记载了许多植物的名称，说明当时的人们对林草植被的关注。而人们热心植树的原因除了认识到它的生态功能外，树木的价格较贵也应是一个因素。如 P.4907《庚寅年 930 年？九月十一日—辛卯年七月九日诸色斛支付历》载："还曹达坦树木价粟两硕伍斗。"① P.3631《辛亥年（951 年？）正月二十九日善因愿通等柒人将物色折债抄录》载："愿威入榆木两根，准麦粟陆硕。"② 即便有些枯朽的树木也是相当值钱的，如 P.2040V《后晋时期净土寺诸色入破历算会稿》载："麦拾壹硕，寺门前朽木价入。麦壹拾硕，朽木价入。"③干旱地区林木资源珍贵，树木的多寡成为衡量当地百姓财富的象征，因此，民众对于种树的积极性高。

庄园植树之风亦很兴盛。如曾任肃州刺史王方翼的"凤泉别业"，"数年辟田数十顷，修饰馆宇，列植竹木"。④ 敦煌文书 P.3865《阴阳宅经》载：

> 宅以形势为骨体，以泉水为血脉，以土地为皮肉，以草木为毛发，以房舍为衣服，以门户为冠带。若得如斯，是俨雅，乃为上吉。⑤

这说明宅屋应该和周围的自然环境融为一体，建房时要选择有利的地势，周围有泉水流过，还要有草木相映衬，使房舍隐于绿树翠草中，既可以增添美感，改善庭院小环境，又可以给人充分的安全感。P.2615《□帝推五姓阴阳等宅经图》曰：

> 北有泽，亦南有高地及有林木茂盛，居其内，吉。南有泽，居之吉。⑥

这说明在北面有水源，南面有高地，而且树木茂密的地方建房，可以带来吉

---

① 唐耕耦、陆宏基编：《敦煌社会经济文献真迹释录》第 3 辑，第 205 页。
② 唐耕耦、陆宏基编：《敦煌社会经济文献真迹释录》第 2 辑，第 227 页。
③ 唐耕耦、陆宏基编：《敦煌社会经济文献真迹释录》第 3 辑，第 408—409 页。
④《旧唐书》卷 185《良吏上》，第 3266 页。
⑤ 黄永武编：《敦煌宝藏》，台北：新文丰出版公司，1986 年，第 131 册，第 350 页。
⑥ 黄永武编：《敦煌宝藏》，第 122 册，第 484 页。

祥，表明了树木对人的重要性。

（二）田边、墓场及其他区域林草植被的种植

隋唐时期承袭了前朝制度，让百姓在永业田中植树，且有详细的数目规定。如每亩"种桑五十根，榆三根，枣五根"①。隋文帝时，依据官员的等级授永业田，并要求在田中种植桑树、榆树和枣树，"多者至一百顷，少者四十亩……并课树以桑榆及枣"②。唐时期，要求每亩田要种桑树五十棵，榆树、枣树各十棵以上，而且要在三年以内种植完毕。如果土地不适宜种植规定树种，还可以根据实际情况改变。"每亩课种桑五十根以上，榆、枣各十根以上，三年种毕。乡土不宜者，任以所宜树充。"③可见到了唐朝，田中种树的规定变得相对灵活，有利于因地制宜进行树种选择，提高成活率。

宋元时期，同样倡导开展植树造林活动。宋太祖建隆元年（960年）将民籍定为五等，给每一等规定了所要栽植数木的种类、数量，操作性更强。"课民种树，定民籍为五等，第一等种杂树百，每等减二十为差，桑枣半之。"④宋政府还提倡林、粮、果、蔬综合经营，这对保持良好的生态环境自然大有裨益。"其逃民归业，丁口授田……耕桑之外，令益树杂木蔬果，孳畜羊犬鸡豚"⑤；"若宽乡田多，即委农官裁度以赋之。其室庐、蔬韭及桑枣、榆柳种艺之地，每户十丁者给百五十亩，七丁者百亩，五丁者七十亩，三丁者五十亩，不及三丁者三十亩"。⑥

河堤和水渠两侧也是植树的主要区域。如 P.2819V《游北山赋》载："菊花两岸，松声一丘。"⑦两岸不但有菊花，而且还有大片的松树林。风儿吹过，花香飘摇，松声阵阵。

---

① 《隋书》卷24《食货志》，第459页。

② 《隋书》卷24《食货志》，第461页。

③ （唐）杜佑：《通典》卷1《食货》，北京：中华书局，1984年，第16页。

④ 《宋史》卷173《食货上》，第2784页。

⑤ 《宋史》卷173《食货上》，第2786页。

⑥ 《宋史》卷173《食货上》，第2787页。

⑦ 黄永武编：《敦煌宝藏》，第124册，第321页。

道路两侧植树亦受到重视。唐时规定"两京路及城中苑内种果树"[①]，并"大发夫役种城内六街树"。[②]而且官员要身体力行，做出表率。京兆尹吴凑见"官街树缺，所司植榆以补之，凑曰：'榆非九衢之玩。'亟命易之以槐"[③]。可见唐时对植树的重视程度。宋真宗时，太常博士范应辰上书建言："望令马递铺卒夹官道植榆柳，或随地土所宜种杂木，五、七年可致茂盛，供费之外，炎暑之月，亦足荫及路人。"[④]在路边植树，不但可以提供木资，而且还有遮阴、护路、防尘、净化空气、绿化环境等功能。这些均表明在长期的生产实践中，人们的环保意识逐渐增强。

墓地植树的风俗在先秦时期就已经出现。《周礼·春官·宗伯》中有"冢人"的记载，即负责王者墓地管理。不同的官职亡者坟垄的高低不同，栽种的树木数量也有差异。《礼记·曲礼》"为宫室，不斩于丘木"[⑤]，就表明了这一点。种树的目的是为了保护坟墓、美化环境和表达人们复杂的思想感情与象征意义。《吕氏春秋·安死》载："世之为丘垄也，其高大若山，其树之若林。"[⑥]《初学记》卷 28 引谢承语："方储遭母忧，弃官行礼，负土成坟，种松柏奇树千余株。"[⑦]S.525《搜神记一卷》描绘了坟旁的景象，看不见瓦舍，但松柏参天。坟旁植树，一是为了表达对故去亲人的相思、怀念之情。二是古人相信多植树会带来吉祥。敦煌解梦书中有许多类似的记载。按照大众的风俗习惯，墓地植树一般以松柏为主，当然也有种植白杨树的。

（三）寺院林草植被的种植

汉代，佛教传入中国，唐至五代时期颇为兴盛。佛教的兴起，使得大量的寺院建筑应时而建。寺庙中的殿堂屋舍的修筑及寺庙内外环境的美化，都需要大量的林木，而西北地区的木材价格昂贵，为了节约成本，佛教寺院历来都注重林木

---

① 《旧唐书》卷 9《玄宗下》，第 142 页。

② （宋）王钦若等：《册府元龟》卷 14《都邑二》，北京：中华书局，1960 年，第 159 页。

③ 《旧唐书》卷 183《外戚》，第 3231 页。

④ （宋）李焘：《续资治通鉴长编》卷 87《真宗》，北京：中华书局，1985 年，第 1997 页。

⑤ （清）阮元校刻：《十三经注疏·礼记正义》卷 4，第 1258 页。

⑥ （汉）高诱注，（清）毕沅校，余翔标点：《吕氏春秋·安死》，第 150 页。

⑦ （唐）徐坚等：《初学记》，北京：中华书局，1962 年，第 686 页。

的种植和管护，在其园囿及寺院周围大量植树。《高僧传》卷3《宋上定林寺昙摩蜜多传》记，蜜多"遂度流沙，进到敦煌，于闲旷之地，建立精舍。植奈千株，开园百亩，房阁池沼，极为严净"①。这一奈园广达百亩，颇为壮观。P.2032V《后晋时代净土寺诸色入破历算会稿》载："面伍斗伍升，窟上大众栽树子食用。"②"窟"指莫高窟，窟前有宕泉流水，适合种树。乾德四年（966年）曹元忠夫妇重修北大像时，就是从宕泉谷中采伐了可用作栋梁的木材。CH.00207V《乾德四年（966年）五月九日归义军节度使曹元忠夫妇修莫高窟北大像功德记》载："梁栋则谷中采取，总是早岁枯干；椽干则从城斫来。"③"北大像"即第96窟，俗称九层楼，内塑高达34.5米的大佛像，为敦煌第一高佛、我国第二高佛，当时重修该窟的梁栋就是从宕泉谷中采来的。经过僧众的努力，莫高窟一带变成了环境优美的风景区。P.2551V《武周圣历李君莫高窟佛龛碑并序》描绘其地："川原丽，物色新。仙禽瑞兽育其阿，斑羽毛而百彩。珍木嘉卉生其谷，绚花叶而千光。尔其镌锷开基，植端桧而盖日。"④ S.6203+P.3608《大唐陇西李氏莫高窟修功德记》载："尔其檐飞雁翅，砌盘龙鳞；云雾生于户牖，雷霆走于阶陛。左豁平陆，目极远山。前流长河，波映重阁。风鸣道树，每韵苦空之声；露滴禅池，更澄清净之趣。"⑤ P.4640d《翟家碑》载："阙藏春朝，度彩云之□色。溪聚道树，遍金地而森林；洞澄河泛，涟促而流演。清凉圣境，圣宝住持。"⑥ 又S.530《索法律和尚义誓窟铭》曰："一带长河，凡惊波而派润；渥洼小海，献天骥之龙媒。瑞草秀七净之莲台，庆云呈五色之佳气。"⑦ P.2991e《报恩吉祥窟记》载："遂于莫高胜境，接飞簷而凿岭，架云阁而开岩……三危雪迹，众望所钦。岩高百尺，河阔千寻。岫吐异色，鸟卉奇音。"⑧ P.2762+S.6161+S.3329+S.6973《张淮深碑》云："碧涧清流，森林道树。

① （梁）释慧皎撰，汤用彤校注：《高僧传》，北京：中华书局，1997年，第121页。
② 唐耕耦、陆宏基编：《敦煌社会经济文献真迹释录》第3辑，第455页。
③ 史苇湘：《敦煌研究文集·世族与石窟》，兰州：甘肃人民出版社，1982年，第129页。
④ 黄永武：《敦煌宝藏》，第122册，第67页。
⑤ 唐耕耦、陆宏基编：《敦煌社会经济文献真迹释录》第5辑，第210页。
⑥ 唐耕耦、陆宏基编：《敦煌社会经济文献真迹释录》第5辑，第89页。
⑦ 唐耕耦、陆宏基编：《敦煌社会经济文献真迹释录》第5辑，第152页。
⑧ 黄永武编：《敦煌宝藏》，第125册，第538页。

榆杨庆设，斋会无遮。"① 莫高窟前呈现出一派溪水潺潺、芳草芬郁、丛林葱翠的美景。

除莫高窟外，敦煌其他寺院及其园囿中也植有大量树木。

净土寺。P.2049v《后唐长兴二年（931 年）正月沙州净土寺直岁愿达手下诸色入破历算会牒》记："面一斗伍胜，园中栽树众僧斋用……面一斗，园内栽树子日众僧食用。"② P.2032V《后晋时代净土寺诸色入破历算会稿》载："面伍升，桃园栽树子日僧食用。"③

报恩寺。北图新编 1446《报恩寺诸色斛斗入破历算会牒》记："白面一斗，各面一斗，油一升，北园讬树子破用。"④ 除一般用材树木以外，敦煌寺院的园囿中还种有大量果木。P.3730（5）《申年十月沙州报恩寺僧崇圣状》记："右崇圣一奉大众驱使……栽种园林，犹若青云，守护果物，每供僧众不阙。"⑤可见报恩寺中栽种林木，培育果树。

龙兴寺、安国寺。S.0542vh《戌年六月沙州诸寺丁口车牛役簿》载："龙兴寺四乘车，耕桃园。"⑥ S.2113vb《唐沙州龙兴寺上座马德胜和尚宕泉创修功德记》载："奇哉宕谷，石化红莲。萨诃受记，引锡成泉。千佛净土，瑞气盘旋。尔后镌窟，数满拜年。万株林薮，暧龘香烟。"⑦

安国寺。S.0542vh《戌年六月沙州诸寺丁口车牛役簿》载："耕桃园，犁牛一三日。"⑧

普光寺。S.3728《乙卯年（955 年）二、三月押衙知柴场司安祐成状并判辞》载："普光寺门栗树园白刺拾束。"⑨

还有许多不知道名字的寺院，也广泛种植树木。如 S.3074V《吐蕃占领敦煌时

① 唐耕耦、陆宏基编：《敦煌社会经济文献真迹释录》第 5 辑，第 207 页。
② 唐耕耦、陆宏基编：《敦煌社会经济文献真迹释录》第 3 辑，第 369 页。
③ 唐耕耦、陆宏基编：《敦煌社会经济文献真迹释录》第 3 辑，第 455 页。
④ 唐耕耦：《敦煌寺院会计文书研究》，台北：新文丰出版公司，1997 年，第 281 页。
⑤ 唐耕耦、陆宏基编：《敦煌社会经济文献真迹释录》第 4 辑，第 41 页。
⑥ 黄永武编：《敦煌宝藏》，第 4 册，第 371 页。
⑦ 唐耕耦、陆宏基编：《敦煌社会经济文献真迹释录》第 5 辑，第 242 页。
⑧ 黄永武编：《敦煌宝藏》，第 4 册，第 371 页。
⑨ 唐耕耦、陆宏基编：《敦煌社会经济文献真迹释录》第 3 辑，第 619 页。

期某寺白面破历》云："出白面叁斗，修桃园众僧食，付金紫。"①P.4906《年代不明（十世纪）某寺诸色入破历》云："十五日，面二斗众僧垒桃园食用。"②又 S.1053V《己巳年（909 或 969 年）某寺诸色入破历算会残卷》云："豆二斗，修桃园日顿递用。"③S.6981《年代不明诸色斛斗破历》云："粟一斗，下奈子日就园看判官用。"④P.3394《唐大中六年（852 年）僧张月光、吕智通易地契》曰："月光园内有大小树子少多。"⑤寺院的林木繁茂葱郁，形成成片的林区，促进了敦煌绿洲生态环境的改善，亦表明敦煌民众的环境保护意识在创造良好生存环境的过程中得到了提升。

正是由于寺院园圃果树的种植，才会有甲寅年（954 年？）七月十五日诸寺携果实等物在大乘寺举办欢聚饮宴的活动。⑥ 可见，寺院园圃种植业真正达到了"合寺花果，供养僧尼"的目的，同时也可净化空气，美化环境，一举两得。

除寺院园圃外，寺院周围也植有大片林木，并且保存良好。S.5448《敦煌录》载："郡城西北一里有寺，古林阴森。"⑦P.4638f《右军卫十将使孔公浮图功德铭并序》云："树仙果百株，建浮图一所……辉浮孟敏之津，影曜神农之水，门开慧日，窗豁慈云，清风鸣金铎之音，白鹤沐玉豪之舞，林花散地，茂叶芬空。"⑧该寺位于神农渠和孟授渠之间，水源充足，附近树木众多，环境幽美。又 P.4660《禅和尚赞》称："邰（阖）寺花果，供养僧食。"⑨寺院美化环境以求得清新安详之所的意识和要求，客观上有利于生态环境的保护。佛寺注重绿化，以至于松竹拂檐，柳丝垂岸，香草护阶，菩提扶疏。P.3967 有一组秦法师所作的诗钞，描绘了金光明寺的宜人美景，为我们展示了古时敦煌寺院文化景观与自然景观交相辉映

---

① 唐耕耦、陆宏基编：《敦煌社会经济文献真迹释录》第 3 辑，第 169 页。

② 唐耕耦、陆宏基编：《敦煌社会经济文献真迹释录》第 3 辑，第 235 页。

③ 唐耕耦、陆宏基编：《敦煌社会经济文献真迹释录》第 3 辑，第 339 页。

④ 唐耕耦、陆宏基编：《敦煌社会经济文献真迹释录》第 3 辑，第 143 页。

⑤ 唐耕耦、陆宏基编：《敦煌社会经济文献真迹释录》第 2 辑，第 2 页。

⑥ P.2271 背《甲寅年（954？）七月十五日就大乘寺纳设历》，唐耕耦、陆宏基编：《敦煌社会经济文献真迹释录》第 4 辑，第 4 页。

⑦ 唐耕耦、陆宏基编：《敦煌社会经济文献真迹释录》第 1 辑，北京：书目文献出版社，1986 年，第 50 页。

⑧ 黄永武编：《敦煌宝藏》，第 134 册，第 93 页。

⑨ 郑炳林辑释《敦煌碑铭赞辑释》，兰州：甘肃教育出版社，1992 年，第 204 页。

的场景。

兹录文如下：

《初夏登金光明寺钟楼有怀奉呈》（P.3967d）云：

律移当仲吕，攀陟庙兹楼。边树花开晚，危山状似秋。孤城新化理，月殿旧［□］游。三教兴千古，一乘今独流。初钟□万象，再□息冥幽。幂幂生乡思，涟涟泪不休。

《同前寺齐树》（P.3967e）云：

琼树芳幽院，奇形异众林。花浓春日暖，叶茂夏成阴。风止香犹散，烟口绿风深。四时荣法宇，六部起归心。

《题金光明寺钟楼》（P.3967f）云：

独立悲乡思，登临忘远天。树浓春色媚，山净野花鲜。檐下三光满，窗中万象悬。鸿钟吟掌内，楼观耸祇园。溪水流□□，孤峰戴夕烟。罕陪高此□，□□□□□。①

这三首诗的作者秦法师是河西陷蕃后滞居敦煌的中原士人，此为游览金光明寺时的即景之作，感悟人生，反思既往。诗人不但将自己的思维觉知止泊在佛教这个精神王国，而且多注目于山野林泉中的种种清新幽静之物象，将自己的身心与周围的环境融为一体，使作者的思乡情怀被勾起。概言之，寺院山水风景不仅是诗人止泊意念之处，也成了诗人观照外境与内心感受的对象。

P.4640《沙州释门索法律窟铭》云："玉塞敦煌，镇神沙而白净；三危黑秀，刺石壁而泉飞。一带长河，汎泾波而派润；渥洼小海，献天骥之龙媒。瑞草秀七净之莲台，形云逞五色之佳气……溪芳忍草，林秀觉花。贞松垂万岁之藤萝，桂树吐千春之媚色。"②言词虽然有些夸张，但描绘出了当时莫高窟及敦煌地区的自然环境状况，其中对理想环境的向往，反映了洞窟主人对美好自然环境的渴求。同时，从中还能反映出窟主希望与野生动物同行且友好相处的愿望，如"熊罴启

---

① 黄永武编：《敦煌宝藏》，第132册，第410页。

② 唐耕耦、陆宏基编：《敦煌社会经济文献真迹释录》第5辑，第95页。

行，鹓鸾陪乘。隐隐轸轸，荡谷摇川而至于斯窟也"[①]。

根据上述记载可知，唐至五代时期莫高窟及敦煌地区种植的树木有杨树、杏树、梨树、桃树、枣树、榆树、柳树、李子树、桑树、松树、柏树等种类。这些林木的存在，不但为人们带来了良好的经济效益和提供日常生活用薪，而且美化了环境，调节了气候，起到了防风固沙、保护农田的积极作用。

（四）敦煌遗书中记载的旱生灌木、小半灌木等植物

唐五代时期敦煌地区的植物种类很多，除以上所举各种杨、榆、柳等乔木树种外，敦煌文书中还记载有多种旱生、沙生的灌木、小半灌木、草本等植物，主要有以下几种。

柽柳（*Tamarix chinensis Lour*）：也叫红柳，有耐旱、耐热等特性，对沙漠地区的干旱和高温具有很强的适应力，是西北地区常见的树种。在沙漠地区可以形成高大的柽柳沙堆，是重要的固沙植物。柽柳在敦煌文书中的记载较多，是唐五代时期人们取用的重要生活、生产薪柴。敦煌文书 P.3412V《壬午年（982 年）五月十五日渠人转帖》中通知渠人修渠时，需每人带"柽一束"[②]；P. 5032《甲申年（984 年）四月十七日渠人转帖》中亦记："今缘水次逼近，切要修治沙渠口，人各柽一束，白刺一束……"[③]

白刺（*Nitraria L*）：白刺是一种耐旱、喜盐碱、抗风、耐瘠薄的灌木，是荒漠地区常见的固沙植物，在敦煌地区广泛分布。敦煌文献中多有记载，也是唐至五代时期人们重要的生活、生产用柴。P.5032《甲申年（984 年）四月十七日渠人转帖》记载：

> 已上［渠］人，今缘水次逼近，切要修治沙渠口，人各柽一束，白刺一束，七尺掘一笙。幸请诸公等，帖至限今月十七日限夜，于渠口头取齐。捉

---

① 郑炳林：《敦煌碑铭赞辑释》，第 19 页。
② 唐耕耦、陆宏基编：《敦煌社会经济文献真迹释录》第 1 辑，第 408 页。
③ 唐耕耦、陆宏基编：《敦煌社会经济文献真迹释录》第 1 辑，第 405 页。

二人后到，决仗（杖）七下，全不来者，官中处分。^①

芦苇（*Phragmites australis（Cav.）Trin. ex Steud*）：西北地区众多大大小小的湖泊、沼泽中多有芦苇生长。从汉代开始，修筑长城、烽燧时就大量使用芦苇做建筑材料。到了唐至五代时期，芦苇仍然是当地重要的生活、生产用草。敦煌文书中关于芦苇的记载丰富。如 P.2040V《后晋时期净土寺诸色入破历算会稿》载："布一匹，与保真造苇簟手工用、油半升，载苇子车牛来日调雇用。"^② P.2032V《后晋时代净土寺诸色入破历算会稿》记：

> 粗面八斗，载苇子人夫食用……粗面一硕，付凑苇子车牛用……粟五硕，断般鑿僧苇子价入……面二斗，载苇子来日早用……面一石，载苇子车家用……面三斗，载苇子车牛来日用……面一硕二斗，付车牛家打苇子用。^③

除了上述几种野生植物外，敦煌文献和壁画中还有芨芨草、甘草、梭梭、沙米、苁蓉等本地区常见植物的文字记录和形象资料，这些植物同样在当地的生产、生活中起着重要的作用。

第二节 动物资源的爱护与管理意识

一、动物资源种类的记载

敦煌文书和壁画资料显示，当时的野生动物资源主要有黄羊、野马、野骆驼、狼、狐、豹、鹿、牦牛、鹰、雁等。

黄羊。在各个时期的文献与壁画中，均有黄羊的身影。如 P.2629《年代不明（964 年？）归义军衙内酒破历》记"支纳黄羊儿人酒一卧"^④；P.2622V 白描动

---

① 唐耕耦、陆宏基编：《敦煌社会经济文献真迹释录》第 1 辑，第 405 页。
② 唐耕耦、陆宏基编：《敦煌社会经济文献真迹释录》第 3 辑，第 401 页。
③ 唐耕耦、陆宏基编：《敦煌社会经济文献真迹释录》第 3 辑，第 455 页。
④ 唐耕耦、陆宏基编：《敦煌社会经济文献真迹释录》第 3 辑，第 271 页。

物画中有"此是黄羊"^①的一幅图。

野马。敦煌地区出产野马的确切记载可以追溯到汉代，P.5034《沙州图经残卷》记寿昌县东南十里有寿昌海，即汉之渥洼水，出天马，南阳新野有暴利长，当武帝时遭刑，屯田敦煌界，数于此水旁见群野马，中有奇异者，与凡马异，来饮此水，后被暴利长设计捕获，献给汉武帝。可见，汉代敦煌地区野马数量相当可观。

到了唐代，野马在敦煌地区仍然有较大种群分布。P.2005《沙州都督府图经残卷》中记载党河上游"曲多野马……狼虫豹窟穴"^②。S.6452b《辛巳年（981年）十二月十二日周僧正于常住库借贷油面物历》中亦有"（七月）十五日，连面五斗，达坦边买野马皮用"^③的记录，虽未言及数量，但同样可以证明此时敦煌有野马分布。

狼。敦煌文书中关于狼的记载较多。如 P.2629《年代不明（964年?）归义军衙内酒破历》记"廿一日，衙内看于闻使酒壹瓮，支打狼人酒壹角"^④；P.3441V《康富子雇工契》记"若是放畜牧，畔上失却，狼咬煞，一仰售雇人抵当与充替"^⑤；P.2695《沙州都督府图经》记"大周天授二年得百姓阴守忠状称：白狼频到守忠庄边，见小儿及畜生皆不伤，其色如雪者"^⑥。从 P.2629 和 P.3441 的记载来看，当时家畜遇狼袭击的事情时有发生，归义军时期有专门的"打狼人"，这也从一个侧面反映了这里的狼具有一定的种群规模。

鹰。在敦煌文书中有关飞禽类的记载中，鹰是所记次数较多的一种。如 P.4640v《己未年—辛酉年（899—901年）归义军衙内破用纸布历》载："又同日，支与把鹰人程小迁等三人各支粗布半匹；廿二日，支与网鹰人程小迁画纸一帖。"^⑦ P.2629《年代不明（964年?）归义军衙内酒破历》载："同日，神酒五升，支黑头窟上网鹰酒一斗；廿九日……支捉鹰人神酒一斗；卅日，捉鹰人神酒一角；十八日，支平庆达等捉鹰回来酒一瓮；十月二日，支清汉等网鹰酒一斗。"^⑧ S.6306《归义

① 黄永武编：《敦煌宝藏》，第122册，第579页。
② 唐耕耦、陆宏基编：《敦煌社会经济文献真迹释录》第1辑，第2页。
③ 黄永武编：《敦煌宝藏》，第46册，第638页。
④ 唐耕耦、陆宏基编：《敦煌社会经济文献真迹释录》第3辑，第271页。
⑤ 唐耕耦、陆宏基编：《敦煌社会经济文献真迹释录》第2辑，第66页。
⑥ 唐耕耦、陆宏基编：《敦煌社会经济文献真迹释录》第1辑，第2页。
⑦ 唐耕耦、陆宏基编：《敦煌社会经济文献真迹释录》第3辑，第253页。
⑧ 唐耕耦、陆宏基编：《敦煌社会经济文献真迹释录》第3辑，第271页。

军时期破历》记"网鹰人麦三斗"①等。从内容上看,这些记载无一例外都是与"捉鹰""网鹰"有关,并且受到归义军官府的支持,足见这种活动具有相当的重要性。至于被捉来的鹰,有些应是作为贡品进献于中央王朝的。《旧唐书·懿宗本纪》载,"(咸通七年)七月,沙州节度使张义潮进甘峻山青骹鹰四联"②,即是例证。还有些鹰可能是用来捕捉野兔等物的。

二、祈赛祭祀及对动物资源的爱护

从敦煌文书的记载可以看出,古时人们对家畜的保护非常仔细,精心喂养,不随意屠杀。对于动物资源的爱护之情还特别体现在当时颇为流行的赛神风俗上。古人认为万物皆有神灵保护,为了保证牲畜能够苗壮成长,人们以祭拜各种神灵的方式祈求对家畜的庇佑,主要表现在马祖之祭、赛驼马神、赛马神和马羊赛神等(详见本章第六节)。

驼、马是敦煌当地重要的生产、交通、运输和军事行动工具,唐至五代时敦煌专设马院,每年春夏秋三季都祭祀驼马神。S.3728《乙卯年(955年)二、三月押衙知柴场司安祐成状并判凭》载:"伏以今月二十三日马群赛神付设司柽刺三束,二十四日……马院看工匠付设司柴一束。"③这是沿袭古代春季祭马祖设燎坛之俗。四月下旬官驼马群开始到绿洲外围沼泽草甸一带放牧,又需要进行一次祈赛。敦煌研究院 001 号《酒帐》:四月"廿二日马群入泽神酒壹角"④,一角合当时十五升。S.2474a《庚申年(960年)归义军驼官张憨儿判凭三通》、S.2474(b)《己卯年(979年)归义军驼官邓富通给凭》记,四月廿五日以后:

> 准旧马群入草泽,赛神细供七分,胡饼二十枚,用面贰斗叁升叁合,油五合六勺;准旧驼官邓富通邓三群驼儿入草[泽],赛神用神食七分,胡饼二

① 唐耕耦、陆宏基编:《敦煌社会经济文献真迹释录》第 3 辑,第 291 页。
② 《旧唐书》卷 19《懿宗本纪》,第 448 页。
③ 唐耕耦、陆宏基编:《敦煌社会经济文献真迹释录》第 3 辑,第 619 页。
④ 高国藩:《唐宋时期敦煌地区商业酒文化考述》,《艺术百家》2012 年第 3 期,第 160—201 页。

十枚，用面叁斗壹升，油壹升肆合。①

所谓"细供"，即精细的食物，用以祭拜驼马神灵。五六月夏季，又需拜祭先牧、马神。P.4640v《己未年—辛酉年归义军军资库布纸破用历》记：未年（899年）五月十五日，"赛驼马神用画纸肆拾张"；庚申年（900年）五月十四日"赛驼马神用钱财粗纸壹帖（伍拾张）"②。P.2641《丁未年（947年）六月都头知宴设使宋国清等诸色破用历状并判凭》载："（六月）七日，使出赛马神设用细供叁佰伍拾分……"③ P.2667vb《都头知宴设使梁辛德状》载："右本月（六月）七日赛马神，押衙周文建传处分细供叁佰分，次了（料）壹佰分……"④ 除此而外，每年八、九、十月秋季，还要在马院祭祀马社。P.2629《年代不明（964年？）归义军衙内酒破历》记："八月三日，'马院发愿酒壹斗，赛神酒伍升'；'九月一日，马院神酒伍升'；十月十四日，'马院祭拜酒伍升'。"⑤此时赛神应是出于保佑厩内马群安全过冬，勿有损伤的目的。综合上述可以看出，从二月到十月，月月都要祈赛驼马神，以乞求神祇的保护。若驼马不幸死亡，也要设祭。如S.5637《祭马文》：

> 其马乃神踪骏骊，性本最良。色类桃花，目如悬镜……骋高原以纵辔，状浮云之扬天；驰丰草以飞鞭，等流星之入雾。陵东道而借响，望北风以长嘶。恋主比于贤良，识恩同于义士。……代劳以速，便生念惜之情；怆悼愈深，遂发坛那之会。⑥

文中所表达的对马匹的珍爱之情，跃然纸上，读之令人感喟不已。此外，敦煌文书中还有祭牛文、祭驴文、祭犬文等，人们对各种家畜的珍爱、护佑的思想由此可以显见。

---

① 黄永武编：《敦煌宝藏》，第20册，第65页。
② 黄永武编：《敦煌宝藏》，第134册，第123页。
③ 唐耕耦、陆宏基编：《敦煌社会经济文献真迹释录》第3辑，第610页。
④ 黄永武编：《敦煌宝藏》，第132册，第189页。
⑤ 唐耕耦、陆宏基编：《敦煌社会经济文献真迹释录》第3辑，第271页。
⑥ 黄永武编：《敦煌宝藏》，第44册，第77页。

三、动物资源的利用与管护意识

（一）马匹的利用与管护

隋唐时期，中央政府为加强国防、增强兵力而获取军马的途径，主要是靠国营马牧业。民间所养之马作为战马往往存在着征集数量和质量得不到保证的问题。从边疆民族地区买来的马匹往往也会因水土不服而"病弱不可用"。这一时期，西北地区畜牧业仍是社会经济的主要部门之一，因此隋唐两代都在西北地区设监牧苑，繁殖马匹。隋朝西北的畜牧业由太仆寺主管。太仆寺典牧署下设陇右牧总监、盐州牧监、苑州十二马牧及沙苑羊牧。监和牧是两个层级的管理机构。监设（总）监、副监、丞等官，统领诸牧。如陇右牧总监下有骅骝牧及二十四军马牧，每牧置仪同及尉、大都督、帅都督等员；有驴骡牧，置帅都督及尉；有原州羊牧，置大都督并尉；有原州驼牛牧，置尉。盐州牧监主要统领诸羊牧，每牧置尉统管。苑州十二马牧每牧置大都督及尉各一人、帅都督二人。沙苑羊牧则仅置尉二人。[①]此外，隋朝还在缘边各州设有交市监，每监置监、副监各一人，隶属于诸州，负责收购少数民族的牲畜。[②]

唐朝国营畜牧业的规模和管理体系远比隋朝大而且严密。唐初得突厥贡马2000匹，又在赤岸泽得隋马3000匹，转到陇右，创立了马牧监及新的管理体制。唐朝总领畜牧业的最高机构仍是太仆寺，太仆寺设卿、少卿、丞、主簿等，下辖乘黄、典厩、典牧、车府四署及诸牧监。监分上、中、下三等。每监设监、副监、丞、主簿等官员。监下有牧，设牧长。牧下有群，设群长。十五个群长设置一牧尉。又有排马官负责课功，有掌闲、调马等，负责具体事宜。从贞观到麟德（627—665年）近40年间，国营牧马增长到70.6万匹，分8坊4监来牧养。由于马多地狭，又在河曲分置 8 个监。这样，从京兆以西的岐、邠、泾、宁四州到陇右的金城、陇西、天水、平凉，幅员千里，皆有牧监。唐高宗仪凤（676—679 年）时置陇右

---

① 《隋书》卷 28《百官志下》，第 532 页。

② 李清凌：《隋唐五代时期西北的经济开发思想》，《西北师大学报（社会科学版）》2005 年第 6 期，第 42—45 页。

诸牧监使。后又设群牧都使，南、西、北、东四使等官，分领各坊监。唐朝的马监最多时发展到 65 个。武则天垂拱（685—688 年）之后 20 余年，唐朝监马损失较大。到开元元年（713 年）只剩下 24 万匹。此后在王毛仲主持下又有较大发展。开元十三年（725 年），乃达到 43 万匹。可见，贞观至麟德（627—665 年）和开元、天宝（713—756 年）时期，是唐朝国营畜牧业发展的两个高峰。安史之乱后，吐蕃攻陷陇右、河西等地，监马尽失。至唐后期，国营马牧业虽间有恢复，但已不能和唐朝前期相比。

由于马匹在军队建设中的重要作用，归义军时期人们对马也极其珍视，牧马业同样受到政府部门的重视。在敦煌文书中，有很多关于唐五代敦煌地区牧马业、馆驿通讯等方面用马的记载，既有专门的马籍，还有各种官府或寺院典契籍帐中对马的直接和间接的记载与反映。这一方面对于考察此时期牧马业的发展状况有重要意义；另一方面也对知晓当时民众合理利用、爱惜马匹资源的状况有清晰的了解。

归义军时期设立的管理马匹的专门机构是官马院，主要负责马匹的放牧等事宜。P.4199《年代不明（十世纪）某寺交割常住什物点检历》记载了 10 世纪归义军官马院的情况："六枕壹在官马院擎踏。"①P.2641《丁未年（947 年）六月都头知宴设使宋国清等诸色破用历状并判凭》载："马院皮条匠胡饼四枚。"②知马院内还有专门的皮条匠。P.4525lv《宋太平兴国某年内亲从都头给瓜州牒》载："其于官马院内踏草输纳，亦乃之次。"③官马院的长官叫知马官，由押衙兼任，如文书P.2484a《戊辰年十月十八日就东园算会小印子群牧驼马牛羊见行籍》记有"押衙兼知马官索怀定""知马官张全子"④等。押衙兼任知马官可以反映出归义军政府对马政的重视和对马匹的有效控制。郑炳林、乜小红、张亚萍等对唐至五代时期畜牧业的情况包括牧监制度，畜牧业的地位、作用和分布，饲养业的发展情况以及对野生动物的保护状况等进行了深入细致的研究，我们从中受益良多。

从相关资料我们可以得知官马院对于马匹的管理主要是从实行簿籍制度、征

---

① 唐耕耦、陆宏基编：《敦煌社会经济文献真迹释录》第 3 辑，第 28 页。

② 唐耕耦、陆宏基编：《敦煌社会经济文献真迹释录》第 3 辑，第 610 页。

③ 黄永武编：《敦煌宝藏》，第 132 册，第 189 页。

④ 黄永武编：《敦煌宝藏》第 121 册，第 60 页。

收马皮、算会马群等几个方面进行的。

1. 簿籍制度

我国对马匹等登记管理制度早在春秋鲁襄公二十五年（前 548 年）就已经开始实行了，"量入修赋，赋车籍马"[①]。P.2484 a《戊辰年十月十八日就东园算会小印子群牧驼马牛羊见行籍》可谓敦煌马籍的典型代表，摘录如下：

> 戊辰年十月十八日就东园算会小印子群牧驼马牛羊现行籍。押衙兼知马官索怀定群，见行大父马三十匹，三岁父马六匹，二岁父马四匹，当年父马驹四匹，大骒马四十七匹，三岁骒马一十一匹，二岁骒马三匹，当年骒马驹一十一匹。知马官张全子群，见行大父马九十六匹，三岁父马二匹，二岁父马六匹，当年父马驹九匹，大骒马六十匹，三岁骒马九匹，二岁骒马一十一匹，当年骒马驹一十二匹。[②]

该马籍记载了知马官索怀定管理的马群中有雄马四十四匹，母马七十二匹；知马官张全子管理的马群中有雄马一百一十三匹，母马九十二匹；可见其数量较多，同时马籍中还记载了马匹的岁齿、性别等情况，体现出对马匹资源的重视。

2. 算会马群及征收马皮

P.3131V《归义军曹氏时期（十世纪后期）算会群牧驼马羊欠历稿》就是对马群进行算会的记载：

> 知马官索善儿群欠大父马叁匹。华再德群欠大父马四匹，内贰匹在再德，壹匹在都头张曹午，壹匹在紫亭杨水官。氾索二群欠大父马壹匹、三岁骒马贰匹、二岁骒马贰匹。张全子群欠三岁父马叁匹、大骒马柒匹、三岁骒马肆匹。
> ············

[①] 王伯祥选注：《春秋左传读本》，北京：中华书局，1957 年，第 415 页。
[②] 黄永武编：《敦煌宝藏》第 121 册，第 60 页。

盈德群欠大父马壹匹在与延都头，大骡马壹匹在放狗安阿朵，三岁骡马贰匹、二岁骡马壹匹。康清奴群欠二岁父马叁匹、二岁骡马贰匹。[①]

从文书中可知，算会的目的是对牧马人所牧马群中马匹数量的检查核实，特别是其所欠只数的记录。算会结束后，知马官对所放牧的马匹的情况要以"状""牒"的形式上报，得到批复后，留存下来作为下次"算会"的对比资料所用。

归义军政府对马匹的管理还表现在对马皮的征收上。如 P.2155v《归义军曹元忠时期（944—974 年）驼马牛羊皮等领得历》记载："华再德群马皮四十壹张。"[②]据上引文书 P.3131v 的记载，华再德是负责管理马群的知马官，其要向归义军政府交纳一定数量的马皮。而从文书 P.2641《丁未年（947 年）六月都头知宴设使宋国清等诸色破用历状并判凭》记载"马院皮条匠胡饼四枚"[③]来看，官马院中应设有皮革加工的部门和专门的皮条匠人来从事马皮的加工工作。[④]

（二）归义军时期对骆驼的爱惜及牧驼业的管护

党河、疏勒河下游尾闾地带，湖泊沼泽成群，水草丰茂，自古为驼、马、羊等的活动场所，亦是当地的主要牧区无疑，今天这里栖息的野骆驼、野马、黄羊、岩羊等仍有不少。除野骆驼外，于敦煌文书中所见，尚有官、私牧养的驼群，它们在当地的交通通讯中发挥了重要作用。如 S.2474b《己卯年（979 年）驼官邓富通群骆驼破籍并判凭》记："伏以今月二日，支与于阗使头南山大父驼一头。"[⑤]P.2737《癸巳年（993 年）驼官马善昌状并判凭》记："伏以今月十七日换于阗去达坦骆驼替用群上大骡驼壹头……伏以今月二日，先都头令狐愿德将西州去群上大父驼壹头。"[⑥]西州，今吐鲁番，距敦煌千里之遥，且要穿越八百余里的莫贺延

① 唐耕耦、陆宏基编：《敦煌社会经济文献真迹释录》第 3 辑，第 597 页。

② 黄永武编：《敦煌宝藏》，第 115 册，第 514 页。

③ 唐耕耦、陆宏基编：《敦煌社会经济文献真迹释录》第 3 辑，第 610 页。

④ 张亚萍：《唐五代归义军政府牧马业研究》，《敦煌学辑刊》1998 年第 2 期，第 54—60 页。

⑤ 黄永武编：《敦煌宝藏》，第 20 册，第 65 页。

⑥ 唐耕耦、陆宏基编：《敦煌社会经济文献真迹释录》第 3 辑，第 602 页。

碛，一路上行程非常艰难，只有骆驼可当此任。北图殷字41号记载，张修造出使西州，于押衙王通通、价廷德处雇用五岁父驼、六岁父驼各一头。P.3448V《董善通张善保雇驼契一件》，记载百姓董善通、张善保二人入京，于百姓刘达子面上雇拾岁黄骆驼一头，表明百姓喂养骆驼的目的主要供穿越茫茫沙漠、戈壁时的乘骑所用，可见，骆驼在当时人们的出行中占有极为重要的地位。

除此之外，骆驼也用于日常的驮载。如 S.2474 记载："大骒驼一头，东窟上走死。"① P.2049v《后唐长兴二年（931年）正月沙州净土寺直岁愿达手下诸色入破历算会牒》："麸一硕伍斗，正月十五日及官上窟时喂饲驼马用。"② P.2776《年代不明（十世纪）某寺诸色斛斗入破历算会牒残卷》："麸伍斗，春磑时与驼面骆驼用。"③ S.366《年代不明（十世纪）某寺诸色斛斗入破历算会牒稿残卷》："查（渣）拾贰饼，西窟上水雇驼用。查五饼，僧官窟上造设时雇驼用。"④

骆驼的皮、毛、乳还可以用于加工业。P.2862V《唐天宝年代敦煌郡会计历》载："合同前月日见在驼毛，总一佰一拾斤。"⑤ 驼乳经过发酵酿造可制成驼酒饮用。P.2629《年代不明（964年？）归义军衙内破酒历》："灌驼酒一角。"⑥

正是由于骆驼在当地交通、驮载以及促进加工业发展方面的重要作用，当时官府与百姓，亦包括寺院等对骆驼的饲养、管理及使用都倍加用心，制定了较为详细的规定，这对牲畜资源起到了良好的保护作用。归义军时期，官府设立了"知驼官"负责管理与骆驼相关的事宜，敦煌文书中此方面的相关记载很多。如 S.1366《年代不明归义军衙内面油破用历》载："旧驼官邓富通。"⑦ P.2484a《戊辰年（968年）十月十八日归义军算会群牧驼马牛羊见行籍》载："知驼官张憨儿""知驼官氾丑儿"⑧。P.2040V《后晋时期净土寺诸色入破历算会稿》中有"骆驼官""驼

① 黄永武编：《敦煌宝藏》，第20册，第65页。
② 唐耕耦、陆宏基编：《敦煌社会经济文献真迹释录》第3辑，第387页。
③ 唐耕耦、陆宏基编：《敦煌社会经济文献真迹释录》第3辑，第545页。
④ 唐耕耦、陆宏基编：《敦煌社会经济文献真迹释录》第3辑，第546页。
⑤ 唐耕耦、陆宏基编：《敦煌社会经济文献真迹释录》第1辑，第471页。
⑥ 唐耕耦、陆宏基编：《敦煌社会经济文献真迹释录》第3辑，第272页。
⑦ 唐耕耦、陆宏基编：《敦煌社会经济文献真迹释录》第3辑，第284页。
⑧ 黄永武编：《敦煌宝藏》，第121册，第60页。

官"等记载。^①

官府对于骆驼的管理主要从实行簿籍制度、算会驼群、征收驼皮及打烙印等几个方面进行的。郑炳林、乜小红、张亚萍等对唐五代归义军时期敦煌地区的骆驼牧养业做过探讨。

1. 簿籍制度的实行

簿籍制度是归义军时期骆驼管理的有效制度，涉及骆驼的饲养、牧放、使用、死亡等情况。P.2484a《戊辰年（968 年）十月十八日归义军算会群牧驼马牛羊现行籍》中记载：

> 知驼官张憨儿群，见行大父驼壹十七头，三岁父驼壹头，二岁父驼贰头，当年父驼儿贰头，大㮛驼壹十壹头，三岁㮛驼壹头，二岁㮛驼贰头，当年㮛驼儿四头。
>
> 知驼官氾丑儿群，见行大父驼贰十头，三岁父驼无，二岁父驼壹头，当年父驼儿叁头，大㮛驼柒头，三岁㮛驼壹头，二岁㮛驼无，当年㮛驼儿壹头。^②

该簿籍分别记录了骆驼的岁齿、性别。"父"即"公""牡"，指雄性骆驼。"㮛"即"母""牝"，指雌性骆驼。

2. 算会驼群及征收驼皮

算会就是由"知驼官"对于所牧养的骆驼进行检查核实。
P.3131V《归义军曹氏时期（十世纪后期）算会群牧驼马羊欠历稿》载：

> 知驼官氾丑儿群欠大㮛驼壹头、三岁㮛驼壹头。邓富通群欠大父驼壹头。邓富通群欠二岁㮛驼壹头。^③

---

① 唐耕耦、陆宏基编：《敦煌社会经济文献真迹释录》第 3 辑，第 401 页。

② 黄永武编：《敦煌宝藏》，第 121 册，第 60 页。

③ 唐耕耦、陆宏基编：《敦煌社会经济文献真迹释录》第 3 辑，第 597 页。

核查的内容包括骆驼的岁口、印记和各岁口及父骒的头数，当年的产驼数，将各种类别的欠缺与上年度进行比较，为的是对驼群进行更好的管理。

骆驼的使用、死亡等事宜也需要由知驼官及时上报。P.2737《癸巳年（993 年）驼官马善昌状并判凭》载：

> 伏以今月廿三日槽上大骒驼壹头病死，皮付内库，未蒙判凭。伏请处分
>
> ……伏以今月二日，先都头令狐愿德将西州去群上大父驼壹头，未蒙判凭。伏请处分。①

S.2474a《庚辰年（980 年）驼官张憨儿群骒驼破籍并判凭》记载：

> 伏以今月廿八日，群上大骒驼壹头，见在。廿九日，群上大父驼壹头病死，皮付张弘定趁却，大骒驼壹头东窟上走死，皮付张弘定，未蒙判凭，伏请处分。②

报告的内容包括骆驼的性别、数量、使用、死亡的日期、原因、结果，以及骆驼死后驼皮的归属等。从以上可以看出，当时归义军政权对骆驼的管理非常严格。

P.2155vb《归义军曹元忠时期（945—974 年）驼马牛羊皮领得历》记载，官府向知驼官征收驼皮的事宜："群驼皮拾张。"③ 所征收的驼皮应是从死亡的骆驼身上剥下来的，且剥皮时要保持印记完整，作为确认死亡的是何种骆驼的凭证。张亚萍认为，征收驼皮是归义军政权的主要畜牧税收之一。④

S.0542V《戌年（818 年）六月沙州诸寺丁口车牛役簿附亥年至卯年注记》中载：

> 曹进兴　放驼……索再晟　打钟　守普光囚五日贴驼群五日……史昇朝

---

① 唐耕耦、陆宏基编：《敦煌社会经济文献真迹释录》第 3 辑，第 602 页。
② 唐耕耦、陆宏基编：《敦煌社会经济文献真迹释录》第 3 辑，第 601 页。
③ 黄永武编：《敦煌宝藏》，第 115 册，第 514 页。
④ 张亚萍：《唐五代敦煌地区的骆驼牧养业》，《敦煌学辑刊》1998 年第 1 期，第 56—60 页。

放羊贴驼群五日①

曹进兴、史昇朝等为吐蕃时期敦煌寺院所雇的专职牧驼者。

另 P.2049va《后唐同光三年（925 年）正月沙州净土寺直岁保护手下诸色入破历算会牒》载：

豆伍斗，骆驼官利润入……豆壹硕肆斗，骆驼利润入。②

以上说明在吐蕃时期和归义军时期，寺院都喂养骆驼，亦出雇于人收取雇价。从相关敦煌文书，我们还可以看到唐至五代时期敦煌农牧民个体饲养骆驼的情况。如 S.1438《吐蕃占领时期沙州守官某请求出家状等稿四十多件》载：

某舍官出家并施宅充寺，资财驼马田园等充为常住。③

P.3770《张族庆寺文》载：

□施驼马，以跃群为佛缘④

S.4609《宋太平兴国九年（984 年）十月邓家财礼目》载：

羊二口。驼贰头，马贰匹……伏垂亲家翁容许领纳。⑤

P.3448V《辛卯年（931 年？）董善通张善保雇驼契》载：

---

① 黄永武编：《敦煌宝藏》，第 4 册，第 371 页。
② 唐耕耦、陆宏基编：《敦煌社会经济文献真迹释录》第 3 辑，第 356 页。
③ 唐耕耦、陆宏基编：《敦煌社会经济文献真迹释录》第 5 辑，第 316 页。
④ 黄永武编：《敦煌宝藏》，第 140 册，第 516 页。
⑤ 唐耕耦、陆宏基编：《敦煌社会经济文献真迹释录》第 4 辑，第 6 页。

辛卯年九月二十日，百姓（董）善通、张善保二人往入京，欠少驼畜，遂於百姓刘达子面上雇拾岁黄驼驼壹头。断作雇驼价生绢陆匹。①

P.4638vl《丙申年马军武达尔、宋苟子、宋和信状》载：

右和信，先辛卯年有六岁父驼一头，押衙范润宁雇将于阗充使。右和信先辛卯年有柒岁父驼一头，押衙范润宁雇将于阗充使。②

北图殷字四十一号《癸未年（923年？）四月十五日张修造雇父驼契》载：

癸未年四月十五日，张修造遂于西州充使，欠缺驼菜（乘）遂于押衙王通通面上雇五岁父驼壹硕（头）。断作驼价官布十六匹。③

北图殷字四十一号《癸未年（923年？）七月十五日张修造雇父驼契》载：

癸未年七月十五日，张修造王（往）于西州充使，欠缺驼乘遂于押衙价廷德面上雇六岁父驼壹硕（头）。断作官布拾个长二丈六七。④

从以上记录可以看出，当时百姓喂养骆驼是普遍现象，且数量不少，骆驼不仅用于自家的出行及农活，出雇给他人的情况亦较频繁。

（三）归义军时期对羊的爱护及牧羊业的管理

晚唐五代归义军时期，专门设置了一个管理羊的放牧及收支的机构——羊司。机构的建立亦反映出畜牧业在敦煌经济结构中的重要地位，也体现出当时民众对

---

① 唐耕耦、陆宏基编：《敦煌社会经济文献真迹释录》第2辑，第39页。
② 黄永武编：《敦煌宝藏》，第134册，第91页。
③ 唐耕耦、陆宏基编：《敦煌社会经济文献真迹释录》第2辑，第38页。
④ 唐耕耦、陆宏基编：《敦煌社会经济文献真迹释录》第2辑，第38页。

牲畜资源的爱护及合理利用与重视。

关于羊司的记载，较早的是张承奉执政初期。P.4640《己未年至辛酉年（899—901 年）归义衙内破用纸布历》载："廿日，支与羊司粗纸一帖"，"又同（日）支与羊司押衙刘存庆粗布（纸）二十张"①。直到归义军晚期曹延禄时代仍有羊司设置。P.4638vl《丙申年马军武达尔、宋苟子、宋和信状》记载："今被羊司逼迫，难可存活，无处投告。"② P.3440《丙申年（996 年）三月十六日见纳贺天子物色人绫绢历》记载："田羊司绯绢壹匹。"③

归义军时期对于羊的爱护和管理，主要是通过簿籍制度进行的，此外还包括征税、算会羊群等。郑炳林、乜小红、张亚萍等对晚唐五代归义军时期羊的牧养区域、牧养机构及牧养状况做过考察。

1. 簿籍制度

簿籍将羊的放牧、饲养、死亡的情况进行详细的记录。如 P.2484a《戊辰年（968 年）十月十八日归义军算会群牧驼马牛羊现行籍》中记载：

> 牧羊人杨阿罗群见行大白羊羖壹伯贰拾陆口，二齿白羊羖壹拾肆口，当年白儿羔子拾口，大白母羊伍拾口，二齿白母捌口，当年白女羔子拾口。白羊大小共计贰伯壹拾捌口。大羖羖伍拾柒口，二齿古羖玖口，当年古儿羔子贰口，大羖母羊叁拾玖口，二齿羖母羊壹拾伍口，当年羖女羔子壹口。羖羊大小共计壹伯贰拾叁口。④

P.3945v《归义军时期官营牧羊算会历状》记载：

> 康伏愿
> 一百五十六口白元本旧羊：一百廿口母，九十二口大母，廿八口叱般。

① 唐耕耦、陆宏基编：《敦煌社会经济文献真迹释录》第 3 辑，第 261 页。
② 黄永武编：《敦煌宝藏》，第 134 册，第 91 页。
③ 唐耕耦、陆宏基编：《敦煌社会经济文献真迹释录》第 4 辑，第 16 页。
④ 唐耕耦、陆宏基编：《敦煌社会经济文献真迹释录》第 3 辑，第 591 页。

卅二口叱般羯，四口羖。

五十五口肃州羊：八口白，六口母：五大，一口羔；二口羯羔，卅七口羖，卅一口母：廿一口大，十口羔；七口羝：一大，六口羔：九口羯：六口大，三口羔。

［中缺］

一百九十四口石没贺儿放。

一百九口白，五十四大母，廿九口母叱般，二口羝，廿四口羯。

一十八口羖，一十六口母，二口羯。

六十七口羔。五十四口白，卅口母，廿四口羝。十三口羖，七口母，六口羝。①

以上 P.2484a 和 P.3945v 两件文书，从主名、牧羊人放羊的毛色、岁齿、性别等方面对羊进行了分门别类的记载。主名就是牧羊人的姓名。从羊籍中可以看出，上述这些羊当属于官家，而由私人牧养，官方需要用时再征用。牧羊人放牧过程中若出现羊丢失、死亡、支出等情况，都要向官府报告。

P.3272《丙寅年（966 年）牧羊人兀宁状并判凭》记载了羊支出向官府报告的情形：

牧羊人兀宁

伏以今月一日岁祭拜白羊羯壹口，节料用白羊羯

壹口，定兴郎君踏舞来（？）白羊羯壹口，未蒙判凭，伏请

处分。丙寅年正月日牧羊人兀宁

为凭　　九日（印）②

P.2985v《己卯年（979 年）牧羊人王阿朵状并判凭》记载：

---

① 黄永武编：《敦煌宝藏》，第 132 册，第 374 页。
② 唐耕耦、陆宏基编：《敦煌社会经济文献真迹释录》第 3 辑，第 599 页。

牧羊人王阿朵

伏以今月十五日纳自死羝母羊两口，羝羊羯壹口，白母羊壹口儿洛悉

死壹口，皮付白押衙，未蒙判凭，伏请处分。

己卯年四月十五日牧羊人　　　　王阿朵

为凭十五日（印）[1]

P.4638vl《丙申年（936年）马军武达尔、宋苟子、宋和信状》，记载了羊丢失
需要赔偿的情形：

汜都知道将壮羊一口放却。同月闻瓜州贼起，再复境

界宁谧，军回至东定点检，达儿只当一役枉　　罚羊

昨向取自羊去来，不肯听

纳，恰似有屈。今被羊司逼迫，难可存活，无处

投告，伏乞

司空阿郎仁恩，照察贫流，特赐与汜都知招

丞，始有存济。[2]

以上簿籍所记事项甚详，其中对羊毛色记录分为白、毿两种，毿就是指黑色
的公羊。对羊年龄的记录分为"二齿""当年"两种，性别等状况分为羝、母、羯、
女、儿等五种。其中羝指雄性羊，羯指骟过的公羊，儿、女分别指公羊羔和母羊
羔。从这些记录中我们可以看出，羊司对牧羊人的管理颇为严格，人们对于羊羔
的爱护如同对自己的儿女一般。

2. 向牧主征税

荣新江编著的《英国图书馆藏敦煌汉文非佛教文献残卷目录（S.6981—1362
4）》，所收羊籍残卷 S.8446、S.8468、S.8445《丙午年（946年）六月廿七日归义
军羊司于常乐税羊人名目》，所记纳羊人包括：

---

① 唐耕耦、陆宏基编：《敦煌社会经济文献真迹释录》第3辑，第600页。

② 黄永武编：《敦煌宝藏》，第134册，第91页。

　　田副使、王再宁、氾康员、氾贤信、张骨儿、阳监使、翟海通、史安德、朱安定，朱安久、杜午信、阴阿鞠、王欺忠、胡清子、王清清、索建宗、董清儿、张王三、张文建、周略子、周清奴、安员住、苏富昌、王保住、康章午、康文君、何都知，杜神好、范贤贤、李通信、杜神庆、杜幸深、阳润宁、董再住、氾富定、安指挥、贾鹊子、陈南山、氾富定、吉安住、吉员通、田永住、张再诚、裴员信、翟乡官、阳友信、王员德。计纳羊九十八口。[①]

此外，同号的第二篇《丙午年（946 年）三月九日归义军羊司诸见得紫亭羊名目》、第五篇《丁未年（947 年）四月一十二日归义军米羊司就常乐税掣家羊数名目》均属于这一类的文书。从以上文书内容可知，牧主以纳羊的方式向羊司交税。
P.2155V《归义军曹元忠时期（944—974 年）驼马牛羊皮等领得历》记载：

　　王再晟群，白羊皮贰拾肆张，羖羊皮肆张。阎延通群，白羊皮贰拾地壹张、羖羊皮伍张。阎憨儿群，白羊皮壹拾玖张、羖羊皮捌张。[②]

说明牧羊人还要向羊司交纳羊皮，用来"充当本群冬衣"，或者由皮匠加工制成皮鞋、皮条、皮裘等皮制品。[③]而羊司也有向归义军政府交纳羊及羊皮的责任。
P.3272（11）《丙寅年（966 年）羊司付羊和羊皮历状？》记载：

　　四口羯▢▢▢▢▢▢（印）大白羊壹口
　　皮拾贰张（印）司空传局白羊羯两口，羖羯一口。又付宋宅官羖羊
　　羯肆（叁）口，羖母羊壹口，又众现射羖羊羯壹口（印）。又付宋宅官神
　白羊羔子壹口，白羊皮两张，又白羊羯壹口。
　　［后缺］[④]

① 荣新江编著：《英国图书馆藏敦煌汉文非佛教文献残卷目录（S.6981—13624）》：台北：新文丰出版公司，1994年，第 88 页。
② 黄永武编：《敦煌宝藏》，第 115 册，第 514 页。
③ 张亚萍：《晚唐五代归义军牧羊业管理机构——羊司》，《敦煌学辑刊》1997 年第 2 期，第 128—131 页。
④ 唐耕耦、陆宏基编：《敦煌社会经济文献真迹释录》第 3 辑，第 598 页。

从该文书可知，羊司把征收的羊及羊皮交纳给了司空传局和管理皮革加工的宅官，以满足官府、民众的需要。

3. 算会

上面提及的文书 P.2484a 就是对牧羊人所牧羊群的检查核实，即算会，其中包括羊的岁口，各岁口及公母的只数，当年的产仔数，白、羖的只数，死亡只数，所欠只数等。P.3246v《辛巳年（981 或 921 年）十月十五日放羊死损现存数抄录》及 P.3131v《归义军曹氏时期（十世纪后期）算会群牧驼马羊欠历稿》等，都载有算会羊群的典型例子。

此外，值得一提的是，这一时期私人牧羊业比较兴盛，官僚富裕家庭，拥有数十乃至数百只羊，在牧场放牧很常见，并须向羊司交纳课税。如 S.8445v 及 S.8446v 拼合的《某年紫亭羊数名目》残卷即是官府对私人拥有羊群的记录：

> 翟安子伍十口，□家小娘子羊一百八十三口，□悉鸡羊三百四十三口，又于悉鸡羯羊二百九□口，陈家小娘子二百十七口，捉羊三口，康庆信十口①

S.8446、S.8445 和 S.8468 拼合的《辛亥年正月廿七日紫亭羊数名目》残卷也属于此类文书：

> 切蒲就谷昷见羊十六口；马竹讷羊一百六十口，残八口；米幸千一百六十六口；唐万住一百三十口；监［使］羊一百二十三口，残九口；盂押衙羊一百六十四口，残十四口；王读□丹羊四十六口；张设羊七口；杨乞悉若羊二十七口；何擷罗羊伍十口。②

① 《英藏敦煌文献》第 12 卷，成都：四川人民出版社，134 页。
② 《英藏敦煌文献》第 12 卷，137 页。

从上述两件残卷所记羊主及羊群名目可见，私人羊群规模高者可达二三百只，这一规模当属官僚地主高门大户家庭所有。而民间私人牧羊业的普遍规模如何，S.8448b《某年紫亭羊数名目》残卷有所反映：

> 景都衙羊一百六十口，残十口，于罗悉鸡三十口，景速多羊一百三十四口，残九口，景大女都知五十八口，杨山鸡二十五口，李竹子伍拾口，泊面国十六口，残六口，泊萨罗十一口，李萨罗十口，李屈迎、李副使一百四口，残九口，慕容苟妇六十四口，残十四口，索般讷二十口，唐万定三十六口，四十一口，残四口，欠羊一口，朱春□两口，何仓曹一口，木罗丹两口，龙平水一口，王镇使二百九十口，王虞候伍口，草泽使四十口，王游弈七十伍口，朱乞勿略三十口，王铁子四十伍口，杨家依婆三十九口，欠羊三（？）口，泊都知二十四口，孟定德伍十伍口，残五口，杨平水一百二十五口，阴都知一百二十九口，残四口，曹三三五十五口，残五口，酒司六十二口，何万萨二十五口，陈撷子二十五口，何知客羊二十五口，何婆奴二十五口。[①]

从文书内容来看，羊群规模在 10—49 只的人数最多。这虽然不能直接说明民间私人牧羊业的规模，但我们依然能够得出当时私人牧羊是较为普遍的。

唐至五代时期寺院也是畜牧业经营的主体，其放牧的牲畜包括马、羊、骆驼、牛等，但羊群所占比例应该较大[②]，敦煌文书中存有许多寺院的羊籍文书，说明牧羊业在寺院的重要性。

从寺院的牧羊业文书中，我们可以探知当时寺院羊群经营管理的一些特点。寺院的羊群一般交由牧人放养。在交付时，需要签署收领凭据，记载羊的数量、种类、大小等情况，由放牧者核实后签字画押，作为算会核查的依据。P.3234《甲辰年（944 年）三月廿四日牧羊人贺保定领羊凭》即是寺院交付牧羊人羊群的收领凭据，转录如下：

---

① 《英藏敦煌文献》第 12 卷，138 页。
② 苏金花：《试论唐五代敦煌寺院畜牧业的特点》，《中国经济史研究》2014 年第 4 期，第 18—29 页。

甲辰年三月廿四日，就宜秋邓家庄上见分付牧羊人贺保定白羯羊大小叁拾柒口，母羊肆拾壹口，羖羊羯陆口，羖母羊玖口，羖羊羔口四个，白羔儿羔子拾伍个，女羔子九个。牧羊人贺保定（押）[1]

专门记载算会羊群情况的文书还有 S.0542（1V）、S.0542（2V）、S.0542（4V）、S.0542（5V）、S.3984 和 S.4116 等。现将 S.4116《庚子年（940 年?）十月报恩寺分付康富盈见行羊籍算会凭》转录如下：

庚子年十月廿六日立契，报恩寺徒众就南沙庄上齐座算会，牧羊人康富盈除死损外，并分付见行羊籍：

大白羯羊壹拾叁口，白羊儿落悉无陆口，大白母羊贰拾口，贰齿白母羊伍口，白羊女羔子陆口，白羊儿羔子壹口，白女悉落无叁口，计白羊大小伍拾肆口。

大羖羊羯壹拾玖口（内替入母羊壹口，牧羊人换将去乙），贰齿羖羯壹口，羖儿羔子伍口，大羖母羊壹拾壹口，贰齿羖母羊拾口，羖女只无伍口，羖儿只两口，计羖羊大小伍拾叁口。

已前白羊羖羊一一谐实，后算为凭。

牧羊人男员兴（押）

牧羊人康富盈（押）

牧羊人兄康富德（押）

其算羊日牧羊人说理矜放羔子两口为定，又新旧定欠酥叁升。（押）[2]

从文书中我们可知，算会羊群的主要内容是核查羊只死损等变异情况、现存各类羊只数量情况以及应需缴纳羊羔数及乳制品的完成情况。如果出现羊只意外死损的情况，牧羊人必须向寺方交纳。S.4704《辛丑年（914 年?）索将头庄上死羊记录》载："见纳自死白羊羔子九口，杀羊羔子六口。"[3]死亡羊只的羊腔（掏去

---

① 唐耕耦、陆宏基编：《敦煌社会经济文献真迹释录》第 3 辑，第 577 页。

② 唐耕耦、陆宏基编：《敦煌社会经济文献真迹释录》第 3 辑，第 576 页。

③ 黄永武编：《敦煌宝藏》，第 37 册，第 365 页。

内脏没有头部的羊身体）也要交纳给寺院，牧羊人无权任意处分，如果私自售卖会被施以惩戒，寺方对私自卖掉肉腔者要求赔付杀羊三口，处罚很严厉。

归义军时期通过严格的簿籍、算会及征收毛皮制度等，对马、骆驼、羊等牲畜进行有效的管理，其目的当然是为其政权服务，但是这些措施的实施有利于牲畜资源的保护，从中体现出对动物资源的爱惜之情。

五、石窟壁画中表现的人们对动物资源的珍爱意识

对动物资源珍爱意识也见于敦煌莫高窟的壁画中。北魏第 254 窟有两幅佛教本生故事壁画，《尸毗王割肉贸鸽图》与《萨埵太子舍身饲虎图》。《尸毗王割肉贸鸽图》讲的是有一个叫作尸毗王的国王，遇见一只饿鹰正在捕食一只鸽子，尸毗王为了救鸽子，从自己身上割下与鸽子体重等量的肉给饿鹰充饥（图 3-7）。《萨埵太子舍身饲虎图》讲的是一个小王子和他的两个哥哥去山里游玩，遇见了饿得奄奄一息的母虎和七只幼虎，王子为了拯救这些生命，从悬崖跳到恶虎中间，用竹刺刺破自己的咽喉，让饿虎吸吮鲜血，吃了自己（图 3-8）。抛开宗教宣传的一面，这两个故事所蕴含的生态思想有两方面：一是应该去拯救处在饥饿状态的动物，使之能够生存下去。二是动物的生命或生存价值和人是一样的，应平等对待和相处。

图 3-7　尸毗王割肉贸鸽图（第 254 窟　北魏）

资料来源：敦煌文物研究所编：《中国石窟·敦煌莫高窟》第 1 册，北京：文物出版社，1982 年，第 32 图

莫高窟北魏第 257 窟的《九色鹿本生故事画》(图 3-9),亦是一幅本生故事画,说的是一个人落水呼救,正逢九色鹿从河边经过,将其救起,落水人为感谢救命之恩,愿为九色鹿寻找水草。九色鹿不图感恩,只求落水人不要透露她的住处,落水人应诺而去。这时王后夜梦一鹿,身有九色,双角如银。次日王后便与国王说梦,并请求国王下令捕捉,要剥鹿皮取鹿角做服饰和扶柄。于是国王便下令重金悬赏。落水人暗思,发财的机会到了,便向国王告了密,并领兵进山捕捉。九色鹿被重兵包围,质问国王,是谁透露我在这里,国王指落水人,九色鹿义愤填膺,向国王揭露了落水人忘恩负义的行径。国王听后谴责落水人不义,立即释放九色鹿回山,并下令全国,若有捕捉九色鹿者诛九族。落水人遭到报应,周身遍出毒疮,王后也因阴谋没有得逞,愤然而死。此画看上去是从道德的角度抨击溺水人的忘恩负义,但实际上亦具有强烈的保护野生动物的意识。

图 3-8　萨埵舍身饲虎图(第 254 窟　北魏)

资料来源:敦煌文物研究所编:《中国石窟·敦煌莫高窟》第 1 册,北京:文物出版社,1982 年,第 36 图

图 3-9　九色鹿本生故事画(第 257 窟　北魏)

资料来源:敦煌文物研究所编:《中国石窟·敦煌莫高窟》第 1 册,北京:文物出版社,1982 年,第 44 图

　　该故事也在一定程度上反映了历史的真实。据《旧唐书》记载，唐中宗时期由于韦后和安乐公主用珍禽异兽的皮毛制作奇异服饰使得鸟兽等生物资源遭到残酷洗劫。"中宗女安乐公主，有尚方织成毛裙，合百鸟毛，正看为一色，旁看为一色，日中为一色，影中为一色，百鸟之状，并见裙中。凡造两腰，一献韦氏，计价百万……自安乐公主作毛裙，百官之家多效之。江岭奇禽异兽毛羽，采之殆尽。开元初，姚、宋执政，屡以奢靡为谏，玄宗悉命宫中出奇服，焚之于殿廷，不许士庶服锦绣珠翠之服。自是采捕渐息，风教日淳。"[①]唐玄宗焚烧奇服，一方面制止了奢靡之风；另一方面也防止了珍奇鸟兽的灭绝，有着朴素的生态保护意识。

　　在敦煌壁画中，还绘有当时现实的生物生态场景。如西魏第 249 窟窟顶，画着一只母猪悠闲地带领着一群猪仔在山峦间觅食，其形态非常自在逍遥，那是因为没有猎人的追捕和猛兽的袭击（图 3-10）。又如西魏第 285 窟窟顶四披，在山水树木中间有数十座"结草为庐"的圆券形禅庐，每一座草庐内绘有一位禅定僧，并以花草装饰庐内。草庐周围绘有许多动物，有黄羊、兔、猪、麋鹿、狐等，它们悠闲地在林间游荡。这幅图一方面表现出僧侣们禅修生活的清静淡泊；另一方面也表现出人与野生动物和谐共处于大自然的环境之中。再如，北周第 299 窟窟顶藻井外围绘制的《睒子本生故事画》（图 3-11），睒子和父母居住的蒲草房屋周围有"众果丰茂食之香甘，泉水涌出清而且凉，池中莲花五色精明。栴檀杂香树木丰茂倍于常时，风雨时节不寒不热，树叶相接以障雨露，荫覆日光其下常凉。飞鸟翔集奇妙异类，皆作音乐之声，以娱乐盲父母。狮子熊罴虎狼毒兽，皆自慈心相向无复加害之意，皆食啖草果无恐惧之心，麋鹿熊罴杂类之兽皆来附近睒子，音声相和皆作娱乐之音"[②]，生活非常惬意。而当睒子被国王的毒箭射杀后，悲愤地对国王说："我是王国中人，与盲父母俱来入山，学道二十余年，未曾为虎狼毒虫所见害，今便为王所射杀。"睒子长达 20 余年的时间和虎狼等各种野生动物和睦相处，如今却被同类伤害，其深层含义是要探究该如何对待野生动物的问题，睒子复活后要求国王劝令百姓奉持五戒，不再游猎射杀，伤害众生。

---

① 《旧唐书》卷 37《五行志》，北京：中华书局，1975 年，第 1377 页。

② 《大正藏》第 3 册，1934 年，第 436—437 页。

图 3-10　猪群图（第 249 窟　西魏）

资料来源：敦煌文物研究所编：《中国石窟·敦煌莫高窟》第 1 册，文物出版社，1982 年，第 102 图

图 3-11　睒子本生故事画（第 299 窟窟顶　北周）

资料来源：敦煌文物研究所编：《敦煌壁画》，北京：文物出版社，1960 年，第 99 页

敦煌壁画是佛教艺术，佛教思想主张保护一切动物，包括保护家畜，主张不杀生、不卖肉、不食肉。敦煌莫高窟壁画中描绘有许多这方面的内容。如北周第 296 窟窟顶《善事太子入海品》的画面中，"屋外持刀站立着为屠夫，上身赤裸，穿犊鼻裤，屋内宰杀了一头牛，身首分离，血流满地，一旁正用平底铛烧水。右侧乘马者为善事太子及随从"[①]。谭蝉雪认为："在北周的壁画中已经出现屠户形象，其本意是宣扬佛教戒杀生，告诫人不要卖肉、食肉。"[②]

晚唐第 85 窟窟顶的《楞伽经变》中，坊内架子上挂满了待售的肉，桌子上下也摆满了肉。门前有两张肉案，一张肉案上放着一只被宰过的整羊，另一张肉案

① 谭蝉雪：《敦煌石窟全集·民俗画卷》，香港：商务印书馆有限公司，1999 年，第 38—42 页。
② 谭蝉雪：《敦煌石窟全集·民俗画卷》，第 38—42 页。

上放着肉块，主人正操刀割肉。案下有一只狗，正在啃扔下的骨头，另一只狗则翘首仰望，希望得到肉块。旁边有一人，好像在劝说屠夫不要杀生，不要卖肉。《贤愚经·善事太子入海品》中说，善事太子在骑马出行的过程中目睹了屠户杀猪宰牛、杀生害命的事，笫85窟"楞伽经变"中出现肉坊，以此作为警示。画面上肉铺多绘有狗，这一方面是说狗食肉，以狗烘托肉坊的气氛；另一方面是为了将卖肉、食肉者与狗为伍来加以贬低。佛经《大乘入楞伽经·断食肉品》中对为什么不能杀生、不能食肉的解释是："一切众生从无始来，在生死中轮回不息。靡不曾作父母兄弟男女眷属乃至朋友亲爱侍使，易生而不受鸟兽等身。云何于中取之而食？大慧，菩萨摩诃萨。观诸众生同于己身，念肉皆从有命中来，云何而食？……在生处观诸众生皆是亲属，乃至慈念如一子想，是故不应食一切肉。"[①]这段经文以轮回学说为基础，强调人类是众生中的一员，与其他所有生物都是绝对平等的，因为大家都在生死中轮回不息，所以观诸众生同于己身、观诸众生皆是亲属，这是佛教重要的生物生态观。

佛教主张的放生是保护动物，特别是保护野生动物的重要方式。放生是佛教的一个习俗，南朝梁武帝奉佛戒杀，祭祀供献时都用面粉做牺牲，放生之俗由此兴起。唐宋时期每年的放生会大多在四月初八佛诞日举行，人们将被捕获的鱼鸟等各种禽兽买回，放归于山林、池沼，体现了好生之德，起到了保护动物资源的良好作用。莫高窟盛唐第148窟、晚唐第12窟《药师经变》中绘有放生的场面。第12窟北壁《药师经变》的画面中，一个寺院正在举办放生法会，竖幢幡，立灯轮，设供台，僧人在布置着供品。还有一位正在放生的长者，一只小鸟展翅飞翔，另一只小鸟正准备从长者手上腾飞，翅膀还没有完全展开，长者手上还有第三只小鸟。画面上长者的前面还有几个人，他们正在观看这一善行，其中一人手里牵着羊，羊正抬头仰望获得自由之飞鸟。放生是因佛教戒杀生而来，虽然主要是遵循生死轮回之说，但也体现了人们希望保护野生动物的一种意识。

敦煌壁画中还反映出人们对战马的喜爱。如晚唐笫12窟《法华经变》中有一幅《作战图》，描绘的是旌旗飘扬、战马奔腾的热闹情形，说明战马在古代战争中的重要性。西魏第285窟中有一幅《五百强盗成佛图》，描绘的是强盗们与官兵进

---

① 《大正藏》第16册，1934年，第623页。

行战斗、被俘并被佛教感化转变的场面，画面中的强盗们徒步而战，官兵们却身披铠甲、手握长枪、骑着骏马，明显占据优势（图 3-12）。骑马对取得战争的胜利是至关重要的，人们将胜利的希望寄予战马，形成了崇尚战马的观念，也促使了人们对马匹的珍惜与爱护。

图 3-12　五百强盗成佛故事（第 285 窟　西魏）

资料来源：敦煌文物研究所编：《中国石窟·敦煌英文窟》第 1 册，文物出版社，1982 年，第 131 图

此外，敦煌壁画中还反映出牛在百姓生活中的巨大作用。牛奶是人们重要的饮品。莫高窟中唐第 159 窟就有《挤奶图》，图中描绘的是一个妇女蹲在庄门外母牛的腹下挤奶的场景，墙下有位少年牵着一头小牛，竭力制止它去吃奶。而小牛挣扎着想要奔向母牛，母牛也在呼唤着它的孩子。牛耕地、耙地的场景在敦煌壁画中也有反映。如宋初第 61 窟便有《耕获图》，描绘出农民驱使两头牛耕地、耙地的情形。隋代第 62 窟中的《供养人与牛车》的壁画还描绘出了用牛来拖车的景象。北魏第 431 窟也有类似的画面，描绘的是一头健壮的牛已经卸下车子趴在一边休息的场景。牛也可以坐骑，初唐第 323 窟就有小孩骑牛而行的情景。

以上壁画的内容都说明牛在民间，无论是在生活中还是在生产中，都与人们有着密切的关系。人们从使用牛到珍惜牛，再到寄予希望，形成了对牛的信仰，逐渐相因成俗。而这种对马、牛的重视、信仰乃至迷信都无疑可以使得人们对动物资源进行有效的利用与积极的保护。①

———————

① 胡同庆：《初探敦煌壁画中的环境保护意识》，《敦煌研究》2001 年第 2 期，第 51—59 页。

第三节　水资源的爱惜与保护意识

一、水利设施的维修意识

敦煌卷子中有许多关于水利建设的史料。如敦煌文书《沙州都督府图经》（P.2005）记载：前凉刺史杨宣在州南"造五石斗门，堰水溉田"，开凿了长 15 里的阳开渠；又"以家粟万斛，买石修理"，于州北整治了长 45 里的北府渠，该渠"其斗门垒石作，长卅步，阔三丈，高三丈"，非常牢固，至盛唐时仍能使用。前凉敦煌太守阴澹又于州西南"都乡斗门上，开渠溉田"，修建了长 7 里的阴安渠，"百姓蒙利而安，因以为号"。西凉敦煌太守孟敏"于州西南十八里，于甘泉都乡斗门上，开渠溉田"，建造了长 20 里的孟授渠，"百姓蒙赖，因以为号"。[①]唐代前期，敦煌的水利建设及整个社会经济获得了更大规模的发展。笔者曾依据敦煌文书 P.2005 及一批唐代受田户籍、地亩文书、典租契约等史料，考证出有唐一代敦煌地区曾进行了大规模的水利建设，开掘了 8 条大河母（主干渠），即阳开渠、北府渠、阴安渠、孟授渠、都乡渠、宜秋渠、神农渠、东河渠，它们贯通敦煌东南西北 4 大片绿洲；其支渠和子渠（斗渠）近百条，如无穷渠、乡东渠、两支渠、平渠、八尺渠、塞门渠、宜秋西支渠、宜秋东支渠、都乡东支渠、千渠、平都渠、总同渠、第一渠、瓜渠、官渠、沙渠、赵渠、灌津渠、大壤渠、王使渠、夏交渠、三支渠、长酋渠、高渠、白土渠、凡渠、双渠、蒲桃渠、河北渠、武都渠、员佛图渠、神龙渠、抱辟渠、忧渠、菜田渠、第一渠、双树渠、涧渠、两冈渠、宋渠、寺底渠、多农渠、张桃渠、利子渠、八尺渠、小第一渠、泉水渠、辛渠、胡渠等，它们分列干渠两侧，呈羽状或枝状展布，整齐罗置，很有规则，说明这是经过政府有计划、有组织地统一布设、精心开掘的。此外，位于县城西南 140 里的南湖绿洲也开有大渠、长支渠、石门涧、无卤涧等数条独立灌渠。敦煌地区虽地处边郡，但其水利工程建设的规模之宏大、渠系堰坝的配套之完备，管水配水的制度

---

① 唐耕耦、陆宏基编：《敦煌社会经济文献真迹释录》第 1 辑，第 2—23 页。

之严密，实在是令人赞叹的。[①]

对于干旱地区而言水资源无疑是最宝贵的自然资源，敦煌文书 S.5874《地志残页》载："本地，水是人血脉。"[②]是说这些灌溉渠道如同人体内血脉之流通，给当地农业生产及人们的生计提供了重要的保障。例如，S.2103《酉年（805 年）十二月沙州灌进渠百姓李进评乞给公验牒》记载，沙州城南七里的"神农河母，两勒汛水，游于沙坑"[③]，可见神农渠水源充足，每逢夏季水丰季节，潮汛上涨，有可能会造成水患灾害，通过分流灌溉，被引入灌进渠等支渠，既可用来浇溉田地，又在一定程度上防御洪水灾害。

又如，北府渠在汉唐时期一直是敦煌北部绿洲的主干渠道，前凉时沙州刺史杨宣花巨资维修，降及唐代其作用更加重要，灌溉规模更为扩大。P.4989《年代未详（九世纪后期）沙州安善进等户口田地状》记：

> 又请北府新渠地壹段兼舍壹分，拾壹畦共拾捌亩，东至子渠……北至新渠。[④]

S.2214v《年代不明纳支黄麻地子历》、P.3935《翟员子户等请地亩稿》等，皆记有北府渠（一作北阜渠）新辟土地灌溉之事。

除了主干渠道外，一些支渠也发挥了重要的灌溉作用。以官渠为例，S.6452b《辛巳年（981 年）十二月十二日周僧正于常住库借贷油面物历》载："廿六日，连面二斗，官渠种麦人吃用"；"八月十二日，连面六斗，官渠用，押衙取"；"十七日，连面四斗，官渠收菜用，咸教取"[⑤]。又 P.3396《年代未详（十世纪）沙州诸渠诸人粟田历》、P.3396V《年代未详（十世纪）沙州诸渠诸人菰园名目》以及上引 P.4989 等文书中都有官渠的记载，说明官渠在水利灌溉方面发挥了重要作用。

P.3560v《沙州敦煌县地方行用水溉田施行细则》，为盛唐时期制定的地方性的

---

① 李并成：《唐代敦煌绿洲水系考》，《中国史研究》1986 年第 1 期，第 159—168 页。

② 李并成、高彦：《汉晋简牍所见西北水利官员》，《中国社会科学报》2017 年 8 月 14 日，第 5 版。

③ 李并成：《唐代敦煌绿洲水系考》，《中国史研究》1986 年第 1 期，第 159—168 页。

④ 唐耕耦、陆宏基编：《敦煌社会经济文献真迹释录》第 2 辑，第 472 页。

⑤ 黄永武编：《敦煌宝藏》，第 46 册，第 638 页。

溉田用水细则，该细则分干、支、子等各级渠道细列其行水次序，并详述有关浇春水、浇场苗、重浇水、更报重浇水、更报浇麻菜水、正秋水、准丁均给水等的具体规定，贯穿了以"均普""适时"和优先保证主要产粮区用水为核心的灌溉原则。这一细则"古老相传，用为法制"，它在当地与政府的其他政令具有同等效力。这一套完整的灌溉制度和用水原则即使在今天仍有重要的借鉴意义。

敦煌如此，河西其他地区也不例外。长安元年（701 年）郭元振出任凉州都督、陇右诸军大使时，"遣甘州刺史李汉通开置屯田，尽水陆之利"，结果"稻收丰衍。旧凉州粟斛售数千，至是数年登，至匹缣易数十斛，支廥十年，牛羊被野"。[①]陈子昂指出，"甘州诸屯，皆因水利，浊河灌溉，良沃不待天时，四十余屯，并为奥壤"[②]。慕少堂考出，张掖南部黑河上的盈科渠、大满渠、小满渠、大官渠、永利渠、加官渠等亦皆是唐时兴建，可灌田 465 400 余亩。[③]瓜州（今安西）一带亦建有完备的水利系统，利用冰雪融水灌溉农田。《旧唐书·张守珪传》记载："瓜州地多沙碛，不宜稼穑，每年少雨，以雪水溉田。……守珪使取（材木）充堰，于是水道复旧。"[④]

不仅官府、百姓十分重视对河渠的修护，唐至五代时期敦煌的许多寺院亦积极开展修筑水渠、维护河堤诸事。如 P.2838《中和四年（884 年）正月安国寺上座比丘尼体圆等诸色解斗入破历算会牒残卷》载："麦一硕、油三胜、粟一硕，合寺徒众修河斋时用。"[⑤]这是安国寺（尼寺）全体尼众参加河渠的修造，并自行负担饭食费用的记录。P.2930《年代不明（公元十世纪）诸色破用历》载："麦四斗沽酒歌水道日众僧食用。"[⑥] S.4705《年代不明（十世纪）诸色斛斗破历》载"……斗，十八日众僧修河……同日上修查掘拾……"[⑦]S.4373《癸酉年（913 或 973 年）六月一日皂户董流达园皂所用抄录》载："八月三日，柽壹车，又枝壹车、掘三十笁、木

① 《旧唐书》卷 97《郭元振传》，第 2060 页。

② （唐）陈子昂：《上西蕃边州安危事》，《全唐文》卷 211，北京：中华书局，1983 年，第 2140 页。

③ 慕少堂：《甘州水利溯源》，《新西北》1940 年第 4 期。

④ 《旧唐书》卷 103《张守珪传》，第 2163 页。

⑤ 黄永武编：《敦煌宝藏》，第 124 册，第 437 页。

⑥ 唐耕耦、陆宏基编：《敦煌社会经济文献真迹释录》第 3 辑，第 237 页。

⑦ 唐耕耦、陆宏基编：《敦煌社会经济文献真迹释录》第 3 辑，第 289 页。

大少（小）十二条，官家处分于阎家碨后修大渣（闸）用。"①官府修水闸，寺院提供木枝等建造材料。P.3490v《辛巳年（921 或 981 年）某寺诸色解斗破历》载："面陆斗叁胜西窟修堰僧食用。"②以上记载说明敦煌僧人对兴修水利、保护环境亦有着强烈的意识。

除河水灌溉外，敦煌还有关于一些井水灌溉的记载。如 P.3394《唐大中六年（852 年）僧张月光、吕智通易地契》载："▢▢▢▢（宜秋平）都南枝渠上界舍地壹畦壹亩，井墙及井水。"③这一畦一亩地恐是用井水灌溉的。此文书第 6、8 行也提到了井水，第 11 行中有 "又月光园内有大小树子少多，园墙壁及井水开道……"。又 P.3744《年代未祥（公元 840 年）沙州僧张月光兄弟分家书》载："大门道及空地车敞并井水，两家合。"④提到了井水。P.3929《敦煌古迹廿咏·凿壁井咏》载："尝闻凿壁井，兹水最为灵。色带三春绿，芳传一味清。……德重胜珠雨，诸流量且轻。"⑤从 "色带三春绿……德重胜珠雨" 句看，此凿壁井应为可用于灌溉之井，对抗旱、润田发挥了重要作用。此外，敦煌文书 P.2685 载有 "地下渠"，S.6235 载有 "河底渠"，这似乎亦是提引地下水的渠道。

井水除可用以溉田外，更主要的作用还在于作为人与牲畜的饮用之水源。如 S.2832《庆义井》曰："发心普济，善念俱怜。故能置义井于途中，引妙泉于路侧，致使来宾去客，得免渴泛（乏）之忧；去马来牛，共饮清泉之乐。"⑥这是置于路边，供行人及牲畜的饮用水。由于受地理环境的影响，来往行人经过长期的跋涉，在沙漠、戈壁中需要大量的水，义井的存在为他们提供了方便，因而修义井也就成为出家人的功德之一。P.2930a《年代不祥（公元十世纪）诸色破用历》载："面柒斗修井日众僧斋食时用。"⑦ S.1053V《己巳年（909 或 969 年）某寺诸色入破历算会残卷》载："粟肆斗，淘（淘）井日用。"⑧ S.530《索法律和尚义窟铭》载 "耕

---

① 唐耕耦、陆宏基编：《敦煌社会经济文献真迹释录》第 3 辑，第 183 页。

② 唐耕耦、陆宏基编：《敦煌社会经济文献真迹释录》第 3 辑，第 191 页。

③ 唐耕耦、陆宏基编：《敦煌社会经济文献真迹释录》第 2 辑，第 2 页。

④ 唐耕耦、陆宏基编：《敦煌社会经济文献真迹释录》第 2 辑，第 147 页。

⑤ 黄永武编：《敦煌宝藏》，第 132 册，第 314 页。

⑥ 黄征、吴伟校注：《敦煌愿文集》，长沙：岳麓书社，1995 年，第 81 页。

⑦ 唐耕耦、陆宏基编：《敦煌社会经济文献真迹释录》第 3 辑，第 237 页。

⑧ 唐耕耦、陆宏基编：《敦煌社会经济文献真迹释录》第 3 辑，第 340 页。

田凿井"①，成为大乘贤者的高尚品质。寺院在需水之处，修筑井泉，以供民众汲饮，诚为善举。在敦煌壁画中就有行人在井边饮马休息的画面。如隋开皇四年（584年）修笺 302 窟《福田经变》中的汲水饮马图，除了庄园和路边置井外，宅院内也多有水井，以供个体家庭的生活之用。如 P.5979《入宅文》中有"井植双桐树"②之句。此外 S.5637、S.5957、P.3765 等文书中亦有此类记载。总之，地下水的开采，在一定程度上成为水利系统的重要组成部分。有学者认为，这些对水资源的开发、利用活动，表明敦煌民众对水资源的保护、利用，改善生存环境的意识已得到很大提高。③

二、关于水的传说及民众祭祀

自汉代以来，敦煌就产生了一些关于水的美丽传说，同时为了缓解当地旱情，频频举行祈雨活动，祭祀与水有关的一切神灵。今敦煌市东六十余千米有一处名为"吊吊水"的水沟，即汉唐时有名的悬泉水，当时流传着汉贰师将军李广利西伐大宛回军时途经此水"刺壁飞泉"的故事。P.2005《沙州都督府图经》"悬泉水"条云：

> 右在州东一百卅里，出于石崖腹中，其泉傍出细流一里许即绝，人马多至水即多，人马少至水出即少。④

《西凉录·异物志》云：

> 汉贰师将军李广利西伐大宛，回至此山，兵士众渴乏，广［利］乃以掌拓山，仰天悲誓，以佩剑刺山，飞泉涌出，以济三军。人多皆足，人少不盈.

---

① 唐耕耦、陆宏基编：《敦煌社会经济文献真迹释录》第 5 辑，第 152 页。
② 黄永武编：《敦煌宝藏》，第 135 册，第 654 页。
③ 韦宝畏、许文芳：《汉元间敦煌地区的水资源开发——基于敦煌资料的考察与探讨》，《干旱区资源与环境》2010年第 11 期，第 110—113 页。
④ 唐耕耦、陆宏基编：《敦煌社会经济文献真迹释录》第 1 辑，第 3—4 页。

侧出悬崖，故曰悬泉。①

P.3929《敦煌古迹二十咏·贰师泉咏》：

> 贤哉李广利，为将讨匈奴。
> 路指三危迥，山连万里枯。
> 抽刀刺石壁，发矢落金乌。
> 志感飞泉涌，能令土马苏。②

都乡河（今党河）是敦煌地区的主要水源，出于对水的渴求和喜爱之情，敦煌人把都乡河视为面若芙蓉、朱唇皓齿的年轻女神，起名"都河玉女娘子"。传说每年春天她骑着白马从南山飘然而来，"吐沧海，泛洪津"，给大地带来珍贵的及时雨。人们祈求这位玉女娘子能使"天沐膏雨，地涌甘泉"，帮助他们获得"俾五稼时稔"③，使百姓获得丰年的好收成。

P.2005《沙州都督府图经》载有"雨师神"。其实雨师之祭，早在春秋时期便有文字记载。《周礼·春官·大宗伯》："以禋燎祀司中、司命、风师、雨师。"④《隋书·礼仪志二》载："国城西南八里，金光门外为雨师坛，祀以立夏后中，坛皆三尺，牲以少牢。"⑤此后历代相沿，均有雨师之祭。对于干旱少雨的敦煌而言，对雨水的渴求，对丰收的渴望，使他们对雨师之祭更显虔诚，正如 P.2748《敦煌廿咏·安城祆咏》中所描绘的：

> 板筑安城日，神祠与此兴。一州祈景祚，万类仰休征。蘋藻来无乏，精灵若有凭。更看雩祭处，朝夕酒如绳。⑥

---

① 郑炳林校注：《敦煌地理文书汇辑校注》，第 6 页。
② 黄永武编：《敦煌宝藏》第 132 册，第 314 页。
③ 黄征、吴伟校注：《敦煌愿文集》，第 22 页。
④ 黄公渚选注：《周礼》，上海：商务印书馆，1936 年，第 53 页。
⑤ 《隋书》卷《礼仪志二》，第 102 页。
⑥ 黄永武编：《敦煌宝藏》，第 123 册，第 588 页。

唐宋时期，敦煌在每年立夏后申日都要举行雨师之祭。一旦祈雨成功而降雨，人们还要贺雨，以示庆祝。如 S.4474a《贺雨》：

> 为久愆阳，长川销烁。自春及夏，惟增趁弈之辉；祥云忽飞，但起罢尘之色；鹿野无稼，苍生罢农。于是士庶恭心，缁侣虔敬。遂启天龙于峰顶，祷诸佛于伽蓝；及以数朝，时时不绝。是以佛兴广愿，龙起慈悲；命雷公，呼电伯。于是密云朝〔凝〕，阔布长空；风伯前驱，雨师后洒。须臾之际，滂野田畴。遥山带月媚之容，树加丰浓之色；芳草竞（竞）秀，花蕊争开；功人怀击缶之欢，田父贺东口（皋）之咏。①

敦煌民众对水神的崇仰和祭祀还可见于东水池、分流泉等处的赛神活动。P.4640《己未年至辛酉年（899—901年）归义衙内破用纸布历》记：庚申年（900年）三月三日，"三水池并百尺下分流泉等三处赛神用钱财粗纸壹帖"；辛酉年（901年）三月三日，"东水池及诸处赛祆用粗纸壹帖"②。又 S.3728《乙卯年（955年）二、三月押衙知柴场司安佑成状并判凭》载：是年三月三日，"东水池赛神熟肉桎玖束"③。

古代敦煌人民并没有沉迷于佛国描绘的清凉世界里，也未完全依赖雨师、雷神等神灵的恩赐，他们在长期的生产实践中，懂得了如何利用水源，保护水源，并不断改进用水、管水的技术，以期使有限的水资源发挥更大的效益。

三、水资源的管护意识

（一）水利官员及相关管水人员的设置

唐朝中央设置了水部和都水监，水部隶属工部，有水部郎中、员外郎及主事等官员。《唐六典》卷7："水部郎中、员外郎掌天下川渎、陂池之政令，以导达沟

---

① 黄永武编：《敦煌宝藏》，第36册，第274页。
② 唐耕耦、陆宏基编：《敦煌社会经济文献真迹释录》第3辑，第262页。
③ 唐耕耦、陆宏基编：《敦煌社会经济文献真迹释录》第3辑，第618页。

洫，堰决河渠。凡舟楫、灌溉之利，咸总而举之。"①《旧唐书》卷 43《职官志》亦如此记载。《新唐书》卷 46《百官志》记之更详："水部郎中、员外郎各一人，掌津济、舡舻、渠梁、堤堰、沟洫、渔捕、运漕、碾硙之事。凡坑陷、井穴，皆有标。京畿有渠长、斗门长，诸州堤堰，刺史、县令以时检行，而莅其决筑，有隳，则以下户分牵，禁争利者。"②可见水部郎中、员外郎主管有关各类水利事项的政令及其行政事务。京畿设有渠长、斗门长，诸州刺史、县令须亲莅检行堤堰水利事务。与之同时，唐代还设有都水署及其所属河渠署，为尚书省外专门管理水利的机构，掌河渠、津梁、堤堰等的监督巡察事项。《通典》卷 27《职官九》载："唐武德八年置都水台，后复为都水署，置令，隶将作。贞观中复为都水监，置使者。龙朔二年改都水使者为司津监丞。咸亨元年复旧。光宅元年改都水监为水衡，置都尉。神龙元年复为都水监，置使者二人，分总其事，不属将作，领舟楫、河渠二署。"③《唐六典》卷 23 "都水监"条载："都水使者掌川泽、津梁之政令，总舟楫、河渠二署之官属……凡京畿之内渠堰陂池之坏决，则下与所由，而后修之。每渠及斗门置长各一人，以庶人年五十已上并勋官及停家职资有干用者为之。至溉田时，乃令节其水之多少，均其灌溉焉。每岁，府县差官一人以督察之；岁终，录其功以为考课。"④同时，都水监还置丞二人、主簿一人。"丞掌判监事。凡京畿诸水，禁人因灌溉而有费者，及引水不利而穿凿者；其应入内诸水，有余则任王公、公主、百官家节而用之。主簿掌印，勾检稽失。"⑤河渠署置令一人、丞一人。"河渠令掌供川泽、鱼醢之事；丞为之贰。凡沟渠之开塞，渔捕之时禁，皆量其利害而节其多少……"⑥

至于诸州县地方水官的设置，正史中的记载十分简略，但在敦煌文书中却留下了不少相关资料，弥足珍贵。根据上面行文可知，都水官司是唐前期地方州县主管水利的机构，属于中央都水监管理，长官称都水令。由 P.3265《报恩寺开温

① （唐）李林甫等撰，陈仲夫点校：《唐六典》，第 225 页。
② 《新唐书》卷 46《百官一》，第 791 页。
③ （唐）杜佑撰：《通典》，北京：中华书局，1988 年，第 769 页。
④ （唐）李林甫等撰，陈仲夫点校，《唐六典》，第 599 页。
⑤ （唐）李林甫等撰，陈仲夫点校，《唐六典》，第 599 页。
⑥ （唐）李林甫等撰，陈仲夫点校，《唐六典》，第 600 页。

室浴僧记》知，该温室为令狐义忠为其亡父敦煌都水令所建功德。云：

> 则有至孝孤子令狐义忠，奉谓（为）考君右骁骑卫隰州双池府左果毅都
> 尉赐紫金鱼袋上柱国敦煌都水令太原令狐公之建矣。惟公英奇超众，果敢非
> 常，早达五五，晓之九法。厚参半次，统以千渠。海量山怀，松贞椿茂。荣
> 陪紫绶，抚益珠门。宁其寿尽算丹，沉形九地。[①]

都水令统管一州境内的诸水渠系。由于在敦煌这样的沙漠绿洲地带，水是农
业生产的关键因素，水利设施的好坏对于保证农业生产的顺利进行非常重要，故
而当地州县官员往往亲自参与，时时加以巡察，或者差遣一官检校负责。上引《唐
开元二十五年（737 年）水部式残卷》亦云："沙州用水浇田，令县官检校。"县官
须亲自检校用水浇田的事宜，也可由此看出敦煌地区州县政府对农业灌溉的重视。
前引通行于敦煌地区的《沙州敦煌县地方行用水溉田施行细则》说道，"往日水得
遍到城角，即水官得赏，专知官人即得上考"，这里的"专知官人"，应当包括州
县官、沙州水司的都水令及其下属诸水官等。

唐前期在西州（今吐鲁番）也设置有"知水官"，管理水利诸事，如阿斯塔那
509 墓出土的《唐开元二十二年（734 年）西州高昌县申西州都督府牒为差人夫修
堤堰事》，就记载到知水官杨嘉挥、巩虔纯二人。

不仅唐代前期如此，吐蕃占领时期敦煌的主要生产方式仍以农业为主，水利
事业沿而未衰。文书显示，吐蕃贵族承袭沿用了唐代的水利制度，仍设水官之职，
管理水利事宜。文书中经常出现水官与营田官联署判理水渠附近农田纠纷事件的
相关记载。例如，P.3613《申年（804 年）正月令狐子余牒及判词》载：

> （一）
> 孟授索底渠地六亩，右子余上件地，先被唐朝换与石英顺。其地替在南
> 支渠，被官割种稻，即合于丝绵部落得替，望请却还本地。子余
> 比日已来，唯凭此地与人分佃，得少多粮用，养活性命。请乞哀矜处分。

---

① 黄永武编：《敦煌宝藏》，第 127 册，第 226 页。

牒件状如前谨牒。

申年正月　日　百姓令孤子余牒。

付水官与营田官同检上。润示。　九日。

（二）

孟授渠令孤子余地陆亩，右件地，奉判付水官与营田官同检上者。谨依就检，其地先被唐清换与石英顺，昨寻问令孤子［余］，本口分地分付讫。谨录状上。牒件状如前谨牒。

申年正月　日　　营田副使阚□牒

水官令孤通　准状。润示。　十五日。①

冯培红研究认为，由此件文书可以得知：①孟授渠及其支渠索底渠、南支渠在吐蕃占领时期仍发挥着水利灌溉的功用。②唐朝的乡里制度为吐蕃部落制所取代，丝绵部落聚居在孟授渠灌区内。③吐蕃统治敦煌时期对农田水利的管理，沿袭唐朝官制，设置水官、营田官等职，负责管理垦田耕作与行水灌溉之事，并处理因此发生的民事纠纷事件。文书中水官与营田副使联署判理令孤子余六亩田地一事，反映了吐蕃时期对于诸渠田地、农田灌溉的妥善合理的措置。④对令孤子余请还田地事件的处理，前后所用时间不过六天，说明吐蕃时期判理此类纠纷事件效率较高。②此外，S.3074V《吐蕃占领敦煌时期某寺白面破历》也记载到水官："廿六日，白面肆斗，付龙真英，充屈水官。"③

晚唐五代宋初归义军时期（848—1036 年），敦煌专设水司，为其节度使府所设诸司之一，掌有关农田灌溉、修渠造堰、祭祀水神诸事宜。P.4640《己未年至辛酉年（899—901 年）归义军衙内破用纸布历》中多处提到水司：

九月九日，支水司都乡口赛神钱财纸壹帖。

十八日，支与水司盘潍粗纸壹帖。

廿三日，支与水司马圈口赛神粗纸叁十张。

---

① 唐耕耦、陆宏基编：《敦煌社会经济文献真迹释录》第 2 辑，第 281 页。

② 冯培红：《唐五代敦煌的河渠水利与水司管理机构初探》，《敦煌学辑刊》1997 年第 2 期，第 67—83 页。

③ 唐耕耦、陆宏基编：《敦煌社会经济文献真迹释录》第 3 辑，第 169 页。

五日，支与水司北府括地细纸壹帖。①

P.3501V《后周显德五年（958年）押衙安员进等牒》之第三件亦提及"水司"：

右员进户口繁多，地水窄少，昨于千果下尾道南有荒地两曲子，□（欲）
拟员进于官纳价请受佃种，恐怕窄私搅扰，及水司把勒，[伏乞]
令公鸿造，特踢判印。伏听凭由，裁下处分。押衙安员进。②

除掌管水利及诸渠灌溉之事外，马圈口、都乡口等重要的水利枢纽举行赛神
活动，亦由水司主持。水司的最高长官应为都渠泊使，其职权相当于唐代前期的
敦煌都水令。P.4986《京兆杜氏邈真赞并序》载："前河西节度押衙银青光禄大夫
检校国子祭酒兼殿中侍御史勾当沙州要（水）司都渠泊使钜鹿索公故妻京兆杜氏
邈真赞并序。"③ "要司"显系"水司"之误，归义军府衙并无要司之设，且都渠
泊使显然是水司官员。该索公即担任敦煌水司都渠泊使一职。都渠泊使又可称作
管内都渠泊使（P.3501V），或二州八镇管内都渠泊使。P.2496p1《状半截》载："□
□□□□□起居不宣，谨状。二月一日，内亲从都头知二州八镇管内都渠泊使兼
御史大夫翟宰相阁下谨空。"④所谓"二州八镇"即当时归义军政权统辖范围，其
所辖沙、瓜二州及悬泉、雍归、新城、会稽等八镇。P.3501V《后周显德五年（958
年）押衙安员进等牒（稿）》，提到"管内都渠泊使高定清"⑤。都渠泊使下置水官，
员额颇多，分管各渠水利。

文书显示，归义军时期都渠泊使下设多名水官，分管诸渠水利灌溉等事务，
文书中所见水官有罗、翟、索、曹、阴、陈、陆等姓。如S.2199《咸通六年（865
年）尼灵惠唯书》尾即有"索郎水官"⑥的押署。又如，P.3165V《年代不明（十

① 唐耕耦、陆宏基编：《敦煌社会经济文献真迹释录》第3辑，第259、264页。
② 唐耕耦、陆宏基编：《敦煌社会经济文献真迹释录》第2辑，第302页。
③ 黄永武编：《敦煌宝藏》，第135册，第99页。
④ 黄永武编：《敦煌宝藏》，第121册，第161页。
⑤ 唐耕耦、陆宏基编：《敦煌社会经济文献真迹释录》第2辑，第302页。
⑥ 唐耕耦、陆宏基编：《敦煌社会经济文献真迹释录》第2辑，第153页。

世纪）某寺入破历算会牒残卷》载："四斗口水官用。"①S.5008《年代不明（十世纪中期）某寺诸色入破历算会牒残卷》载："麦壹硕，粟壹硕，水官马料用。"②P.3763V《年代不明（十世纪中期）净土寺诸色入破历祘会稿》载："粟叁斗沽酒，就宅看曹水官用。"③ P.3764V《年代不明（十世纪）十一月五日社司转帖》提到"罗水官""赵平水"④。P.4003《壬午年（923年？）十二月十八日渠社转帖》提及"翟水官"⑤。S.6981《辛酉至癸亥年入破历》记有："麦三石一？水官娘子施入。"⑥S.1522c《年代不明（九世纪后期或十世纪前期）某寺布破历》载："布五尺，吊孝水官用。"⑦S.1519b《辛亥年（891或951年）十二月七日后某寺直岁法胜所破油面等历》载："廿九日，酒壹角请翟水官助行像用。"⑧水官亦参加佛教行像活动。P.4906《年代不详（十世纪）某寺诸色入破历》载："粟壹斗，大让河破，沽酒看水官用。"⑨ 大让河即大让渠，亦作大壤渠，渠道破损，须由水官负责组织渠人修补。P.2032V《后晋时代净土寺诸色入破历算会稿》记："面柒斗，造食平河口盖桥看水官等用……布伍尺，曹家郎君发吊故水官郎君用……粟肆斗，沽酒看水官用……豆伍硕，水官梁子价用……布壹匹，水官上梁人事用……面伍升、粟贰斗，罗平水造文书日，造胡饼沽酒用……粟壹斗，罗平水庄上斫柳木用……雁豆伍硕，于罗平水买柳木及梁子用……麦拾伍石，罗平水利润入。"⑩平河口为三丈渠（东河）的分水口，设有平河斗门，为敦煌重要水利枢纽之一，归义军时期经常在这里举行赛神活动。平河口盖桥之事亦由水官负责，督众建造。

P.2040V《后晋时期净土寺诸色入破历算会稿》载："粟叁斗，将看阴水官觅

① 唐耕耦、陆宏基编：《敦煌社会经济文献真迹释录》第3辑，第541页。
② 唐耕耦、陆宏基编：《敦煌社会经济文献真迹释录》第3辑，第555页。
③ 唐耕耦、陆宏基编：《敦煌社会经济文献真迹释录》第3辑，第513页。
④ 唐耕耦、陆宏基编：《敦煌社会经济文献真迹释录》第1辑，第319页。
⑤ 黄永武编：《敦煌宝藏》，第132册，第468页。
⑥ 唐耕耦、陆宏基编：《敦煌社会经济文献真迹释录》第3辑，第140页。
⑦ 黄永武编：《敦煌宝藏》，第11册，第355页。
⑧ 唐耕耦、陆宏基编：《敦煌社会经济文献真迹释录》第3辑，第178页。
⑨ 唐耕耦、陆宏基编：《敦煌社会经济文献真迹释录》第3辑，第235页。
⑩ 唐耕耦、陆宏基编：《敦煌社会经济文献真迹释录》第3辑，第455页。

木用。"①阴水官觅木的目的也应在于维修河流水利设施。S.1625《后晋天福三年（938年）十二月六日大乘寺徒众诸色斛斗入破历祘会牒残卷》云："麦粟陆拾叁硕贰斗伍升，内丁酉戊戌贰年中间，沿河下白刺，买木打砧抢，雇钏四大口，水官马料烟火，买网鹰人饭，马圈口佛盆等用。"②白刺主要用以砌筑河堤和堵塞决口，需用量大，砧抢恐亦为河渠所用。S.4705《年代不明（十世纪）诸色斛斗破历》云："十五日，水官黄麻伍斗。又前砲皮索断麦四石。又上头修查官家及水官送酒用，麦粟九斗。"③黄麻亦应是修渠之用。S.5008《年代不明（十世纪）某寺诸色入破历祘会牒残卷》云："麦贰斗，粟贰斗，买笆篱纳（水）官用。麦贰斗，粟贰斗，买笆篱纳水用官。"④前一句少一"水"字，后一句"用官"二字颠倒。笆篱系用芨芨、柽柳枝条等编成，以备防洪堵漏，需交纳水官备用。P.3763V《年代不明（十世纪中期）净土寺诸色入破历算会稿》中，亦多处提及笆篱："麦两硕，支与王骨儿笆篱价用。麦伍斗，支与唐清奴笆篱价用。麦两硕，支与程富子笆篱价用。麦肆斗，支与安谷穗笆篱价用。"⑤P.2032V亦记："面三斗、油一抄、麦八升、粟八升卧酒，造笆篱人及拣治佛炎博士用……粗面二斗、粟面二斗，与宋贤者造笆篱价用……麦一石，卖（买）索恩子笆篱用……面三斗，造笆篱博士用。"⑥说明当时敦煌有专门从事造笆篱之人，可见其需用量较多。

从以上文书可以看出，归义军时期设置的水官也较多，这与当时人们对水资源的珍视、水利灌溉意识强烈，以及敦煌水利发达、管理河渠堤堰事务复杂相关。凡判理渠田纠纷、维修护理河渠、建造堤堰桥梁诸事，皆由水官出面负责并具体办理。

沙州水司除了都水令、水官外，还在诸县设置平水一职。P.3560V《沙州敦煌县行用水细则》云：

---

① 唐耕耦、陆宏基编：《敦煌社会经济文献真迹释录》第3辑，第401页。
② 唐耕耦、陆宏基编：《敦煌社会经济文献真迹释录》第3辑，第398页。
③ 唐耕耦、陆宏基编：《敦煌社会经济文献真迹释录》第3辑，第289页。
④ 唐耕耦、陆宏基编：《敦煌社会经济文献真迹释录》第3辑，第555页。
⑤ 唐耕耦、陆宏基编：《敦煌社会经济文献真迹释录》第3辑，第516页。
⑥ 唐耕耦、陆宏基编：《敦煌社会经济文献真迹释录》第3辑，第455页。

承前已来，故老相传，用为法则。依问前代平水校尉宋猪，前旅帅张诃、邓彦等。行用水法，承前已来，递代相承用。①

"平水"意为"平治水利"，平均分配用水。《汉书》卷 89《邵信臣传》记载他任职南阳太守时"作均水约束，刻石立于田畔，以防分争"②，意思大致相同。《后汉书·百官五》载，东汉时郡县"有水池及鱼利多者置水官，主平水收渔税"③。有学者认为，此时的"平水"还不是官职，而是指水官的具体职责是"平水"和收取渔税。然而，我们在敦煌悬泉汉简中看到，汉代敦煌就有"平水史"的设置，属于当时"史"一级的官员。悬泉Ⅱ0114②：294 简："出东书四封，敦煌太守章……合檄一，鲍彭印，诣东道平水史杜卿……"④杜卿担任东道平水史，显然属于水利方面的官职。可见，早在汉代郡县就应有"平水史"一职设置。曹魏正始年间孟康为弘农太守，"时出案行，皆豫敕督邮平水，不得令属官遣人探候，修设曲敬"⑤，可知其时地方州郡仍设平水之职，且有属官。南朝萧梁中央官制少府卿下有平水署，设令、丞，平水已成为中央政府机构中的官职。唐代沿用汉代旧制，在地方县设平水之职，员额多人，专掌行水溉田事宜，"务使均普"，以免发生因用水不均而造成的民事纠纷。P.3559《唐天宝年代（750 年）敦煌郡敦煌县差科簿》记载了两名寿昌县的平水：

平怀逸，载五十九　　上骑都尉　　寿昌平水

王弘策，载五十六　　飞骑尉　　寿昌平水⑥

笔者以为，敦煌平水史的主要职责可能并非如上引《后汉书·百官五》所记在于收取渔税，因为似敦煌这样的极端干旱地区（敦煌年降水量不足 40 毫米），

① 唐耕耦、陆宏基编：《敦煌社会经济文献真迹释录》第 1 辑，第 396 页。

② 《汉书》卷 89《循吏传》，第 2699 页。

③ 《后汉书》志 28《百官五》，第 2475 页。

④ 胡平生、张德芳编撰：《敦煌悬泉汉简释粹》，第 92 页。

⑤ 《三国志》卷 16《魏书 16》，第 381 页。

⑥ 唐耕耦、陆宏基编：《敦煌社会经济文献真迹释录》第 1 辑，第 253、256 页。

显然并无多少"渔利"可取，而对于有限的水资源合理、适时分配与使用则极为重要。

除上述引文外，敦煌文书中还记有多位平水。前引 P.3763V 即提到："粟壹斗卧酒，罗平水园内折梁子时用。"[①] P.2040V《后晋时期净土寺诸色入破历祚会稿》亦记有罗平水："面一斗，罗平水园内（庄上）折梁子僧食用……豆肆硕伍斗，罗平水梁子价用……粟贰斗，于罗平水买地造文书日看用。"[②] S.6981《申年酉年欠麦得麦历》亦提到"罗平水"[③]。P.3764V 提到"赵平水"[④]。P.2032V《后晋时期净土寺诸色入破历算会稿》记有安平水："麦肆斗，安平水患念诵入……粟四斗，安平水患时念诵入……粟七斗卧酒，安平水举发人事用。"[⑤] P.3231《癸酉年至丙子年平康乡官斋籍七件》提及"令狐平水"[⑥]。P.4716《转帖残片》提及"李平水""子平水"[⑦]。P.3372V《壬申年（973 年）十二月廿二日常年建福转帖抄》提及"马平水"[⑧]。P.2680V《年代不详（十世纪后半叶）纳赠历》提到"穆平水生绢两疋、白绵绫壹尺"[⑨]。S.8448b《某年紫亭羊数名目》残卷提到"龙平水一口""杨平水一百二十五口"[⑩]。

此外，在莫高窟供养人题记中亦保存了有关"平水"的若干条珍贵资料。五代第 98 窟北壁贤愚经变下端东向第 44 身题："节度押衙知南界平水银青光禄大夫检校太子宾客兼监察侍御史郭汉君一心供养。"该窟西壁贤愚经变下端南向第 19 身题："节度押衙知四界道水渠银青光禄大夫检校太子宾客监察史阴弘政供养。"该窟西壁贤愚经变下端北向第 2 身题："节度押衙知北界平水银青光禄大夫检校太子宾客兼监察御史目员子供养。"由此可见，平水主持行水溉田按"南界""四界"等不同区域划分。笔者考得，由于敦煌绿洲自然地势格局及水流走向所限，唐代

① 唐耕耦、陆宏基编：《敦煌社会经济文献真迹释录》第 3 辑，第 513 页。
② 唐耕耦、陆宏基编：《敦煌社会经济文献真迹释录》第 3 辑，第 405 页。
③ 唐耕耦、陆宏基编：《敦煌社会经济文献真迹释录》第 3 辑，第 145 页。
④ 唐耕耦、陆宏基编：《敦煌社会经济文献真迹释录》第 1 辑，第 319 页。
⑤ 唐耕耦、陆宏基编：《敦煌社会经济文献真迹释录》第 3 辑，第 455 页。
⑥ 黄永武编：《敦煌宝藏》第 127 册，第 44 页。
⑦ 唐耕耦、陆宏基编：《敦煌社会经济文献真迹释录》第 1 辑，第 343 页。
⑧ 黄永武编：《敦煌宝藏》第 128 册，第 76 页。
⑨ 唐耕耦、陆宏基编：《敦煌社会经济文献真迹释录》第 1 辑，第 378 页。
⑩ 《英藏敦煌文献》第 12 卷，第 138 页。

敦煌绿洲的灌溉水系可分为东西南北四大片，即"四界"，其中西部绿洲以宜秋渠、都乡渠、孟授渠、阴安渠4条干流为主干渠（大河母）；南部绿洲以阳开渠、神农渠为主干渠，北部绿洲以北府渠为主干渠，东部绿洲以东河水（三丈渠）为主干渠，它们组成绿洲的灌溉网系，哺育了举世闻名的绿洲文明。因而于敦煌绿洲东西南北"四界道"区域，分别设置了四位平水，以便于灌区管理。除敦煌城周围绿洲外，敦煌西南约70千米处还有一块面积约40平方千米的小绿洲，即今南湖绿洲，汉代这里设龙勒县，唐代设寿昌县。这片小绿洲上有大渠、长支渠、令狐渠等灌溉渠道。① 已如上论，P.3559《唐天宝年代（750年）敦煌郡敦煌县差科簿》就记有寿昌县的两位平水：平怀逸、王弘策。则整个敦煌绿洲灌区应设有西界、南界、北界、东界、寿昌共5位平水。

P.2507《唐开元廿五年（737年）水部式残卷》规定："凡浇田皆仰预知顷亩，依次取用。水遍即令闭塞，务使均普，不得偏併。""务使均普，不得偏并"②为当时农田灌溉的基本规则，自然也是平水的主要职责。S.6123　《戊寅年六月渠人转帖》："今缘水次浇粟得，准旧者平水相量。"③即依照原有旧规，由平水"相量"，以均平用水。

对地方河渠水利，P.2507亦有明确的规定，由州县官检校其事，并以此作为他们年终考课的标准，而各水渠、斗门皆专门设立渠长、斗门长，主管行水浇田事宜：

> 诸渠长及斗门长主浇田之时，专知节水多少，其州县每年可差一官检校，长官及都水官司时加巡察。若用水得所，田畴丰殖，及用水不平，并虚弃水利者，年终录为功过附考。④

敦煌遗书中无"渠长"之名，而多见"渠头"一称，渠头应即渠长。敦煌地区河渠众多，每渠设有渠头；诸渠分流灌溉之处，皆置斗门。唐代敦煌城周绿洲

---

① 李并成：《唐代敦煌绿洲水系考》，《中国史研究》1986年第1期，第159—168页。
② 唐耕耦、陆宏基编：《敦煌社会经济文献真迹释录》第2辑，第577页。
③ 唐耕耦、陆宏基编：《敦煌社会经济文献真迹释录》第1辑，第400页。
④ 唐耕耦、陆宏基编：《敦煌社会经济文献真迹释录》第2辑，第577页。

设有马圈口堰（为甘泉水，即今党河流入绿洲后的第一道拦水、分水堰堤）、都乡斗门、五石斗门、阴安斗门、平河斗门等 5 处最主要的分水斗门，其中甘泉干流上 4 门、都乡干流上 1 门；此外又有次一级、再次一级的若干斗门，以便按相关规定将河水分入各个支渠、子渠，以保证其"均普""适时"。[①] P.3559+ P.2657+ P.3018+ P.2803V《唐天宝年代（750 年）敦煌郡敦煌县差科簿》中，登录渠头 15 人：

> 张忠璟，载卅五　三品子　渠头
>
> 张英杰，载廿　　中男　　渠头
>
> 李玉山，载一十九　中男　　渠头
>
> 张大忠，载卅九　翊卫　　渠头
>
> 史神通　载五十二　上柱国　渠头
>
> 阴思楚，载十九　中男　　渠头
>
> 王玉儿，载十九　中男　　梁头
>
> 张大忠，载五十六　上柱国　渠头
>
> 安忠信，载五十九　翊卫　　梁头
>
> 任景阳，载一十七　小男　　渠头
>
> 王敬元，载廿二　中男　　渠头
>
> 公孙龙儿，载廿　中男　　渠头
>
> 邓令仙，男庭光载十八　中男　渠头
>
> 唐神楚，载五十二　翊卫　　渠头
>
> 赵祐进，载十九　次男　　渠头[②]

由上可见，担任渠头者年龄以中年男子居多，其中年龄最大者为 59 岁的安忠信，年龄最小者为 17 岁的任景阳，带勋衔者 2 人，即上柱国史神通、张大忠，又有翊卫 3 人：张大忠（另一位）、安忠信、唐神楚。敦煌担任渠头者并非如《唐六

① 李并成：《唐代敦煌绿洲水系考》，《中国史研究》1986 年第 1 期，第 159—168 页。

② 唐耕耦、陆宏基编：《敦煌社会经济文献真迹释录》第 1 辑，第 208—262 页。

典》卷23"都水监"条所云"以庶人年五十已上并勋官及停家职资有干用者为之"①，这显然在于因渠头负责掌管各水渠水利、灌溉浇田与护理渠堰，责任很大，一般选用年富力强的中年男子担任，当然亦可遴选具有丰富水利经验的少数老年男子担任，以利于发挥他们的所长，更好地管理水利事务。

蕃占时期，敦煌的水利事业并未遭到破坏，诸水渠仍然发挥着应有的灌溉功用，但在吐蕃时期文书中未能找到"渠头"的具体记载。鉴于"渠头"一职的重要作用，想必蕃占时期"渠头"仍应设置。据 S.6185《年代不明（十年纪）归义军衙内破用粗面历》载：

> 拔草渠头粗面贰斗；
> 拔草渠头粗面贰斗；
> 七日，拔草渠头粗面贰斗。②

可知渠头一职在归义军时期仍然设置，此时的渠头还要负担护理水渠的各色差役，如拔草等。渠头与所管当渠渠人承担差役可以从敦煌文书中得到进一步的反映，如 P.3257《甲午年（934年）二月十九日索义成分付与兄怀义佃种凭》记载索义成虽去了瓜州，并将口分地佃给其兄怀义耕种，收成归兄所有，官府所征派的烽子、官柴草等税役亦由其兄承担，但是，"渠河口作税役，不忏口兄之事"，是仍需索义成本人亲自负担的。又 P.3155V《唐天复四年（904年）令狐法性出租土地契（稿）》也记载佃租口分地一事，双方规定："其前件地，租地员子贰拾贰年佃种，从今乙丑年至后丙戌年末，却付本地主。其地内，除地子一色，余有所著差税，一仰地主祗当。地子逐年于官，员子逞纳。渠河口作，两家各支半。"③可见，田地租佃给他人耕种，往往要把承担水渠差役一事同时提及，或由本人服役劳作，或者双方各摊其半，这说明农田生产与水利差役是密不可分、相辅相成的。

上引 P.3559＋P.2657＋P.3018＋P.2803v《唐天宝年代（750年）敦煌郡敦煌县差科簿》又记载担任斗门长者五人：

① （唐）李林甫等撰，陈仲夫点校：《唐六典》卷7《尚书工部》，第598页。
② 唐耕耦、陆宏基编：《敦煌社会经济文献真迹释录》第3辑，第288页。
③ 唐耕耦、陆宏基编：《敦煌社会经济文献真迹释录》第2辑，第26页。

　　孟奉元载冊二　　翊卫　斗门

　　侄嗣璧载廿四　　上柱国子　斗门

　　男思明载卅七　　品子　斗门

　　索元礼男贞会载冊四　　上柱国　斗门

　　曹承恩男光庭载廿　　中男　斗门①

　　担任渠头与斗门长，均属于百姓差役，虽然其地位并不高，但由于其专管行水浇田，可以对用水量的多少进行控制，所以颇有实权。

　　正是由于人们对水资源的强烈意识，上述这些水利官员及相关人员各司其职、层层负责，才使得敦煌地区的农业生产得到了良好的发展；也正因为对水资源较科学的使用和管理，才使得这片绿洲绽放旺盛的生命力，创造了灿烂的绿洲文化。

（二）唐至五代时期敦煌的"渠人社"

　　除上考水利官员及有关人员外，唐至五代敦煌民间结社中还有专门的渠人社，或曰"渠社"。对于唐至五代时期敦煌民间结社的研究，曾有郭锋②、郝春文③、宁可④、孟宪实⑤等学者做过专门研究，对笔者启益良多。敦煌文献中明确提及"渠人社"或"渠社"的"渠人转帖"等文书约有 20 件。民间结社的主要目的在于团结互助，依靠群体的力量抵御个体难以抵抗的灾难或难以应付的局面。渠人结社者通常为使用同一条水渠灌溉的民户，水渠是大家的共同利益所在，组织起来自然便于互帮互助、协调解决灌溉、修渠及承担徭役诸事务，因而渠人社具有日常生活互助与生产的双重性质，而不同于其他多数结社主要在于生活互助。如 P.3412V《壬午年（982 年）五月十五日渠人转帖》载："……上件渠人，今缘水次逼近，要通底河口。人各锹镬壹事，白刺壹束，桩壹束，口壹笙。须得庄（壮）夫，不用斯（厮）儿。

① 唐耕耦、陆宏基编：《敦煌社会经济文献真迹释录》第 1 辑，第 208—262 页。

② 郭锋：《敦煌的"社"及其活动》，《敦煌学辑刊》1983 年总第 4 期（创刊号），第 80—91 页。

③ 郝春文：《敦煌的渠人与渠社》，《北京师范学院学报（社会科学版）》1990 年第 1 期，第 90—97 页。

④ 宁可、郝春文：《敦煌社邑文书辑校》，南京：江苏古籍出版社，1997 年。

⑤ 孟宪实：《敦煌民间结社研究》，北京：北京大学出版社，2009 年。

帖至，限今月十六日卯时于皆（阶）和口头取齐。捉二人后到，决丈（杖）十一；全不来，官有重责。其帖各自各自示名递过者。壬午年五月十五［日］王录事帖。"①敦煌文献中关于渠人社的记录，如表 3-1 所示。

表 3-1　敦煌文献中关于渠人社的记录

卷号	卷名	摘抄
S.6123	戊寅年（978 年）七月十四日宜秋西枝渠人转帖	今缘水次浇粟汤，准旧看平水相量，幸请诸渠等
P.5032	渠人转帖（984 年）	今缘水（此）次口随，姜（切） 要口口底何（河）口
P.3412V	壬午年（982 年）五月十五日渠人转帖	今缘水次逼近，要通底河口
P.4003	壬午年（982 年）十二月十八日渠社转帖	缘尹阿朵兄身故，合有吊酒一瓮，人各粟壹斗
P.5032	甲申年（984 年）二月廿日渠人转帖	今缘水次逼近，切要通底河口
P.5032	甲申年（984 年）二月廿九日渠人转帖	今缘水次逼近，切要修治洿口
P.5032	甲申年（984 年）四月十二日渠人转帖	缘常年春座局席，人各粟壹斗，面肆升
P.5032	甲申年（984 年）四月十七日渠人转帖	今缘水次逼近，切要修治沙渠口
P.5032	甲申年（984 年）九月廿一日渠人转帖	今缘水次逼近，切要通底河口
P.5032	甲申年（984 年）十月三日渠人转帖	缘遂羊价，人各麦二斗一升
P.5032	甲申年（984 年）十月四日渠人转帖	官中处分，田新桥
P.5032	渠人转帖	今缘水（此）次逼斤（近），切要通底河口
P.5032	渠社转帖（958 年前）	吊酒，人各粟一斗
P.5032	戊午年（958）六月六日渠社转帖	缘孙灰子身故，准例合有吊酒一瓮，人各［粟］一斗
P.5032	渠人转帖（958 年前后）	缘孙仓仓就都口请坌社日，人各粟一斗
P.2558	甲戌年（914 年？）二月廿四日渠人转帖	（前缺）枝一束，白刺一丕……
P.4017	渠社转帖	今缘水次逼斤（近），姜（切） 要口口底何（河）口
北图殷字41 背	大让渠（十世纪上半叶？）渠人转帖	今缘水（此）次逼斤（近），切要通底河口
上海博物馆 8958	渠人转帖（十世纪后半叶？）	官中处分，修查（闸）
S.8678	渠人转帖	人各枝七束，茨其五束

资料来源：据唐耕耦、陆宏基编：《敦煌社会经济文献真迹释录》，有关资料统计整理

渠人社中的有关活动一般通过"转帖"告知每一户社人参加，转帖中须写明何时何地何因从事何种活动，需自备何种工具或物品，如不参加者给以何种处罚

---

① 唐耕耦、陆宏基编：《敦煌社会经济文献真迹释录》第 1 辑，第 408 页。

等事项。"通底河口"为渠人社中最常见的活动，干旱地区风沙较多，且河水中含沙量亦大，往往造成积沙填淤河床、堵塞河口，影响行水的顺畅，故而需要不时加以清理，特别是在"水次逼近"，马上就要行水灌溉之时更是如此。与敦煌相类似，同处于干旱地区的唐代龟兹（今新疆库车）还专设"掏拓所"，专置掏拓使，专事浚通、修缮渠堰水道之事。如大谷 8066 号《唐掏拓所文书》载："掏拓所：大母渠堰，右件堰十二日毕。为诸屯须掏未已，遂请取十五日下水。昨夜三更把（？）花水汛涨高三尺，牢得春堰，推破南口（边）马头一丈已下，恐更腾涨，推破北边马头之春堰，伏 ▭ 检何漕之堰，功绩便口水，十四日然〔后缺〕。"①由于春汛上涨太快，已将南边马头春堰冲破，北边马头春堰亦面临威胁，急需加固抢修，反映出掏拓所直接负责渠道的疏浚维修，以保障行水安全。大谷文书 8062《检校掏拓使牒》，亦属此类文书。

此外，修补泻口也是渠人社的一项重要工作。如 P.5032《甲申年（984 年）二月廿九日渠人转帖》载："……上件渠人，今缘水次逼近，切要修治泻口，人各白刺五束，壁木叁笙，各长五尺、六尺，锹镬壹事。帖至，限今月三〔十〕日卯时，并身及柴草于泻口头取齐。如有后到，决丈（杖）七下；全段不来，重有责罚。其帖各自示名递过者。甲申二月廿九日录事帖。"②孟宪实认为，转帖中的录事是渠社唯一的组织者，也是渠人劳动的监督人，此人或许就是渠头③。当时的农业生产是可以单家独户完成的，但水渠灌溉是需要统一管理、有序进行的，非单家独户可以从事的，因而组织起来就成为必要的选择。《水部式》载："河西诸州用水溉田，其州县府镇官人公廨田及职田，计营顷亩，共百姓均处人功，同修渠堰。若田多水少，亦准百姓量减少营。"④百姓均出人功，自然需要组织起来而为之。

除了到渠河口等水利枢纽从事差役劳动外，渠人平时还要对水渠进行修查护理，承担护堰守堤、修路建桥等事。P.2040V《后晋时期净土寺诸色人破历算会稿》载："粟四斗，无穷修查与渠人用。"⑤S.4705《年代不明（十世纪）诸色斛斗破历》

---

① 李并成：《新疆渭干河下游古绿洲沙漠化考》，《西域研究》2012 年第 4 期，第 46—53 页。
② 唐耕耦、陆宏基编：《敦煌社会经济文献真迹释录》第 1 辑，第 404 页。
③ 孟宪实：《敦煌民间结社研究》，第 80 页。
④ 唐耕耦、陆宏基编：《敦煌社会经济文献真迹释录》第 2 辑，第 577 页。
⑤ 唐耕耦、陆宏基编：《敦煌社会经济文献真迹释录》第 3 辑，第 401 页。

载："又上头修查官家及水官送酒用，麦粟九斗。修查人夫胡併壹伯三拾，酒贰拾杓，用木三条，枝拾伍束。"①由此可知，渠人承担修查水渠的差科，也被称作修查人夫；有时水官亲自参与修查河渠。水渠附近的寺院还给水官与渠人提供用具和吃食。

通过以上的探讨可以得知，在河渠纵横、水利发达的敦煌绿洲农业地区，从官府到民间对水利事业都非常重视，有专门的水司机构负责对河渠水利的管理，并辅之以民间的渠社组织，形成完善严密的管理体系。在水司机构中，都水令（后称都渠泊使）是其最高长官，下属有水官、平水诸官职，并设渠头、斗门专掌各渠及放水溉田等事。在民间，渠人社对于维护修查河渠堤堰所起作用颇大。由此反映出，地处干旱地区的敦煌，人们对于水资源倍加珍爱、严格管护的强烈意识。

（三）P.2507《开元二十五年（737年）水部式残卷》所见对水资源的管护及合理利用

前面的论述中已多次引用 P.2507《开元二十五年（737年）水部式残卷》（以下简称《水部式》）中有关资料，以下拟对此件文书做进一步的讨论。《水部式》为见于文献的、我国古代由中央政府颁布的第一部水利法典，为唐代水利管理的一项创举。"式以轨物程事"，"式"为唐代律、令、格、式中的一类法规，是对于各官府行政事务的具体规定。《水部式》原件早佚，幸在敦煌文书中大部分得以爆出。其内容包括农田水利管理、碾硙设置及其用水量的规定、运河船闸的管理与维护、桥梁的管理与维修、内河航运船只及水手的管理、海运管理、渔业管理以及城市水道管理等。如《水部式》中规定了"运已了及水大有余，灌溉须水亦听兼用"②，来解决漕运与灌溉用水的矛盾问题，以求充分利用有限的水资源来求得最大的水利效益。③

---

① 唐耕耦、陆宏基编：《敦煌社会经济文献真迹释录》第3辑，第289页。

② 唐耕耦、陆宏基编：《敦煌社会经济文献真迹释录》第2辑，第577页。

③ 周魁一：《〈水部式〉与唐代的农田水利管理》，《历史地理》第四辑，上海人民出版社，1986，8—101。

1. 水渠及其管理

《水部式》中涉及的水渠共有九处，其中泾渭二河的水渠占多数。有大白渠、偶南渠、泾水南白渠、泾水中白渠、清渠、蓝田新开渠、合璧宫旧渠、河西诸州渠堰、皇城内沟渠。对这些水渠的管理体现出当时民众对水资源的珍惜及合理利用。如《水部式》记载：

> 泾、渭二水大白渠，每年京兆少尹一人检校。其二水口大斗门，至浇田之时，须有开下。放水多少，委当界县官共专当官司相知，量事开闭。①

大白渠由京兆少尹每年负责检校事宜。需要引水浇田时，要打开斗门堰，所放水量，由水渠经过的泾阳等县的官员管理，并相互周知，做好组织协调工作。因事制宜，由渠长和斗口长负责浇田时的节水管理。又如《水部式》记载了唐政府对清渠的规定，曰：

> 京兆府高陵县界清、白二渠交口，著斗门堰。清水，恒准水为五分，三分入中白渠，二分入清渠。若水（两）量过多，即与上下用水处，相知开放，还入清水。②

清、白渠交口处设有斗口堰。斗口堰是调节水量的设施，如若"水两过多"，"水两"应为"水量"，将清水分为五份，三份入中白渠，剩下的流入清渠。水量过多，则通知开放斗口堰，并且通知上下用水之处。

《水部式》还记载了唐政府对河西诸州渠堰的规定，说明唐代时河西的用水灌溉和渠堰管理已经法制化了。

> 河西诸州用水溉田，其州县府镇官人公廨田及职田，计营须亩，共

---

① 唐耕耦、陆宏基编：《敦煌社会经济文献真迹释录》第 2 辑，第 577 页。
② 唐耕耦、陆宏基编：《敦煌社会经济文献真迹释录》第 2 辑，第 577 页。

百姓均出人功，同修渠堰。若田多水少，亦准百姓量减少营。[①]

　　沙州用水浇田，令县官检校，仍置前官四人。三月以后，九月以前，行水时，前官各借官马一匹。[②]

《水部式》规定河西地区可以根据田水的多寡对于田地的数量进行调整，根据特定的农时进行灌溉管理，其规定考虑到了河西地区特殊的自然地理环境，体现出因地制宜的思想。

2. 行水时间及办法的规定

　　诸溉灌小渠上，先有碾硙，其水以下即弃者，每年八月卅日以后，正月一日以前，听动用。自余之月，仰所管官司于用硙斗门下，著锁封印，仍去却硙石，先尽百姓溉灌。若天雨水足，不须浇田，听任动用。其傍渠，疑有偷水之硙，亦准此断塞。[③]

规定先保证灌溉用水，其次才是碾硙用水。《唐六典》中也有"凡水有灌溉者，碾硙不得与之争利"。已如前引，《水部式》中还确定了轮灌制度：

　　凡浇田，皆仰预知顷亩，依次取用；水遍即令闭塞。务使均普，不得偏并。
　　诸渠长及斗门长，至浇田之时，专知节水多少。其州县，每年各差一官检校，长官及都水官司时加巡察。若用水得所，田畴丰殖，及用水不平，并虚弃水利者，年终录为功过附考。[④]

前引《唐律·杂律》中亦有对因失职而至堤防失修、造成一定损害的官员予以重罚的条文。严苛的法律有助于官员各司其职，对工作尽心尽力。

---

① 唐耕耦、陆宏基编：《敦煌社会经济文献真迹释录》第 2 辑，第 579 页。
② 唐耕耦、陆宏基编：《敦煌社会经济文献真迹释录》第 2 辑，第 580 页。
③ 唐耕耦、陆宏基编：《敦煌社会经济文献真迹释录》第 2 辑，第 581 页。
④ 唐耕耦、陆宏基编：《敦煌社会经济文献真迹释录》第 2 辑，第 577 页。

3. 对渠、堰、斗门的建造与修护

堰和斗门一般均由政府建造，私人不能修建。如《水部式》中规定："其斗门皆须州、县官司检行安置，不得私造。"如果堰的建造不影响水利灌溉，则是允许的。《水部式》中又载："诸灌溉大渠，有水下地高者，不得当渠 圖 堰，听于上流势高之处为斗门引取。……其傍支渠，有地高水下，须临时暂堰灌溉者，听之。"[①]主渠不可造堰，如筑堰会导致水位抬高，对主渠行水造成一定的压力与威胁，容易使主渠产生壅堵，因而只允许在支渠"地高水下"处造堰，体现了对基本水利设施要进行保护的思想。《水部式》还规定了"皇城内沟渠拥塞，停水之处，及道损坏，皆令当处诸司修理"[②]。这里主要是指长安皇城的沟渠，负责修理皇城沟渠的为"当处诸司"，"诸司"应包括掌管河渠的都水监，也包括渠长、斗口长等基层官员。对于这些沟渠，修理前须查明原因，"凡京畿之内渠堰陂池之坏决，则下于所由，而后修之"[③]。《水部式》具体指明了修理的两种情况，分别是拥塞致停水和渠道损坏，其操作性较强。《水部式》还记载了对其他堰的修理情况："龙首、泾堰、五门、六门、升原等堰，令随近县官专知检校，仍堰别各于州县差中男廿人、匠十二人，分番看守，开闭节水，所有损坏，随即修理。如破多人少，任县申州，差夫相助。"[④]即从县里差遣中男二十名、工匠十二人负责看守和渠偃的日常运行、修理。人手不够的情况下，还要向州郡申报。

（四）地方水利法规建设的范例——P.3560V《沙州敦煌县行用水细则》

古代西北地区民众强烈的水资源意识，还突出地体现在地方水利法规的制定方面，唐代《沙州敦煌县行用水细则》（P.3560V）就是其中的一个范例。

《沙州敦煌县行用水细则》规定了整个敦煌绿洲农业区的灌溉管理制度，且

---

① 唐耕耦、陆宏基编：《敦煌社会经济文献真迹释录》第 2 辑，第 577 页。

② 唐耕耦、陆宏基编：《敦煌社会经济文献真迹释录》第 2 辑，第 583 页。

③ （唐）李林甫等撰，陈仲夫点校：《唐六典》卷 7《尚书工部》，第 599 页。

④ 唐耕耦、陆宏基编：《敦煌社会经济文献真迹释录》第 2 辑，第 578 页。

对每年农田的浇灌次数、每一次的浇灌时间和浇灌的对象都有详细规定。这一制度有着相当高的科学性，符合当地的生产实际，一直为当地人们所遵循，对保证敦煌地区农业生产的稳定和发展起到了积极的作用，也体现出针对敦煌地区的特殊气候和水利条件，当地民众对宝贵的水资源的有效使用及其积极的生态环境保护意识。文书中与灌溉直接相关的内容有：

一，每年行水，春分前十五日行用。若都乡、宜秋不
遍，其水即从都乡不遍处浇溉收用，以次轮转
向上。承前以来，故老相传，用为法则。依问前代平水
交（校）尉宋猪，前旅帅张诃、邓彦等。行用水法，
承前已来，递（递）代相承用。△春分前十五日行水，从
永徽五年太岁在壬（甲）寅，奉遣行水，用历日勘会。
△春分前十五日行水为历日雨水合会。△每年依雨水日
行用，尅须依次日为定，不得违迟。如天时温暖，河水消
泽，水若流行，即须预前收用，要不待到期日，唯
早最甚。必天温水次早到北府，浇用周遍，未至
场苗之期，东河已南百姓即得早浇粟地，后浇
商伤苗田水大疾，亦省水利。△其次，春水浇溉，至
平河口已北了，即名春水一遍轮转，次当浇伤苗。其
行水日数日，承水日数，承水多少。若逢天暖水多，
疾得周遍。如其天寒水少，日数即迟，全无定
准。△一、每年浇伤苗，立夏前十五日行用，先从东
河、两支、乡东为始，依次轮转向上。其东河百姓
恒即诉云，麦苗始出，小，未堪浇溉。如有此诉，必不得
依信，如违日不浇，容一两日向后，即迟挍十五日已上，
即趁前期不及。神农、两冈、阳开、宜秋等，即不得
早种糜粟，亦诸处苗稼，交（浇）即早干。每年
立夏前十五日浇伤苗，亦是古老相传，将为

定准。同前，向旧人勘会，同怜为历日。△谷雨日浇

伤苗日，从两支渠巳南，至都乡河，百姓但种糜粟

等地，随苗浇了。宜秋一河，百姓麦粟等麻（麻等）地，前水

浇溉，其糜粟麻等地，还与伤苗同浇，循还

至平河口巳下，即名浇伤苗遍。其水迟疾，由水多

少，亦无定准。一、每年重浇水还，从东河、两支、乡东

为始。行水之日，唯须加手力捉搦急摧，其粟等苗

才遍即过，不得迟缓，失于时。周遍，至平河北下

口巳北了，即名两遍。其水迟疾，由水多少，无有准定。

一，每年更报重浇水，麦苗已得两遍，悉并成就，堪可收刈。

浇糜粟麻等苗，还从东河为始，当［行水］之时，持须捉溺，令

遣糜粟周匝，不得任情。其东河百姓欲浇溉，麦人

费水，必不得与，周如复始，以名三［遍］。一、每年更重报浇麻

菜水，从阳开、两网巳上，循还至北府河了。即放东河，随

渠取便，以浇麻菜，不弃水利。当行水，将为四遍。

一、每年秋分前三日，即正秋水同勘会，亦无古典可凭。环（还）

依当乡古老相传之语，递代相承，将为节度。

其水从东河、两支、乡东为始，轮转浇用，到都乡河当

城西北角三聚口巳下浇了，即名周遍。往日，水得遍到城

角△即水官得赏，专知官人即得上考，约勘，从永徽

五年巳来，至于今年，亦曾经水得过都乡一河了，亦有

水过三聚口巳上，随天寒暖，由水多少，亦无定准。但秋水

唯浇豆麦等地，百姓多贫，欲浇糜查等。△诸恶

□者，妄称种豆，咸欲浪浇，淹滞时日，多费水利。

　　　　□智之人，水迟不遍，但前后官处分，不同时

　　　地即与，秋水时，准丁均给，今（令）百姓丁别各给

　　　　□各递时节早晚不同，只如豆麦二色

　　　　糜粟麻等，春浇溉者，春种请白

亩，余十五亩留来年春溉，宜

前后省水，春秋二时俱

口裨益。

每年入小暑已后，日渐加多，

热风，有水下，如有云在南

防待水，预开河口，拟用

已前，亦须于四大口加入，

口所来之处，

烽如

［后缺］[1]

上引文书最后 14 行，前部残缺，录文中只好作空缺处理，以保持其原貌。对于敦煌农田行水问题，郝二旭亦作过相应研究。[2]根据上述行用水细则的规定，当时敦煌一个农业生产周期的灌溉次数为六次，这与今天敦煌及河西地区的情况类似。第一次为"秋水"，每年秋分前三天开始行"秋水"浇灌茌地，并规定"秋水唯浇豆麦等地"，就是说秋水浇灌的是第二年春天要播种小麦和豆类作物的田地。给这些田地浇秋水可以使土壤在来年春天播种时有足够的墒情保证作物正常发芽，以减轻"春水"的浇灌压力。"秋水"相当于今天的浇冬水，即用秋收后的农闲水浇地。第二次为"春水"，按《沙州敦煌县行用水细则》规定，从春分前十五日开始浇"春水"，但"如天时温暖，河水消泽，水若流行，即须预前收用"。结束的时间一般是在"立夏前十五日"。"春水"所灌溉之地为用来种植豆、麦的田地以及位于"东河以南"的准备用来种植粟、糜等作物的田地。"春水"相当于今天"头遍水"。第三次是"浇伤苗"，时间是从每年立夏前十五日即农历谷雨节气开始，此次灌溉的对象包括敦煌的绝大部分耕地，而浇灌结束的时间由于敦煌地区河流水量年际变化比较大没有办法确定，"其水迟疾，由水多少，亦无定准"，这对后面的浇灌影响较大。"浇伤苗"相当于今天的"浇苗水"，即春小麦出苗后

---

[1] 唐耕耦、陆宏基编：《敦煌社会经济文献真迹释录》第 1 辑，第 396—399 页。

[2] 郝二旭：《唐五代敦煌地区的农田灌溉制度浅析》，《敦煌学辑刊》2007 年第 4 期，第 335—343 页。

的第一次水。第四次是麦田"重浇水"，灌溉对象主要是小麦，开始时间亦不确定，根据文书内容推测，"重浇水"的开始时间大约是五月上旬左右。此时正是小麦拔节的关键时期，今天亦浇此水。第五次是糜粟麻"重浇水"，当"麦苗已得两遍，悉并成就，堪可收刈"时，浇灌的重点就变成了"糜粟麻等苗"，浇灌的时间主要在六月，此时正值糜、粟、麻等作物生长的旺盛期，需水量很大，浇灌速度较快，结束的时间大约是在七月中旬前。此次的浇灌对象主要是大秋作物。第六次是"浇麻菜水"，作物主要是麻和蔬菜，开始的时间是在七月上旬左右，结束是在"每年秋分前三日"，即为"秋水"浇灌开始的时间。此次浇灌不同的是，以往的历次浇灌对灌溉对象和灌溉顺序都做了严格的限制，而"浇麻菜水"则没有严格的限制，可以"随渠取便"，这是秋灌的最后一次水。

《沙州敦煌县行用水细则》（P.3560）不但在灌溉实施上做出明确规定，而且还具体安排了行水的路线，要大家共同遵守，按地段组织渠人社，水行至该段时，负责疏通灌溉。如 P.5032《渠人转帖》："上件渠人，今缘水次逼近，切要通底河口，人各锹钁壹事，白刺三束、枝两束，栓一笙，帖至，限今月廿二日卯时，于票子口头取齐。……甲申年二月廿日，录事张再德帖。"[1] P.5032 另一件《渠人转帖》："上件渠人，今缘水次逼近，切要修治洿口，人各白刺五束、壁木叁笙，各长五尺、六尺，锹钁壹事，帖至，限今月三日卯时，并身及柴草于洿口头取齐。……甲申年二月廿九日录事帖。"[2]

由此可见，这一地方水利法规绝非仅仅停留在纸面上，而是切切实实得到了贯彻施行，表明敦煌民众对于水资源合理利用的强烈意识不仅仅停留在观念上，而且已内化成为行动的自觉。

第四节 敦煌蒙书中的生态环境教育

我国传统蒙书，从周到隋，以提供学童识字用的字书为主；隋唐以后，随着蒙学教育的发展和普及，蒙书的编纂从简单的识字教育的字书，逐渐扩张而出现

---

[1] 唐耕耦、陆宏基编：《敦煌社会经济文献真迹释录》第 1 辑，第 404 页。

[2] 唐耕耦、陆宏基编：《敦煌社会经济文献真迹释录》第 1 辑，第 404 页。

了分门别类的蒙学专书，形成了包括识字教育、思想教育与知识教育等较为完整的体系。敦煌石室遗书中，保存了较多数量、种类的蒙书材料，依据内容性质可分为识字类、知识类和德行类三种。

对于敦煌遗书中训蒙文献的研究，最早开始于 1913 年王国维为罗振玉刊布的敦煌写本《太公家教》写的跋文《唐写本〈太公家教〉跋》，以后我国学者和日本的学者都相继进行了诸多研究，取得了较为突出的成绩。学者们的研究不仅包括写本的介绍，文献的校勘、校注，各类写本的专题研究，还扩展到唐五代乃至宋代有关教育的诸多方面，内容涉及各类学校设置、教育体制、蒙求类教材编写、教学内容、培养目标、师资状况及学习风气等。特别是郑阿财、朱玉凤编著的《敦煌蒙书研究》，全书选取了 25 种蒙书，先对各类蒙书进行了总体介绍、溯源，再对该蒙书写卷情况一一叙录、录文，然后说明各蒙书的性质、内容与流传情况，分析精准得体，对前人的研究也有叙述和评价。该书提升了训蒙文献研究的理论高度，是目前敦煌训蒙文献研究中最有影响的著作之一。

纵观敦煌蒙书的研究成果，或以校勘、跋文为主，或比较系统地通过敦煌蒙书观照敦煌地方教育史，但是用新的学科理论研究敦煌训蒙文献的成果则很少。其实，如果我们从敦煌训蒙文献的内容入手，会发现其中有诸多关于生态环境意识的资料，说明敦煌地区在童蒙教育阶段就很注意对学生们环境意识的培育。[①]

一、"天人合一"的生态哲学观

敦煌本《开蒙要训》共计 20 余件，是一部当时流传很广的童蒙习诵课本，内容涉及天文、地理、岁时、人体、疾病、农事等。其开卷云："乾坤覆载，日月光明，四时往来，八节相迎。春花开艳，夏叶舒荣，丛林秋落，松竹冬青。"日月运行、寒暑往来都有其自身演替的规律，人们必须要顺应自然规律，适应自然，不能违背自然规律做事，这是学童们在学习时首先要明白的道理。

《新合千文皇帝感辞壹十壹首》（P.3910），以唐代流行的歌辞《皇帝感》来隐括萧梁时周兴嗣所做的《千字文》：

---

① 李并成：《敦煌文献中蕴涵的生态哲学思想探析》，《甘肃社会科学》2014 年第 4 期，第 34—38 页。

天地玄黄辨清浊，笼罗万载合乾坤。日月本来有盈昃，二十八宿共参辰。
宇宙洪荒不可测，节气相推秋复春。四时回转如流电，燕去鸿来愁煞人。三
年一闰是寻常，云腾致雨有风凉。暑往律移秋气至，寒来露结变为霜……①

教育学童天地万物各有其运行的规律，日月盈昃、寒来暑往、节气相推，是
不依人的意志为转移的，只有适应自然规律，"辨清浊""合乾坤"，与自然和谐相
处，才是正确的。钟铢撰《新合六字千文一卷》（S.5961），采用了六言句式：

钟铢撰集千字文，唯拟教训童男。……天地二仪玄黄，宇宙六合洪荒。
日月满亏盈昃，阴阳辰宿列张。四时寒来暑往，五谷秋收冬藏……②

与以上文书意思相同。

唐代蒙书《俗务要名林》存多件，如 S.0617、P.2609 等，分作天地部、日辰
部、阴阳部、载部、地部、水部、兽部、虫部、鱼鳖部、木部、竹部、曹部、果
子部、熟菜部、肉食部、饮食部、聚会部、杂畜部、船部、车部、火部、田农部、
女工部、彩帛绢布部、珍宝部、香部、彩色部、数部、秤部、市部、丈夫立身部
等，选取民间日常生活中常用的重要事物名称、语汇分类编排成册，以供孩童学
习之用且便于检索，同样首先教给他们一种正确思考自然生态的朴素观念。其他
如《杂集时用要字》（S.0610、S.3227 等）《杂抄》（又名《珠玉抄》《益智文》《随
身宝》），存 P.2721、P.3649 等 13 件；《辩才家教》（S.4329、P.2514），其中也不乏
生态环境思想。如《辩才家教卷上·并序》中载：

人身难得，中国难生，却遇迷口，自须添知。会其八节，知［其］四季，
酌量时［便］，禀其年岁。……栽树防热，筑堤防水……冬委闲牛，春耕得力。
春养初苗，秋成必积，勤耕之人，必丰衣食……③

---

① 黄永武编：《敦煌宝藏》，第 131 册，第 569 页。
② 黄永武编：《敦煌宝藏》，第 44 册，第 608 页。
③ 黄永武编：《敦煌宝藏》，第 35 册，第 349 页。

敦煌写本中属于家训类蒙书而以"家教"为名的，还有《武王家教》(S.11681、P.4724、Дx98 等)。《武王家教》共有 11 件残卷，内容系借武王与太公对话，以一问一答的方式，宣说进德的嘉言懿行。其中提到"耕种不时为一恶，用物无道为二恶……唾涕污地位五贱……遂丰钱财，俭之；粮食少短，节之……"①。

《孔子备问书》(P.2570、P.2581 等) 也浸透、贯穿着这方面的内容。如：

> 何名四大？天地合为一大，水火合为二大，风雨合为三大，人佛合为四大。又曰："问，四大有〔几〕种？答：有两种。问：何者？答：一者外四大，二者内四大。问：何者外四大？答：地水火风，是名外四大。问：何者〔内〕四大？答：骨肉坚硬以为地大，血髓津〔润〕是名水大，体之温暖以为火大，出〔息〕如息以为风大……②

将人和自然作为一个统一和谐的整体来看待，人亦属于自然的一部分，体现了儒家哲学中人与自然统一性和一致性的宇宙观、自然观。

二、《百行章》中的生态意识

《百行章》一卷并序，初唐杜正伦撰，全篇计为 84 章，约 5000 字。每章约义标题，如"孝行章第一""劝行章第八十四"，以忠孝节义统摄全书，摘引儒家经典中的要言警句，多出自《论语》《孝经》等书；典故多源于《史记》《说苑》等书。历代史志虽有著录，然宋代以后此书便已失传，敦煌写本中保存有此书抄本 14 件，使我们可以一睹杜氏《百行章》的原貌，同时又可据以窥见此书在唐五代时期风行的实况。1958 年福井康顺《百行章についての诸問題》一文探讨了此书的章数问题。③之后陆续有林聪明《杜正伦及其百行章》④，邓文宽《敦煌写本

---

① 郑阿财、朱凤玉：《敦煌蒙书研究》，兰州：甘肃教育出版社，2002 年，第 384 页。
② 黄永武编：《敦煌宝藏》，第 122 册，第 158 页。
③〔日〕福井康顺：《百行章についての諸問題》，《东方宗教》1958 年第 13、14 辑合刊，月，第 1—23 页。
④ 林聪明：《杜正伦及其百行章》，台北东吴大学硕士学位论文，1979 年，第 170 页。

〈百行章〉述略》[①]、《敦煌写本〈百行章〉校释》[②]、《跋敦煌写本〈百行章〉》[③]，胡平生《敦煌写本〈百行章〉校释补正》[④]，以及前面提到的郑阿财、朱凤玉《敦煌蒙书研究》一书和笔者《浸透着丰富哲理的敦煌蒙书——以〈百行章〉为中心》[⑤]等，均先后对敦煌本《百行章》进行了整理与研究。

今存敦煌写本《百行章》计 14 件，分别为 S.1815、S.1920、S.3491、S.5540、P.2564、P.2808、P.3053、P.3077、P.3176、P.3306、P.3796、P.4937；北图 8442（位字 68 号）以及罗振玉《贞松堂西陲秘籍丛残》，其中首尾完整的仅 S.1920 一件。

1.《百行章》中的生态伦理观

自然是万事万物的总称，自然之道是生命之规律。自然创造了人类，人类模仿自然形态，认识自然。儒家的自然之道乃"天人合一"的和谐生态观。

在《论语》中对"天"的描述有十八处之多，而孔子本人对"天"的描述有十二处。[①]我们将这十二处概括为三种意思，其一，"天"代表自然；《论语·阳货》中说到自然界按照四季正常运行，世界上的万物都照样生长，"天"也就是自然。其二，"天"代表"天命"，也就是人类无法改变的自然规律称之为"命"；子曰："不怨天，不尤人。"也就是说不埋怨上天的规律，不抱怨他人对自己的影响，而是需要努力的学习真理，以获得生命的真谛。其三，"天"代表义理之天，也就是人之道。《论语·泰伯》以尧为例，尧在效法着上天，他像大地一样爱民众。孔子是在赞美尧的功绩，乃人之道。尧能够效仿天道地道保证国泰民安的良好社会环境。人与人之间形成了社会之道。孔子认为的"天"可以概括地理解为一种自然的生存状态、人类的生存方式，也就是人类社会生存与发展的"生命之道"。生，是一种大自然的最初的模样，万事万物都开始于生，生带给一切自然物力量。《百

① 邓文宽：《敦煌写本〈百行章〉述略》，《文物》1984 年第 9 期，第 65—66 页。

② 邓文宽：《敦煌写本〈百行章〉校释》，《敦煌研究》1985 年第 2 期，第 71—98 页。

③ 邓文宽：《跋敦煌写本〈百行章〉》，《1983 年全国敦煌学术讨论会文集》（文史遗书编下），甘肃：甘肃人民出版社，1987 年，第 99—107 页。

④ 胡平生：《敦煌写本〈百行章〉校释补正》，《敦煌吐鲁番文献研究论集》5 期，北京：北京大学出版社，1990 年，第 279—306 页。

⑤ 李并成：《浸透着丰富哲理的敦煌蒙书——以〈百行章〉为中心》，《敦煌哲学》第 2 辑，兰州：甘肃人民出版社，2015 年，第 223—234 页。

行章》中所表述的全部思想基本上都来源于儒家思想，是作者为匡正时风而编纂的一种儿童教育课本，旨在通过儒家思想精髓的读诵学习，使孩童受到潜移默化的教育，为唐代社会培养必要的人才。

儒家"天人合一"的生态和谐思想在《百行章》中体现在如下方面：一是自然乃万物生存之本。《宽行章第二十六》说："天宽无所不覆，地宽无所不载，一切凭之而立。化宽无所不归，率宾大唐。海宽无所不纳，吞并小国。恩宽惠及四海……"①天空广阔覆盖了人间大地，大地承载着世间万物，这种生态观自然是正确的。二是自然界和人类社会都有其规律，不可违背，"唯有持穷，不得自宽，上下无法，尊卑失礼，乱逆生焉"。

2. 《百行章》中对土地资源保护的意识

《勤行章第十》载："在家勤作，修营桑梓；农业以时，勿令失度；竭情用力，以养二亲。"②虽然从字面意思上来看，该条是说要勤奋才不至于使家庭贫困，才能奉养双亲。但实际上也强调了要勤于种植、修剪，保护林木资源，要按时进行农业生产，不要浪费土地资源。《学行章第卅四》亦云："良田美业，因施力而收；苗好地不耕，终是荒芜之秽。"③再好的土地，也要努力进行耕作才能有收成，有好的麦苗而不按时耕地，终究会将土地资源荒废，里面包含着积极的爱护土地资源的含义。

3. 《百行章》中对林草资源及动物资源保护的意识

《护行章第七十七》载："山泽不可非时焚烧，树木不可非理斫伐。若非时放火，烧杀苍生；伐树理乖，绝其产业。有罪即能改，人谁无过？过如不改，必斯成矣。"④山林要按季节种植、养护和焚烧，树木要有规律地植入、成材和砍伐；如果不按季节规律办事，就会损害林木的生长和鸟类的繁殖，乱砍滥伐的结果是林产的绝迹。将爱惜、保护山泽树木的生态思想作为孩童今后立身处世的一个重

---

① 郑阿财、朱凤玉：《敦煌蒙书研究》，第331页。

② 郑阿财、朱凤玉：《敦煌蒙书研究》，第284页。

③ 郑阿财、朱凤玉：《敦煌蒙书研究》，第332页。

④ 郑阿财、朱凤玉：《敦煌蒙书研究》，第340页。

要方面，从小就予以灌输，这是非常有远见的。

第五节　敦煌民俗中的生态环境意识

一、民间生产风俗中的生态思想

古代敦煌流行的生产风俗丰富多彩，其中一些还被神化。早在汉魏年间，敦煌一带在治水抗旱的斗争中所采用的治水求雨的仪式就带有朴素的生态观念。

1. 治水仪式

汉时在河西和西域等地广为屯田，每当洪水暴发，为求水减退，会举行一种奇怪的仪式。《水经注·河水》载：

> 敦煌索劢，字彦义，有才略。刺史毛奕表行贰师将军，将酒泉、敦煌兵千人，至楼兰屯田，起白屋。召鄯善、焉耆、龟兹三国兵各千，横断注滨河。河断之日，水奋势激，波陵冒堤。劢厉声曰：王尊建节，河堤不溢，王霸精诚，呼沱不流。水德神明，古今一也。劢躬祷祀，水犹未减。乃列阵被杖，鼓噪欢叫，且刺且射，大战三日，水乃回减。灌浸沃衍，胡人称神。大田三年，积粟百万，威服外国。[①]

治水仪式很特别，一要厉声高吼"王尊建节，河堤不溢"，目的是要吓退妖邪，保住河堤。二要躬身下拜，进行祷祀。三要集体行动，"列阵被杖，鼓噪欢叫，且刺且射"，表示驱走妖邪。治水仪式连续三天。这种治水仪式在今人看来可能荒唐迷信，但当时"胡人称神"，竟使四夷"威服"，以至将"积粟百万"的生产成就，也归之于祀水的结果。

治水仪式的举行体现了当时民众对洪水泛滥所造成环境灾害的认识，通过这

---

① （北魏）郦道元著，陈桥驿校证：《水经注校证》，北京：中华书局，2007 年，第 37 页。

种仪式希冀风调雨顺、五谷丰登。

2. 求雨仪式

敦煌、西域地处干旱地带，少雨缺水，求雨仪式一贯被民间重视。《十六国春秋·前凉录》六"祈雨"条云：

> 张植仕骏，为西域校尉，与奋威将军牛霸、蛮骑校尉张冲，从沙州刺史杨宣征西域。时值六月，至于流沙。无人，士卒渴甚，死者过半。植乃剪发肉袒，徒跣升坛，恸泣祈雨。俄而云起西北，雨水成川，乃杀所乘马，祭天而去。遂平西域，以功拜西域都尉。[1]

张植求雨仪式的特点是，求雨人需要剪去长发，脱去上衣，露出身体一部分（肉袒）；光着脚登上神坛；号哭悲泣以表示痛苦；落雨后，杀马祭天。

张植求雨仪式应是道家法术的反映。"升坛"乃是道教祈雨典型的表现，敦煌唐人中也流行这种升坛求雨之式样。S.6836《叶净能诗》云：

> 开元十三年天下亢旱，帝乃诏百僚。皇帝曰："关外亢旱，关内无雨，卿等如何有？"宰相璟宗（崇）奏曰："陛下何不问叶净能求雨？"皇帝闻，便诏净能对，奉诏直至殿前。皇帝曰："天下亢旱，天师如何与朕求雨，以救万姓？"净能奏曰："与陛下追五岳神问之。"皇帝曰："便与问。"净能对皇帝前，便作结坛场，书符五道，先追五岳值官要雨，五岳曰："皆由天曹。"净能便追天曹，且言："切缘百姓抛其面米饼，在其三年亢旱。"净能曰："缘皇帝要雨，何处有余雨？速令降下？"天曹曰："随天有雨。"叶尊师便令计会五岳四渎，速须相将下雨。前后三日雨足，石谷丰熟，万姓歌谣。[2]

可见，叶净能求雨，也是先"作结坛场"，然后升坛作法。还有"书符五道"，百姓抛一点面米饼加以祈求和配合动作，便完成了求雨仪式的全过程。百姓相信，

---

[1] 崔鸿编：《十六国春秋·前凉录》，上海：商务印书馆，1936年，第45页。

[2] 黄永武编：《敦煌宝藏》，第52册，第392页。

只有这样，天才能普降喜雨，农业生产才能获得丰收。此俗虽属荒诞，但也体现了当地人们对于水资源的渴望。

敦煌民众认为甘泉水是神开凿出来的，天上的神引来了甘泉的圣水。而黄水坝中的泉水是黄鸭女神赐予的。黄水坝坐落在今敦煌阳关的东南面，坝高十余丈，是敦煌百姓用来拦洪储水而筑成的，目的是发展农业生产。另外，敦煌有白驼显圣的说法，当地百姓认为凡是经过白毛骆驼踩过、啃过的庄稼，准保丰收。其实从科学常识来看，牲畜的粪便口沫对田野确有施肥的作用，百姓由此将骆驼神化，认为白骆驼可以抗旱杀虫。以上关于生产习俗的敦煌民间传说，其主要特征是将生产归于神的赐予，无论是河渠的开凿、水坝的筑成，还是骆驼的放牧，实际上都是百姓因地制宜进行的生产活动。其中蕴含着当地百姓保护自然资源、维护生态平衡的思想。

二、《解梦书》中体现的生态意识

敦煌写本解梦书是敦煌占卜类文献中最重要的一种，对于研究中国古代梦、敦煌古代民俗及社会学都有很高的价值。从目前公布的资料来看，敦煌解梦书总共有 17 个卷号，分别收藏于法国巴黎图书馆、英国国家图书馆、英国印度事务部图书馆和俄罗斯圣彼得堡东方特藏。关于这部分文书先后有法国学者戴仁（Jean-Pierre Drege）[①]、日本学者菅原信海[②]、我国学者高国藩[③]、刘文英[④]、姚伟均[⑤]、黄正建[⑥]等进行了程度不同的研究与刊布。特别应予提及的是，郑炳林先生在前人工作的基础上，于 1995 出版了《敦煌本梦书》[⑦]，并于 2005 年进一步补充、

---

① 〔法〕戴仁：《敦煌写本中的解梦书》，原载 1981 年日内瓦出版的《敦煌学论文集》第 2 卷，后收入耿舁译《法国学者敦煌学论文选萃》，北京：中华书局，1993 年，第 312—349 页。

② 〔日〕菅原信海：《敦煌本〈解梦书〉について》，牧尾良海博士颂寿纪念论集：《中國的佛教·思想と科学》，昭和五九年。

③ 高国藩：《敦煌民俗学》，上海：上海文艺出版社，1989 年，第 298—312 页。

④ 刘文英：《中国古代的梦书》，北京：中华书局，1990 年。

⑤ 姚伟钧：《神秘的占梦》，南宁：广西人民出版社，1991 年。

⑥ 黄正建：《敦煌占卜文书与唐五代占卜研究》，北京：学苑出版社，2001 年，第 62—71 页。

⑦ 郑炳林、羊萍：《敦煌本梦书》，兰州：甘肃文化出版社，1995 年。

修订出版了《敦煌写本解梦书校录研究》①一书，对此进行了深入研究。

敦煌写本《解梦书》中的生态环境意识主要体现在以下几方面。

1. 与林草植被的重要价值和保护有关的梦境

由于受干旱少雨的自然环境影响，敦煌地区的自然林木较少，其用材大多靠人工种植。其种植林主要分布在有水利灌溉的绿洲地带，唐五代时期以个人庄园为主。这在敦煌寺院修造时砍伐木料的杂帐中可以得到充分的反映。如 P.2049vb《后唐长兴二年（931 年）正月沙州净土寺直岁愿达手下诸色入破历算会牒》记载：

> 面一斗伍胜，园中栽树众僧斋时用。
> 面一斗，园内栽树子日众僧食用。②

又 P.2032《后晋时代净土寺诸色入破历算会稿》记载：

> 面伍升，桃园栽树子日众僧食用。③

从以上文书可以看出，僧徒种树主要是在寺里的园内，净土寺有桃园。从 S.0542《戌年六月沙州诸寺丁口车牛役簿》可以看出，龙兴寺、大云寺、乾元寺、报恩寺、灵修寺、大乘寺等都有园子，园中既耕种又植树，其中龙兴寺和安国寺内又都有桃园。除寺庙外，一般民众还有自己的小园林。对普通民众来讲，庄园种植树木的多少是衡量其贫富的标准，树木是财富的象征。如 P.4640《阴处士碑》中阴嘉政就以"更有山庄四所，桑杏万株"及"葛萝橔木"④自誉。况且林木价格很高，经济效益显著。

P.3105《解梦书》残卷中，有下列一些条项：

① 郑炳林：《敦煌写本解梦书校录研究》，北京：民族出版社，2005 年。
② 唐耕耦、陆宏基编：《敦煌社会经济文献真迹释录》第 3 辑，第 369 页。
③ 唐耕耦、陆宏基编：《敦煌社会经济文献真迹释录》第 3 辑，第 455 页。
④ 唐耕耦、陆宏基编：《敦煌社会经济文献真迹释录》第 5 辑，第 69 页。

梦见墓林茂盛，富……

梦见门中生草树，富贵。

梦见果树及食（舍），大吉。

梦见伐树，所求皆得。

梦见林中，大吉利。①

凡梦见林木者，皆为"大吉"。这也是敦煌人民渴求植树造林、取食水果、绿化家园的心理反应，不能仅仅看成是"迷信"思想。这种梦想，给予地处干旱少雨、戈壁沙漠广布、植被稀少地区的古代敦煌人民对积极植树与绿化家园的热切盼望。如 P.3908《新集周公解梦书一卷·山林草木章第三》云：

梦见头戴山者，得财。

梦见山林中行者，吉。

梦见树木者，有大吉。

梦见树木生者，有大吉。

梦见树木死者，大衰丧。

梦见数折，损兄弟。

梦见上树者，有喜事。

梦见斫竹者，主口舌。

梦见草木茂盛，宅王（旺）。

梦见柴木在堂，大凶。

梦见花发者，身大贵。

梦见花落者，妻拜，凶。

梦见杂薰者，有孕。

梦见竹笋者，忧事起。

梦见树木忽枯死，主母病。②

---

① 黄永武编：《敦煌宝藏》，第 126 册，第 315 页。
② 黄永武编：《敦煌宝藏》，第 131 册，第 553—561 页。

由上可见，凡是梦见山林、树木、树木生长、草木茂盛、花朵开放者，皆为吉、大吉，或有喜事，或身大贵，或宅旺；凡是梦见树木枯死、草木折断、砍伐竹子、花朵败落者，皆为凶，或大衰败，或损兄弟，或主母病等；生动地反映了当时生活在干旱地区的人们对于草木茂盛，对于良好的生态环境的一往情深和殷殷期盼。

又如 S.2222《周公解梦书残卷》载："梦见倚树立者，吉。梦见坐高楼山岩石，所求皆得。梦见墓林茂盛，富贵。梦见门中生果树，富贵。……梦见大树落阴盖屋，大富贵。梦见门中竹木鱼狗，吉。梦见果树及舍，吉利。梦见林中，大吉利。"①

许多梦书中还专设《林木章》，专记梦见山林草木者为吉祥之兆。如 P.3281＋P.3685《周公解梦书残卷·林木章第十二》载："梦见墓林茂盛，富贵。囗囗囗（梦见门）中生果树，富贵。梦见土（上）树，长命。……"②而梦见自己置身于林木中，也是吉利的征兆，如 P.3105《解梦书残卷·草木部第五》载："梦见门中生草树，富贵。梦见果树及食（舍），大吉。……梦见林中，大吉利。"③前引 P.3908《山林草木章第三》载："梦见上树者，有喜事。"④S.2222、P.3685《林木章》，"梦见上树，长命"⑤，甚至于"梦见倚树立者，吉"。反之将是不吉的梦兆。如 P.3105《草木部》、S.2222、P.3685《林木章》均载有："梦见拔草，忧官事。"⑥P.3908《山林草木章》载："梦见树木死者，大衰（丧）。……梦见冢墓树折，有诉。"⑦以上这些梦的解析，看起来缺乏科学道理，然而正如人们所说，"日有所思，夜有所梦"，这是人们对生态环境意识强烈的心理反应。

① 中国社会科学院历史研究所、中国敦煌吐鲁番学会敦煌古文献编辑委员会、英国国家图书馆，等编：《英藏敦煌文献（汉文佛经以外部分）》，第4卷，成都：四川人民出版社，1990年，第47—48页。

② 黄永武编：《敦煌宝藏》，第127、130册，第299、19页。

③ 黄永武编：《敦煌宝藏》，第126册，第315页。

④ 黄永武编：《敦煌宝藏》，第131册，第553—561页。

⑤ 中国社会科学院历史研究所、中国敦煌吐鲁番学会敦煌古文献编辑委员会、英国国家图书馆，等编：《英藏敦煌文献（汉文佛经以外部分）》，第4卷，第47—48页。

⑥ 中国社会科学院历史所，中国敦煌吐鲁番学会敦煌古文献编辑委员会，英国国家图书馆，等编：《英藏敦煌文献（汉文佛经以外部分）》，第4卷，第47—48页。

⑦ 黄永武编：《敦煌宝藏》，第131册，第553—561页。

2. 与水资源的重要价值和保护有关的梦境

敦煌地区的农业主要靠灌溉，水和农业有着密切的关系，水在敦煌人的生存环境中占有相当重要的地位。反映在梦境中，水多则吉，水竭则忧，甚至只要梦见与水有关者，如打雷、雨雪、淋浴、乘船等，均被解作"吉祥"，反映了干旱地区人们对于水资源的珍爱之情。许多梦书中专设《水篇》，如 S.620《占梦书残卷·水篇第廿四》载：

> 梦见江海大水，富贵。
> 梦见水流，吉，所讼得理。
> 梦见大水者，大富。
> 梦见浮水，来贼侵围。
> 梦见大水波浪起伏者，不安。
> 梦［见］清湛，汉城。
> 梦见临泉，忧除，大吉。
> 梦见被溺不出，凶。
> 梦见赤水，吉；入宅中，官事起。
> 梦见度江海彼岸。吉。
> 梦见屋中水出，凶。
> 梦见共众人同临清水，吉。
> 梦见水上行，成必安，富贵，得官荣。
> 梦见床上有水，悬官起。
> 梦见浮度大水行速，吉；速，阴之事。
> 梦见水长，大吉。
> 梦见床上水，忧财及贵。
> 梦见饮水，所思必至。
> 梦见妇人水溺，忧子女，生贵子。
> 梦见水来入宅夷门，官位至。
> 梦见清水，吉；浊，凶。

梦见入赤水者，有官事。

梦见天地大［水］者，事起。

梦见没水中者，忧病，忧妻，亦悬官。

梦见水出，得财，吉。

梦见居水上坐，大富贵。

梦见水入宅，得官位至。

梦见拍浮水中者，酒肉。

梦见水上歌，凶。

梦见江河寒，大吉。

梦见入水中戏者，大吉。

梦见黄水，百事和合。①

可见，凡是梦见水者，绝大多数情况下为吉，或大吉、大富贵、官位至；而且梦见的水越大，越清湛，甚至水入宅中，居于水上坐，就越加吉利、富贵；只在极个别的情况下，如梦见溺水，或梦见水浊，为凶。这深刻地反映出水资源在干旱地区人们心目中极为重要的地位。

又如，ДХ.10787《解梦书残卷》载："梦见水中浮戏，吉。"②P.3908《新集周公解梦书一卷·水火盗贼章第四》载："梦见水中［戏］者，大吉。……梦见饮水者，得财帛。梦见流水者，主诉讼。梦见水者，大吉利。梦见大水者，主婚姻。……梦见江潮海水，大昌……"③同样，梦见水者、江潮海水者，在人们心目中均属于大吉利，或合大富；相反，若梦见溺水者，或梦见止水、阻断水流者，必为大凶。

再如，P.3908《新集周公解梦书一卷·庄园田宅章第九》载："梦见灶下水流，大吉。……梦见水入宅，得大财。"④P.3571V《占梦书残卷》载："［梦］见大雨者，

---

① 黄永武编：《敦煌宝藏》，第 5 册，第 185—189 页。

② 俄罗斯科学院东方研究所圣彼得堡分所、俄罗斯科学出版社东方文学部、上海古籍出版社编：《俄藏敦煌文献》，上海：上海古籍出版社，2000 年，第 15 册，第 48 页。

③ 黄永武编：《敦煌宝藏》，第 131 册，第 553—561 页。

④ 黄永武编：《敦煌宝藏》，第 131 册，第 553—561 页。

得酒肉。……［梦见］落雪，大吉利。"① S.5900《新集周公解梦书残卷》载："梦见雪下者，得官。……梦见雷□□□□□（雨者，得酒肉）。"②S.2222《周公解梦书残卷》载："梦见乘船渡水，得财。梦见乘船水涨，大吉。梦见居水上及（水）中坐，并吉。梦见水门者，得官。梦见妇溺水中，生贵子。……梦见灶下水流，得财。"③反之，若梦见水流枯竭者，将是不吉的梦兆。如 P.3908："梦见［落］水者琢（溺），大凶。梦见止木（水）者，大祸，凶。"④P.3685、S.2222："梦见水竭，有忧。"⑤

梦见井泉也多为吉兆。如 P.3908《新集周公解梦书一卷·水火盗贼章第四》载："梦见穿井者，得远信。梦见井佛（沸）者，合大富。梦见视井者，得远信。梦见视井者，得远信。"⑥P.3105、P.3685、S.2222："梦见作井者，富贵；梦见井沸者，富贵；梦见井中有鱼，有物。"⑦S.620："梦见临泉，忧除，大吉。"⑧

3. 与动物资源的重要价值和保护有关的梦境与习俗

已如前论，我们从敦煌文书的牛、羊、马、驼籍帐等中可以看出，唐五代敦煌地区的畜牧业占有重要地位，正是由于畜牧业的重要作用，敦煌民间对动物资源非常重视，出于这种心理意识，产生了许多与动物有关的民间信仰，反映在解梦书中，大多列有六畜的专章，如《周公解梦书》中有六畜杂事章，《新集周公解梦书》有六畜章，《占梦书》猪羊、六畜等篇专门记六畜占辞。所载六畜有马、牛、羊、猪、犬、驴、骡、驼等，内容丰富。P.3990《占梦书残卷》、S.620《占梦书残

① 黄永武编：《敦煌宝藏》，第 129 册，第 131 页。
② 黄永武编：《敦煌宝藏》，第 44 册，第 550 页。
③ 中国社会科学院历史研究所、中国敦煌吐鲁番学会敦煌古文献编辑委员会、英国国家图书馆，等编：《英藏敦煌文献（汉文佛经以外部分）》，第 4 卷，第 47—48 页。
④ 黄永武编：《敦煌宝藏》，第 131 册，第 553—561 页。
⑤ 中国社会科学院历史研究所、中国敦煌吐鲁番学会敦煌古文献编辑委员会、英国国家图书馆，等编：《英藏敦煌文献（汉文佛经以外部分）》，第 4 卷，第 47—48 页。
⑥ 黄永武编：《敦煌宝藏》，第 131 册，第 553—561 页。
⑦ 中国社会科学院历史研究所、中国敦煌吐鲁番学会敦煌古文献编辑委员会、英国国家图书馆，等编：《英藏敦煌文献（汉文佛经以外部分）》，第 4 卷，第 47—48 页。
⑧ 黄永武编：《敦煌宝藏》，第 5 册，第 185—189 页。

卷·六畜篇第卅一》载："梦见六畜共人言语，大吉。"①S.2222v《解梦书一卷》载："梦见乘使，吉。"②

（1）涉及马的梦兆

P.3908《新集周公解梦书一卷·六畜禽兽章第十一》载："梦见牛马者，有大吉。 ……梦见骑马者，远信来。"③S.620《占梦书残卷·六畜篇第卅一》载："梦见走马，有急事。梦见乘赤马，王文书，大吉。……梦见乘青马，有庆事。……梦见乘紫马，大吉。……梦见乘马走，大富贵，或远行。……梦见牛马产者，吉，或有客，亦得财。梦见马出行，家神不安。……"④P.3990《占梦书残卷》，亦有类似记载，不再赘述。

而对战马的喜爱也反映在敦煌文书 P.3081《七曜日吉凶推》中，有所谓"七曜日发兵动马法"，认为将帅在不同的时间乘骑相应毛色的战马和擎举相应颜色的旌旗，是夺取战斗胜利的先兆。如：

> 蜜日，将宜着白衣，乘白马，白缨绯白旗引前，吉。
> 莫日，将宜着黑衣，乘紫骢马，黑缨绯黑旗引前，吉。
> 辰日，将宜着绯衣，乘赤马，赤缨绯赤旗引前，吉。
> 鸡换日，将宜着黄衣，乘黄马，黄缨绯黄旗引前，吉。⑤

这种对马的迷信，讲究的是颜色的配合，气势的宏大，体现了首先必须在精神上以此克敌制胜的心理需求。

（2）涉及牛的梦兆

S.2222《周公解梦书残卷·禽兽章第十四》载："梦见牛，所求皆得。……梦

---

① 黄永武编：《敦煌宝藏》，第 5 册，第 185—189 页。

② 中国社会科学院历史研究所、中国敦煌吐鲁番学会敦煌古文献编辑委员会、英国国家图书馆，等编：《英藏敦煌文献（汉文佛经以外部分）》，第 4 卷，第 47—48 页。

③ 黄永武编：《敦煌宝藏》，第 131 册，第 553—561 页。

④ 黄永武编：《敦煌宝藏》，第 5 册，第 185—189 页。

⑤ 黄永武编：《敦煌宝藏》，第 126 册，第 253 页。

见牵牛，有礼事。……梦见牛肉在堂，得财。"[1]S.620《占梦书残卷·六畜篇第卅一》载："梦见青牛，喜事。梦见玄牛上，大富贵。……梦见黄牛，宜田蚕。……梦见黑牛，失物复得。……梦见牛羊，大吉，求如意。……梦见牛角向人者，所求皆得。"[2]P.3990《占梦书残卷》载："梦见牛羊，口舌散，吉。……梦见大牛，大吉，所求皆得。梦见青牛者，有喜事。"[3]

除解梦书中体现的对牛的珍爱之情外，敦煌其他一些民俗亦有此方面内容，举例如下。敦煌文书 P.2661 记载："正月一日买一犊牛万倍。"[4]这是大年初一买母牛的风俗信仰。这里的犊牛指母牛，买母牛生小牛，获利万倍，令人致富，故有此俗。唐代敦煌这一习俗是汉魏六朝民间风俗习惯之传承。《说苑·政理》云："臣故畜犊牛，生子而大，卖之而买狗。"[5]《齐民要术》卷 6 云："陶朱公曰：'子欲速富，当畜五犊。'"而孙氏注云："牛、马、猪、羊、驴五畜之犊。"[6]说明这种想法既有来由，又为求吉利的行为，是很有道理的。

"壬辰日，取牛马骨在庭烧之，令人家富。"[7]"壬辰日"，据《说文》"壬"字条段注云："月令郑注，壬之言任也，时万物怀任于下；律书曰，壬之为言任也。言阳气任养万物于下也。律历志曰，怀任于壬。释名曰，壬，妊也，阴阳交，物怀妊，至子而萌也。"[8]"辰"者，在十二支中为龙，故《说文》"龙"字条云："《易》曰：龙战于野，战者，接也。"[9]即两龙交接之意，故"壬辰日"实为交接受孕之吉日，在此日内于庭前烧牛马骨，是预祝牛马成群，六畜兴旺之意，故云"令人家富"。

① 中国社会科学院历史所、中国敦煌吐鲁番学会敦煌古文献编辑委员会、英国国家图书馆，等编：《英藏敦煌文献（汉文佛经以外部分）》，第 4 卷，第 47—48 页。
② 黄永武编：《敦煌宝藏》，第 5 册，第 185—189 页。
③ 黄永武编：《敦煌宝藏》，第 132 册，第 446 页。
④ 黄永武编：《敦煌宝藏》，第 123 册，第 167 页。
⑤（汉）刘向撰，卢元骏注释：《说苑》卷 7《政理》，第 190 页。
⑥（北魏）贾思勰著：《齐民要术》卷 6，北京：中华书局，1956 年，第 77 页。
⑦ 黄永武编：《敦煌宝藏》，第 123 册，第 167 页。
⑧（汉）许慎原著，汤可敬撰：《说文解字今释》，长沙：岳麓书社，1977 年，第 1122 页。
⑨（汉）许慎原著，汤可敬撰：《说文解字今释》，第 1650 页。

另，敦煌民间还相信牛骨灰与牛口沫能治小儿病，如 P.2661 载有两个偏方：① "小儿头上（生）疮，烧牛角骨作灰，初腊脂□之差，利。"② "小儿夜惊，取牛口味（沫）著母乳与饮，良利。"①

（3）涉及驴骡和驼、猪的梦兆

S.620 六畜篇及 P.3990 六畜篇记："梦见乘驴骡，有钱至。梦见驼及乘，大富贵之相。"②S.620 猪羊篇载："梦见犬猪，所求皆得达。"③

（4）涉及羊的梦兆

P.3908 六畜禽兽篇："梦见羊者，主得好妻。"④S.2222 杂事六畜章载："梦见骑羊，有好妇；"⑤S.620 猪羊篇载："梦见群羊，有客。梦见牵羊，有宴乐资益事。……梦见骑羊，得奴婢，一云好妇。"⑥

（5）涉及犬的梦兆

P.3908 六畜禽兽章载："梦见犬咬人，贵客来。"⑦S.620 猪羊篇载："梦见犬伤，大吉事。梦见贵犬，喜事。梦见捉犬，有病；捉犬，客来。梦见为犬咬，解事。梦见赤犬，口舌散。梦见狗〔吠〕日，忧官事。梦见放犬子，有急事，病。梦见狗所咋者，先人索食。……梦见犬走，大利。梦见黄犬，所求皆得。"⑧S.2222 杂事六畜章载："梦见犬齿，先人求食。梦见犬子，有喜事。"⑨P.3685 及 S.2222 水章载："梦见犬宄，大吉。"⑩

此外，对于犬的喜爱还有如下习俗，如 P.2661v 记载："□□□人家法，取狗

① 黄永武编：《敦煌宝藏》，第 123 册，第 176 页。

② 黄永武编：《敦煌宝藏》，第 132 册，第 446 页。

③ 黄永武编：《敦煌宝藏》，第 5 册，第 185—189 页。

④ 黄永武编：《敦煌宝藏》，第 131 册，第 553—561 页。

⑤ 中国社会科学院历史所、中国敦煌吐鲁番学会敦煌古文献编辑委员会、英国国家图书馆，等编：《英藏敦煌文献（汉文佛经以外部分）》，第 4 卷，第 47—48 页。

⑥ 黄永武编：《敦煌宝藏》，第 5 册，第 185—189 页。

⑦ 黄永武编：《敦煌宝藏》，第 131 册，第 553—561 页。

⑧ 黄永武编：《敦煌宝藏》，第 5 册，第 185—189 页。

⑨ 中国社会科学院历史所、中国敦煌吐鲁番学会敦煌古文献编辑委员会、英国国家图书馆，等编：《英藏敦煌文献（汉文佛经以外部分）》，第 4 卷，第 47—48 页。

⑩ 中国社会科学院历史所、中国敦煌吐鲁番学会敦煌古文献编辑委员会、英国国家图书馆，等编：《英藏敦煌文献（汉文佛经以外部分）》，第 4 卷，第 47—48 页。

头目烧作灰，和狗脂涂四壁下，家□举莫向东，悉皆走去，大验。"①这是一种保障家宅安宁的驱邪法。用这一方法，有"家□举莫向东"的禁忌。狗有护宅的作用，因此被认为其灰与脂也能驱邪。"人不失火，无贼，埋犬肝宅四角，令人大富，吉利。"《韩诗外传》云："魂藏于肝，魄藏于肺。"以犬肝埋于宅之四角，是令犬魂守宅。另外，汉末魏晋之间，敦煌一带还流传着白狗惩恶的传说故事。北魏崔鸿《十六国春秋》卷75《前凉录》六载："张顾仕天锡，为西域校尉。天锡僭位元年，顾以旧怨，杀魏俭。俭临刑，具言取之。后顾见白狗，以刀砍之，不中，顾便倒地不起。左右见俭在傍，遂暴卒。"②这是由于敦煌民间认为狗能保护主人，故迷信人死后也能化为狗，并为主人报仇，遂产生这种关于狗的迷信的传说。

（6）涉及狮子、象、虎狼、熊罴等的梦兆

S.620 野禽兽篇载："梦见师［狮］子入家，必晟。……梦见虎狼，身得兴官。梦见猛虎惊，大吉利。梦见骑虎行，大富贵。……梦见被虎食，大凶。……梦见熊罴居人上，大吉。梦见猿猴，必可笑事成［或］有鬼事。……梦见骑熊群聚，必征讨事。梦见驾象，大吉利。梦见虎狼不动，必见君子。梦见虎所逐，必疾病，凶。梦见虎咋人，县官口舌事。……梦见骑虎，吉。"③P.3908 六畜禽兽章载："梦见狮子，主大贵。梦见大虫者，加官禄。"④S.2222 禽兽章载："梦见虎食者，大吉利。……梦见骑虎，忧官事。"⑤

4 世纪时，敦煌一带流传着一个李暠逢虎的故事。《太平寰宇记》卷 152 引《敦煌实录》载：

晋安帝隆安元年五月，凉州牧李暠微服出城，逢一虎在道边，因化为人，遥呼暠为西凉君，暠因弯弧待之。又遥呼暠曰："汝无疑也。"暠知其异，乃投弓于地。虎又仍前谓暠曰："敦煌空虚，不是福地。君子之孙，王于西凉，

① 黄永武编：《敦煌宝藏》，第 123 册，第 176 页。
② 崔鸿编：《十六国春秋·前凉录》，第 48 页。
③ 黄永武编：《敦煌宝藏》，第 5 册，第 185—189 页。
④ 黄永武编：《敦煌宝藏》，第 131 册，第 553—561 页。
⑤ 中国社会科学院历史研究所、中国敦煌吐鲁番学会敦煌古文献编辑委员会、英国国家图书馆，等编：《英藏敦煌文献（汉文佛经以外部分）》，第 4 卷，第 47—48 页。

不如迁徙酒泉。"言讫乃失。未几，暠乃移都酒泉，建国号曰西凉。[①]

民间百姓由于迷信虎有驱邪报吉作用，故而衍生出这样一个虎化为人报吉的传说。莫高窟北魏 249 窟有一幅《射虎图》，反映猎虎者勇敢机智的精神，进而认为虎是可以战胜的。东汉应劭《通俗通义》云："虎者，阳物，百兽之长也，能执搏挫锐，噬食鬼魅。今人卒得恶遇，烧悟虎皮饮之，系其爪，亦能避恶，此其验也。"[②]故自汉代起，虎就被认为是驱恶镇邪之兽。敦煌民间发展了这种风俗。P.2661 有以下几则记载：①"小儿初生时，煮虎头骨，取汤洗，至老无病，吉。"此俗意是希望小儿强健如虎，初生时给小儿洗虎头骨水，是象征小儿长得虎头虎脑。②"建日，悬虎头骨门户上，令子孙长寿，吉。悬口骨舍四角，令家人富贵，利吉。"建日即寅日，寅者虎也，虎日悬虎头骨于门，有辟邪作用，故能令子孙长寿。悬虎口骨于舍四角，寓"嘴大吃四方"之意，故以此象征富贵，以取吉利。③"晦朔日，裁衣，被虎食，大凶。"月尽为晦，月初为朔，晦朔交替，象征人生从生到死。裁衣本为裂帛制衣，"裁"可训为"裂""割""断"，故意味断裂身体，与晦朔象征人生之原意相冲突，故于晦朔日裁衣为"被虎食，大凶"。[③]

（7）涉及兔、鹿、麒麟的梦兆

S.620 野禽兽篇载："梦见麒麟，大富贵。……梦见骑禄（鹿），立居［官］位事。……梦见白马（兔），必有贵人所接。梦见兔，大富。梦见鹿兔行，有官。梦见双兔行，富贵。……梦见白鹿者，得圣人道术。……梦见得鹿章（獐），皆吉；在官得印绶。"[④] S.2222 号禽兽章载："梦见鹿并兔，得印绶，吉。"[⑤]P.3908 六畜禽兽章载："梦见章（獐）鹿，主得官。"[⑥]P.2661 记载："埋鹿角门中，厕中，得才（财），吉。"[⑦]"鹿角"似为"禄爵"之谐音，有禄爵主财之义。

（8）涉及飞鸟、龙、蛇的梦兆

① （宋）乐史撰：《太平寰宇记》卷 152，第 2935—2936 页。

② （汉）应劭撰，王利器校注：《风俗通义校注》卷 8《祀典》，北京：中华书局，1981 年，第 367 页。

③ 黄永武编：《敦煌宝藏》，第 123 册，第 176 页。

④ 黄永武编：《敦煌宝藏》，第 5 册，第 185—189 页。

⑤ 中国社会科学院历史所、中国敦煌吐鲁番学会敦煌古文献编辑委员会、英国国家图书馆，等编：《英藏敦煌文献（汉文佛经以外部分）》，第 4 卷，第 47—48 页。

⑥ 黄永武编：《敦煌宝藏》，第 131 册，第 553—561 页。

⑦ 黄永武编：《敦煌宝藏》，第 123 册，第 176 页。

P.3908 龙蛇章载："梦见龙斗者，主口舌。梦见龙飞者，身合贵。梦见黑龙者，家大富。梦见蛇当道者，大吉。梦见蛇虎者，主富，吉。梦见蛇如床下，重病。梦见［蛇］上屋，大凶。梦见蛇上床，主死事。梦见蛇相趁，少口舌。梦见蛇咬人家者，母衰。梦见蛇作盘［者］，宅不安。梦见打煞蛇者，大吉。梦见杂死（色）鸟，远信至……"①P.3908 六畜禽兽章载："梦见鸡鹅者，主大庆。"②

S.620 飞鸟篇载："梦见凤凰，帝王招贤或徵驾。梦见鸣鹤，必远行。梦见雀，官位至。梦见燕子，大吉。梦见乘白鹤，得先（仙）道。梦见鸡，必有征召事，求皆得。梦见鹰鹞，欲远行。梦见鹞衔粟，必生贵子。梦见鹞子，大喜。梦见鸡鸣，有口舌。梦见鸟巢安会，大吉。梦见衔蛇，得官，大吉。梦见白鹤在堂，有丧。梦见飞鸟，吉，有行事。梦见雀，有官禄印受（绶）事。……梦见鸭印，必得财。"③S.620 龙蛇篇载："梦见乘龙［上］天，三伐（代）富贵。梦见乘龙，大富，得官。梦见乘龙市［中］，富贵，王位梦见龟蛇相向，逢劫煞。梦见蛇入人谷道中，富贵。……梦见蛟龙，必被贵人召及。……梦见大蛇过，得财，吉。梦见［龙］王，生贵子，大吉。梦见龙，必富贵，一云生贵子。……梦见黄蛇，有善事。"④S.620 号桥道门户篇载："梦见天龙舌也，得财。"⑤S.3908、P.2829、ДХ.2844载："梦见乘龙上天，大吉。"⑥S.2222 禽兽章载："梦见雀者，有喜事。喜梦见鸟怀，智慧起。梦见食鹞子，得财。梦见得鹞子，大吉。梦见雀［与鹿］，禄位并得授，喜。"⑦

涉及鸡的其他习俗尚有 P.2661："小儿鸡惊，取鸡贲血，临（淋）著口中，即差（瘥），吉利。"⑧鸡惊即抽风，俗以为中邪。《本草纲目》载："时珍曰：鸡冠血，用三年老雄者，取其阳气充溢也。风中血脉，则口僻喎。冠血咸而走血透肌，鸡

① 黄永武编：《敦煌宝藏》，第 131 册，第 553—561 页。
② 黄永武编：《敦煌宝藏》，第 131 册，第 553—561 页。
③ 黄永武编：《敦煌宝藏》，第 5 册，第 185—189 页。
④ 黄永武编：《敦煌宝藏》，第 5 册，第 185—189 页。
⑤ 黄永武编：《敦煌宝藏》，第 5 册，第 185—189 页。
⑥ 黄永武编：《敦煌宝藏》，第 124 册，第 377 页。
⑦ 中国社会科学院历史所、中国敦煌吐鲁番学会敦煌古文献编辑委员会、英国国家图书馆，等编：《英藏敦煌文献（汉文佛经以外部分）》，第 4 卷，第 47—48 页。
⑧ 黄永武编：《敦煌宝藏》，第 123 册，第 176 页。

之精华所聚，本乎天者亲上也。"①故取鸡贲血，即三年老雄鸡之血，因精华所聚，可以辟邪，这似为贲鸡血治小儿鸡惊的医学根据。"鸡栖在刑上，令人数逢祸，凶。"刑（型）本为铸造器物之模具，"鸡栖刑"谐读为"几起刑"，故"令人数逢祸"，是为凶兆。②

（9）涉及虫、鼠的梦兆

S.620 鱼鳖篇载："梦见吴公（蜈蚣），长命。梦见小虫，大富贵。梦见飞虫，必有富贵。梦见蜂蜇人，有官事必解散。"③S.620 杂虫篇载："梦见鼠咋者，得财物。梦见蜂蜇者，忧病及盗贱（贼）凶。梦见烂虫者，遇财。梦见解虫者，无忧事。……梦见腐虫，富贵王位。遇见小虫，吉；大虫，凶。"④S.3908 龙蛇章载："梦见百虫自灭，小口衰。"人身梳镜章载："梦见身上虫出，大吉。"⑤S.3281、S.2222 杂事章载："梦见宁虫者，吉。"杂事章载："梦见身虫者，病除，吉。"⑥ДХ.10787载："梦见虫来附身，富贵。"⑦

（10）涉及鳖、龟、鱼的梦兆

P.3908 龙蛇章载："梦见鳖者，主百［事］吉。"⑧S.2222 龟鳖章载："梦见鱼鳖，得人所爱。梦见蛇，得移徙事。梦见蛇群，大吉利。梦见蛇入怀，有贵子。梦见龟［蛇］相向者，逢财。梦见蛇入门屋中，财物。梦见青蛇，忧事发。梦见蛇遮人妻，吉。梦见得鱼，百事如意。梦见赤蛇者，忧病。"⑨S.620 龙蛇篇载："梦见天鱼落，大富贵。梦见得龟，万人爱敬。梦见龟鳖，必得官。……梦见得生鱼，大吉利。梦见鱼飞，天必雨。"⑩S.620 鱼鳖篇载："梦见鱼番（翻）田，必有大旱。

---

① （明）李时珍撰：《本草纲目》，上海：商务印书馆，1936 年，第 75 页。

② 黄永武编：《敦煌宝藏》，第 123 册，第 176 页。

③ 黄永武编：《敦煌宝藏》，第 5 册，第 185—189 页。

④ 黄永武编：《敦煌宝藏》，第 5 册，第 185—189 页。

⑤ 黄永武编：《敦煌宝藏》，第 131 册，第 553—561 页。

⑥ 黄永武编：《敦煌宝藏》，第 127 册，第 299 页。

⑦ 俄罗斯科学院东方研究所圣彼得堡分所、俄罗斯科学出版社东方文学部、上海古籍出版社编：《俄藏敦煌文献》，第 15 册，第 48 页。

⑧ 黄永武编：《敦煌宝藏》，第 131 册，第 553—561 页。

⑨ 中国社会科学院历史研究所、中国敦煌吐鲁番学会敦煌古文献编辑委员会、英国国家图书馆，等编：《英藏敦煌文献（汉文佛经以外部分）》，第 4 卷，第 47—48 页。

⑩ 黄永武编：《敦煌宝藏》，第 5 册，第 185—189 页。

梦见大鱼，凶；小鱼，吉。梦见得鱼，兴生有利；捕取鱼，亦有利。梦见捕鱼，县事吉。梦见鱼在井，贵人通好，得财。梦见鲤鱼，必有喜事。梦见干鱼，大旱。……梦见生鱼龟，得官位。梦见钓鱼，有忧事。梦见龟鳖入门，大富，吉。梦见大鱼不多，吉；小鱼，大吉。梦见鱼者天者，大吉。"①

综上所述，古代敦煌百姓，对于动物有着一系列朴素的神秘观念，他们往往认为动物具有超自然的感应能力，不同的动物种类、数量、行为及出现的时机，都能够给人们以某种梦境与征兆。因此，当地民众对牲畜格外珍视。敦煌民间与动物有关的习俗，应源于原始社会对动物超自然力量的信仰，也是出于现实的功利目的笃信和奉行，深刻地体现了人们对于动物资源，特别是对于六畜珍视与保护的生态意识。

4. 与土地资源的重要价值和保护有关的梦境

敦煌绿洲环处沙漠，生态环境脆弱，可供农牧业利用的土地有限，因而人们对于土地资源珍爱的意识颇为浓烈，这一习俗亦深刻地反映在人们的梦境中。如P.3908 地理章载："梦见地［动］者，主转移。……梦见地光者，主大富。梦见地卧者，财强。梦见扫地者，有官事。梦见运土入宅，大吉。梦见土在身，大亡（凶）。梦见起土者，官位至。梦见身入（土）者，大吉……"② P.2829《解梦书一卷残卷》载："梦见身入土上，大吉。……梦见运土宅内者，大吉。……梦见登山望平地，口口。梦见地动，移徙。梦见土，病除。梦见耕田，大富。"③S.2222V、ДХ.2844、P.3281+P.3685、S.2222 亦有相似记载。S.620 农植五谷篇第卅九载："梦见居山农种，大富贵。梦见耕地，有覆修事，吉。梦见作田植，大富贵。梦见种，得财。梦见种立（豆），必陷没事。梦见田中生草，得财。梦见教人作田，富贵。梦见种麦熟，大吉。梦见种黍，皆得财。梦见种教（谷）者，皆得富贵。梦见五谷苗盛，得财，吉。……梦见身入土，百事吉。"④ДХ.1327P、3571V 载："梦见运土入宅，

---

① 黄永武编：《敦煌宝藏》，第 5 册，第 185—189 页。
② 黄永武编：《敦煌宝藏》，第 131 册，第 553—561 页。
③ 黄永武编：《敦煌宝藏》，第 124 册，第 377 页。
④ 黄永武编：《敦煌宝藏》，第 5 册，第 185—189 页。

大富贵。"①P.3105："梦见买地，大吉，富贵。"②反之，则是不吉利的梦兆，如 P.3281、S.2222 地理章记载："梦见地陷，忧母死。"③P.3908 地理章："梦见地陷，宅不安。"④ P.3281 号地理章、P.2829、S.2222V、ДХ.2844 载："梦见堂中地陷，忧官。"④P.3105 地理章载："梦见地劈，忧母损。"⑤

三、占卜文书中体现的生态意识

东晋干宝《搜神记》云："宅以形势为骨体，以泉水为血脉，以土地为皮肉，以草木为毛发，以屋舍为衣服，以门户为冠带。若得如斯，是偃雅，乃为上吉。"⑥说明了水、土及草木对宅院选址的重要意义。而盖房建屋一直是人们最重视的事情，基于这个原因，人们对花草树木、水土资源格外珍视。敦煌所出大量的占卜文书，虽然其内容充斥着荒诞不经的说教，但其中亦蕴含着人们相应的生态意识。例如，敦煌《宅经》即是如此。《宅经》中对舍宅的建造有严格要求，以宫、商、角、徵、羽五音定姓，什么音的姓修宅时哪个方向应当高，哪个方向应当平，哪个方向应当低，水池应当修在住宅的哪一面都有规定。但是在实际建宅的过程中，地形并不会恰好遂人所愿，因此要靠种植树木来弥补这一不足。从迷信角度上看，种什么树可以提高地形，种什么树可以降低地形都有讲究。于是人们在建造宅地的过程中，为了适应此要求，就会在宅院周围大量种植林木，这对于形成良好的生态环境有利，同时也对树木起到了良好的保护作用。

（一）P.2615a《□帝推五姓阴阳等宅图经》与生态意识

P.2615a《□帝推五姓阴阳等宅图经》一卷，并有绘图，该卷是敦煌写本宅经

---

① 俄罗斯科学院东方研究所圣彼得堡分所、俄罗斯科学出版社东方文学部、上海古籍出版社编：《俄藏敦煌文献》，第 8 册，第 92—93 页。

② 黄永武编：《敦煌宝藏》，第 126 册，第 315 页。

③ 黄永武编：《敦煌宝藏》，第 127 册，第 299 页。

④ 黄永武编：《敦煌宝藏》，第 127 册，第 299 页。

⑤ 黄永武编：《敦煌宝藏》，第 126 册，第 315 页。

⑥ 旧题黄帝撰，方成之整理：《四库家藏·宅经》，济南：山东画报出版社，2004 年，第 4 页。

的第一长篇，也是所有敦煌写本风水文书中最长的篇章，有 19 张图版之多，约 400 行左右。菅原信海、黄正建、金身佳[①]、陈于柱及《敦煌学大辞典》等，都对该卷内容作过介绍和研究。其中黄先生的介绍比较详细："卷子的前半与 P.3492 号文书完全相同，后半则有'推相土色轻重法'、'阡陌法'、'推泉源水出处及山宅庄舍吉凶法'等，并引有《阴阳宅书》、《皇帝宅经》、《三元宅经》。然后是一系列的宅图，包括有'角姓'一副、'徵姓'二幅、'宫姓'一幅、'商姓'一幅、'羽姓'二幅，每姓下各有本姓的姓氏、地形、迁徙法等，又有'五姓阴阳宅图'。随后有开门、建灶、置井法；有镇宅、推土公伏龙、诸杂忌法等，内容十分庞杂。"[②]

陈于柱对该卷作了较深入的研究，认为："从行文看，全卷力图对诸种相宅书进行整合，该件应抄写于天复四年或八年之前的张氏归义军初期，是当时州学或州阴阳学教学的遗物。"[③]

宅经中的生态环境意识主要涉及对种植林木的重视。如卜种树法：

> 凡宅，东无青龙及南流水，种青桐八根。宅西无白虎、巷门无大道，[种]梓树九根。宅南无朱雀洿迟，种枣树七根。宅北[无]玄武丘陵，种榆树六根，应吉。桃木者，百木之恶，种舍前，百鬼不入宅。榆木者，百木之少府，种之于舍后，令人得财；一名谷树。桑者，百木之使，种之舍前，吉。榆树，百木之丞相，种之门前，道运人家富贵，宜仕官。李者，百木之使，种之舍前，出贵子。茱摸（莒）者，百[木]之贤，种之井上，除温病，吉。[④]

这些说法自然是荒诞不稽的，但认为种树可以弥补四方之缺，可以辟邪趋吉，可以家道兴旺，正是干旱地区人们渴盼林木成荫的生态意识的一种反映。

（二）P.2661v《方技书》与生态意识

敦煌占卜文书 P.2661 载：

① 金身佳编著：《敦煌写本宅经葬书校注》，北京：民族出版社，2007 年。
② 黄正建：《敦煌占卜文书与唐五代占卜研究》，第 73 页。
③ 陈于柱：《敦煌写本宅经校录研究》，北京：民族出版社，2007 年，第 23 页。
④ 黄永武编：《敦煌宝藏》，第 123 册，第 588 页。

凡种树，东方种桃九根，西方种槐九根，南方枣九根，北方榆九根，依此法，宜子孙，大吉利，富贵。[①]

这一条项实际上也是鼓励人们种树，不管其中掺有什么样的迷信色彩，在敦煌这样的干旱沙漠地带，植树造林无论如何都是对生态环境有积极意义的活动，是人们改造自然的一种努力。

为什么都种"九"株？"九"为数之极，这里含有让人们多多植树之意。又"九"与"久"谐音，取长久之意。"宜子孙"意味着"前人栽树，后人乘凉"。P.3418《王梵志诗》云："努力勒心种，多留与后人。新人食甘果，愧贺（荷）种花人。"[②]为后代植树，包含着可持续的思想。

郭璞《葬书》说："郁草茂林，贵若千乘，富若万金。"非常重视林木的培植。《葬书》中还最早提出了"童山"的概念。

童山——不可葬也……霜风剥裂而屑铁飞灰，草木黄落而涂朱散垩，春融融而脉不膏，夏淋淋而气不蕴，此童山之葬衢之不允。

注曰：山无草木曰童，是山无皮毛，风可吹土成尘，雨得穿脉浸渍者。[③]

国人对种树的方位很讲究，相信"东植桃杨，南植梅枣，西栽栀榆，北栽杏李，则大吉大利"[④]，如果门庭前种双枣树，四畔有竹木葱翠则进财。这些种树的宜忌，并非全是迷信，其中有其科学性、合理性。宅东面因东南风带来雨水，相对潮湿些，故种喜雨水的桃杨。西面种生长迅速、枝叶繁茂的榆树，便于冬天遮挡西北风，夏天也可以遮蔽西北的烈日照晒。梅树树干较小，种在宅前，既点缀了环境，又不遮挡视线，也利于通风透气。杏树耐寒，栽在宅北，阻挡冬天的寒风。江南民居四周多栽种竹林，既遮阴又迎风，从环境美学上看，又可使宅舍掩隐不露，若隐若现。

---

① 黄永武编：《敦煌宝藏》，第 123 册，第 176 页。

② 黄永武编：《敦煌宝藏》，第 128 册，第 256 页。

③ （魏）管辂：《管氏地理指蒙》，堪舆集成（1），重庆：重庆出版社，1994 年，第 210 页。

④ 玄述贵：《阳宅百问》，北京：中国文联出版社，2004 年，第 81 页。

S.4398《降魔变文一卷》写道：

> 去吉城不近不远，显望当途，忽见一园，竹林非常葱翠，三春九夏，物色芳鲜；冬秋初，残花蓊郁，草青青而吐绿，花照灼而开红，……此园非但今世，堪住我师，贤劫一千如来，皆向此中住止（址），吉祥最胜，修建伽蓝，唯须此地。①

可见，古人在寺观选址时很看重对林木茂盛的选择。

（三）P.2630V《宅经》与生态意识

P.2630v《宅经》，黄正建先生拟名。②

经文中很重视住宅周围水流、树木等的作用，这无疑也是人们环境意识的一种反映。如记：

> 若水从向南来北出者，其东出□十，有食口百人。天元之地，其〔地〕刑如地从东南来，居其阳。□□□□，多财富，十五年小，衰。
>
> ⋯⋯⋯⋯
>
> 所谓大水之地，水从东来至辰行（往）西行，作宅者西北有灶原，居之，出二千石，无小贵。
>
> 所谓咸池之地，大水从西南来宅前未地，折北百步，若三百步而得东南至辰，□折东北行，居之，出二千石。
>
> 所谓水减之地，水从西南来百里，若五十里，虽小势而通船折东行，若龙头戊亥之地有高山，出三公。无山，不可居。若有阙，亦不可居之。
>
> 所谓水减之地者，谓居人得之，中远者为咸，其□地势有上下魂磈，树木茂好，居其高者富，赀财百万，大吉。

---

① 黄永武编：《敦煌宝藏》，第35册，第680页。
② 黄正建：《敦煌占卜文书与唐五代占卜研究》，第79页。

···········

〔所谓天〕翼之地，其刑如水流之处从西来，回避其舍东北去。居其阳，大富贵。居其阴，赀财百万。

···········

九尺刺梢山魏法：□□疾病，令西北角种榆一根，比政不得□□衰，天虚令人富贵，南种李十二根，外李（残）利舍东北□种柰二根法，衣志路小避□不置田蚕（残）大种□大（六）根，令人生贵子，二千石。

（残）种李十二根，内桃外李□□□九尺，避除疾病，大富。财惠，种柰十三根吉，令廿五（残）食宜留子。（残）北有秋树，令人家减门休舍，（残）不宜子孙，女得（？）（残）凡正必乳死，舍西北种槐三十株，□□□六退注痛出（残）枯树。宅舍内不得（残）经索宜绕一（残）南种杏，避除（残）。①

其实在《管子·地员》中就有相关说法：

五粟之土，若在陵在山，在隙在衍，其阴其阳，尽宜桐柞，莫不秀长。其榆其柳，其厌其桑，其柘其栎，其槐其杨，群木蕃滋，数大条直以长……五沃之土，若在丘在山，在陵在冈，若在陬陵之阳，其左其右，宜彼群木，桐、柞、枎、櫄，及彼白梓。其梅其杏，其桃其李，其秀生茎起。其棘其棠，其槐其杨，其榆其桑，其杞其枋，群木数大，条直以长。②

第六节　敦煌岁时文化中的生态环境意识

在讲究天人合一的中华文化中，岁时文化是与我们的文明相伴而生的，其历史之悠久，内涵之丰厚，生命力之强大，已成为与我们日常生活、意识、情感紧密联系又蓬勃律动的鲜活基因。

---

① 金身佳编著：《敦煌写本宅经葬书校注》，第175—177页。

② （春秋）管仲撰，吴文涛、张善良编著：《管子·地员》，第393—394页。

狭义的"岁时"是指与我们的生活和文明相关，被赋予丰富文化内涵和感情寄托的节气、节日，而"岁时文化"也就是以"岁时"为中心，富含着情感、心理、历史和现实的各种活动与意识的总和。

敦煌文书中有许多关于唐宋时期岁时民俗的记载，反映了一年十二个月的社会活动概貌。特别需要提及的是，敦煌研究院谭蝉雪先生对于敦煌岁时文化做过许多富有创新性的研究，所出《敦煌岁时文化导论》一书（新文丰出版公司，1998年）颇有影响，对笔者多有启益。毋庸置疑，敦煌岁时文化中渗透着十分丰富的生态环境意识，很值得挖掘探讨。

一、元月祭风伯[①]

风伯又名飞廉、风师，箕星也。伯是尊称，所谓"长者伯之"，故曰风伯。祭祀风伯乃稽古之制，在《周礼》中就有"以槱燎祀风师、雨师"[②]之说。《诗·大雅·棫朴》载："芃芃棫朴，薪之槱之。"[③]注曰："槱。积木烧也。"古代祭风伯用槱燎，即堆积木柴焚烧，使烟气上达于天。为什么要祭祀风伯？《风俗通义》卷8《祀典》曰："（风伯）鼓之以雷霆，润之以风雨，养成万物，有功于人，王者祀之以报功也。"[④]风可以助万物之成长，反之亦可以酿成灾害，正是人类对大自然的这种依赖关系，所以历代均有祭风伯的记载。秦始皇时雍有风伯庙，以岁时奉祠。东汉以丙戌日祀风师于戌地。隋于国城东北七里通化门外为风伯坛，祠以立春后丑日。唐制立春后丑日祀风师于国城东北。宋仍用唐制。

汉代祭祀风伯用丙戌日，在戌地，因为戌之神为风伯，故以丙戌日祠于西北。隋以来，改用立春后丑日，祠于国城东北，以少牢之礼，州县亦如之。敦煌具注历日中关于祀风伯的记载，如表3-2所示。

---

① 谭蝉雪：《敦煌岁时文化导论》，台北：新文丰出版公司，1998年，第44—47页。
② （清）阮元校刻：《十三经注疏·周礼注疏》卷18，第757页。
③ （清）阮元校刻：《十三经注疏·毛诗正义》卷16，第514页。
④ 应劭撰：《风俗通义》卷8，北京：中华书局，1985年，第196页。

表 3-2　敦煌具注历日中关于祀风伯的记载①

卷号	年份	日期
P.2765	大和八年（834 年）	正月一日癸丑，祭风伯
S.1439	大中十二年（858 年）	（正月十四日立春），廿日癸丑，祭风伯
P.3284	咸通五年（864 年）	正月二日己丑，祭风伯
S.2404	同光二年（924 年）	正月一日辛丑，祭风伯
P.3247	同光四年（926 年）	（正月十五日立春），廿五日癸丑，祭风伯
S.1473	太平兴国七年（982 年）	（正月五日立春），九日辛丑，祭风伯
S.3507	淳化四年（993 年）	（正月六日立春），十二日辛丑，祭风伯

表 3-2 中卷子的断代均依据施娉婷及藤枝晃的考证，S.3507 卷的十二日原无干支，只在正月一日下注"庚寅"，据此推断应为辛丑。从表 3-2 中可见，从中唐至北宋敦煌均有祭祀风伯的记载，祭祀时间为每年立春后第一个丑日，和隋以来的仪制是一致的。

沙州还设有风伯神舍，P.2005《沙州都督府图经》云：

> 风伯神，右在州西北五十步，立舍画神主，境内风不调，因即祈焉。不知起在何代。②

敦煌风伯神舍的方位与隋唐之制不符，按隋唐之制应在东北，但《风俗通义·祀典》则云："以丙戌日祠于西北。"③敦煌风伯神舍的方位与此吻合，可能神舍是古遗址，后代相仍，以致唐代的《沙州都督府图经》曰，"不知起在何代"，去唐为时已远。《唐会要》卷 22《祀风师雨师雷师及寿星等》载："天宝四载七月廿七日敕：'风伯、雨师……自今以后，并宜升入中祀，仍令诸郡各置一坛，因春秋祭祀之日，同申享祠。'至九月十六日敕：'诸郡风伯坛，请置在社坛之东，雨师坛在社坛之西，各稍北三十步。'"④敦煌的风伯神舍如为唐代所建，是不会违背朝廷礼制的。

---

① 谭蝉雪：《敦煌岁时文化导论》，第 45 页。

② 唐耕耦、陆宏基编：《敦煌社会经济文献真迹释录》第 1 辑，第 2 页。

③ 应劭撰：《风俗通义》卷 8，第 197 页。

④ （宋）王溥撰：《唐会要》卷 22，北京：中华书局，1955 年，第 426 页。

在敦煌文书中还保存有多篇《祭风伯文》。如 S.1725：

　　敢昭告于风伯神：惟神德含元气，体运阴阳，鼓吹万物，百谷仰其结实，三农兹以成功，苍生是依，莫不咸赖。谨以制弊（币）醴荠，粢盛庶品，祇奉旧章，式陈明荐，伏惟尚飨！①

而盛唐《开元礼》中亦有《祀风伯祝文》，全文如下：

　　（维某年岁次月朔日子嗣谨遣具位臣姓名）敢昭告于风师：含生开动，必伫振发，功施造物，实彰祀典。谨以制币牺荠，粢盛庶品，明荐于神，尚飨！②

敦煌祭文与开元礼中的祝文格式一致，主题内容相同，但二者有如下不同：一是年代不同，S.1725 祭文乃初唐之作，祝文是盛唐之文。二是主祭者不同，前者为州祈，后者为国祈。三是称谓不同，前者曰风伯神，后者曰风师。祭文从实际需要出发，写得较为具体，对风师的祈佑更显恳切。

谁来担任主祭？前引天宝四年（745 年）九月敕诸郡："（祀风伯）其祭官准祭社例，取太守以下充。"③据《开元礼》载："诸州祭社稷由刺史（县则县令）任主祭，另有从祭官诸人。"④在敦煌自设立归义军以来便由节度使任主祭，S.5747 是晚唐张承奉时的《祭风伯文》残卷：

　　□（天）复五年岁次乙丑正月三□（日）朔，归义军节度沙瓜伊西管内观察处置押蕃□（落）等使金紫光禄大夫检校司空兼御史大夫南阳张……：
　　□［谨］以牲牢之奠，敢昭告于风伯，……神。伏惟神首出地户，迹遍

① 黄永武编：《敦煌宝藏》，第 13 册，第 101 页。
② （唐）萧嵩：《大唐开元礼》，《景印文渊阁四库全书》，台北：商务印书馆，1989 年，第 646 册，第 222 页。
③ （宋）王溥撰：《唐会要》卷 22，第 426 页。
④ （唐）杜佑：《通典》卷 121《开元礼·诸里祭社稷》，长沙：岳麓书社，1995 年，第 1617 页。

天涯，……夏凉而草木……四海与为……①

该件文书破损较多，残缺处以"……"示之。天复五年（905年）敦煌为西汉金山国时期，节度使张承奉躬临祭奠，牲牢之奠应按唐制：诸郡祀风伯"所祭各请用羊一、笾豆各十、簠簋俎一、酒三斗，应缘祭须一物已上，并以当处群公廨社利充，如无，即以当处官物充"②。凡祭祀所耗的一切财物，均由州郡自行解决。

S.1725V 开列了释奠、祭灶所用的器具、供品，其中释奠香炉两座，卷中注明"祭风伯一座"，可知风伯无从祀，只设一个神位、供品的数量相应减少，应为释奠（祭孔）的一半：

今月日释奠要香炉二，并香，神席二、毡十六领、马头盘四、叠子十、垒子十、小床子二、椀二、杓子二、弊（币）布四尺、馃食两盘子、酒肉梨五十颗、黍一升、锹一张，行礼人三、修坛夫一、手巾一、香枣一升。……祭风伯一坐，祭雨师两坐。右前件等物用祭诸神，并须新好。③

从用具到供品都有着浓厚的乡土气息，馃食是一种面制油炸的花式糕点，又称油果子，香枣和梨都是当地出产的水果。

敦煌对风伯祭祀如此之虔诚，这与当地的自然环境密切相关。据《敦煌志》卷4记载，当地"年平均大风和沙暴日分别为十五点四和十五点八天"④，也就是说在正常情况下，每年约有一个月左右为大风和沙暴天气，大风风速大于或等于17米/秒，挟卷着黄沙，漫山遍野、铺天盖地而来，给生产生活带来较大的危害，于是人们只能向风伯祈求护佑，体现出当地民众对良好生活环境的希冀。

① 黄永武编：《敦煌宝藏》，第44册，第422页。

② （宋）王溥撰：《唐会要》卷22，第495页。

③ 黄永武编：《敦煌宝藏》，第13册，第101页。

④ 敦煌市地方志编纂委员会：《敦煌志》，北京：中华书局，2008年，第99页。

二、二月祭马祖

《周礼·夏官·校人》有"春祭马祖"①之说。《诗经·小雅·吉日》云："吉日维戊，既伯既祷。"②《尔雅·释天》云："既伯既祷，马祭也。"③吴闿生在《诗义会通》注曰："伯，马祖也。将用马刀，必为之先祷其祖。"④马祖的具体对象是谁？《周礼·夏官·校人》郑注曰："马祖，天驷也。"贾疏："马与人异，无先祖可寻，而言祭祖者，则天驷也。"⑤天驷即天马，也就是房星，《史记·天官书》："房为府，曰天驷。"索隐云："房为天马，主车驾。"⑥房星又别名天府、天驷。正义曰："王者恒祠之，是马祖也。"⑦房星亦即房宿，二十八宿之一，即天蝎座 π、ρ、α、β 四星。以天上的房星为马祖神。

马祖之祭在隋唐以来于每年仲春举行："隋制，常以仲春，用少牢之礼祭马祖于大泽，诸预祭官，皆于祭所致茅一日，积柴于燎坛，礼毕，就燎……皆以刚日。"⑧唐制："仲春祭马祖……并于大泽，用刚日。牲各用羊一、笾、豆各二，簠、簋各一。"⑨马祭有两个特点，一是地点在大泽，这是与马的主要活动地点有关。二是必须选用刚日，这是与柔日相对而言。《礼记·曲礼》载："外事以刚日，内事以柔日。"注曰："出郊为外事。"⑩以天干为凭，十日中五刚五柔，甲、丙、戊、庚、壬为刚日。

敦煌乃天马的故乡，初唐时便设马防（P.3714V），盛唐有马社（P.3899），晚唐归义军有马院（S.3728），当地的交通、运输、军事、生产都离不开马匹，对马神当然是虔诚供奉。S.3728《乙卯年（955 年）二、三月押衙知柴场司安祐成状并

① （清）阮元校刻：《十三经注疏·周礼注疏》卷 33，第 860 页。
② （清）阮元校刻：《十三经注疏·毛诗正义》卷 10，第 429 页。
③ （晋）郭璞注：《尔雅》，北京：中华书局，1985 年，76 页。
④ 吴闿著，中华书局上海编辑所编：《诗义会通》，北京：中华书局，1959 年，第 199 页。
⑤ （汉）郑玄注，（唐）贾公彦疏，黄侃经文句读：《周礼注疏》，第 493 页。
⑥ 《史记》卷 27《天官书》，1120 页。
⑦ 《史记》卷 27《天官书》，1120 页。
⑧ 《隋书》卷 8《礼仪三》，第 112 页。
⑨ 《旧唐书》卷 24《礼仪志四》，第 614 页。
⑩ （清）阮元校刻：《十三经注疏·礼记正义》卷 3，第 1251 页。

判凭》载："伏以今月二十三日马群赛神付设司柽剌三束；二十四日……马院看工匠，付设司柴一束。"①末署："乙卯年二月日押衙知柴场司安祐成。"此乙卯年即后周显德二年（955年），二月仲春是祭马祖的时间。据陈垣《廿史朔闰表》推算，乙卯年二月二十三日为壬戌，正是刚日。马群赛神由衙府柴场司支付柽剌，柽指柽柳，即红柳；剌指沙漠中丛生的旱生灌木、半灌木，如骆驼剌、白剌等。到了冬季，柽柳的干枝可作燃料用，这符合燎坛之仪，在郊外设燎坛，祭奠完毕后，即点燃积于燎坛的柴草，在熊熊烈火中，结束马祖之祭。因为马祖乃天上的房星，通过燎柴，使烟气升腾于上天。马祖之祭体现了马匹对人民生产生活的重要作用，显示了人们对动物资源有效保护的意念。

三、三月祭川原

祭祀川原是原始自然崇拜的遗风，《礼记·祭法第二十三》云："山林、川谷、丘陵能出云，为风雨，见怪物，皆曰神。"②《礼记·礼运第九》又说："山川，所以傧鬼神也。"疏曰："傧，敬也。"③人屈服于大自然，以神敬之。同时通过祭祀寓托祈祐、报恩之意。《国语》卷4《鲁语》曰："夫圣王之制，祀也，法施于民则祀之。"凡能福佑于民者则祀之。"社稷山川之神皆有功烈于民者也……及九州名山川泽，所以出财用也。"④《礼记·祭法第二十三》亦言："山林、川谷、丘陵，民所取材用也。"⑤正由于川原能为民造福，有功于人类，故祀之，不祀者将给以必要的制裁。《玉烛宝典》卷2载："山川神祇有不举者为不敬，不敬者君削以地。"注云："举犹祭也。"⑥把祭祀山川神祇之责和官爵联系在一起，正说明此事由当地官府承担。《礼记·月令第六》载："命有司为民祈祀山川百源。"⑦敦煌具注历日核衙府破历中反映的祭川原之俗，如表3-3所示。

---

① 唐耕耦、陆宏基编：《敦煌社会经济文献真迹释录》第3辑，第618页。

② （清）阮元校刻：《十三经注疏·礼记正义》卷22，第1425页。

③ （汉）郑玄注，（唐）孔颖达等正义，黄侃经文句读：《礼记正义》，第437页。

④ 徐元浩撰，王树民、沈长云点校：《国语集解》卷4，北京：中华书局，2002年，第154页。

⑤ （清）阮元校刻：《十三经注疏·礼记正义》卷46，第1590页。

⑥ 杜台卿撰：《玉烛宝典》，北京：中华书局，1985年，第60页。

⑦ （清）阮元校刻：《十三经注疏·礼记正义》卷16，第1369页。

表 3-3　敦煌具注历日和衙府破历中反映的祭川原之俗①

卷号	年份	日期	名目
P.3247	同光四年（926 年）	三月八日甲子	祭川原
S.1473	太平兴国七年壬午岁（982 年）	三月廿日辛亥	祭川原
P.3403	雍熙三年丙戌岁（986 年）	三月八日丙子	祭川原
P.3507	淳化四年癸巳岁（993 年）	三月廿日（戊申）	祭川原

　　为什么在三月祭川原？《礼记·月令第六》云："时雨将降，下水上腾，循行国邑，周视原野，修利堤防，道达沟渎，开通道路，无有障塞。"②这是根据自然气候的变化，雨季将届，祈祷川原之神以护佑，勿使旱涝灾害发生。祭川原无统一的具体日期，上旬、下旬均有，可能由各地自主之。

　　祭祀时由官府主办，设供祭奠。S.3728 乙卯年（955 年）三月《柴场司破历》载："廿四日祭川原，付设司柴两束，熟肉桦两束。"③表明有牲牢之献。另外还焚楮钱，P.4640《己未年—辛酉年（899—901 年）归义军衙内破用纸布历》：庚申（900年）"三月九日祭川原支钱财粗纸壹帖"，辛酉年（901 年）"三月廿三日祭川原支钱财粗纸壹帖"④。每次楮钱的数量是五十张粗纸。

　　P.2481《书仪·祠祭第六》有下列祭文：

　　　　《祈五岳》：至若灵山纪地，秀岳天干，羽盖缤纷，蜺裳杂沓，丰直蔽亏
　　日月，实亦畜曳烟云。所以镇静方隅，襟带环宇。
　　　　《歃四渎》：至若长源括地，广汉浮天，万顷涵珠，千寻湛镜。冯夷、静
　　增□□水神。彩鹢、樯鸟俱为船。⑤

　　冯夷，河神名，《庄子·大宗师》云："冯夷得之，以游大川。"⑥唐陆德明《释文》载："河伯，姓冯名曰夷，一名冰夷，一名冯迟。"《淮南子·齐俗训》载："冯

---

① 谭蝉雪：《敦煌岁时文化导论》，第 113 页。
② （清）阮元校刻：《十三经注疏·礼记正义》卷 15，第 1363 页。
③ 唐耕耦、陆宏基编：《敦煌社会经济文献真迹释录》第 3 辑，第 620 页。
④ 唐耕耦、陆宏基编：《敦煌社会经济文献真迹释录》第 3 辑，第 253 页。
⑤ 黄永武编：《敦煌宝藏》，第 121 册，第 44 页。
⑥ （战国）庄子：《庄子》，太原：山西古籍出版社，2001 年，第 66 页。

夷河伯也。华阴潼乡堤首里人，服八石，得水仙。"①

鹢是一种水鸟，古代常在船头上画鹢，着以彩色，后世因以《彩鹢》借指船。船的桅杆上设置鸟形风向仪，故亦以"樯鸟"代指船。

P.2481《书仪·祠祭第六》之《识方地》载："至若称舆厚载，带轴遐通，辩国疏疆，仪星画野。五岳巍巍而错镇，四渎浩浩以交萦，百谷资长植之功，万姓赖生成之力。"②盛赞了川原的功德，点明了祭祀的因由。

由上可见，敦煌归义军时期对于祭祀川原十分重视，承继了这一原始崇拜的遗风，以祈求川原之神的护佑，反映了人们对于养育万物的川原的崇敬与保护的情感。

四、三月祭雨师

雨师者，毕星也，又称玄冥。《风俗通义》卷8《祀典·雨师》云：春秋左氏传说，共工之子为玄冥师。郑大夫子产禳于玄冥，雨师也。亦称屏翳，《广雅》曰：雨师谓之屏翳。《初学记》卷2《天部·雨》载："雨师曰屏翳，亦曰屏号。"③雨师本是天神，但在传说过程中逐步把它人格化。《搜神记》卷1云："赤松子者，神农时雨师也。……至高辛时，复为雨师，游人间。今之雨师本是焉。"④既是神仙之属，为什么以师称之？《风俗通义》云："土中之众者莫若水，众者师也。雷震百里，风亦如之。至于太山，不崇朝而遍雨天下，异于雷风，其德散大，故雨独称师也。"⑤由此可见，雨所以称师主要是两方面的原因：一是雨和水相连，而地球上海洋面积占71%，陆地只有29%，正如《管子·揆度》所言："水处什之七，陆处什之三。"⑥雨水以其众多而占师位。二是雨能迅速遍布大地，而雷声、风域都受一定限制，而远逊于雨，雨对人类生产、生活的关系更为重要，尤其是对于生活在干旱地区的人们，雨泽显得愈加珍贵，于是雨师受到比风伯更进一步的尊

---

① （汉）刘安撰：《淮南子》卷11《齐俗训》，第164页。

② 黄永武编：《敦煌宝藏》，第13册，第101页。

③ （唐）徐坚等：《初学记》卷2，第23页。

④ （晋）干宝著，胡怀深标点：《搜神记》卷1，北京：中华书局，1957年，第1页。

⑤ （汉）应劭撰：《风俗通义》卷8，第196页。

⑥ （春秋）管仲撰，吴文涛、张善良编著：《管子·揆度》，第507页。

敬，以师称之。

雨师之祭从春秋以来便有明文记载。《周礼·春官·大宗伯》云："以禋燎祀司中、司命、风师、雨师。"[①]禋燎是积柴燔燎，以烟气上闻于天神也。秦始皇时雍有"风伯雨师庙，各以岁时奉祠"。《汉书·礼乐志》云："腾雨师，洒路陂。"[②]是使雨师谓神洒道也。《后汉书·祭祀志》载："以己丑日祠雨师于丑地。"[③]《风俗通义·祀典》载："以己丑日祀雨师于东北。"[④]秦汉之际祭雨师的日期是己丑、方位是东北，祭祀方式是燔燎。

另据《通典》载："（月令）：立夏后申日祀雨师于国城西南。"[⑤]《隋书·礼仪志二》载："国城西南八里，金光门外为雨师坛，祀以立夏后申，坛皆三尺，牲以一少牢。"[⑥]此后历代相沿，以立夏后申日祭雨师，时间约在三月底四月初。

敦煌为典型的干旱气候，年平均降水量为 39.9 毫米，最多 105.5 毫米，最少仅 6.4 毫米，而年蒸发量却高达 3000 多毫米，是年平均降水量的 70 多倍，为极干旱区域。因而对雨师之祭更显得虔诚。正如《敦煌甘咏·安城祆咏》所描绘的："更看雩祭处，朝夕酒如绳。"[⑦]州城内设雨师神舍，P.2005《沙州都督府图经》载："雨师神：右在州东二里，立舍画神，主境内，亢旱，因即祈焉。不知起在何代。"[⑧]敦煌具注历日祭雨师日期表，如表 3-4 所示。

表 3-4　敦煌具注历日祭雨师日期表[⑨]

卷号	年份	日期
S.1439	大中十二年（858 年）	三月十七日己卯立夏，三月廿二日甲申祭雨师
P.3247	同光四年（926 年）	三月十八日甲戌立夏，三月廿八日甲申祭雨师
P.3403	雍熙三年（986 年）	三月廿一日己丑立夏，三月廿八日丙申祭雨师
罗振玉藏残历	淳化元年（990 年）	三月廿八日癸卯立夏，四月三日戊申祭雨师

① （汉）郑玄注，（唐）贾公彦疏，黄侃经文句读：《周礼注疏》，第 269 页。
② 《汉书》卷 22《礼乐志》，第 81 页。
③ 《后汉书》志 9《祭祀中》，2178 页。
④ 应劭撰：《风俗通义》卷 8，第 196 页。
⑤ （唐）杜佑：《通典》卷 111《开元礼·立夏后申日祀雨师》，第 1505 页。
⑥ 《隋书》卷 7《礼仪志二》，第 87 页。
⑦ 郑炳林校注：《敦煌地理文书汇释校注》，兰州：甘肃教育出版社，1989 年，第 139 页。
⑧ 唐耕耦、陆宏基编：《敦煌社会经济文献真迹释录》第 1 辑，第 13 页。
⑨ 谭蝉雪：《敦煌岁时文化导论》，第 123 页。

从唐至北宋，敦煌在每年立夏后申日行雨师之祭，并完整地保存了一件《祭雨师文》（S.1725v）载：

> 敢昭告于雨师之神：惟神德含元气，道运阴阳，百谷仰其膏泽，三农粢（资）以成功，仓（苍）生是依，莫不[咸]赖。谨以制弊（币）礼（醴）荠，粢盛庶品，祀奉旧章，式陈明荐！作主侑神。[①]

与祭祀雨师相关者，还有《祭雷神文》（S.1725v）载：

> 敢昭告于雷神：惟神德裨元气，道运阴阳，将欲雨施云行，先发声而隐隐；鼓阴（音）凝结，乃震响以雄雄。黎元是依，莫不咸赖。谨以制弊（币），礼（醴）荠，粢盛庶品，祀奉旧章，式陈明荐！[②]

《开元礼》的祭雨师祝文只有寥寥数语："百昌万实，式仰膏泽，率遵典故，用备常祀。"[③]相比之下，敦煌的祭文更要详细而具体，亦可补史料之不足。为什么祭雨师以雷神共祭？《通典》卷44《风师、雨师及诸星等祠》记载：

> 天宝五载（746年）四月诏曰：发生震蛰，雷为其始。画卦陈象，威物效灵。气实本于阴阳，功大施于动植。今风伯雨师，久列于常祀，唯此震雷，未登于群望，其以后每祀雨师，宜以别置于祭器也。[④]

可见敦煌的祭文应是天宝五载（746年）以后之作。

S.1725v还登录了祭祀的供品列表，以神座的多少来区分，祭雨师是两座，与释奠相同，可见雨师地位的崇高：

> 香炉二并香、神席二、毡十六领、马头盘四、叠子十、垒子十、小床子

---

① 黄永武编：《敦煌宝藏》，第13册，第101页。
② 黄永武编：《敦煌宝藏》，第13册，第101页。
③ （唐）杜佑：《通典》卷111《开元礼·立夏后申日祀雨师》，第1505页。
④ （唐）杜佑：《通典》，第257页。

二、椀二、杓子二、币布四尺、馃食两盘子、酒肉梨五十颗、黍米一升、锹一张、行礼人三、修坛夫一、手巾一、香枣一升。①

P.3896V 所记略同：

祭雨师，香炉二、席二、马头盘四、叠子十、小床子二、椀二、杓子二、币布四尺、馃食两盘子、锹一张。②

S.1366《年代不明（980—982 年）归义军衙内面油破用历》载：

准旧祭雨师神食五分，果食两盘子、胡饼二十枚、灌肠面三升，用面二斗八升四合，油一升四勺。③

上述供品均由官府供给，如 S.1725v 末记：

右前件等物用祭诸神，并须新好，请处分。牒件状如前，谨牒。年月日张智刚牒。④

祭品需呈报批示后才能支出。S.1366 乃归义军衙府的支出账目登记，雨师之祭由当地衙府主办。

五、四月驼马入草赛神

《汉书》卷 69《赵充国传》云："至四月草生，发郡骑及属国胡骑伉健各千、

---

① 黄永武编：《敦煌宝藏》，第 13 册，第 101 页。
② 黄永武编：《敦煌宝藏》，第 131 册，第 462 页。
③ 唐耕耦、陆宏基编：《敦煌社会经济文献真迹释录》第 3 辑，第 281—282 页。
④ 黄永武编：《敦煌宝藏》，第 13 册，第 101 页。

佅马什二，就草。"① 孟夏正是野草开始生长的季节，赵充国以 70 岁高龄的老将，转战河湟，采用骑兵屯田之策，抓住时机进行放牧。可见西北四月放牧之俗由来久矣。

敦煌研究院 001 号《归义军衙府酒账》：

（四月）二十二日马群入泽神酒一角。②

S.1366《年代不明（980—982 年）归义军衙内面油破用历》载：

（四月二十五日以后）准旧马群入草泽赛神细供七分，胡饼二十枚，用面二斗三升三合、油五合六勺。……准旧驼官郑富通等三群驼儿入草〔泽〕赛神，用神食七分、胡饼二十枚，用面三斗一升、油一升四合。③

S.2474c《归义军衙内油粮破历》载：

（闰三月）十二日准旧，驼儿入草赛神，细供七分，胡饼二十枚，用面二斗三升三合、油五合六勺。④

该卷正中有"太平兴国七年（982 年）壬午岁"的题记。驼马入草泽时间为四月中下旬，祈赛哪一位神呢？《周礼·夏官·校人》曰："夏祭先牧。"注云："先牧，始养马者，其人未闻。"疏曰："知先牧是养马者，以其言先牧，是放牧者之先，知是始养马者，祭之者，夏草茂，求肥充。"⑤驼马入草泽，祈赛者当为先牧。但自隋代以来，祭马神均用仲月、刚日，大唐马祭因隋之制，而敦煌四、五月均有马祭，可能是因地制宜之故。农历四、五月份敦煌一带正是牧草生长旺盛时期，入草赛神寄托着人们对于草场繁茂、驼马牲畜健壮成长的美好祈愿。

---

① 《汉书》卷 69《赵充国传》，第 2235 页。

② 高国藩：《唐宋时期敦煌地区商业酒文化考述》，《艺术百家》2012 年第 3 期，第 160—201 页。

③ 唐耕耦、陆宏基编：《敦煌社会经济文献真迹释录》第 3 辑，第 282—284 页。

④ 黄永武：《敦煌宝藏》，第 20 册，第 65 页。

⑤ （汉）郑玄注，（唐）贾公彦疏，黄侃经文句读：《周礼注疏》，第 494 页。

六、四月马骑赛神

马骑古代称马戏。《盐铁论·散不足》载："戏弄蒲人杂妇，百兽马戏斗虎。"①把马骑作为一种驯兽之戏。《三国志·后妃传》载："年八岁，外有立骑马戏者，家人诸姊皆上阁观之。"②马骑又称猿骑，陆翙《邺中记》描述石虎于元正之会在殿前作乐，"又衣伎儿作猕猴之形，走马上，或在肋、或在马头、或在马尾，马走如故，名为猿骑"③。这是从形象的角度来命名。亦把马骑列入百戏、杂技之类。马骑是一种马术绝技，表演时可供观赏娱乐，但由于骑兵在战斗中发挥出来的优势，马术作为提供激励骑兵素质的一种手段，又被诸军作为习武之艺。如《东京梦华录》卷 7《驾登宝津楼诸军呈百戏》记载，每年三月有马骑项目："诸班直常入，祇候子弟所呈马骑。先一人空手出马，谓之'引马'。次一人磨旗出马，谓之'开道旗'。"④接下来就是形态各异的马术表演，其名目有仰手射、合手射、拖绣球、旋风旗、立马、骗马、跳马、弃鬃背坐、倒立、飞仙膊马、镫里藏身、赶马、绰尘、豹子马等，真可谓乘骑精熟、驰骤如神，反映了我国北宋时期马骑的水平。

敦煌重视骑兵，每年亦举行马骑表演，从文书中可知三月底开始，敦煌就进行马骑表演的集中训练。P.4906《某寺诸色入破历》记载："粟一硕二斗沽酒，调马骑看阿郎用。"⑤调者调驯也，寺院的僧官以粟换酒去探望慰问马骑的调驯手。这反映出马骑活动乃敦煌社会生活中的大事，从衙府到寺院都予以关注，马骑手亦得到当地人们的敬重。S.1366 撰于北宋太平兴国时的《归义军府衙破历》记载了供马骑赛神活动的面、油支出：

（四月）准旧马骑赛神细供七分，胡饼六十枚，用面四斗三升三合，油五合六勺。又偿细供十分、胡饼六十枚，用面四斗九升，油八合。⑥

---

① （汉）桓宽：《盐铁论·散不足》，上海：上海人民出版社，1974 年，第 66 页。

② 《三国志·后妃传》，第 120 页。

③ （晋）陆翙撰：《邺中记》，北京：中华书局，1985 年，第 5 页。

④ （宋）孟元老撰，王永宽注译：《东京梦华录》，郑州：中州古籍出版社，2010 年，第 134 页。

⑤ 唐耕耦、陆宏基编：《敦煌社会经济文献真迹释录》第 3 辑，第 235 页。

⑥ 唐耕耦、陆宏基编：《敦煌社会经济文献真迹释录》第 3 辑，第 284 页。

对参加表演者给以奖赏。此次马骑表演共支出面九斗二升三合，若以六十枚胡饼的量分析，当时重体力劳动是每餐人均三枚，六十枚则是二十人的定量，如以一天三餐计算，则此次马骑活动应有骑手十人。

为什么马骑表演有赛神之俗？这一方面是和当时当地的宗教意识有关，另一方面马骑都是些高难度的动作，有一定的危险性，通过赛神，亦寓保愿平安之意。

莫高窟 61 窟西壁、北壁佛传屏风画中，在"太子学艺""后宫娱乐"等处就绘有马骑的精彩场面：骑手立于马背，做探海（即燕式平衡）之势；或双手举铁排，或持双弓，奔驰前进；亦有四匹并排奔腾的马，一人在马鞍上来回跳跃旋转，最后左手扶鞍，全身凭空侧力，右手高扬，顺马飞驰，还有马肚藏身、地下捡绳等各种动作，可见敦煌当年马骑的水平高超。[1]

七、四月结葡萄赛神

自张骞出使西域以来，葡萄就成为敦煌的特产。王翰脍炙人口的名句"葡萄美酒夜光杯"反映了西北边塞风光。沙州每年四月初举行结葡萄赛神活动，所谓"结葡萄"并不在葡萄成熟季节，而是祷祝葡萄苗壮成长、多结果实。依敦煌的气候条件，种植葡萄须在每年初冬把葡萄藤和根全部用沙土埋藏起来以保暖，待到来年春末夏初开挖整理，使藤蔓攀沿架上，"结葡萄赛神"便在此时进行。

S.1366《年代不明（980—982 年）归义军衙内面油破用历》云：

> （四月）准旧，南沙园结葡萄赛神细供伍分、胡饼五十枚，用面三斗四升伍合、油四合。[2]

南沙园是归义军衙府的葡萄园，故赛神活动即在这里举行。

S.2474c《归义军衙内油粮破历》云：

---

① 谭蝉雪：《敦煌岁时文化导论》，第 173—175 页。
② 唐耕耦、陆宏基编：《敦煌社会经济文献真迹释录》第 3 辑，第 282 页。

准旧，结葡逐日早上各面一升，午时各胡饼两枚，至闰三月十三日下午时吃料断，计给面一石四斗四升。[1]

这是为雇工开挖葡萄藤蔓的支出，此条在八日项下，至十三日共六天，共给面一石四斗四升，平均每天用面二斗四升，以每人每天二升面计，可知当时应有十二人从事此项劳动，这是就南沙园一处而言。

葡萄本产于西域。《博物志》云："李广利为贰师将军代大宛，得蒲陶。"[2]《齐民要术》卷4言："汉武帝使张骞至大宛，取葡萄实，于离宫别馆旁尽种之。"[3]可知从西汉以来，我国已开始种植葡萄，而敦煌因与西域毗邻，其种植葡萄的历史当不会晚于中原。《齐民要术》又言："葡萄蔓延性缘，不能自举，作架以承之，弃密阴厚，可以避热。"注云："十月中去根一步许掘作坑，收卷葡萄悉埋之，近枝茎薄安黍穰弥佳，无穰直安土亦得。不宜湿，湿则冰冻。二月中还出舒而上架，性不耐寒，不埋即死。"[4]初冬封埋后，中原地区于二月中旬挖出整枝，而敦煌因地气较冷，延至四月初开挖，并举行"结葡萄赛神"，由此反映了当时葡萄在人们生活及经济活动中的重要地位，以及人们盼望神佛保佑、葡萄丰产的愿望。

八、四月赛青苗神

敦煌每年四月举行一次赛青苗神，P.4640《己未年—辛酉年（899—901 年）归义军衙内破用纸布历》云：

> 己未年（899 年）（四月）九日赛青苗神用钱财纸壹帖（伍拾张）。
> 庚申年（900 年）（四月十六日）赛清（青）苗神支粗纸壹帖。
> 辛酉年（901 年）（四月）十三日赛青苗神用钱财粗纸壹帖。[5]

① 黄永武编：《敦煌宝藏》，第 20 册，第 65 页。
② （晋）张华编纂：《博物志》，重庆：重庆出版社，2007 年，第 187 页。
③ （北魏）贾思勰：《齐民要术》卷 1，第 49 页。
④ （北魏）贾思勰：《齐民要术》卷 1，第 49 页。
⑤ 唐耕耦、陆宏基编：《敦煌社会经济文献真迹释录》第 3 辑，北第 256、263、269 页。

前引 S.1366 太平兴国时期《年代不明（980—982 年）归义军衙内面油破用历》载：

> （四月）准旧赛青苗神食十二分，用面三斗六升，油二升四合……赛青苗炒面二斗。[①]

赛青苗神需焚烧褚钱、设供祭拜。在当时人们的意识中，青苗亦有"神"，故而需要祈赛，以求其护佑。四月的祈赛应与每年第一次的耘耨有关。据《齐民要术》卷 1 载·"苗牛如马耳则镞锄。"[②] 谚曰："欲得谷，马耳镞。"从敦煌当地的气候来看，适宜种春小麦，四月上中旬的麦苗大概是二三寸左右，正是需要开始耘锄之时。西北不少地方有"青苗会"，每年四月八日设神坛去灭害、求丰收。这种自然崇拜的习俗自古有之。《诗经·小雅·甫田》载："琴瑟击鼓，以御田祖，以祈甘雨，以介我稷黍。"[③] 注曰："设乐以迎祭先啬，谓郊后始耕也，以求甘雨，佑助我禾稼。"青苗长势的好坏，直接关系到收获时的产量，不能不被人们重视。

九、五月赛驼马神

从春秋战国以来，即有祈赛马神之俗。《周礼·夏官·校人》曰："夏祭先牧。"[④] 先牧即放牧者的祖神。《隋书·礼仪志》载："仲夏祭先牧……并于大泽，皆以刚日，牲用少牢，如祭马祖，埋而不燎。"[⑤] 已如前述，祭祀马神的时间是四月的刚日，即天干为甲、丙、戊、庚、壬的日子，地点在大泽，也可因时而异。前已论及，敦煌二月祭马祖，二月天气寒冷，可改在马院进行，而祭先牧当在大泽，也就是水草丰茂的郊野之处，用少牢之礼，这些都是马祭的共同处。但祭马祖与祭先牧亦有不同的方面，前者设燎坛，礼毕焚烧积柴；而祭先牧是只把祭物埋在坑

---

① 唐耕耦、陆宏基编：《敦煌社会经济文献真迹释录》第 3 辑，第 282—283 页。
② （北魏）贾思勰：《齐民要术》卷 1，第 6 页。
③ （清）阮元校刻：《十三经注疏·毛诗正义》卷 14，第 474 页。
④ （清）阮元校刻：《十三经注疏·周礼注疏》卷 33，第 860 页。
⑤ 《隋书》卷 8《礼仪三》，第 105 页。

内，埋而不燎。为什么有此差异？因祭祀对象的不同而来，马祖乃天上的房星，是天神，故需要设燎坛，使烟气上达于天。而先牧是始养马者，出于尊敬，以神事之，当无须燎于上天，所以只埋在地内以享之。《礼记·祭法第二十三》云："燔柴于泰坛，祭天也；瘗埋于泰折，祭地也。"注云："《尔雅》云：'祭地曰瘗埋。'"疏曰："燔柴于泰坛者，谓积薪于坛上，而取玉及牲置柴上燔之，使气达于天也。……瘗埋于泰折祭地也者，谓瘗绘埋牲祭神州地祇于北郊也。"①

唐代马祭因隋制。《开元礼·军礼》云："仲夏享先牧……为瘗馅于坛之右地，方深取足容物……其馅填土，东西各二人。"瘗馅就是埋供品的坑，礼毕最后填土即可，很明显是埋而不燎。享先牧时并有祝文如下："昭告于先牧之神，肇开牧养，厥利无穷。式因颁马，爰以制币云云，尚飨。"②

敦煌仲夏祭先牧的记载，亦可见于 P.4640v《已未年—辛酉年（899—901 年）归义衙内破用纸布历》云：

> 已未年五月十五日赛驼马神用画纸肆拾张。
> 庚申年五月十四日赛驼马神用钱财粗纸壹帖（伍拾张）。③

敦煌的先牧之祭是一年两度，即孟夏与仲夏，这是异于中原的，反映出敦煌对于马匹、牧场非常重视，人们对此的意识更加强烈。敦煌仲夏先牧之祭有下列特点：祭祀时间在中旬；驼神和马神是同一偶像，无驼神之记载，独敦煌如此，祭祀可用画纸，也可用楮钱。

十、五月仲夏雩祀

P.4640v《已未年—辛酉年（899—901 年）归义衙内破用纸布历》云：

---

① （汉）郑玄：《礼记正义》，第 1786 页。
② （唐）杜佑撰：《通典》卷 133《礼九十三》，杭州：浙江古籍出版社，2000 年，典 698 页。
③ 唐耕耦、陆宏基编：《敦煌社会经济文献真迹释录》第 3 辑，第 256、263 页。

己未年五月，"十一日赛神，支画纸叁拾张……廿三日百尺下赛神，支钱画〔纸〕肆拾伍张"。

辛酉年五月，"又同日（三日）鹿家泉赛神用画纸贰拾张……六日马圈口赛神用钱财纸壹帖"（伍拾张）。[①]

敦煌研究院 001 号《归义军衙府酒帐》载：

五月九日东水□神酒一瓮、十八日涧曲神酒一瓮、同日（廿八）涧曲神酒五升。一瓮六斗[②]

此酒帐可能立于乾德二年（964 年），上述账目表明五月内出现较频繁的赛神活动，必与人们对水资源的珍视意识有关。

百尺，即百尺池，S.4400《曹延禄醮奠文》记载北宋太平兴国九年（984 年）二月十一日，节度使敦煌王曹延禄：

谨于百尺池畔，有地孔穴自生，时常水入无停，经旬亦不断绝，遂使心中惊愕，意内惶忙，不知是上天降祸？不知是土地变出？伏睹如斯灾现，而事难晓于吉凶，怪异多般，只恐暗来而搅扰。[③]

于是就此地祈福禳灾：

谨请中央皇帝、怪公怪母、怪子怪孙、（缺一句）风伯雨师、五道神君、七十九怪，一切诸神，并愿来降此座。[④]

可见百尺池是当地颇具影响的怪异之处。

鹿家泉，是敦煌又一处重要的泉源，亦为祈赛之地。

---

① 唐耕耦、陆宏基编：《敦煌社会经济文献真迹释录》第 3 辑，第 256、270 页。
② 高国藩：《唐宋时期敦煌地区商业酒文化考述》，《艺术百家》2012 年第 3 期，第 160—201 页。
③ 黄永武编：《敦煌宝藏》，第 35 册，第 688 页。
④ 黄永武编：《敦煌宝藏》，第 35 册，第 688 页。

马圈口，即马圈口堰，P.2005《沙州都督府图经》记载：

> （甘泉水）又东北流八十里，百姓造大堰号为马圈口。其堰南北一百五十步，阔廿步，高二丈，总开五门，分水以灌田园，荷锸成云，决渠降雨，其腴如泾，其浊如河。[①]

马圈口是甘泉水（今党河）流入敦煌绿洲的第一道分水堰堤，对农业灌溉有举足轻重的地位，自然成为重要的又一祈赛之地。

平河口，即北府渠与三丈渠（东河）之分水口。P.2005 记载："唐武德五年夏四月癸丑，白龙见于平河水边。"[②]P.2594 作于晚唐的《白雀歌》云："平河北泽白龙宫，贺拔为王此处逢。"[③]传说武德年间平河口出现白龙，当唐初贺拔行威据敦煌称王时，在此地修建白龙宫。平河口所分之水，滋润敦煌绿洲北部与东部两大片地域，极为重要，因而平河口亦为重要的祈赛之地。

涧曲，应为甘泉水下游的一处水草之地，亦为祈赛之处。

上述赛神地点或为水利灌溉之要害，或为水源怪异之处，此类赛神当为雩祀，即求雨之祭。《礼记·月令》载：仲夏之月，"命有司为民祈祀山川百源，大雩帝，用盛乐；乃命百县雩祀百辟、卿士有益于民者，以祈谷实，农乃登黍"。郑注："阳气盛而常旱，山川百源，能兴云雨者也。众水始所出为百源，必先祭其本乃雩。"[④]五月是一年中阳气强盛之时，常常发生干旱，故由官方祭祀山川百源，为民祈雨。敦煌上述的赛神活动费用亦均由衙府支出。《旧唐书·礼仪志一》载："夏至祭方泽于北郊。"[⑤]四月以后及夏至时，遇干旱则行雩祭。如永泰二年（766 年），春夏累月亢旱，诏大臣裴冕等十余人，分祭川渎以祈雨。敦煌夏季酷热，常患雨泽不及，故而五月内需多次举行赛神祈雨，反映了人们对水资源浓烈的祈盼意识。[⑥]

---

① 唐耕耦、陆宏基编：《敦煌社会经济文献真迹释录》第 1 辑，第 2 页。

② 唐耕耦、陆宏基编：《敦煌社会经济文献真迹释录》第 1 辑，第 18 页。

③ 黄永武编：《敦煌宝藏》，第 122 册，第 347 页。

④ （汉）郑玄：《礼记正义》，第 666 页。

⑤ 《旧唐书》卷 21《礼仪志一》，第 562 页。

⑥ 谭蝉雪：《敦煌岁时文化导论》，第 225—226 页。

十一、六月赛马神

从《周礼》以来直至唐宋，中原地区均为四月祈赛马神，仲夏祭先牧。但敦煌在夏季的三个月，均有赛马神的记载，尤以六月为盛，反映出敦煌民众对马匹及草场更为重视的意识。已如上考，敦煌四月马群入泽，开始放牧、举行马骑赛神；五月赛驼马神。时至六月，赛马神有如下记载。

敦煌研究院 001 号《归义军衙府酒帐》云：

> （六月初）马院神酒五升、十二日南泽赛马神，设酒一瓮（六斗）。[①]

P.2667vb 五代前期《都头知宴设使梁幸德状》残卷载：

> 右本月（六月）七日赛马神，押衙周文建传处分细供三佰分，次了（料）一佰分；夜间押衙翟集子传处分，胡饼一佰，又灌长（肠）麸面二斗，未蒙判凭，伏请处分。[②]

据 S.1366，一分细供含面一斗九升，三百分含面五硕七斗；次料一分含面一点二升，一百分含面一硕二斗；胡饼面五斗（半升面一个），加上灌肠面二斗，共计用面柒硕六斗，相当于当时三百八十人一天的食量。

P.2641 归义军衙府《丁未年（947 年）六月都头知宴设使宋国清等诸色破用历状并判凭》载：

> （六月）七日，使出赛马神设用，细供叁佰伍拾分，壹胡饼、饺饺壹佰柒拾贰枚，又胡饼壹仟叁枚。[③]

[①] 高国藩：《唐宋时期敦煌地区商业酒文化考述》，《艺术百家》2012 年第 3 期，第 160—201 页。

[②] 黄永武编：《敦煌宝藏》，第 123 册，第 189 页。

[③] 唐耕耦、陆宏基编：《敦煌社会经济文献真迹释录》第 3 辑，第 610 页。

P.2667 无年月记载，但以 P.2641 佐证，此次赛马神亦应是六月之事：一是因日期相同，每年六月七日归义军衙府要举行一次当地高级官员参加的规模较大的祈赛马神活动。二是两卷祈赛的对象相同，都同为马神。三是规模类似，一次赛马神的支出就相当于数百人一天的食量，并有官员参加。

敦煌六月赛马神，正是牧草丰美、马匹抓膘之时。所谓赛神，实质上就是人对祈赛偶像的需要与珍视意识的表达；祈赛虔诚的程度往往取决于其用处的大小和效果的多少，以及人们对其的情感意识状况。

十二、八月马羊赛神

P.2629《年代不明（964 年？）归义军衙府酒破历》云：

> （八月）二日夜，羊圈发愿酒壹角，三日，赛神酒半瓮，又马院发愿酒壹斗，赛神酒五斗。[①]

虽然八月马羊均赛神，但两者的祈赛目的迥异，羊圈发愿及赛神是用羊作牺牲，并供食用。唐宋时期敦煌用羊多于用豕，据 P.3705《内宅司判凭》，仅衙府内宅就蓄养羊十五群，约六七百只之多，秋后即不断宰杀食用。直至今天，西北地区老百姓，从仲秋开始，天气逐渐转寒，而羊肉为热性之物，于是吃羊渐盛。也就是说从仲秋开始，人们大量地不断宰羊。这时的羊圈发愿和祈赛，其目的是使亡羊早日超生。S.4081 就有为亡畜所作的超度之文：

> 惟愿永舍元明，长辞喑哑，断傍生之恶趣，受胜果于人天。□（远）离三途，长辞八苦。观慈尊而穷本性，闻正法已契无，共圆实相□姿等。念真如之境，转前生之重障，消见在之深疴，舍恶趣之劣身，获天堂之胜果。[②]

---

① 唐耕耦、陆宏基编：《敦煌社会经济文献真迹释录》第 3 辑，第 271 页。

② 黄永武编：《敦煌宝藏》，第 33 册，第 540 页。

佛教的轮回观点认为，之所以投胎为畜，乃前世的恶业所致，现今通过祭祀，借助佛力，为亡畜超生，使其舍去畜身，转生人天之境界。又如 S.2650《般若婆罗蜜多心经》末题："又为官羊一口，写此经一卷。"①这是以抄写佛经的功德为一只官羊超生。

另外民间宰羊还有其独特的习俗。佛教是禁止杀生的，但实际生活中又不可能不杀生，所以在宰羊前须通过祭祀，使其成为"神羊"，宰杀者便可无罪。而且羊被拉去宰杀时，往往前腿双跪，牵动人的恻隐之心，此时如将祭酒滴进其耳朵，便无此现象。此种方法史籍虽无记载，但至今在喇嘛寺及甘肃、新疆的一些少数民族地区，仍保留着这种宰羊的方式。这些可能就是八月赛羊的因由吧。

八月赛神应是春秋以来的传统礼俗。《周礼·夏官·校人》云："秋祭马社。"注曰："马社，始乘马者。"疏云："秋祭马社者，秋时马肥盛，可乘用，故祭始乘马者。"②直至唐宋，均沿此制。《旧唐书》卷 24《礼仪志》及《宋史》卷 98《礼志一》中都载有"仲秋祭马社"③④。

敦煌仲秋赛马神也是马社之祭，时间为八月上旬，地点在马院。为什么八月赛马神不在大泽而在马院？敦煌地处西鄙，寒气来得比内地早，所以在八月上旬马群便开始收牧，故于马院祈赛，直至九月仍有马院赛神的记载。如 P.2629《年代不明（964 年？）归义军衙内酒破历酒帐》："九月一日马院神酒伍升，十四日马院祭拜酒伍升。"⑤祈赛的目的是护佑厩内的马群。由上可见，敦煌不仅在夏季三个月均赛马神，而且秋季收牧的八月亦举行此项活动，表明当地民众对马匹及草场的珍爱意识。

十三、八月网鹰

从七月开始，主要是在八月，敦煌进行网鹰活动。P.4640v《已未年—辛酉年

---

① 黄永武编：《敦煌宝藏》，第 21 册，第 663 页。

② （汉）郑玄注，（唐）贾公彦疏，黄侃经文句读：《周礼注疏》，第 494 页。

③ 《旧唐书》卷 24《礼仪志四》，第 614 页。

④ 《宋史》卷 98《礼仪志一》，第 1629 页。

⑤ 唐耕耦、陆宏基编：《敦煌社会经济文献真迹释录》第 3 辑，第 275 页。

（899—901 年）归义衙内破用纸布历》：己未年（899 年）七月廿二日，"支与网
鹰人程小造画纸壹帖（伍拾张）"。又记："（九月十日）支与把鹰人程子造等三人，
各支粗布半匹。"①程小造与程子造很可能是同一人，乃书写中的讹误。画纸主要
供外出时祈赛之用，以上说明七月底即将外出网鹰。粗布是做衣服所用，半匹约
两丈。P.2629《年代不明（公元964年？）归义军衙内酒破历》载："八月廿九日，
支捉鹰神酒一斗，卅日，捉鹰人神酒一角（十五升）。"②

S.6306《归义军时期破历》："网鹰人麦三斗。"③S.5008《什物破历》载："网
鹰料用麦二斗。"④值得注意的是酒和麦不是给网鹰人的酬值，"神酒"作祈赛用，
因为网鹰人孤身荒野，既要与鹰搏斗，还可能遇到猛兽等各种意外，故需求助于
神的护佑。麦子也不是给网鹰人食用的，而是网鹰之料。网鹰人作为衙府的专职
人员，应由官方正常开支。

网鹰人直至九月中下旬、甚至十月初才返回。P.2629 《年代不明（公元 964
年？）归义军衙府酒破历》载：

> （九月）十七日，支平庆达等酒壹角（十五升）；十八日，支平庆达等捉
> 鹰回来酒壹瓮（六斗）……十月二日，支清汉等网鹰酒壹斗。⑤

此酒是对网鹰人的犒劳，各有差异，这恐怕与猎物的数量及等级有关。

鹰的特性是善飘击，快捷凶猛，故为游弋者所钟爱。《隋书·炀帝纪》载：大
业四年（608 年）"征天下鹰师悉集东京，至者万余人"⑥唐代闲厩使专设"鹰坊"。
上之所好，下必甚焉，于是网鹰、贩鹰、献鹰之风应运而生，《东京梦华录》卷 2
《东角楼街巷》载："街南曰鹰店，只下贩鹰鹘客。"⑦当时网鹰、贩鹰、驯鹰者以
回鹘人居多。

① 唐耕耦、陆宏基编：《敦煌社会经济文献真迹释录》第 3 辑，第 258 页。
② 唐耕耦、陆宏基编：《敦煌社会经济文献真迹释录》第 3 辑，第 271 页。
③ 唐耕耦、陆宏基编：《敦煌社会经济文献真迹释录》第 3 辑，第 291 页。
④ 唐耕耦、陆宏基编：《敦煌社会经济文献真迹释录》第 3 辑，第 555 页。
⑤ 唐耕耦、陆宏基编：《敦煌社会经济文献真迹释录》第 3 辑，第 276 页。
⑥ 《隋书》卷 3《炀帝纪》，第 49 页。
⑦ （宋）孟元老撰，王永宽注译：《东京梦华录》，第 44 页。

　　考之，归义军衙府网鹰的目的应主要在于以下几方面。

　　一是蓄养供官员游猎、娱乐用。敦煌当地有鹰坊。S.6981《兄弟社转帖》注有"鹰坊"，这里既是网鹰人、驯鹰师的集居地，也是买卖鹰的交易场所。

　　二是若捉到特异之鹰，可作进贡用。《旧唐书》卷 19 上《懿宗纪》载："咸通七年七月沙州节度使张义潮进甘峻山青驳鹰四联，延庆节马二匹。吐蕃女子二人。"[1]甘峻山在张掖郡、合黎山的东南，今名龙首山。青驳又名苍鹰，乃鹰之名品，鹰"一岁为黄、二岁为抚、三岁为青"。三年的苍鹰极凶猛，也极难捕捉，故以稀物进贡。联者即雌雄一对。

　　三是为了保护其他鸟类。《礼记·月令》载："孟秋……鹰乃祭鸟，用始行戮。"注云："鹰祭鸟者，将食之，示有先也。"疏云："谓鹰欲食鸟之时，先杀鸟而不食，与人之祭食相似，……鹰于此时始行戮鸟之事。"[2]P.3247、P.3403 敦煌《具注历日》均注："七月中鹰祭鸟。"[3][4]而《玉烛宝典》卷 8《仲秋》引《易通卦验》曰："白露……鹰祭鸟"，"秋分凉，惨雷始收，鸷鸟击，玄鸟归"。郑注："鹰将食鸟，先以祭也。"[5]每年七月开始至八月，鹰捕杀别的鸟类，此时网鹰则可减少对其他鸟类的危害。

　　笔者认为，不管出于什么目的网鹰，虽然鹰本身的数量有所减少，但（不可能数量大减）客观上都会起到保护其他鸟类生育繁衍的生态效果。

　　综上可见，敦煌文献中所体现出的民众的生态意识涉及生产活动及人们日常生活的方方面面。如在对待植物资源的态度上，表达出了对树木花草的喜爱意识以及对林草植被保护与种植的重视，在私家宅院、田边、道路、墓场、寺院中广植林木，显示出对美好生态环境的渴望与追求。对于动物资源的爱护意识方面，特别体现在归义军时期通过簿籍制度、算会制度、皮毛征收制度对马匹、骆驼、羊畜等的饲养和管护上。对水资源的珍惜和保护意识更为强烈，主要体现在对水利设施的精心修筑、维护，各级水利官员及管水人员的设置，民间渠社的组结，《水

---

① 《旧唐书》卷 19《懿宗纪》，第 448 页。

② （汉）郑玄：《礼记正义》，第 689 页。

③ 邓文宽：《敦煌天文历法文献辑校》，南京：江苏古籍出版社，1996 年，第 387 页。

④ 邓文宽：《敦煌天文历法文献辑校》，第 588 页。

⑤ 杜台卿撰：《玉烛宝典》，第 305 页。

部式》中对行水时间、行水办法的规定，对渠、堰、斗门的建造，对失职官员的处罚及《沙州敦煌县行用水细则》对灌溉制度的详细规定等。而敦煌蒙书中对于童蒙进行正确认识和对待自然环境的教育，无疑意义深远。敦煌解梦、占卜、相宅等文书，将草木、水源、土地等生态环境状况的优劣与人生的吉凶福祸相联系，在人们的潜意识中，反映了对生态的高度关注和忧患。敦煌岁时文化亦是当时民众生态意识的集中体现，马祖之祭、驼马入草泽赛神、马骑赛神、赛驼马神、赛马神、马羊赛神，网鹰等无论其祭祀形式和活动形式如何、规模大小，其根本出发点都体现了马羊驼等对当地的生产生活所起的重要作用，都是人们爱惜、保护动物资源感情的生动表达。而祭风伯、祭雨师及仲夏雩祀都与当地干旱少雨的自然条件密切相关，除了有期盼风调雨顺、作物丰收的美好愿望外，也体现出民众对美好生态环境的希冀。结葡萄赛神、赛青苗神等活动，同样寄托着人们盼望五谷丰登、爱惜和保护植物资源的意识。

第四章 吐鲁番文书中蕴含的民众 生态环境意识

　　早在 19 世纪末, 吐鲁番地区墓葬中就有少许古文书的出土。20 世纪初, 俄国的克列门兹、奥登堡, 英国的斯坦因, 德国的格伦威德尔、勒柯克, 日本的橘瑞超等曾先后从吐鲁番盗走大量文书。1928—1930 年, 中国学者黄文弼随中瑞西北科学考察团又在吐鲁番地区获得了一些文书。1959—1975 年在吐鲁番阿斯塔那和哈拉和卓两地, 共发掘清理了晋到唐的墓葬四百余座, 在所获珍贵文物中, 有 2700 多件汉文文书。其内容可粗略分为公私文书、古籍、佛道等教经卷四大类。公文书有朝廷诏敕、律文、籍帐, 各级军政机构的文牒数量更多。私文书包括世俗及寺观所有的各类疏 (衣物疏、功德疏之类)、契券 (租佃、借贷、雇佣、质赁、买卖等)、遗嘱、辞、启、信牍等。古籍有儒家经典、史书、诗文、启蒙读物、判集等。宗教类有佛教经论, 道教符箓、醮辞、经文, 以及摩尼教、景教、祆教等宗教文书和属于高昌郡时期的文书。

　　目前国内外学术界有关吐鲁番出土文书的研究已取得了丰硕成果, 主要表现为对吐鲁番出土文书图片资料的编辑整理, 如国家文物局古文献研究室等编《吐鲁番出土文书》10 册, 荣新江、李肖、孟宪实等《新获吐鲁番出土文献》, 陈国灿《斯坦因所获吐鲁番文书研究》, 侯灿《吐鲁番出土砖志集注》, 以及学者们对吐鲁番出土文书所做的专项研究, 如《"渠破水谪"考》[1]《说"卜煞"》[2]《敦煌吐鲁番法制文书研究》[3]《吐鲁番新出摩尼教文献研究》[4]《从吐鲁番文书看唐代西州县以下行政建制》[5]《吐鲁番发现的萨珊银币及其在高昌王国的物价比

---

① 王启涛:《"渠破水谪"考》,《艺术百家》2010 年第 4 期, 第 198—200 页。

② 张涌泉:《说"卜煞"》,《文献》2010 年第 4 期, 第 3—13 页。

③ 陈永胜:《敦煌吐鲁番法制文书研究》, 兰州: 甘肃人民出版社, 2000 年。

④ 柳洪亮:《吐鲁番新出摩尼教文献研究》, 北京: 文物出版社, 2000 年。

⑤ 刘再聪:《从吐鲁番文书看唐代西州县以下行政建制》,《西域研究》2006 年第 3 期, 第 41—49 页。

值》①《〈殊方异药——出土文书与西域医学〉述评》②《浅议吐鲁番出土文书中
唐代高昌地区的民间墓葬信仰》③《从吐鲁番出土文献看高昌王国》④《新出吐鲁
番文书及其研究》⑤《吐鲁番学研究：第三届吐鲁番学暨欧亚游牧民族的起源与迁
徙国际学术研讨会论文集》⑥《吴震敦煌吐鲁番文书研究论集》⑦《略论高昌上奏
文书》⑧《吐鲁番新出〈前秦建元二十年籍〉》⑨《从出土材料看唐宋女性生活》⑩
《西陲坞堡与胡姓家族——〈新获吐鲁番出土文献〉研究二题》⑪《近六十年吐鲁
番汉文契约文书研究综述》⑫等，从语言文字、政治、经济、医学、风俗礼仪、历
史考古、法律、宗教等视角对吐鲁番出土文书展开专项研究，取得了丰硕成果。

　　然而，目前对于吐鲁番文书的研究中，有关生态环境方面的内容尚多空白，
本书拟从以下方面对此作一较为系统的检索、梳理与探讨。

第一节　吐鲁番地区农作物的种植及其生态环境意识

一、葡萄种植及生态环境意识

　　吐鲁番盆地土地肥沃、气候温暖、光照充足，有着适合葡萄栽培的优良地理、

① 钱伯泉：《吐鲁番发现的萨珊银币及其在高昌王国的物价比值》，《西域研究》2006 年第 1 期，第 29—37 页。
② 杨富学、李应存：《〈殊方异药——出土文书与西域医学〉述评》，《西域研究》2006 年第 2 期，第 114—117 页。
③ 王晶：《浅议吐鲁番出土文书中唐代高昌地区的民间墓葬信仰》，《齐齐哈尔师范高等专科学校学报》2008 年第 2
　　期，第 99—102 页。
④ 陈国灿：《从吐鲁番出土文献看高昌王国》，《兰州大学学报（社会科学版）》2003 年第 4 期，第 1—9 页。
⑤ 柳洪亮：《新出吐鲁番文书及其研究》，乌鲁木齐：新疆人民出版社，1997 年。
⑥ 新疆吐鲁番学研究院：《吐鲁番学研究：第三届吐鲁番学暨欧亚游牧民族的起源与迁徙国际学术研讨会论文集》，
　　上海：上海古籍出版社，2010 年。
⑦ 吴震：《吴震敦煌吐鲁番文书研究论集》，上海：上海古籍出版社，2009 年。
⑧ 孟宪实：《略论高昌上奏文书》，《西域研究》2006 年第 4 期，第 26—37 页。
⑨ 荣新江：《吐鲁番新出〈前秦建元二十年籍〉》，《中华文史论丛》2007 年第 4 期，第 2—30 页。
⑩ 邓小南：《从出土材料看唐宋女性生活》，《文史知识》2011 年第 3 期，第 82—90 页。
⑪ 许全胜：《西陲坞堡与胡姓家族——〈新获吐鲁番出土文献〉研究二题》，《西域研究》2011 年第 4 期，
　　第 79—84 页。
⑫ 侯文昌：《近六十年吐鲁番汉文契约文书研究综述》，《西域研究》2012 第 1 期，第 127—133 页。

气候环境。吐鲁番又处在丝绸之路的要冲，商业经济的兴盛带动了当地农业经济的繁荣，葡萄的种植及相关的经营活动遂成为人们生产、生活的重要内容。吐鲁番的葡萄种植，最早可追溯至秦代以前，张星烺先生指出："鄙意秦皇以前，秦国与西域交通必繁，可无异议。"[①]葡萄引入吐鲁番地区可能即发生在此时。[②]汉武帝时开通西域，进一步密切了中原与西域的关系，葡萄良种和栽培技术广泛传入内地，被人们所熟悉。《史记·大宛列传》载："宛左右以蒲陶为酒，富人藏酒至万余石，久者数十岁不败。俗嗜酒，马嗜苜蓿。汉使取其实来，于是天子始种苜蓿、蒲陶肥饶地。"[③]吐鲁番地区遂开始大规模种植葡萄。

从吐鲁番文书中可见，当时官府、寺院、官吏、地主、商人、普通农户大都拥有面积大小不等的葡萄园。《高昌延昌西岁屯田条列得横截等城葡萄顷亩数奏行文书》(64TAM24：35，32)就记载了官府葡萄园的种植：

1. ☐截俗四半，交河俗二半六十步
2. 安乐俗八亩，涔林俗四亩，始昌俗一半，高宁僧二半
3. 都合桃一顷玖十三亩半
4. 谨案条列得桃顷亩列别如右记识奏诺奉 ☐
5. 门 下 校 郎 鞫 琼
6. 通 事 令 史 鞫 ☐
7. 通 事 令 史 史 ☐☐
8. ☐ ☐
9. ☐ ☐
10. 和 薄☐
11. 阴 ☐
12. ☐酉岁九月十五日☐
13. ☐☐☐ 军 肤 叠☐吐诺他跋罡鍮屯发高昌令尹鞫伯 雅

---

① 张星烺编注，朱杰勤校订：《中西交通史料汇编》，北京：中华书局，2003年，第1册，第43页。
② 胡澍：《葡萄引种内地时间考》，《新疆社会科学》1986年5期，第101—104页。
③ 《史记》卷123《大宛列传》，第2407页。

14.	右	卫	将	军	绾曹郎中麹罣绍 征
15.	虎	威	将	军	兼屯田事焦□□
16.	屯	田	参	□	□ □□
17.	屯	田	参	□	□ □□
18.	屯	田	吏		索 善 获
19.	屯	田	吏		阴 保 相

［后残］①

所谓"桃",即葡萄。从文书中的"屯田"二字我们可以判断葡萄园是属于官府所有的,而且散布于"口(横)截""安乐""洿林""始昌""高宁"等区域。面积大小也不一样,有"四半""二半六十步""八亩""四亩""一半""二半"等,总面积达到"一顷九十三亩半"。

属于官府性质的葡萄园文书还有《武周证圣元年(695年)前官阴名子牒为官萄内作夫役频追不到事》(64TAM35：39(a))②、《武周圣历元年(698年)前官史玄政牒为四角官萄已役未役人夫及车牛事》(64TAM35：40(a))③、《武周圣历元年(698年)四角官萄所役夫名籍》(64TAM35：40(b))④等。以上文书都反映出有役夫在官府葡萄园"四角官萄"内劳作的情况。

寺院也辟有葡萄园,这在文书《高昌诸寺田亩官绢帐》(67TAM92：47(a))中就有体现:

············

---

① 国家文物局古文献研究室、新疆维吾尔自治区博物馆、武汉大学历史系编:《吐鲁番出土文书》,北京:文物出版社,1983年,第5册,第2—4页。

② 国家文物局古文献研究室、新疆维吾尔自治区博物馆、武汉大学历史系编:《吐鲁番出土文书》,北京:文物出版社,1986年,第7册,第444页。

③ 国家文物局古文献研究室、新疆维吾尔自治区博物馆、武汉大学历史系编:《吐鲁番出土文书》,第7册,第448页。

④ 国家文物局古文献研究室、新疆维吾尔自治区博物馆、武汉大学历史系编:《吐鲁番出土文书》,第7册,第450页。

4. _____ 自卅八亩半六十步 桃 九 亩 树一株。南刘都寺田三亩。

大韩□田九 _____

············

［后缺］

（二）

［前缺］

1.赵里贤寺自田十亩半，王阿勒寺〇一〇 _____ ①

《高昌诸寺田亩账》（67TAM92：49（b））中记：

1. _____ 惠田十三，次九，桃四亩六十 _____

2. _____ 寺 明瑜田十三亩六十步，桃 _____

············

7. _____ 法郎田十五半，桃四、

············

12. 藏田二半，　桃

············

（二）

［前缺］

1. _____ 寺口惠田十七半，桃二半六十步、天宫养佑桃半亩六 十 步

············②

　　文书的时间为高昌国时期。从内容上可以看出各寺都拥有"桃"园，即葡萄园，这在高昌国时期是一个普遍现象，面积从十三亩到六十亩不等。当地还有直

---

① 国家文物局古文献研究室、新疆维吾尔自治区博物馆、武汉大学历史系编：《吐鲁番出土文书》，第 5 册，第 175—176 页。

② 国家文物局古文献研究室、新疆维吾尔自治区博物馆、武汉大学历史系编：《吐鲁番出土文书》，第 5 册，第 167—170 页。

接以葡萄命名的寺院，如在《高昌信相等寺僧尼名籍》（69TAM122：3/3）[①]中有"赵浮桃寺"之名，在《高昌某年浮桃寺等酢名簿》（73TAM516：20/4-1，4-2）[②]中有"浮桃寺"之名。浮桃是"葡萄"的俗体字，说明葡萄在吐鲁番地区的世俗生活及寺院生活中占有重要地位，也显示出当地民众对绿色植物的喜爱和渴望。

除官府和寺院拥有大量的葡萄园外，私人拥有的葡萄园更为普遍。从官吏、地主、富商到一般的老百姓大都有葡萄园。《高昌延寿四年（627年）参军汜显佑遗言文书》（64TAM10：38）[③]载："延寿四年丁岁闰，四月八日，参军汜显佑平生在时作夷言文书。石宕渠蒲桃一园与夷（姨）母。"参军汜显佑为地方小吏，不但拥有葡萄园，而且还将其作为遗产留给他人。《高昌勘合高长史等葡萄园亩数账》（64TAM99：4）[④]中记载了"高长史下蒲桃""高相伯下蒲桃""将马养保下蒲桃""常侍平仲下蒲桃"等内容。长史、相伯、将、常侍都为高昌时期的官吏，他们都有自己的葡萄园。

从吐鲁番所出大量的户籍、田籍、手实等资料中亦可以看出普通农户也拥有葡萄园（表4-1）。

表4-1　唐西州部分民众拥有的葡萄园亩数表[⑤]

序号	文书名称	户主名	总田亩数	葡萄亩数	所占比例%
1	唐贞观某年西州高昌县范延伯等户家口田亩籍（68TAM103：18/5（a））[⑥]	张定和	十九亩半	一亩半	81
2	武周载初元年（690年）西州高昌县宁和才等户手实（64TAM35：64（a））[⑦]	残缺	十四亩十步	二亩	20

① 国家文物局古文献研究室、新疆维吾尔自治区博物馆、武汉大学历史系编：《吐鲁番出土文书》，北京：文物出版社，1981年，第3册，第331页。

② 国家文物局古文献研究室、新疆维吾尔自治区博物馆、武汉大学历史系编：《吐鲁番出土文书》，北京：文物出版社，1983年，第4册，第12—13页。

③ 国家文物局古文献研究室、新疆维吾尔自治区博物馆、武汉大学历史系编：《吐鲁番出土文书》，第5册，第70页。

④ 国家文物局古文献研究室、新疆维吾尔自治区博物馆、武汉大学历史系编：《吐鲁番出土文书》，第4册，第63页。

⑤ 王艳明：《从出土文书看中古时期吐鲁番的葡萄种植业》，《敦煌学辑刊》2000年第1期，第52—63页。

⑥ 国家文物局古文献研究室、新疆维吾尔自治区博物馆、武汉大学历史系编：《吐鲁番出土文书》，北京：文物出版社，1981年，第2册，第128页。

⑦ 国家文物局古文献研究室、新疆维吾尔自治区博物馆、武汉大学历史系编：《吐鲁番出土文书》，第7册，第414页。

序号	文书名称	户主名	总田亩数	葡萄亩数	所占比例%
3	唐开元四年（716年）西州高昌县安西乡安乐里籍（64TAM27：36（a））①	郑	十二亩四十步	二亩	17
4	唐开元二年（714年）账后西州柳中县康安住等户籍（72TAM184：12/6（a））②	残缺	八亩半	一亩	11
5	唐开元十九年（731年）西州柳中县高宁乡籍（72TAM228：13（a））③	残缺	三亩半六十步	二亩二十步	62
6	唐永昌元年（689年）二月西州高昌县籍坊勘地牒（新疆64TAM三五墓出土）④	和仲子	四亩八十步	四亩	92

从表 4-1 可以看出，在西州高昌县城及其周围的柳中县、安西乡、高宁乡等地，葡萄园较为集中，一般农户都拥有二亩左右的葡萄园，反映出葡萄种植在吐鲁番地区社会经济生活中有重要的地位。

葡萄是喜光的果树，对光照条件要求较高。吐鲁番地区≥10℃的太阳辐射，比我国东部葡萄产区多出 800—1000 兆焦耳/平方米，而≥10℃期间的日照时数，吐鲁番葡萄产区也比东部葡萄产区多。太阳辐射量多，日照时数长，有利于葡萄进行光合作用，制造有机物质。且吐鲁番气温日较差大，又属于灌溉农业区，除有比较稳定的山区降水外，还有冰川固体水库调节，因而河流年际变率较小，水量比较稳定，供水保证率高，能满足葡萄对水分的需要，这种条件非常有利于葡萄持续不断地进行光合作用。

此外，葡萄种植对土壤条件的要求不很严格，除了重盐碱土、沼泽土、通气不良的粘重土外，其他各类土壤上均能栽培。但最适宜的土质是疏松、通气好的砾质壤土和砂质壤土，而吐鲁番盆地的土壤正好符合这样的要求。由此可见，中古时期吐鲁番地区大面积的葡萄种植是当地民众根据吐鲁番具体的自然生态禀赋

① 国家文物局古文献研究室、新疆维吾尔自治区博物馆、武汉大学历史系编：《吐鲁番出土文书》，北京：文物出版社，1987年，第 8 册，第 314 页。

② 国家文物局古文献研究室、新疆维吾尔自治区博物馆、武汉大学历史系编：《吐鲁番出土文书》，第 8 册，第 282 页。

③ 国家文物局古文献研究室、新疆维吾尔自治区博物馆、武汉大学历史系编：《吐鲁番出土文书》，第 8 册，第 403 页。

④ 国家文物局古文献研究室、新疆维吾尔自治区博物馆、武汉大学历史系编：《吐鲁番出土文书》，第 7 册，第 407 页。

所做出的因地制宜的选择，也反映了当时吐鲁番地区民众已能依据当地的自然条件选择作物种植的生态环境意识。

二、蔬菜种植及其生态环境意识

根据吐鲁番文书的记载，中古时期吐鲁番地区种植的蔬菜种类主要有葱、蒜、韭、芥、蔓菁、荠、萝卜、胡瓜（黄瓜）、兰香、苣等。王炳华、王艳明先生等人对其做过研究。

葱是吐鲁番地区种植很广的蔬菜。文书中存有多件种植葱的资料。如《高昌重光四年（623 年）孟阿养夏菜园券》①中记有"夏葱"。《唐出纳粮物账》②中记有"入钱二千八百文买葱子""园内种葱一畦"。《唐大历三年（768 年）僧法英佃菜园契》中，所租的菜园内就种有葱、韭、芥等多种蔬菜。③

蒜也是吐鲁番地区常见的蔬菜。虽然文书中缺少直接有关种植蒜的记载，但在《唐邵相欢等杂器物账》（72TAM150：48）中却有关于"蒜臼"的名称。全文为：

1. ＿＿＿＿ 邵相欢七碗一
2. ＿＿＿＿ 枛 　一　支惠伯案枛一
3. ＿＿＿＿ 案枛一，魏黄头
4. ＿＿＿＿ 婆德食单
5. ＿＿＿＿ 单　左守怀案一
6. ＿＿＿＿ 获蒜臼（白）一具

［后缺］④

---

① 国家文物局古文献研究室、新疆维吾尔自治区博物馆、武汉大学历史系编：《吐鲁番出土文书》，第 3 册，第 310 页。

② 国家文物局古文献研究室、新疆维吾尔自治区博物馆、武汉大学历史系编：《吐鲁番出土文书》，北京：文物出版社，1991 年，第 10 册，第 270 页。

③ 国家文物局古文献研究室、新疆维吾尔自治区博物馆、武汉大学历史系编：《吐鲁番出土文书》，第 10 册，第 292 页。

④ 国家文物局古文献研究室、新疆维吾尔自治区博物馆、武汉大学历史系编：《吐鲁番出土文书》，北京：文物出版社，1985 年，第 6 册，第 55 页。

蒜臼是捣蒜的容器，它的出现和使用，说明大蒜在当地的栽培时间较长，是人们日常生活中的家常菜。

韭，在吐鲁番地区多有种植和食用。《高昌重光四年（623 年）孟阿养夏菜园券》[①]中记有"次夏韭"，《唐大历三年（768 年）僧法英佃菜园契》（3TAM506：04/1）[②]中记有"韭两畦"。《唐典高信贞申报供使人食料帐历牒》（73TAM208：26/31/1）[③]中记载了韭等各种蔬菜的买卖情况："[　　　　　]二勺用钱二分，杂菜三分，韭二十分[　　　　　]""杂菜三分，韭[　　　　　]"。《唐天宝二年（743 年）交河郡市估案》中记录了交河郡某日菜子行的市场物价情况：

蔓菁子一升	上直钱二十文	次十六文	下十五文
萝卜子一升	上直钱二十二文	次二十文	下十八文
葱子一升	上直钱四十二文	次四十文	下三十文
韭子一升	上直钱四十五文	次四十四文	下四十三文
□子一升	上直钱十五文	次十三文	下十二文
荏子一升	上直钱十二文	次十文	下九文
兰香子一升	上直钱[④]		

从以上记载可以看出，市场出售的蔬菜中有韭子，说明当时韭菜已经被广泛种植和食用。

芥，就是芥末。《唐孙玄参租菜园契》[⑤]中反映了芥的种植情况，"（芥）十束与寺家""收秋与芥一百束"。

① 国家文物局古文献研究室、新疆维吾尔自治区博物馆、武汉大学历史系编：《吐鲁番出土文书》，第 3 册，第 310 页。

② 国家文物局古文献研究室、新疆维吾尔自治区博物馆、武汉大学历史系编：《吐鲁番出土文书》，第 10 册，第 292 页。

③ 国家文物局古文献研究室、新疆维吾尔自治区博物馆、武汉大学历史系编：《吐鲁番出土文书》，第 6 册，第 185 页。

④〔日〕池田温：《中国古代籍帐研究·录文》，东京：东京大学东洋文化研究所，1990 年，第 453 页。

⑤ 国家文物局古文献研究室、新疆维吾尔自治区博物馆、武汉大学历史系编：《吐鲁番出土文书》，第 10 册，第 301 页。

葫芦，西北一些地区又称其为西葫芦，或蕃瓜。传世文献和出土文书中，尚未发现葫芦在吐鲁番地区种植的资料，但是吐鲁番地区晋至唐代墓葬出土农作物中发现有较多的葫芦或葫芦片，说明葫芦在当地的种植也是比较普通的（表4-2）。

表 4-2　吐鲁番地区晋至唐出土农作物统计表[①]

时期	编号	农作物
高昌	66TAM33	穄子、葫芦片
高昌	72TAM155	小麦、穄子、葫芦片
高昌至唐	69TAM143	穄子、葫芦片
唐	67TAM77	小米、葫芦

蔓菁，上引《唐天宝二年（743年）交河郡市估案》中就记有"蔓菁子一升，上直钱二十文，次十六文，下十五文"[②]，反映出蔓菁子的市场交易情况，显然当地有蔓菁的种植和食用。另外，民丰县尼雅遗址中也发现了不少的干蔓菁[③]，说明至少在汉代西域就有蔓菁的栽培。

荠，《唐残文书》（72TAM178：18a）：

［前缺］

　1.荠（ ？）　　六口 ☐☐☐☐☐

　2. 小枣　　壹斤 ☐☐☐☐☐

［后缺］[④]

另，《唐祭诸鬼文》（60TAM332：6/7）中记有"……☒饭、韭、荠、生饼、☒……"[⑤]，表明中古时期吐鲁番地区种植和食用荠菜。

---

① 王炳华：《新疆农业考古概述》，《农业考古》1983年第1期，第102—117页。
② 国家文物局古文献研究室、新疆维吾尔自治区博物馆、武汉大学历史系编：《吐鲁番出土文书》，第3册，第310页。
③ 王炳华：《新疆农业考古概述》，《农业考古》1983年第1期，第102—117页。
④ 国家文物局古文献研究室、新疆维吾尔自治区博物馆、武汉大学历史系编：《吐鲁番出土文书》，第8册，第401页。
⑤ 国家文物局古文献研究室、新疆维吾尔自治区博物馆、武汉大学历史系编：《吐鲁番出土文书》，北京：文物出版社，1985年，第6册，第300页。

萝卜，上引《唐天宝二年（743年）交河郡市估案》中记有"萝卜子一升，上直钱二十二文，次二十文，下十八文"，这是萝卜的市场价格，有生产才能有买卖。

胡瓜，即黄瓜，《高昌重光三年（622年）条列虎牙氾某等传供食帐一》（66TAM50：9（a））中记有"传白罗面二斗，市肉三节，胡瓜子三升，作汤饼供世子夫人食"。①

兰香，上引《唐天宝二年（743年）交河郡市估案》记有"兰香子一升 ⬜⬜⬜上直钱 ⬜⬜⬜⬜"，说明兰香子在当时交河郡的市场上亦有买卖。

另外，当时在吐鲁番地区种植的蔬菜还有荏、白菜等。上引《唐天宝二年（743年）交河郡市估案》中亦记有"荏子一升，上直钱十二文、次十文，下九文"可以说明。②荏子，又称白苏，或苏子，嫩叶可做菜食用，种子用以榨油，为当时重要的油料作物。

当时吐鲁番地区大面积种植和推广蔬菜，毋庸置疑是当地的民众依据自然条件所做的正确选择，反映了民众因地制宜的生态环境意识。

第二节　吐鲁番文书中对牲畜的管理与爱护意识

吐鲁番所出的唐代文书中，有不少官营畜牧业的资料。唐代在吐鲁番设西州，这里气候温和，地域辽阔，土地肥沃，宜耕宜牧，谷麦一岁再熟，又有丰美的山谷草地，同时还能种植苜蓿、秋葵等，为畜牧业的发展提供了便利的条件。西州又处于丝绸路上中西经济文化交流的要冲，也是唐王朝经营西域的前沿阵地，在军事上、交通运输上，对大牲畜有着特别的要求，因此对牲畜的征集、牧养、管理、使用和调度便成为西州都督府经常性的重要任务。

西州长行坊是西州都督府为服务于军政事务、官使往来以及通讯交通而设立的马坊机构，负责西州境内诸驿站马匹的供给和调配，由兵曹参军进行军事化管理，直接对州都督负责。长行坊以蓄养马匹为主，兼及驴、牛。例如，吐鲁番所

---

① 国家文物局古文献研究室、新疆维吾尔自治区博物馆、武汉大学历史系编：《吐鲁番出土文书》，第3册，第167页。

② 王艳明：《从出土文书看中古时期吐鲁番地区的蔬菜种植》，《敦煌研究》2001年第2期，第82—88页。

出的《唐天宝十三载（754 年）长行坊申勘十至闰十一月支牛驴马料帐历》（73TAM506：4/32-9）中，记载有闰十一月"廿二日两槽马二百廿六匹，各七升；驴六十固头，各二升；牛一十二头，各四升，计壹拾柒硕陆斗"[1]，这是西州长行坊在槽马、驴、牛匹（头）数最多时的数字记录，计有大牲畜三百匹（头）以上。这仅是长行坊两槽的大牲畜数量，若再加上散配在全州各驿的马匹等，西州长行坊所管辖的马匹等牲畜数目，应在千匹（头）以上。为之，需要有一套严格的管理制度，才能保证长行坊的正常健康运转。而这种严格的管理制度，一方面是国家军事的需要；另一方面也反映了官府对马驴牛等大牲畜爱护、保护的意识。学者乜小红、孟宪实、陈国灿、郝二旭、王翼青、朱雷、王晓辉曾从不同方面对唐西州的畜牧业做过相关研究。

一、马匹的管理与爱护意识

1. 监牧所配官马

《唐六典》卷5《尚书兵部》载："驾部郎中、员外郎掌邦国之舆辇、车乘，及天下之传、驿、厩、牧官私马、牛、维畜之簿籍，辨其出入阑逸之政令，司其名数。"[2] 每年六月各监牧以马的年龄和名称编造马籍，七月由群牧合成诸监牧马籍，与八月上于太仆寺，太仆寺又需要将诸监牧马籍呈送到驾部，由驾部来统一管理。驾部负责全国马匹的管理和差遣。吐鲁番阿斯塔纳506号墓出土文书《唐天宝十三—十四载（754—755 年）交河郡长行坊支贮马料文卷》（73TAM506：4/32-1）记：

1. ⬚⬚⬚⬚⬚⬚ 有事至谨牒。
2. 　　　　正月　 日典王仙鹰　　牒
3. 　　　　　　连　彦庄　白
4. 　　　　　　　　　　　廿五日

---

① 国家文物局古文献研究室、新疆维吾尔自治区博物馆、武汉大学历史系编：《吐鲁番出土文书》，北京：文物出版社，1991 年，第 10 册，第 127 页。

② （唐）李林甫等撰，陈仲夫点校：《唐六典》卷5《尚书兵部》，第 163 页。

…………

24. 廿五日，贴马陆匹，食麦粟叁斗。付健儿 郭 知运。

25. 廿六日，贴马陆匹，食麦粟叁斗。付健儿郭知运。

…………

41. 同日细马伍⬛⬛伍斗。付槽头张瓛。判官杨千乘

42. 同日天山 军 □　　大夫征马叁拾匹，食粟麦⬛⬛伍胜 付槽头 常大 郎。

43. 　　　押 官 □大宝

…………

45. 同日，征马叁拾匹，食麦粟玖斗，付槽头常大郎。押大宾。

…………

47. 同日，征马叁拾匹，食麦粟玖斗，付槽斗常大郎。押官尚大宾。

…………

51. 同日，征马叁拾匹，食麦粟壹硕伍斗，付槽斗常大郎。 押 官尚大宾。

52. 同日，征马叁拾匹，食麦粟壹硕伍斗，付槽斗常大郎。押官尚大宾。

…………

55. 同日，大夫过腾北庭，征马伍匹，食麦踏伍斗，判官杨 千 乘。

…………

140. 焉耆军新市马壹伯匹，准节度撰牒，食全料。十一月十五日给。

141. 青麦壹拾硕，付押官元敬希　　总管张子奇

142. 北庭送　封大夫征马贰拾匹，送至柳谷回。十一月十八日，食青麦贰硕。

143. 　　　付健儿高珍

…………

146. 天山军征马壹伯贰拾匹，十一月七日食青麦柒硕贰斗。付

147. 押官高如珪

…………

205.　　　　　　　　正月十二日摄录事严　仙泰□

206.　　　　　　　　功曹摄录事参军　　　旺　　□

207.　　　　　　　连彦匡白

208.　　　　　　　　　　廿五日①

从以上吐鲁番资料可以看出，征马是在三月和十一月两个月份。本文书中共有天山军、北庭府、焉耆军等三处的配军马匹，其中天山军驻扎在西州。在马匹配军的过程中，由押官押送，各地负责提供马料。所配马匹中还有"细马五匹"，应是质量较优或有特种用途的马匹。

2. 地方州县的抽配马匹

（1）州县抽配马匹的方式

《新唐书》卷 50《兵制》载："开元九年又诏：'天下之有马者，州县皆先以邮递军旅之役，定户复缘以升之。百姓畏苦，乃多不畜马，故骑射之士减曩时。自今诸州民勿限有无荫，能家畜十马以上，免帖驿邮递征行，定户无以马为赀。'"②采取一定措施鼓励民间养马，也由此可见当时民间的马匹主要是"优先"服"邮递军旅之役"的；"家畜十马以上"才能"免帖驿邮递征行"，一般农户是很难做到的。阿斯塔纳 188 号墓出土的《唐征马送州付营检领状》（72TAM188：81（a））中登录了从州县抽配马匹的事情。摘录如下：

1. 宥事至谨牒

2.　 十二月　　日二□

3.　 丰　敬　仁　白

4.　　　　 十三日

5.　　 状上州

---

① 国家文物局古文献研究室、新疆维吾尔自治区博物馆、武汉大学历史系编：《吐鲁番出土文书》，第 10 册，第 54—75 页。

② 《新唐书》卷 50《兵制》，第 877 页。

6. _____ 马一匹，赤，草，五岁； 刘伏举一匹，总草六岁；俎渠

意達一匹，紫父□

7. _____ 牒称，得状称前件人等，被征马速备送州者，营 _____

8. _____ 今随状送州，请呈印者，别牒营检领讫上，仍取领 _____

9. _____ 付坊妥饲讫，今以状上

［后缺］①

文书较为详细地记录了三匹征用马匹的情况。类似文书还有《唐神龙元年（705年）高昌县白神感等辞为放免户备马事》（Ast.Ⅲ.4.076 Ma312）中载：

1. 神龙元年五月　　日高昌县人白神感等辞

2. 　　　公私马两匹：一匹父赤，主白神感；壹匹留父，主何师子。

3. 府司：神感等先被本县令备上件马，然神感

4. 等寄住高宁，今被高宁城通神感等账头

5. 上件马过，司马遣送州取处分，既是户备，

6. 望请付所由，准例放免。谨辞。

［后缺］②

除了直接征调马匹外，还可以由州县统一购买。《武周长安四年（704年）牒为请处分抽配十驮马事》（69TAM125∶6）记载：

［前缺］

1. _____ 人，县司买得十驮马， _____

2. _____ 乘上件马等，合于诸县抽配得 _____

3. _____ 未蒙抽配，请处分。

---

① 国家文物局古文献研究室、新疆维吾尔自治区博物馆、武汉大学历史系编：《吐鲁番出土文书》，第8册，第61页。

② 陈国灿：《斯坦因所获吐鲁番文书研究》，武汉：武汉大学出版社，1995年，第266页。

4. □□状如前，谨牒。

5.　　长安四年六 ［　　　　　］

6.　　付　　　张　　　参 ［　　　　　］①

　　此文书虽然没有具体说明购买马匹费用的来源，但还是反映出了县司统一购买驮马的现象。与上件文书相关的还有《武周军府牒为请处分买十驮马事》（69TAM125：3）②、《武周军府牒为请处分买十驮马欠钱事》（69TAM125：2）③、《武周军府牒为行兵十驮马事》（69TAM125：5（a））④。孙继民对此研究认为："十驮马中有一部分是由官给而非兵士自备。"此现象在吐鲁番文书《唐载初元年（689年）卫士安未奴等状为十驮马纳练事》（69TAM125：6）中亦有体现。摘录如下：

1. 载初元年三月四日爨安未奴赵阿阇利

2. 赵隆行王勋记马（？）守海韩憙有（？）李隆德康

3.　　□晰？张大师樊孝通等其中安未奴韩憙有（？）

4. 赵阿阇利等三人先有十驮余外七人无驮

5.　　练负康智奴师—子—

6. □知？记一驮练一匹付团负练人马守海妻—康—

7.　　　　负练人赵隆行

8.　　　　负练人李隆德妻⑤

① 国家文物局古文献研究室、新疆维吾尔自治区博物馆、武汉大学历史系编：《吐鲁番出土文书》，第7册，第282页。

② 国家文物局古文献研究室、新疆维吾尔自治区博物馆、武汉大学历史系编：《吐鲁番出土文书》，第7册，第285页。

③ 国家文物局古文献研究室、新疆维吾尔自治区博物馆、武汉大学历史系编：《吐鲁番出土文书》，第7册，第287页。

④ 国家文物局古文献研究室、新疆维吾尔自治区博物馆、武汉大学历史系编：《吐鲁番出土文书》，第7册，第289页。

⑤ 黄文弼：《吐鲁番考古记》，北京：中国科学院出版，1954年，第35页。

该文书中共记载了卫士十人，三人先有十驮，七人无驮。而无驮的七人则分别支付了练一匹用来购买驮马。

（2）州县抽配马匹的过程

吐鲁番文书《唐神龙元年（705 年）高昌县白神感等辞为放免户备马事》（Ast. III.4.076 Ma312）[①]中记有府司，应指西州都督府的兵曹，兵曹负责西州兵马，但并不具体负责本州马匹的抽配，而是由下属各县具体掌管。马匹抽配后则由县统一送至州，再由州府统一分配。而由府兵提供钱财，由州县统一购买的马匹，则由县司购买，再由县司或者团向府兵或者其家属征收所需钱物。吐鲁番文书《唐开元十九年（731 年）康福等领用充料钱物等抄》（73TAM506：4/11）记载了这一过程，摘录如下：

…………

20. 使西州市马官天山县尉留年典壹人，兽医壹人

21. 押官壹人，五日程料，领得钱贰佰伍拾文。开元

22. 十九年九月十九日典赵宝领

…………[②]

从文书可以知道，州县抽配马匹的过程应该是由县司派出，由县尉充当市马官的购买队伍，队伍由典、兽医和押官组成。典具体负责购买事宜，然后由押官押送所购马匹回天山，而兽医则是保证所购马匹的质量和押送途中患病马匹的治疗。

3. 市场交易的马匹

唐代前期重视马政，但也存在着军马市易购入的现象。卫士购买马匹的记录如上文所引文书《武周载初元年（689 年）安未奴等十驮文书》，至于集体购买马匹，以上所引《唐天宝十三—十四载（754—755 年）交河郡长行坊支贮马料文卷》

---

① 陈国灿：《斯坦因所获吐鲁番文书研究》，第 266 页。
② 国家文物局古文献研究室、新疆维吾尔自治区博物馆、武汉大学历史系编：《吐鲁番出土文书》，第 10 册，第 23 页。

中即有记载：

......

140.　　焉耆军新市马壹佰匹，准节度转牒，食全料。十一月十五日给
141.　　青麦壹拾石。付押官元敬希　总管张子奇。①

另外，《唐开元十九年（731 年）康福等领用充料钱物等抄》（73TAM506：4/11）中也有类似记载："伊吾军市马使权戬等壹拾八人九月料。"②伊吾军不仅有专职"市马使"，而且一次市马即派出 18 人，可见对其的重视，也由此反映出部分官马是来自于市场交易的。正如《新唐书》卷50《兵志》所载："当给马者，官予其直市之，每匹予钱二万五千。刺史、折冲、果毅岁阅不任战事者鬻之，以其钱更市，不足则一府共足之。"③

（二）勘印马匹及设置管理机构

1. 勘印

勘印是唐代前期马匹管理的必要程序，是其严格管理措施的具体体现。这种制度不仅出现在唐令中，吐鲁番文书中也有记载。如《唐兴仓曹关为新印马豆料事》（72TAM188：66）记，各监牧新配给郡镇的马匹必须在勘印之后才能使用，仓曹才开始供应马料。

　　录事摄录事参军
　　官仓曹为日城等营新印马斗料，准式并牒
　　营检领事。④

---

① 国家文物局古文献研究室、新疆维吾尔自治区博物馆、武汉大学历史系编：《吐鲁番出土文书》，第 10 册，第 54 页。
② 国家文物局古文献研究室、新疆维吾尔自治区博物馆、武汉大学历史系编：《吐鲁番出土文书》，第 10 册，第 23 页。
③ 《新唐书》卷 50《兵制》，第 869 页。
④ 国家文物局古文献研究室、新疆维吾尔自治区博物馆、武汉大学历史系编：《吐鲁番出土文书》，第 4 册，第 44 页。

州县抽配的马匹和从市场上购买的马匹也必须勘印。《唐征马送州付营检令状》（72TAM188：81（a））[1]中记载了州县抽配马匹勘印的现象。该文书第八行有"今随状送州，请呈印者"之语，"呈印"即应勘印。

2. 管理机构的设置

对于新进的官马该由哪个机构进行管理，传世文献中没有交代。而吐鲁番文书《唐开元十九年（731年）虞侯镇副杨礼宪请付马料麸价状》（73TAM506：4/10）中记：

1. 进马坊　　状上
2. 　　供进马□价大练三十匹，杨宪领
3. 　　右□□令于诸步硇坊料麸贮纳，侍赵内侍
4. 　　□□马者。其马今见欲到，其麸并不送价值
    …………
11. 　　　　纳　业　示　　十二日[2]

文书中出现的"进马坊"属于西州府兵的管理体系，是为了管理新进的官马而设置的。在上文所引的《唐征马送州付营检领状》中有"付坊妥饲"之语，此处的坊也应该是进马坊之类的机构。

新进官马勘印完毕后就具体配给到各府、镇、戍。其重要的用途除了作"承直之马"、乘骑和骑兵之驮马、战马外，在唐代文书中还出现了一种用途，即作为函马来使用，就是专门负责文解传递的马匹。[3]"函"可以理解为信件或者书信，因此函马就是用来传递书信或者公文的马匹。

《唐天宝年间敦煌郡会计账》（P.2862v＋P.2626v）载：

---

① 国家文物局古文献研究室、新疆维吾尔自治区博物馆、武汉大学历史系编：《吐鲁番出土文书》，第8册，第61页。

② 国家文物局古文献研究室、新疆维吾尔自治区博物馆、武汉大学历史系编：《吐鲁番出土文书》，第10册，第19页。

③ 李锦绣：《唐代财政史稿》，北京：北京大学出版社，1995年，第1009页。

…………

38.　　　广明等五戍

…………

54.　合同前月日见在供使预备函马，总壹百贰拾叁匹

55.　　　　肆拾疋敦。陆拾伍疋　父

56.　　　　壹拾捌疋草。

57.　伍拾疋充广明等五戍函马乘使。每戍准额置拾疋。

58.　　　　壹拾壹疋敦，叁拾玖疋父。

…………①

在新进马匹按照不同的用途分配好后，就要为其登记造籍，以便军府准确地掌握马匹的数量和质量。簿籍中要记录马匹的名色、牝牡、岁齿、印记、特征等。如开元十年（722 年）前后的《唐西州长行坊配兵放马簿》（Ast.Ⅲ.3.08.07 Ma295）残卷，存有五十余匹马的登录，举例如下：

　　一匹留草十五岁，近人颊古之字，两帖散白，耆痕破八寸，次下肤，近人膊蕃印。仙。②

留，是指身赤鬃黑的马。草，即牝马。"近人"，乃指马的左侧，即靠近人上马的这一边，有一古写体"之"字。在马的左前胳膊上有蕃印，表明此马原来自吐蕃。末尾写的"仙"字，从同出文书推测，可能是长行坊负责人齐仙的签字。每匹马均须载明这些名目，是为了定时清点、确认。每匹马特征下均有齐仙的签字，反映出长行坊对马籍管理的认真负责。

《高昌兵部残文书附记马匹账》（67TAM142：1）也说明了类似的情况。全文转录如下：

---

① 〔日〕池田温：《中国古代籍账研究》，东京：东京大学出版社，1979 年，第 483 页。

② 陈国灿：《斯坦因所获吐鲁番文书研究》，第 199 页。

［前缺］

1. 　　　　　　　麹　　　　　　　□□

2. 　兵　　　　孙　　　　　　　建珍

3. 　兵　　　　　　　　　欢□

4. 　兵　　　　　　　延伯

5. □□令白马一匹　　麹□悥骓马一匹；壁中阿仲赤马一匹；

6. □郎鼻子瓜马；将石儿留马；焦郎中青马一匹，赤马一匹；麹僧儿紫马一匹；

7. □郎史欢隆赤马二匹，骏马一匹，青马一匹，骆马一匹，瓜草马

8. □匹并购；威神范师养骓草马一匹。严子亮记。[①]

而从《高昌高宁马账》（67TAM142：3，2 和 67TAM142：4）可以看出，当时州县对自己所属的马匹也是严格记录在案的，反映出管护的严密性：

（一）

1. 高宁上马名：麹文嵩紫　　　　

2. □□騧骆马壹匹，赤马壹　　　　

3. □□□□　　　马壹匹　　　

［中缺］

…………

11. 　　　　儿赤草马壹匹，合马贰　　　　

12. 　　　　骎马壹匹，赵寅相赤　　　　

13. 　　　　马壹匹　　　　

［后缺］

（二）

［前缺］

---

① 国家文物局古文献研究室、新疆维吾尔自治区博物馆、武汉大学历史系编：《吐鲁番出土文书》，第3册，第238页。

1. _____ 崇白青马壹匹, 杨傔友 铁   _____

2. □ 马 壹匹, 阴苟子赤马壹匹, 冯海佑駮马壹匹, 张延保赤□□

3. 匹, 杨海延马驱马壹匹, 冯延愿移驿驿壹帖匹, 周阿怀子赤白面马

4. 壹匹, 合马玖匹。次民中上马；栖灵寺胡青马壹匹, 白移

5. 旱马壹匹, 衙寺延明赤马壹匹, 黑余马壹匹, 杨仕峻赤青马

6. 壹 匹, 阴延伯紫马壹匹, 隗□□赤马壹匹, 参军安住赤马壹□

7. □ 友 岳赤马壹匹, 鞠郎颢 边 □□匹, 郑延珍青马壹匹, 侯阿□

8. □□□匹, 录事达珍骝马壹□□ 胡 黄马壹匹, 瓜马壹匹,

9. _____ 壹匹, 移旱马壹匹, □□□ 枭 匹。 次客 _____

10. _____ 匹。合 _____ 中上马 _____

[后缺]①

马匹的发送、收回也要登记入帐, 发送时要在帐上写明何时、由何人送出, 作何用途, 马的状况如何；收回时也要在原帐上用朱笔注明何时、由何人领回, 马有否损病等。《唐开元十年（722 年）西州长行坊发送、收领马驴帐一》（Ast. Ⅲ.3.10 Ma297）残卷, 记载了多起发送、回收官员乘骑坊马帐, 摘录如下：

…………

3. 使送冊道文解使四品孙鞠识古乘马壹匹

4. 一匹紫父八岁次肤, 脊破一寸, 耳鼻全, 带星, 近人腿一点白。西长官印, 同前月日马子雷忠友领到, 近人帖破一寸并肿, 次下肤。仙曹督

5. 以前使闰五月二日发分付马子雷忠友领送。②

该文书记录了此马长行之后归来的月日、体肤受损状况、领回人姓名, 最后由坊官齐仙、曹督二人签字。整个过程, 反映了长行坊马匹出入、使用极其严密

① 国家文物局古文献研究室、新疆维吾尔自治区博物馆、武汉大学历史系编：《吐鲁番出土文书》, 第 3 册, 第 239—241 页。
② 陈国灿：《斯坦因所获吐鲁番文书研究》, 第 192—193 页。

的管护制度。这一制度于吐鲁番出土文书中多见，如《唐诸府卫士配官马驮马残文书》①、《唐某官马账》②、《神龙元年（705 年）六月后西州前庭府牒上州勾所为当府官马破除、见在事》（2006TAM607）③等。

（三）马匹的牧养方式

据学者们研究，唐西州官马牧养方式一般有两种：一是由官府提供马匹，选择有牧养能力的百姓或者府兵牧养，称作"令养"；一是由都督府所掌握的牧养机构进行饲养，称为"官牧"。官牧分舍饲（在厩饲养）和野牧（以群为单位放牧）两种。吐鲁番新出文书《神龙元年（705 年）七月西州前庭府牒上州勾所为当府官马破除、见在事》载：

…………

24. 合从长安五年正月一日至神龙元年六月卅日已前，在槽死官马总二匹
25. 　　　江安洛马留驳敦　神龙元年四月十九日死④

此文书是前庭府勾征马匹的文书，其中的两行列举了两匹在槽死的官马，所采用的是舍饲方式。而群牧的方式在吐鲁番出土文书中亦有相应记载。如《唐永徽三年（652 年）贤德失马陪征牒》（73TAM221：62（b））载：

1. 　边州□□□□□□□□□□□□□月
2. 　廿九日，在群夜放，遂马匹阑失，□被府符
3. 　征马，今买得前件马，付主领讫。谨以牒陈□

---

① 国家文物局古文献研究室、新疆维吾尔自治区博物馆、武汉大学历史系编：《吐鲁番出土文书》，第 6 册，第 42—45 页。
② 国家文物局古文献研究室、新疆维吾尔自治区博物馆、武汉大学历史系编：《吐鲁番出土文书》，第 6 册，第 583 页。
③ 荣新江、李肖、孟宪实编：《新获吐鲁番出土文献》，北京：中华书局，2008 年，第 25—31 页。
④ 转引自丁俊：《从新出吐鲁番文书看唐代前期的勾征》，《西域历史语言研究所集刊》第二辑，北京：科学出版社，2009 年，第 125—157 页。

4.　　　　　永徽三年五月廿九日 ☐☐☐☐☐☐☐

5.　　　　　贤德失马，符令陪备。

6.　　　　　　今状虽称付主领讫。官人

7.　　　　　见领时，此定言注来了。

8.　　　　　即依禄（录），牒岸头府，谨问

9.　　　　　文达领得以不具报。①

　　文书中说贤德负责岸头府官马在群夜牧的时候，丢失了一匹马，然后由其负责赔偿，买了新马赔偿给原来的马主。

（四）官马马料的供给及管理

　　根据《唐厩牧令》和《唐六典》，我们可以了解到唐代马料供应量和一年中的供应变化。"在夏秋时节，即四月到十月，马料为每日粟五升、盐六合，配以青草二围；在春冬季节，即十一月至三月，马料为每日粟一斗、盐六合，配以蒿一围。或者在夏秋时节，将粟换成黄禾，马料由黄禾和青草相配，取消粟。这是成年马匹的食用量，乳马一般为成年马匹的五分之一。"②而在吐鲁番文书中亦有此方面相应记载，说明唐代西州地区也是按照这个规定执行的。如《唐西州某县事目》③记："兵曹牒为承函马减料所管镇戍☐牒知事。"类似的文书还包括《唐天宝十四载（755 年）交河郡长行坊申上载在槽减料斛斗数请处分牒》（73TAM506：4/32-12）④、《唐天宝十四载（755 年）杂事司申勘会上载郡坊在槽马减料数牒》（73TAM506：4/32-14）⑤等。

---

① 国家文物局古文献研究室、新疆维吾尔自治区博物馆、武汉大学历史系编：《吐鲁番出土文书》，第 7 册，第 26—27 页。

② 天一阁博物馆、中国社会科学院历史研究所天圣令整理课题组校证：《天一阁藏明钞本天圣令校证（附唐令复原研究）》，北京：中华书局，2006 年，第 515—516 页。

③ 唐长孺主编：《吐鲁番出土文书》（图录本），北京：文物出版社，第 3 册，第 457—465 页。

④ 国家文物局古文献研究室、新疆维吾尔自治区博物馆、武汉大学历史系编：《吐鲁番出土文书》，第 10 册，第 155 页。

⑤ 国家文物局古文献研究室、新疆维吾尔自治区博物馆、武汉大学历史系编：《吐鲁番出土文书》，第 10 册，第 160 页。

新出的吐鲁番文书《景龙三年（709 年）后西州勾所（勾）粮账》（英藏 Or.8212 号）涉及了一个新的机构——"槽"，是与马料管理有密切关系的部门。文书的具体内容为：

……………

18.　　一斗二升粟，州仓景二年秋季剩给兵驴料

39.　　六斗粟，准前勾征州槽魏及纳

44.　　　支度使勾征州槽刘德纳

50.　　二斗粟，准前勾征州槽张感纳

64.　　　季支度使勾征州槽，神龙元年冬季

65.　　减料纳

82.　　八石五斗五升，州槽巡察使勾征

83.　　　五斗五升青稞，征王素

84.　　　八石粟三石范智　　二石王素

　　　　　三　石　竹　应①

在唐代传世文献中并没有出现槽这样的机构，应该是西州或者边州所特有的。从文书内容看州槽的人员设置至少有二人，州槽和州槽典，其主要职能应该与粮食有关。其中出现的州槽巡察使则应该是临时设置的使职，由都督府委派，其职能可能是负责勾征粮食。而与此文书同墓出土的《神龙元年（705 年）七月西州前庭府牒上州勾所为当府官马破除、见在事》中出现"在槽死官马总二匹"的内容，再加上前文所引《唐天宝十三—十四载（754—755 年）交河郡长行坊支贮马料文卷》中出现的槽头，我们可以判断出州槽是负责养马的机构。而马料的审批和供应除了由仓曹负责外，兵曹也负责部分马匹马料的审批。如《唐西州某县事目》所记：

---

① 丁俊：《从新出吐鲁番文书看唐前期的勾征》，《西域历史语言研究所辑刊》第 2 辑，北京：中国水利水电出版社，2009 年。

（一）

…………

79. 兵曹牒为承函马减料所管镇戍□牒知事

80. 仓曹牒为石舍丞函马五匹豆料速支送事

81. 兵曹牒为勾征物速征纳仍牒两日内并典申

（四）

1. 兵曹牒为患马料[①]

　　文书中第一部分讲函马马料的增减是由兵曹决定，而由仓曹具体负责支付的；第二部分中的患马料也由兵曹负责。同时，为了保证马料的充分使用，保证所牧养马匹的质量，西州都督府派出州槽巡察使巡视各坊，勾征马料。而函马的马料则由兵曹负责审批，由仓曹负责供应。

　　马料除了由州郡所属各仓调拨外，长行坊也有一些自己的营田小作可以补充部分粮草。如《唐上元二年（761 年）蒲昌县界长行小作具收支饲草数请处分状》（73TAM506：4/40）就记载了蒲昌县界内长行小作的情况，摘录如下：

1. 蒲昌县界长行小作　　　　状□

2. 当县界应营易田粟，总两顷，共收得□□叁阡二伯四拾壹束，每粟壹束准草壹束

3. 　　壹阡玖伯四拾 陆 束县 □

4. □ 拾 捌束上，每壹束叁尺叁围，陆伯四拾捌束 □

5. 　　　　陆伯伍拾束下，每壹束贰尺捌围

6. 　　壹阡贰伯玖拾伍束，山 北 横 截 等 三 城

7. 　　肆伯叁拾束上，每壹束叁尺叁围，肆伯叁拾束，每壹束叁尺壹围

8. 　　肆伯叁拾伍束下，每壹束贰尺捌围

9. 以 前 都 计 当 草　叁阡贰伯肆拾壹束，具破用，见在如后。

10. 　　壹阡束奉县牒：令支付供萧大夫下进马食讫。县城作

① 唐长孺：《吐鲁番出土文书》（图录本），北京：文物出版社，第 3 册，1981 年，第 457—465 页。

11.　　　　玖伯束奉　　都督判，命令给维磨界游奕马食。山北作

12.　　　　壹阡叁伯肆拾壹束，见在。

13.　　　　　玖伯肆拾陆束县下三城作叁伯□□□束山北作

14.　　右被长行坊差行官王敬宾至场，点检前件作草，使未至已前奉

15.　　　都督判命及县牒支给破用，见在如前，请处分。谨状。

16.　　牒　件　状　如　前　谨　牒

17.　　　　　上元二年正月　　日作头左　　思　训等牒

18.　　　　　　知作官别将李小仙①

除此小作以外，还有柳中县城长行小作、柳中县界长行小作等。推测在西州其他各地，如高昌、交河、天山等县，或许也都建有这类"长行小作"，为长行坊畜群的牧饲提供草料。

为保证长行马草料的供给，西州政府还设有向民户征草的制度。《唐西州高昌县出草帐》记载了相关内容：帐中少者交草一束，如"范龙才一束"；多者交数十束，如"龙兴寺贰拾四束半""崇圣寺拾四亩四拾玖束"。按一亩地征草三束半的标准进行，民户多以叁束半、四束半、柒束者为多。②

（五）官马患病、瘦损、死亡、丢失及退役后的管护

唐规定，一定数量的官马要配给相应的兽医，老病不堪骑乘的官马要进行更换，官马在一定范围内是允许损耗的。③但如果是因为令养或者在群牧过程中牧养方法不当，导致官马患病的，该如何处置？吐鲁番文书《唐开元二年（714年）三月十六日蒲昌府索才牒为兵李秀才马病废解退事》和《唐开元二年（714年）三月西州牒下蒲昌府为李秀才解退病马依追到府事》中有相应解释，摘录如下：

---

① 国家文物局古文献研究室、新疆维吾尔自治区博物馆、武汉大学历史系编：《吐鲁番出土文书》，第10册，第252—254页。

② 国家文物局古文献研究室、新疆维吾尔自治区博物馆、武汉大学历史系编：《吐鲁番出土文书》，北京：文物出版社，1990年，第9册，第23—25页。

③ 天一阁博物馆、中国社会科学院历史研究所天圣令整理课题组校证：《天一阁藏明钞本天圣令校证（附唐令复原研究）》，第519页。

（一）

…………

6. □秀才马一匹，公草

7. ⬚⬚⬚⬚ 内，去月十八日被州，其月十三日牒

8. ⬚⬚⬚⬚ 常疲废，患肺热，鼻中生疮，

9. ⬚⬚⬚⬚ 有实者，患不虚，任从解退，牒府

10. ⬚⬚⬚⬚ 送州并马同到者，当即准牒

11. ⬚⬚⬚⬚ 得郭首才状，通上件人勘充虞

12. ⬚⬚⬚⬚ 壮马者，当时依状下团追，依

13. ⬚⬚⬚⬚ 今见到府，请处分。谨牒

14. ⬚⬚⬚⬚ 开元二年三月　日府索才牒

15. 　　付司　王　示

16. 　　　十六日

17. 　　三月十六日录事　鞠　受

18. 　司马阙

（二）

1. 　　任从解退，牒 ⬚⬚⬚⬚

2. 　　准状牒团，召得上 件 ⬚⬚⬚⬚

3. 　　依追到府。已勒李 ⬚⬚⬚⬚

4. 　申李秀才替 ⬚⬚⬚⬚

5. 蒲昌府件状 ⬚⬚⬚⬚

6. 　开 ⬚⬚⬚⬚

7. 兵曹参军 宝

…………①

---

① 陈国灿、刘永增：《日本宁乐美术馆藏吐鲁番文书》，北京：文物出版社，1997 年，第 48—49 页。

文书的内容是说官马在配给李秀才时是强壮的，但在不到一个月的时间内出现肺热、鼻中生疮、疲废的现象，是由于饲养不当造成的，主要责任在李秀才，州府认为必须由李秀才负责替换。说明在令养过程中由于饲养不当而出现意外的情况，府兵要承担主要责任。

吐鲁番出土北凉文书《冯渊上主将启为马死不能更卖事》（75TKM91：21）①提到了买马的问题。冯渊因为牧马非理死损被要求赔偿。说明牧养人养马必须精心，如因为非正常原因死亡，牧养人需要负赔偿责任。

官马如因公差行时出现患病、瘦损、死失，除了要遵守唐令中的相关规定外，还需官府予以酬替。吐鲁番文书《唐典魏及牒为马死、瘦罢役将去事》（Ast.Ⅲ.4.086 Ma305）载：

1. ☐☐☐☐☐ 草死　一匹骆敦肋上方
2. ☐☐☐☐☐ 已上破并瘦
3. ☐☐☐☐☐ 廿一日送张嘉义往北庭
4. ☐☐☐☐☐ 破，依问马子董德德
5. ☐☐☐☐ 张嘉义往北庭，其骆马
6. ☐☐☐☐ 升，麦饭三升，总草
7. ☐☐☐☐ 被贷一更䭾酱胡
8. ☐☐☐☐ 为此䭾极重，马死☐
9. ☐☐☐☐ 马死及脊破，即都护（ ？）
10. ☐☐☐☐ 即罢役将去，不番
11. ☐☐☐☐ 者，谨连辩状如前，
12. ☐☐☐☐ 过听裁
13. ☐☐☐☐ 前谨　牒
14. ☐☐☐ ☐☐元年四月　日典魏及☐

① 国家文物局古文献研究室、新疆维吾尔自治区博物馆、武汉大学历史系编：《吐鲁番出土文书》，北京：文物出版社，1981年，第1册，第153页。

［后缺］ ①

　　马子董德德送人去北庭，因所驮物品过重导致马瘦、死，但原因不在马子，所以没有涉及董德德的责任，而使瘦马罢役。此件虽不一定是官马文书，但官马的处置方式应该是与之相同的。而且因公差行出现的患病、瘦损、死亡等官马是要由官府来替换的。如《唐天宝年间敦煌郡会计牒》（P.2862v＋P.2626v）载：

> 54. 合同前月日见在供使预备函马，总壹伯贰拾叁疋：
> …………
> 59. 　　　柒拾叁疋，在阶亭外坊及郡坊饲，急疾送五戍替换，蹄穿脚
> 60. 　　　足且不堪乘使函马：
> 61. 　　　　　贰拾玖疋敦，贰拾陆疋父，
> 62. 　　　　　壹拾捌疋草。
> 63. 合同前月日见在供使驴，总壹伯头：
> 64. 　　　壹拾叁头乌山戍，壹拾肆头双泉戍，
> 65. 　　　贰拾壹头第五戍，贰拾头冷泉戍，
> 66. 　　　叁拾贰头广明戍。②

　　上云乌山、双泉、第五、冷泉、广明戍，均系唐代第五道（又称莫贺延碛道、伊吾道）上的戍、驿，笔者考得该道从瓜州（今甘肃瓜州县锁阳城）出唐玉门关（瓜州县双塔堡附近），取西北方向穿越长达800余里的戈壁、沙丘（莫贺延碛），可直抵伊州（今新疆哈密），路途十分艰险，当年玄奘西行取经即取此道前往③。因而配备于该道各戍、驿的函马使用强度大且频率高，无疑其替换频繁且规模大，需要预备足量的函马以备用。文书中的"急送"五戍替换函马表明其不堪乘使的规模和程度，而这样的消耗量，只有官府才能负责替换。同时乌山等五戍还有供使驴100头，想必这些供使驴也应备有足够的量以供替换。

---

① 陈国灿：《斯坦因所获吐鲁番文书研究》，第269页。
② 〔日〕池田温：《中国古代籍帐研究·录文》，东京：东京大学出版会，1979年，第481—484页。
③ 李并成：《唐玉门关究竟在哪里》，《西北师大学报（社会科学版）》2001年第4期，第20—25页。

马匹不仅是重要的军事物资，是保持强大军事力量的基础；而且在交通通讯系统中，在加强少数民族地区和中原地区联系中亦起着关键作用，因此唐代养马、用马的制度非常严格，甚至马匹死后的处理也是相当严格的。大谷文书 1016《唐史张某十一月十四日帖为马死处分事》载：

　［前缺］

　　1. 口□称上件马死请裁者

　　2. 口口团出卖仍限今月廿

　　3. 日替，状上十一月十四日，史张

　　4. 帖

　　5. 司马纪衣

　［后缺］[①]

陈国灿认为，该文书说明了几个内容：一是马死后上状要求裁定，二是报告了出卖马肉的时限，三是说明要求更换马匹的替状已上，很完整地体现了马匹死后处理的办法和程序。可以和《唐神龙元年（705 年）赤亭镇牒为长行马在镇界内困死事》（Ast.4.074/083/084/089 Ma307/303）[②]、《唐神龙元年（705 年）天山县录申上西州兵曹为长行马在路致死事》（Ast.Ⅲ.4.095（2） Ma301（2））[③]、《唐神龙元年（705 年）高昌县贾才敏等牒为长行马死方亭戍东事》（Ast.Ⅲ.4.083/084/089 Ma303）[④]等文书相印证。而根据《唐神龙元年（705 年）西州都督府兵曹处分长行死马案卷》（Ast.Ⅲ.4.094.Ma302），我们能够了解长行马死亡处理的全过程。其内容迻录如下：

　　……

　　21. 马坊

① 〔日〕小田义久编：《大谷文书集成》第一卷，京都：法藏馆，昭和五十八年，第 3—4 页。
② 陈国灿：《斯坦因所获吐鲁番文书研究》，第 261—263 页。
③ 陈国灿：《斯坦因所获吐鲁番文书研究》，第 255—258 页。
④ 陈国灿：《斯坦因所获吐鲁番文书研究》，第 264—265 页。

22. 长行马一匹　草同牒　一匹赤敦同日同牒，已上马死

23. 　　　　右件马伊州使患瘰，医疗不损，今

24. 　　　　既致死，请处分

25. 　牒　状　如　前　谨　牒

26. 　　　　　神龙元年三月　日　典魏及牒

27. 　　　　主　帅　胡元广

28. 　　　　押官果毅　张元兴

29. 　　　检　何　故。温示

30. 　　　　　八　日

31. 兵曹

32. 　　长行马一匹　草买人曹小奴一匹赤敦买人睫其达

33. 　　　右奉判：令检上件马咨状，依检

34. 　　前件马，检无他故，患瘰致死有

35. 　　　　实。

36. 　牒　状　如　前　谨　牒

37. 　　　　神龙元年　三月　日　府竹应　牒

38. 帖槽出卖讫，具上　　　　主　帅胡元广

39. 辩　　　　槽　头　翟德义

40. 　　　　兽　医　车智隆

41. 　　　兵曹参军　程待辩

42. 　　　付　司，温示　八日[①]

从该文书内容可以看出，马死后由长行马坊的典吏魏及行牒报告：有两匹马出使伊州回来生病，医治无效而死，请求处理。"温"提出："检何故？"由兵曹检查，并提出检查报告："依检前件马，检无他故，患瘰致死有实。"检查报告上有兵曹的府吏竹应，主帅胡元广、槽头翟德义、兽医车智隆和兵曹参军程待辩等的签名。然后由兵曹参军程待辩提出处理意见：通知马槽将死马出卖，完毕后上

---

① 陈国灿：《斯坦因所获吐鲁番文书研究》，第248—253页。

报。最后州长官温签"付司"，此案得以了结。可见在马匹正常死亡的情况下也要一丝不苟地进行处理。

（六）进马坊的管理

唐代西州还设有进马坊。从《唐开元十九年（731年）虞候镇副杨礼宪请预付马料麸价状》（73TAM506：4/10）[1]知，西州的进马坊是专门为朝廷进供马匹设立的机构。另据《唐西州都督府牒为请留送东官马填充团结欠马事》[2]（72TAM188：86（a））记载"所市得马欲送向东""七十匹请留州市"等，可以知道这些马匹，多是在西州市得上供。而开元十九年（731年）同出的其他文书中，还有"西州市马官""伊吾军市马官""陇右市马使"，这些官使马匹草料的供给，大概都是进马坊的职责。另从文书中看，进马坊也可能是非常设机构，因为从《唐天宝十三—十四载（754—755年）交河郡长行坊支贮马料文卷》（（73TAM506：4/32-1））中，我们又可以看到"焉耆军新市马壹伯匹，准节度转牒，食全料。十一月十五日给青麦壹拾硕"[3]，马料似乎又由郡长行坊供给。[4]

由上可见，唐代西州对于官马的管护十分重视，包括马匹的抽陪、购进、勘印、牧养、马料的供给，以及官马患病、瘦损、死亡、丢失及退役后的管护等，形成了一套严格的制度，深刻地反映了马匹在军事、交通等方面的重要地位以及人们对马匹的珍爱意识。

二、牛的管理与爱护意识

由以上文书的内容可以看出，西州的"长行坊"主要是负责官人、官差乘骑

---

[1] 国家文物局古文献研究室、新疆维吾尔自治区博物馆、武汉大学历史系编：《吐鲁番出土文书》，第10册，第19页。

[2] 国家文物局古文献研究室、新疆维吾尔自治区博物馆、武汉大学历史系编：《吐鲁番出土文书》，第8册，第82页。

[3] 国家文物局古文献研究室、新疆维吾尔自治区博物馆、武汉大学历史系编：《吐鲁番出土文书》，第10册，第55页。

[4] 乜小红：《吐鲁番所出唐代文书中的官营畜牧业》，《敦煌研究》2005年第6期，第69—75页。

用马，官府物资运输的任务则是由"长运坊"完成的。"长运坊"也可称作牛坊，在伊州也叫"转运坊"；在沙州亦设，主要由"阶亭坊"负责运输。这类车坊在州、县或者重要的通道口都有设置。因为运输车辆主要靠牛，所以车坊内除了一定数量的车外，还必须要有一定数量的官牛。因此，唐代西州对牛畜的管理也是非常严格的。

（一）牛籍的建立

长运坊的官牛都有牛籍，吐鲁番文书《唐开元二十一年（733 年）推勘天山县车坊翟敏才死牛及孳生牛无印案卷》（73TAM509：8）[①]，就记载了该坊牛 61 头的牛籍，对每头牛都列有毛色、岁齿、体肤状况等。而《高昌牛簿》（66TAM50：32（b））亦记载了当时的官牛状况。择录如下：

1. 宝行牛　黄牛公一头　紫大牛一头　赤青大牛二头　梨大牛二头
2. 黄大牛一头　黑大牛一头　青草牛三头　赤青草牛三头　梨草牛
3. 四头　白面梨草牛二头　紫草牛二头　黑草牛一头　晏草牛二头
4. 犁駮草牛一头　赤秃草牛三头　赤白胁草牛一头　赤草牛三头
5. 黄草牛一头
6. 三岁赤青草牸一头　黑草牸一头　三岁赤犊犕一头　二岁紫犊犕
7. 一头　紫晏字犊子二头　白梨字犊子一头　黄字犊子二头
8. 白额晏字犊子一头　黄秃特犊子一头　一岁赤字犊子五头
9. 赤清字犊子一头　晏字犊子一头　赤白额字犊子一头
10. 未入额犊子　白肠赤字犊子一头　青字犊子一头　赤梨字犊子一头
11. ▢▢▢▢｜字｜犊｜子｜一｜头｜晏｜字犊子｜一｜头｜梨｜駮｜特｜犊｜子｜一[②]

---

① 国家文物局古文献研究室、新疆维吾尔自治区博物馆、武汉大学历史系编：《吐鲁番出土文书》，北京：文物出版社，1990 年，第 9 册，第 77—93 页。

② 国家文物局古文献研究室、新疆维吾尔自治区博物馆、武汉大学历史系编：《吐鲁番出土文书》，第 3 册，第 177—178 页。

（二）牛车发送的规定

长运坊牛车的发送，必须要有州府的府令核批。吐鲁番七克台出土的《唐垂拱三年（687 年）四月西州高昌县被符差牛车运物牒》（大谷文书 4920 号），记载的就是一件审批文。择录如下：

［前缺］

1. 车牛肆乘

2. 右今月四日，被其月二日符，令差上件车牛取枪□

3. 　县已准符差下，昨发遣便取法曹进止讫。

4. 丞议郎行令方　　给事郎□丞元泰

5. 都督府户曹：件状如前，谨依录申请裁案。主簿□□谨上

6. 　　　　　垂拱三年四月四日尉①

《唐龙朔四年（664 年）正月廿五日西州高昌县武城乡运海等六人赁车牛契》（60TAM338：32/2），则表明即使是平常百姓之间互相借车牛，也要订立契约：

1. 龙朔四年正月廿五日。武城乡 ┌─────┐

2. 运海，范欢进，张 ┌─────┐

3. 六人赁 ┌─────┐

4. 具到□□□一道。┌─────┐

5. 文，更依乡价输送，□具有失脱，一仰

6. □□知当。若车牛到赤亭，？？依价仰

7. ┌─────┐ 依乡价上。两和立契，获指

8. □□。

9. 　　　　车牛主张贵儿

---

① 〔日〕小田久义编：《大谷文书集成》第三卷，京都：法藏馆，2003 年，第 65 页。

10. 赁车牛人范□□

11. 赁车牛人 ▭

12. 赁车牛人翟 ▭

13. 赁车牛人 ▭

［后缺］①

（三）勘印

凡属长运坊的牛畜，与长行坊的马一样，都要烙印，以明确其归属。《唐开元二十一年（733 年）天山县车坊请印状》载："牛既属坊生，得合申文状勘印，即合请印。"②说明车坊出生的牛，是属于官府的，必须要申请烙印。另外一件《唐开元二十一年（733 年）天山县车坊翟敏才死牛及孳生牛无印案卷》残存 12 片③，后四片是牛籍，其余的都是为了检查天山县车坊死牛和新生牛无印的问题。据研究，该文书主要说明两个方面问题。

一是孳生的牛犊没有勘印的问题。经过检查发现车坊孳生的小牛身上没有印记，怀疑是当事人翟敏才把"长运坊"中的大牛拿到坊外换成了小牛。而翟敏才说"实不回换"，实际是有印的。又称："如后食青草饱，毛退，检无印者，情愿陪上牛者。"且"频问不移"，讯问车坊其他镇兵，也都"众称不换"，"实是官牛"，分析原因可能是因为牛小未食青草而毛长色深，印记看不见了，当牛畜饱食青草后，毛退色浅，印记自然就会显露出来。于是县丞判："所由确款有词，东兵众称不换。请至饱青呈验无印，科罪甘心。途穷计日非赊，理贵尽其词款。牒坊请所由官，数加巡检，至四月末来，毛落勘检覆，仰即状言。"意思是说只能等到四月末牛犊毛落以后，才能仔细勘验了。

二是关于死牛六头未申状的事件。根据翟敏才称："在群牧放处，被狼咬及落

① 国家文物局古文献研究室、新疆维吾尔自治区博物馆、武汉大学历史系编：《吐鲁番出土文书》，第 5 册，第 145—146 页。

② 国家文物局古文献研究室、新疆维吾尔自治区博物馆、武汉大学历史系编：《吐鲁番出土文书》，第 9 册，第 75 页。

③ 国家文物局古文献研究室、新疆维吾尔自治区博物馆、武汉大学历史系编：《吐鲁番出土文书》，第 9 册，第 75—93 页。

泥死。怕惧官府，又无三状，随时私买用填，为此无状，实不与人回换。所有私填罪愆，已经恩赦者。”这"六头是（开元）十六年已经有印记的牛"，且"死牛皮称见在"，对每头牛如何卖得私填，翟均有详细注文。

根据文书中的"依问车坊镇兵鱼二郎等四人得款：自配入坊已来，经今四年"可以得知，在县"长运坊"劳作的人，与长行坊一样，都是由"镇兵"分配来服役的，而且服役时间已经长达四年。文书中又有"或有州印明验"，由此可知牛身上打的印是州印。说明州、县对"长运坊"的管理也是有严格制度的。

（四）牛畜患病、死亡的管理

由于长运坊的牛可能出现患病、死亡等事件，导致其数量减少，需要补充。大谷文书 3786（1）号《唐开元十二年前后西州用练市牛簿》[1]中载有"……贰丈市得牛肆拾叁头"，然后分上、中、下三等，"头别减（练）一匹取印"。西州都督府大规模用练买牛，应该也是为了补充长运坊的需要。

牛畜正常死亡，必须执行"三状"，如非正常死亡或者丢失，是需要按数赔偿的。

吐鲁番文书中还有驴患疫病死亡的记载。如《开元十年（722年）二、三月北庭长行坊牒案为西州牧马所马驴患死事》载：

1.　　　　　　　　录事参军有　勾讫
2. 牒长行坊并西州牧马为准状事
3.　　牧马所　　　状上
4. 使李恪下驴一头，白堂，父，八岁
5.　　右件驴，使乘至此，患毛燋肠窍，少食水草。既是官驴，请处分。
开元十年廿
6.　　九日驴子李贞仙牒。好加疗灌。廿九日。楚。
7.　　牧马所　状上
　　……

---

① 〔日〕小田久义编：《大谷文书集成》第二卷，京都：法藏馆，2003 年，第 153—154 页。

11. 　驴一头，白堂，父，八岁。右件驴，使乘至此，患毛燋肠窍，少食
水草。前蒙

12. 　灌。又加患痔化，日百方疗灌不损，今见致死。既是官驴，不敢私

13. 　乞处分。谨状。开元十年三月　日驴子李贞仙□
…………①

从文书可知，长行坊的驴患病、死亡后亦不可私自处理，需上报。

（五）牛畜的饲养

吐鲁番文书中多有关于长运坊牛畜饲养的规定。如《唐贞观十七年（643 年）
四月五日牒为翟莫鼻领官牛料事》，转录如下：

1. 青稞伍硕，准踏陆硕，给官牛陆头贰拾日踏料。
2. 牒：被问前件　料领得以下者？仰称并依数
3. 领得。被问有实，谨牒
4. 　　贞观十七年四目五日付翟莫鼻领②

文书记载的是唐贞观十七年（643 年）的事情，当时西州的"长运坊"可能还
未建立，但是文书上记载的官牛食踏的标准应该是差不多的，即日食五升，如用
青稞实际计算则为四升多。另外官牛还食草料。草料一部分征自民间，一部分来
自地方官府的牧草贮备。据中国历史博物馆藏伊州出土文书《唐开元十三年（725
年）五月伊州转运坊牒州为当坊年支草五万围事》③，伊州的"转运坊"一年要支
出草五万围，要求州里动员诸成/车坊各方面人员"及时收割"牧草，"勿使失时"，
为"转运坊"牛畜草料预做贮备。西州长运坊，想必也应该如此。

---

① 转引自王旭送：《出土文献所见中古时期吐鲁番地区的灾害》，《吐鲁番研究》2011 年第 1 期，第 38—49 页。

② 柳洪亮：《新出吐鲁番文书及其研究》，第 94 页。

③ 中国历史博物馆：《中国历史博物馆藏法书大观》第 11 卷，第 151—152 页。此处转引自陈国灿：《吐鲁番出
土唐代文献编年》，第 241 页。

第三节 吐鲁番文书中对水利灌溉及水资源的珍视

吐鲁番地区干旱少雨，年平均降水量不足 10 毫米，蒸发量平均为 3300 毫米，属极端干旱地区。吐鲁番文书《唐府高思牒为申当州少雨事》（73TAM509：32/5）即云：

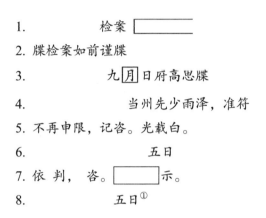

1.　　　检案 ▢▢▢▢▢
2. 牒检案如前谨牒
3.　　　九 月 日府高思牒
4.　　　　　当州先少雨泽，准符
5. 不再申限，记咨。光载白。
6.　　　　　　五日
7. 依判，咨。▢▢▢示。
8.　　　五日①

吐鲁番地区从事农业生产，离不开引水灌溉。高昌故城北面约 3 千米的阿斯塔纳古墓群中出土了一批 5 世纪有关水利灌溉的文书。通过对这些文书的分析，可以知晓高昌郡时期的水利灌溉情况②，可以如实地反映出当地民众对水资源的重视、管护和珍惜之情。据相关资料，十六国时期高昌郡的土地占有形式分为民田和官田两种，经营方式有小农经营、民屯和军屯，当时的水利灌溉管理制度即是以这种土地所有制为基础的。

《北凉高昌郡功曹白请溉两部葡萄派任行水官牒》（79TAM382：5/1）是一件有关水利灌溉的重要资料，全文如下：

1. 铠曹参军王涝、均役主簿侯遗、校曹佐隗季

---

① 国家文物局古文献研究室、新疆维吾尔自治区博物馆、武汉大学历史系编：《吐鲁番出土文书》，第 9 册，第 120 页。
② 柳洪亮：《吐鲁番出土文书中所见十六国时期高昌郡的水利灌溉》，《中国农史》1985 年第 4 期，第 93—96 页。

2. 掾史曹严午兴、县吏一人，右五人知行中部蒲（葡）陶（萄）水，使竟

3. 金曹参军张兴周、均　　□□□、校 曹书佐黄达，曹史

4. 瞿庆、县吏一人，

5. 功曹书佐汜泰、□案 樊 海 白：今引水

6. 溉两部蒲桃，谨条任行水人名

7. 在右。事诺约敕奉行。

［后缺］ ①

此是一件地方官吏管理葡萄园行水的文书，文中条任了十名行水官，为什么要这么多的官吏来管理用水？根据敦煌出土《水部式》记载："凡浇田，皆仰预知顷亩，依次取用。水遍即令闭塞，务使均普，不得偏并。"②古代高昌与敦煌一样属于干旱气候，节省用水和"务使均普"是水利使用的基本要求。高昌郡的水利灌溉亦由官府统一管理，在小农经济的状况下，为统筹安排合理用水，在用水季节抽调众多的官吏从事管理是必要的。文书中所条任的行水官，就是管理个体小农葡萄园的灌溉事宜的，文书真实记录了民田用水的管理情况，行水官由郡、县官吏担任，反映出高昌郡的水利命脉严格控制在郡、县官府手中。③

《兵曹下八幢符为屯兵值夜守水事》（75TKM91∶33（a），34（a））是兵曹条知中部等两部屯田部队的公文，反映了军屯用水的情况：

1. 右八幢知中部屯。次屯之日，幢共校将一人撰（选）兵十五人夜住

2. 守水。残校将一人，将残兵、值苟（狗）还守

3. 兵曹掾张预、史左法疆白。明当引水溉两 部

［中缺］

4. 司马　　　蔺　　功曹史　　璋

5. 　　　　　典军主簿　嘉

6. 录 事参军　悦　五官　　涝

① 柳洪亮：《新出吐鲁番文书及其研究》，第16页。

② 刘俊文：《敦煌吐鲁番唐代法制文书考释》，北京：中华书局，1989年，第326页。

③ 王艳明：《从出土文书看中古时期吐鲁番的葡萄种植业》，《敦煌学辑刊》2000年第1期，第52—63页。

［后缺］①

军事屯田由官府管理，押衔上的"司马""录事参军"都是军府僚属。"录事参军"，晋置，本为公府官，非州郡官职，掌管总录众曹文簿，举弹善恶，后代刺史有军而开府者并置之。文书押衔下排的"功曹史""典军主簿""五官"也都是郡府僚属，由此知道军屯用水都是要通过郡府的。由于河渠来水是无分昼夜的，因而需要有人"夜住守水"，以保证灌溉的顺利进行。

《西凉建初二年（406 年）功曹书佐左谦奏为以散翟定□补西部平水事》（75TKM88：1（a）），全文如下：

1. 谨案严归忠传口
2. 令：以散翟定□□补西部平水。请奉
3. 令具刺板题授，奏诺纪职奉行。
4. 　　建初二年岁在庚午九月廿三日功曹书佐左谦奏
5. 扬武长史枼子
6. 功曹史安②

据唐长孺先生考证，"平水"一职在曹魏时郡属已经设置，晋代也有，其职务为管理水渠③。但已如笔者前考，敦煌悬泉汉简 II 0114②：294 简即记有敦煌郡"东道平水史杜卿"④，则至迟在东汉时敦煌郡即置有"平水史"一职，而非迟至曹魏。如上，西凉高昌郡可能除了督邮外并设有三部平水，"西部平水"是其一，该职出现空缺，由功曹书佐左谦奏"以散翟定□□补西部平水"，说明任命平水官的事务是由功曹具体上奏办理的。

① 国家文物局古文献研究室、新疆维吾尔自治区博物馆、武汉大学历史系编：《吐鲁番出土文书》，第 1 册，第 138 页。

② 国家文物局古文献研究室、新疆维吾尔自治区博物馆、武汉大学历史系编：《吐鲁番出土文书》，第 1 册，第 179 页。

③ 唐长孺：《从吐鲁番出土文书中所见的高昌郡县行政制度》，《文物》1978 年第 6 期，第 15—21 页。

④ 胡平生、张德芳编撰：《敦煌悬泉汉简释粹》，上海：上海古籍出版社，2001 年，第 92 页。

1979 年发现的吐鲁番文书中有一件《北凉缘禾十年（441 年）功曹改动行水官牒》，迻录如下：

1.　　　称
2.　　　敕　　行西部水，求差杨□
3.　　　今还改动，被敕知行中部
4.　　　信如所列，请如辞差校曹书
5. 佐隈达代行西部水，以摄□张祇养
6. □□行中部水。事诺约敕奉行。

　　　　　　　　　　缘禾十年三月一日　白

功曹史　　　□①

文书内容是功曹改动中部行水官和西部行水官的公文。由上述可知，行水官的职责是具体掌握民田灌溉用水的分配事宜，行水官的条任与改动不像平水官那样需要上奏"具刺版题授"等复杂的手续，显然由于这些行水官是在农田需水季节由诸曹在职官吏临时兼任的，而平水官则是常设水官。②

平水官的主要职责应是负责平均分配用水等水利事务，而行水官则是临时的、季节性委派的。但行水官的设置并不是个别现象，而是一种已经形成的制度，是和常设水官互为补充的为水利灌溉的管理和顺利进行而设立的官职。

从以上文书中可以看出，条任、改动行水官，任命平水官都是由功曹具体办理的，军屯用水也须经过功曹，说明高昌郡的水利事务是由功曹主管的。作为地方政权，高昌郡的水利灌溉管理非常严密细致，这与当地地处大陆中心、雨水稀少、气候干燥的生态条件是分不开的。

吐鲁番地区的农业生产必须依靠引水灌溉，如果渠堰加固不力，就会出现渠水渗漏甚至是决堤的问题。据唐长孺先生的整理，《吐鲁番出土文书》中涉及 "渠破水漓"事故的文书大约有 30 余件。如《唐龙朔元年（661 年）左憧憙夏菜园契》

---

① 柳洪亮：《新出土吐鲁番文书及其研究》，第 336 页。
② 柳洪亮：《十六国时期高昌郡水利考》，《新疆社会科学》1985 年第 2 期，第 112—115 页。

（64TAM4：42），录文如下：

1. 龙朔元年九月十四日，崇化乡人左憧憙
2. 于同乡人大女吕玉尪边夏张渠菜园肆拾
3. 步壹园。要迳五年，佃食年伍。即日交
4. ＿＿＿＿＿＿钱[轮]捌拾文。限一年，到九月卅日与五[文]
5. ＿＿＿＿＿＿十月十＿＿＿＿＿
6. ＿＿＿＿＿钱半文，若＿＿＿＿＿满依□□
7. □[园]□满，一罚三分。园中渠破水谪，仰
8. 治园人了；（租）（输）伯役，仰园主了。榆树
9. 一具付左。两合立契，画指为[信]。
10. ＿＿＿＿园主大女□□□①

发生"渠破水谪"的事故，不仅白白浪费宝贵的水资源，而且可能造成下游农田灌溉困难，甚或酿成旱灾。如《唐勋官某诉辞为水破渠路事》（73TAM210：136/11）就记载了一则这样的事例。录文如下：

1. ＿＿＿＿＿上口先溉，合修理
2. 渠后，始合取水。不修渠取水，数以下口人，水破渠路，小＿＿＿＿＿
3. 桃内过乘开水，渠破[墙]倒，重溉先盛萄水满逸＿＿＿＿＿
4. 干不收，当日水＿＿＿＿检具知。比共前件人论理不伏，今请
5. 追过处＿＿＿＿＿
6. ＿＿＿＿日百姓[勋]＿＿＿＿＿②

---

① 国家文物局古文献研究室、新疆维吾尔自治区博物馆、武汉大学历史系编：《吐鲁番出土文书》，第6册，第406页。

② 国家文物局古文献研究室、新疆维吾尔自治区博物馆、武汉大学历史系编：《吐鲁番出土文书》，第6册，第95页。

为了防止此类事件的频繁发生，当地民众对疏通渠道、加固堤堰非常重视。吐鲁番出土《唐开元二十二年（734 年）西州高昌县申西州都督府牒为差人夫修堤堰事》，记载高昌县知水官杨嘉恽、巩虔纯等想要征发该县的群牧、庄坞、邸店及夷胡户等 1400 余人为夫，而在进行农业灌溉之前，首先需要加固堤堰、疏通渠道，防止水患的发生。录文如下：

1. ☐高☐昌县　　　　　　　　　为申修堤堰人　☐☐☐☐☐
2. 新兴谷内堤堰一十六所，修塞料单功六百人。
3. 城南草泽堤堰及箭干渠，料用单功八百五十人。
4. 　　右得知水管杨嘉恽、巩虔纯等状称：前件堤堰
5. 　　每年差人夫修塞。今既时至，请准往例处分
6. 　　者。准状，各责得状，料用人功如前者。依检案
7. 　　例取当县群牧、庄坞、邸店及夷胡户
8. ☐☐☐☐☐　日功　修塞，☐件☐检如前者。修堤夫

［中缺］

9. 　　准去年　☐☐☐☐☐
10. 　　司未敢辄裁　☐☐☐☐☐
11. 　　宣☐德☐郎行令上柱国处讷　朝议　☐☐☐☐☐
12. 　☐都督户曹件状如前，谨依录申，请裁。谨上。
13. 　　　　　　　开元廿二年九月十三日登仕郎行尉白庆菊上
14. 　　　　　　　录　☐☐☐☐☐
15. ☐☐☐☐☐☐☐　宾　☐☐☐☐☐
16. 　　　　　录事　☐☐☐☐☐
17. 　下高昌县为修新兴谷内及　☐☐☐☐☐　①

当时仅新兴谷内就有堤堰 16 所之多，修塞料单功即需 600 人，而城南草泽即

---

① 唐长孺主编：《吐鲁番出土文书》，北京：文物出版社，1996 年，第 4 册，第 317 页。

箭干渠修塞，料用单功更是多达 850 人，可见其灌溉规模之大，人们的水利意识之强。

通过以上的探讨不难看出，地处极端干旱气候的吐鲁番地区，在灌溉水源十分有限的状况下，对于渠道的管护、维修，管水、行水官员的设置等非常重视，这种强烈的水资源意识和做法，即使在今天也是颇可称道的。

第五章　塔里木盆地文书中蕴含的
民众生态环境意识

本书所言塔里木盆地出土文书，主要是指在塔里木盆地缘边的古楼兰、尼雅等地所出简纸文书，包括汉文、佉卢文等文献。

第一节　佉卢文书中的民众生态环境意识

19世纪80年代以来，我国新疆昆仑山北麓、天山南麓至罗布泊沿岸的古代遗址，甘肃敦煌汉长城烽燧遗址及喀什和洛阳古董市场上，不断发现大批写有佉卢文的木牍、残纸、帛书、皮革文书、题记、碑铭和汉文-佉卢文钱币。这些佉卢文资料的问世对于研究2世纪末至4世纪、5世纪我国西域及中亚东部的历史有着划时代的意义。英国探险家斯坦因曾三次深入我国新疆沙漠地区，所劫获的大量考古资料分别著录在《古代和阗》《西域》和《亚洲腹地》三部大型考古报告中。目前学术界对我国佉卢文资料的研究，主要建立在这批材料基础之上。

佉卢文书是我国历史上于阗和鄯善两个王国的官方文书、契约及公私往来书信等，证明塔里木盆地曾是佉卢文通行的重要地区。经过多年的研究，欧洲语言学家波叶尔、拉普逊、塞纳和诺布尔解读了这批佉卢文资料，撰写《斯坦因爵士在中国土耳其斯坦发现的佉卢文书集校》三大卷，先后于1920—1929年出版。除斯坦因外，美国的亨廷顿、法国的伯希和、德国中亚考察队及我国考古学家黄文弼先生等亦曾发现过佉卢文书。20世纪新疆又陆续出土了不少佉卢文资料。目前英国、印度、法国、俄罗斯、瑞典、美国、日本等国以及我国新疆、西藏等地，都藏有我国境内发现的佉卢文资料。北京大学林梅村先生，对这批文书进行了悉心的释读、整理与研究，依其内容大致分为四类：古代于阗国文书、古代鄯善国文书、古代龟兹国文书和其他。①林先生著成《沙海古卷——中国所出佉卢文书(初集)》，由此大大方便了有关研究工作的开展。

一、颁行法律，保护林木资源

中国所出佉卢文书《国王敕谕》kh.482载：

底牍正面

1. 威德宏大、伟大之国王陛下敕谕，致州长勤军和布伽谕令如下：

………

3. 彼等将该土地上的树砍伐并出售。砍伐和出售别人的私有之物，殊不合法。当汝接到此楔形泥封木牍时，

应即刻对此案及誓约、证人一起详细审理，确认是否如此，应制止百户长和甲长，

封牍背面

1. 绝不能砍伐沙卡的树木。原有法律规定，活着的树木，禁止砍伐，砍伐者罚马一匹。若砍伐树叉

2. 则应罚母牛一头，依法作出判决。倘若并非如此，汝不能澄清此案，应将彼等

3. 押送皇廷②

可见鄯善王国对于林木资源的保护高度重视，已将其上升到法律层面，运用法律手段保护树木资源不受侵害。不仅对于非法砍伐活着的树木者要"罚马一匹"，就连砍伐树木枝杈也要"罚牛一头"。如此严格的生态保护制度，在历史上是很少见的，也由此反映了当地民众十分强烈的保护林木资源的生态意识。

---

① 林梅村：《中国所出佉卢文研究综述》，《新疆社会科学》1988年第2期，第81—91页。

② 林梅村：《沙海古卷——中国所出佉卢文书(初集)》，北京：文物出版社，1988年，第121—122页。

二、动物资源的管理与爱护意识

（一）对于橐驼的管理爱护意识

尼雅所出佉卢文书中，关于牲畜牧养的记载非常详细。从材料所反映的情况看，鄯善王国不仅有王室专门的皇家畜群，民间百姓也普遍畜养各类牲畜，特别是对橐驼的畜养非常重视，这应该是与橐驼在干旱沙漠地带所起到的特殊作用密切相关。王欣、常婧等学者曾对鄯善王国的畜牧业情况做过探讨。其牲畜的畜养方式包括牧养和厩养两种，并且设有御牧和厩吏等职官分别加以管理。御牧的主要职责是管理为皇家牧养畜群的牧户，同时也协助地方处理民间的牲畜纠纷事务。如佉卢文书《国王敕谕》Kh.5 号记载：

> 封牍正面
> **致御牧卢达罗耶**
> 底牍正面
> 威德宏大、伟大之国王陛下敕谕，致御牧卢达罗耶谕令如下：今有……黎贝耶此子业已作为使者外出，秋天理应由黎贝耶随畜群放牧。待汝接到此楔形泥封木牍时，务必即刻对此事详加审理。黎贝耶若随……畜群放牧，
> 封牍背面
> 则必须于秋天至此地随畜群放牧，而黎贝耶秋天根本不能来此随畜群放牧。唯 26 年 2 月 21 日……已将贵霜军带至京城皇廷……
> 底牍背面
> 黎贝耶之子……①

黎贝耶一家应是专门为皇家牧养畜群的牧户，其子由于已经作为使者出使，不能在秋季按时赶回牧场放牧，要由黎贝耶去负责放牧，而黎贝耶不能完成这个

---

① 林梅村：《沙海古卷——中国所出佉卢文书（初集）》，第 35 页。

任务，鄯善王于是要求御牧妥善处理此事。国王亲自出面处理牧养问题，说明了牲畜的重要性。

《国王敕谕》Kh.55 号也是有关皇家畜群牧养的记载：

> 封牍正面
> 致监察摩尔布陀、诸州长史牟尔伽、韦尔耶……阇伽
> 底牍正面
> 1. 威德宏大、伟大之国王陛下敕谕，致监察摩尔布陀、诸州长史牟尔伽、韦尔耶、梵陀
> 2. 兹摩伽、檀阇伽谕令如下：务必由皇家驼群途径各城镇提供饲料和饮水。无论其在何处病倒，都要由当地
> 3. 给予照料
> 底牍背面
> 关于黎贝耶和皇家畜群之事。[1]

文书表明皇家驼群所经过的各个城镇都要为其提供饲料和饮水，如果囊驼在路途中生病的话还要当地给予照料。可见鄯善王对自己的驼群十分重视，管理严格，经营细致，但这也无疑会增加所经城镇的负担。

佉卢文《国王敕谕》Kh.19 号记载，在鄯善国，为皇家牧养畜群的牧户身份特殊，待遇良好，衣食都由国家提供，还能领取一定的薪俸，并且用法律的形式将其加以规定：

> 封牍正面
> 致州长克罗那耶和税监黎贝耶
> 底牍正面
> 1. 威德宏大、伟大之国王陛下敕谕，致州长克罗那耶税监黎贝谕
> 2. 令如下：今有一女子，名驮摩施耶那。彼于此地代替夷陀色那随畜群

---

[1] 林梅村：《沙海古卷——中国所出佉卢文书（初集）》，第 58—59 页。

放牧。当汝接到此楔形泥封木牍时，务必亲自详细审理此事。

3. 倘若驮摩施耶那确实替代夷陀色那随畜群放牧，依据原有国法，应给予其衣食及薪俸。

4. 若发生争执，则由朕亲自裁决①

甚至鄯善国王还为皇家牧人配备了卫兵。如佉卢文《国王敕谕》Kh.182 号所载：

底牍正面

1. 威德宏大、伟大之国王陛下敕谕，致税监黎贝耶谕令如下：

2. 今有甘阇伽上奏本廷，彼系皇家驼群之牧人。以前，一直由州给皇家驼群之牧人配给卫兵，

3. 现在彼等不再给这些人配备卫兵。以前，皇家驼群一直于第四日⋯⋯

4. 现在，在汝州

底牍背面

关于税监甘阇伽之事。②

由于鄯善王对于皇家驼群的重视，再加上橐驼是当地主要的驮载运输工具，因此文书中有多处国王亲自处理牧养中出现问题的记载，通常是以谕令的方式协调皇家牧群和地方官员之间的关系。如佉卢文《国王敕谕》Kh.52 号记载：

封牍正面

致州长索阇伽

底牍正面

1. 威德宏大、伟大之国王陛下敕谕，致州长索阇伽谕令如下：

2. 今有黎贝耶上奏本廷，遵照克罗色那在此处的安排，由彼护送一匹橐

---

① 林梅村：《沙海古卷——中国所出佉卢文书（初集）》，第 42—43 页。

② 林梅村：《沙海古卷——中国所出佉卢文书（初集）》，第 68—69 页。

驼给朕，伟大的国王；但彼之包裹被窃，

3. 朕未曾租到驮物之橐驼。该黎贝耶已被朕、伟大的国王宽恕，免于追究租金。

封牍背面

汝等须商议，该橐驼之租金由何处支付。

底牍背面

关于橐驼租金之事。①

鄯善王亲自出面处理橐驼租金丢失的事情，可见对其的重视程度。
佉卢文《国王敕谕》Kh.42 号也有相似的记载：

封牍正面

致州长夷陀伽和督军伏陀

底牍正面

1. 威德宏大、伟大之国王陛下敕谕，致州长夷陀伽和督军伏陀谕令

2. 如下：毗驼县地方的年税业已算出和往年一样。去年的税收已交诸税务官仔细清点。当汝接到

3. 此楔形泥封木牍时，应立即向司土黎贝耶询问此项税收之事宜。

封牍背面

1. 务必速将所有税收全部上交税吏僧伽贝耶。和往常一样毗陀县地方的年税要计入一头橐驼。

2. 该橐驼既不能老朽，也不能瘦弱，应将橐驼和上述税收一并送来。倘若有任何赊欠的税收，

3. 也务必全部送来。酥油税②应预先从速送至。

底牍背面

① 林梅村：《沙海古卷——中国所出佉卢文书（初集）》，第57页。
② 酥油税：佛事活动所用，每年征约 750 克。

315

毗陀县。^①

以上表明，橐驼是当地年终税收的一项重要内容，可见其在当地的重要性。而且对橐佗的质量有所要求，纳税橐驼必须是年轻体壮的。

除了牧养外，厩养也是鄯善国饲养牲畜的方式，专设厩吏一职专门管理与此相关的各类事务，而皇家厩养的牲畜可能采取交由普通百姓或者下级官吏分别饲养，而由王国提供饲料和薪俸的方式。《国王敕谕》Kh.509 号记载：

封牍正面
致州长毗摩耶和税监黎贝
底牍正面
1. 威德宏大、伟大之国王陛下敕谕，致州长毗摩耶和税监黎贝耶
2. 谕令如下：今有左施格上奏，彼系皇家之厩吏。彼将一些牝马交苏伐耶看管
3. 并给其工钱和饲料。苏伐耶从中将一匹牝马
封牍背面
1. 借给人猎鹿，以致该牝马死亡。当汝接到此楔形泥封木牍时，应即刻对此案亲自详细审理，确认
2. 是否如此。将他人私有之物借予别人，殊不合法。汝务必对此案争讼和誓约、证人一起亲自审理。
3. 依法作出判决。汝若不能澄清此案，应将彼等押送皇廷由朕亲自
4. 裁决。
底牍背面
左施格耶之事。^②

简文说明没有经国王的允许，他人是无权动用皇家牲畜的，否则将会受到处

---

① 林梅村：《沙海古卷——中国所出佉卢文书（初集）》，第 53 页。
② 林梅村：《沙海古卷——中国所出佉卢文书（初集）》，第 126—127 页。

罚。此简内容虽然是关于皇家牝马死亡后的处理的，但对于皇家橐驼也应该是如此规定。

为了对厩养的牲畜进行有效的管理，鄯善王还对皇家的牲畜进行了详细的登记造册。佉卢文《籍账》Kh.180 号就是关于皇家橐驼的登记账册：

正面

唯威德宏大的伟大的国王陛下、侍中摩醯利天子在位之 13 年……月 26 日，是时皇家橐驼之账目登记如下：

（栏一）

1. 司土安提耶有橐驼九头，牝驼一头，初生小驼一头

2. 鸠那色那有橐驼九头，牝驼…头，初生小驼…头

3. 甘支耶有橐驼十头

4. 司土乌波格耶有于阗驼六头，其他橐驼一头，新生小驼一头

5. 司土乌波格耶有于阗驼六头 其他新生驼四头

（栏二）

1. 唯威德宏大的伟大的国王陛下、侍中摩醯利天子在位之……年 9 月 17 日，是时：

2. 婆尔贝耶有十四头牝驼活着，另外两头牝驼已死，两头小驼已死

3. 司土乌波格耶有第四胎所生小驼二头，另有第五胎所生小驼二头

4. 司土乌波格耶有十一头牝驼活着，有二头橐驼送到皇廷，另有六头其他牝驼。

5. 柯罗罗·卢特罗耶有牝驼八头 一头橐驼送到皇廷，另一头已死。

6. 督军阿般那有牝驼三头

7. 甘支耶有……初生小驼二头，现仍活着。并有牝驼十头，另有六头橐驼已死。

8. ……有…橐驼活着，另外九头牝驼已死。[1]

---

① 林梅村：《沙海古卷——中国所出佉卢文书（初集）》，第196—197页。

文书记载了皇家橐驼的数量、大小、公母等详细情况。除了皇家的橐驼被登记造册外，官员、民户等橐驼也有登记的账册。如佉卢文《籍账》Kh.41 号正面记载：

　　正面

　　1. 迪尔毗伽之百户中橐驼一头，十户长鸠尼陀橐陀三头，摩施迪格耶之百户中十户长伏格耶橐驼二头

　　2. 苏伐耶之百户中橐驼一头，左吠耶之百户中十户长阿毗伽橐驼三头迦波格耶之百户中十户长甘闍伽橐驼二头

　　3. 贵人苏耆耶之百户中橐驼一头，伏陀部中十户长……特罗陀橐驼三头

　　背面

　　阿般那部中十户长阿韦耶橐驼二头，波格陀之百户中橐驼三头， 十户长索遮罗①

以上是一些官员拥有橐驼的册籍。佉卢文籍账 Kh.74 号②、Kh.112 号③、Kh.132 号背面④、Kh.277 号⑤、Kh.342 号⑥、Kh.442 号⑦、Kh.544 号⑧、Kh.681 号⑨等，均为登记橐驼的账册。

（二）对于牛的管理和爱护意识

中国所出佉卢文书"籍账"部分，对当地官府的牛帐有详细记载。如《籍账》Kh.117 号正面：

① 林梅村：《沙海古卷——中国所出佉卢文书（初集）》，第 157—158 页。
② 林梅村：《沙海古卷——中国所出佉卢文书（初集）》，第 161 页。
③ 林梅村：《沙海古卷——中国所出佉卢文书（初集）》，第 177—178 页。
④ 林梅村：《沙海古卷——中国所出佉卢文书（初集）》，第 184—185 页。
⑤ 林梅村：《沙海古卷——中国所出佉卢文书（初集）》，第 209—210 页。
⑥ 林梅村：《沙海古卷——中国所出佉卢文书（初集）》，第 213 页。
⑦ 林梅村：《沙海古卷——中国所出佉卢文书（初集）》，第 219 页。
⑧ 林梅村：《沙海古卷——中国所出佉卢文书（初集）》，第 233 页。
⑨ 林梅村：《沙海古卷——中国所出佉卢文书（初集）》，第 248—249 页。

（栏一）

1. 妇女苏伽牛一头

2. 帕尔伐提·苏耆伽牛一头

3. 黎……牛一头

4. 鸠那色那和周罗格牛一头

5. 石军牛一头

（栏二）

1. 沙卡牛一头

2. 苏摩陀和苏阇陀牛一头

3. 环军牛一头

4. …耶……那牛一头

5. 脉军和波列伽那牛一头

6. 鸠尔霜牛一头

（栏三）

1. 法勇牛一头

2. ……

3. ……牛一头

4. 阿施伽罗·苏耆伽牛一头

5. 阿施伽罗·皮特耶牛一头

（栏四）

1. 沙门阿般那牛一头

2. 沙卢比耶牛一头

3. 鸠尼陀和罗伽牛一头

4. 沙尔色那和佛陀伽牛一头

5. 另一位力军牛一头

（栏五）

1. 卓伽·皮特伽牛一头

2. 鸠那色那和布那施耶那牛一头

3. 檀阇伽和支伽色那牛一头

4. 修爱牛一头

（栏六）

1. 共计二十三头牛

（栏七）

1. 安那耶和左摩沙牛一头

（栏八）

1. 苏那耶和柯勒遮牛一头

2. 克利尼罗牛一头

3. 摩尔布驼和阿毗耶牛一头

（栏九）

1. 夷陀耶和摩施迪格耶牛一头①

　　文书详细记录了牛主人的姓名、牛的头数，说明当时人们对牛的高度重视以及管理的细致。且根据一些文书内容，我们还可以看到将牛作为敬献给贤善天神祭品的记载。如佉卢文《信函》157 号载：

　　底牍正面

　　1. 人皆爱慕、美名流芳之爱兄、州长车摩耶、书吏特迦左和探长苏左摩诸大人，税监黎贝耶再拜稽首，

　　2. 谨祝福体健康，万寿无疆，并至函如下：吾妻前曾患病在此，托汝等之福，现已康复。余还在此听说，

　　3. 汝等已在该处将水截流，余甚为欣喜。汝来信提及已带数人来此。当这些人到汝处时，要在泉边将祭牛一头奉献给贤善天神。

　　4. 据贵人昆格耶说："余曾得一梦，梦见天神未接受该泉边之祭牛。"贵人昆格耶还说，在尼壤之乌宾陀之牛栏中有一头两岁之牛。

---

① 林梅村：《沙海古卷——中国所出佉卢文书（初集）》，第 180—181 页。

5. 彼要将这头两岁之牛作为奉献贤善天神之祭品。贵人昆格耶还说，该祭祀须在埃卡罗侯牟特格耶之庄园进行。

6. 关于这头两岁之牛之事，汝不可玩忽职守，应速派祭司林苏前去。由彼和贵人左摩将牛带来。

7. 不得留难。①

（三）对于马匹管理与爱护意识

关于马匹的记载，以阉马为例，如《籍账》Kh.85 正面记载：

…………

（栏二）……（阉马一匹），贵人黎婆那阉马一匹

（栏三）苏…陀阉马一匹，摩……阉马一匹

（栏四）……阉马一匹，迟伐伽阉马一匹，弥左阉马一匹

（栏五）（贵人）苏耆陀阉马一匹，税监苏耆陀阉马一匹，左特怙耶交阉马一匹

（栏六）州长林苏交全部阉马，税监克尼伽之全部，沙门……波罗特那阉马一匹。②

以上对于官员拥有的阉马逐一详细登记在册。不仅标明了马匹放养人的姓名，还记载了马的种类。阉马又称为骟马，指去过势的牡马。

（四）对于羊的管理与爱护意识

佉卢文书中，对于羊的记载很多。如关于羊的用途，《信函》157 号记载：

---

① 林梅村：《沙海古卷——中国所出佉卢文书（初集）》，第 279—280 页。

② 林梅村：《沙海古卷——中国所出佉卢文书（初集）》，第 169 页

底牍背面

1. 贵人昆格耶还作过一梦，梦见三位曹长的一只五岁之羊在布尼和累弥那作为祭品。务必从速处理此事，

2. 认真办理。①

说明羊亦可作为祭品，而佉卢文文书《信函》585 号底牍正面的记载是关于羊可以作为赎金使用的情况：

底牍正面

…………

4. 无论如何，请汝照料余领地之人，应视彼等若自家人。

5. 汝处有一属余领地之男仆，名安特耆耶。作为终身赎金，

6. 彼曾给一个名叫金格耶的男子和六只羊替彼赎身。彼实际有十二只羊。此事使余不悦。

封牍背面

1. 此人仍然活着。余现下令将安特耆耶带来。这笔赎金尚未支付。

2. 若彼在汝处已将全部赎金和 mukesi 交清，迦罗查将在汝处写出判决书。

3. 因汝处尚欠余等的酒，故余等现已支付二弥里码十硒酒入皇家帐目。

4. 请在汝地下令，不得留难送酒之事。

5. 现奉上 lastuga 一件，聊表心意。请汝对这些人多加关照，视若自家人…………②

从以上文书内容看，羊可以用来作为男仆的终身赎金，需缴纳六只羊替自己赎身。这一方面说明当时仆人的价值微不足道；另一方面也说明羊的价值很高。

另外，佉卢文文书《籍账》204 号记载：

---

① 林梅村：《沙海古卷——中国所出佉卢文书（初集）》，第 280 页。

② 林梅村：《沙海古卷——中国所出佉卢文书（初集）》，第 309—310 页。

1. ……是时长老檀阇阇伽和善友于伯特格处罚彼等羊一头，
2. 并责打三十大板
3. 十户长波列施·苏耆陀和法妙[1]

可以看出羊还可以作为平时惩罚之用。"处罚羊一头并责打三十大板"，说明羊可以作为法律上的罚没之物。《籍账》609 中记载：

法勇、法妙、兰国·法勇、布特胜伽、众友、支迦胜伽、觉友、寿守、觉吉、跋特罗怙陀、识伐焘伽、十户长寿守，十二人，谁不到此，责打三十大板，并责罚两岁之羊一头。[2]

说明羊还可以和徭役一起使用，在应服徭役人员没有按时到达的时候，除每人责打三十大板外，还需交两岁之羊一头作为责罚。

用羊纳税似乎是当时政府常用的一种税收方式。佉卢文《信函》162 号就有关于税羊的记载：

底牍正面
…………

1. 汝等曾派波耆陀
2. 来此征收毗陀县处之税收。去年，
3. 彼已征收到三年之税收绵羊十八只。今年，
4. 彼等已将全年税收绵羊六只带至扜泥。余等还将酥油三硒送至汝处。
封牍背面
1. 去年及今年以前之酥油现无赊欠。现所欠税
2. 系第五之税。一切均已征收。是时，余等将对
3. 欠税之事作出判决。汝派苏耆陀前去征税，

---

① 林梅村：《沙海古卷——中国所出佉卢文书（初集）》，第 201 页。
② 林梅村：《沙海古卷——中国所出佉卢文书（初集）》，第 240 页。

4. 但此地并无欠税，故不必派苏耆陀前去。①

从文书中我们可以看出，当时把羊作为征税对象时所征收的额度是比较大的，说明羊税是政府的主要税收来源之一。类似这样有关用羊来纳税的情况在文书中还有详细的记载。如《籍账》Kh.115 号正面记载：

（栏一）

1. …特格耶之百户

2. ……罗斯摩羊二头

3. 苏遮摩羊一头

4. 督军阿般那羊二头

5. …伽……

（栏二）

1. 苏耆…羊一头

2. 迪尔毗伽羊一头十硒

3. 左归罗陀羊一头

4. 阿…耶羊……

…………

十户长左归罗陀和特格耶……

（栏三）

1. …怙陀之百户

2. 苏闍陀羊一头

3. 婆数罗羊一头

4. 善军羊一头

5. 黎弥特伽·苏耆陀羊一头

6. ……羊一头

（栏四）

① 林梅村：《沙海古卷——中国所出佉卢文书（初集）》，第 282—283 页。

1. ……

2. 楚吉伽羊

3. 左摩色那和驮尔迦罗羊一头

4. 苏怙陀羊一头

5. 楚迦施罗和牟格耶羊一头

6. 十户长力天和黎帕…

（栏五）

1. ……之百户

2. 摩诃叶摩羊一头

3. ……陀羊一头

4. 波利耶·驮迦陀羊……

十户长……和……羊

（栏六）

1-6.（字迹漫漶）

7. 波格陀……

8. …提…羊一头

（栏七）

1. ……色那之百户

2. 跋卢迦查和支摩伽羊一头

3. 卡耶羊一头

4. 苏耆陀羊一头

5. 修业羊一头

6. 柯般那羊一头

7. 帕伽和左罗摩羊一头

十户长阿波陀和柯般那七头

（栏八）

1. 左摩沙和苏耆陀羊一头

（栏九）

1. 叶波怙耶之百（户）

2. 跋迦耶羊一头

3. 帕尼耶羊一头

4. 叶波怙耶羊一头

5. 迟耶伽羊一头

6. 苏耆伽羊一头

7. 州长夷陀伽羊二头

（栏十）

1. ……

2. ……羊一（头）

3. ……羊一头

4. 柯尼陀和黎……羊一头

5. 般遮摩羊一头

6. 十户长苏耆伽和左…耶……

（栏十一）

1. ……（之百户中）

2. 贵人鸠特格…和那摩羊一头

3. 苏耆

4. ……耶羊……

5. 苏耆伽羊一头……

6. ……

（栏十二）

1. 波格陀羊一头

2. 苏遮摩羊一头

3. …耶伽羊一头

4. 罗伽……羊一头

5. ……伽……

6. ……伽羊……

（栏十三）

（字迹漫漶）①

　　所记征收羊的种类、数目非常详细，而且还可从中看出，虽然人们的身份各有不同，但所交羊的数目是基本一致的，除个别人征收两头外，其余的均征收一头。此外，还有征收奶羊的。如《籍账》Kh.151 号载：

正面（栏一）

1. 曹长阿波尼耶之吉兰耶羊二头，奶羊三头

2. 卢达罗耶之吉兰耶羊三头，奶羊三头

3. 支因伽之吉兰耶羊一头，奶羊一头

4. 善友之吉兰耶羊一头，奶羊一头

5. 督军阿般那之吉兰耶羊三头，奶羊二头

（栏二）

…………

3. 左尔韦陀之税羊一头……奶羊一头

4. 波格陀之税羊……三…酥油

5. 阿般那之税羊二头，奶羊一头

背面

…………

税羊共计十八头

5. 奶羊十三头②

　　除上而外,关于记载羊税征收的文书还有不少,如籍账Kh.264号③、籍账Kh.486

① 林梅村:《沙海古卷——中国所出佉卢文书（初集）》，第178—180 页。

② 林梅村:《沙海古卷——中国所出佉卢文书（初集）》，第189—190 页。

③ 林梅村:《沙海古卷——中国所出佉卢文书（初集）》，第208 页。

号①、籍账 Kh.611②等。这说明当时把羊作为税收是国家税收的一项主要来源，也说明了养羊业在当时经济发展中的重要地位。正因为羊对于国家经济如此重要的作用，当地民众对羊的重视程度可想而知，也反映了人们爱惜、保护羊只的强烈意识。③

（五）禁止狩猎、保护动物资源

佉卢文书中还有禁止狩猎的记录，如《国王敕谕》Kh.13 底牍正面记载：

> ……布伽上奏本廷，彼之牧场内有骡马牲畜，竟然有人于此地狩猎，杀伤骡马，牧场内还遗失了酥油……禁止人们再去狩猎。④

《国王敕谕》Kh.156 底牍正面记载：

> ……有人前往此地狩猎，将马和牝马打伤，致跛，不能驮物。打伤马和牝马系非法行为，……当汝接到此楔形泥封木牍时，须禁止人们狩猎，不得伤害马及牝马。⑤

三、水资源的管理与爱护意识

鄯善王国地处极端干旱地区，水资源稀缺，如文书 511 号记载："愿奉献之主帝释天（Indra）增多雨水；愿五谷丰登，王道昌盛。"⑥帝释天即因陀罗，是印度神话中的天神之王，司雷雨。要向帝释天祈雨说明该地区的雨水资源是很短缺的。

---

① 林梅村：《沙海古卷——中国所出佉卢文书（初集）》，第 227 页。
② 林梅村：《沙海古卷——中国所出佉卢文书（初集）》，第 241 页。
③ 刘永强：《佉卢文书与新疆养羊业》，《陇东学院学报》2013 年第 6 期，第 54—56 页。
④ 林梅村：《沙海古卷——中国所出佉卢文书（初集）》，第 39 页。
⑤ 林梅村：《沙海古卷——中国所出佉卢文书（初集）》，第 68 页。
⑥ 〔英〕贝罗著，王广智译：《新疆出土佉卢文残卷译文集》，乌鲁木齐：中国科学院新疆分院民族研究所，第 131 页。

另外，根据文书《信函》160可以看出鄯善地区水资源的使用权与土地所有权和使用权是相互分离的，水资源可以单独买卖，这也从另外一角度证明当地水资源是宝贵的。

底牍正面

1. 人神爱慕、人皆爱见之爱兄、州长黎贝耶和林苏，

2. 祭司鸠那罗和苏那伽再拜稽首，谨祝福体健康，万寿无疆，并至函如下：

3. 汝派左多那来此办理耕种所需水和种子事宜。余在此

4. 已拜读一件楔形泥封木牍。该楔形泥封木牍未提及水和种子之事。据诸长者所云，

5. 莎阁地方的一块田已给州长黎贝耶使用，但未提供水和种子。

6. 该田地系天子陛下所赐，为汝私人所有。汝处若有关于水和种子之事的任何亲笔信，

7. 或有内具详情之谕令书，应找出送来。若无此类文件，

8. 汝得先交纳水和种子费用，才可在此耕种。此外，据诸长者

9. 所云，当年沙尔比伽在此居住时，由彼提供土地，由莎阁人提供水和种子，

10. 合作耕种。汝等可商议依此办理。①

可见耕田种地，首先需要依规办理耕种所需的水及种子事宜，先得交纳水和种子费用，才可耕种。

针对水资源缺乏的状况，鄯善王国修筑了比较完善的水利灌溉设施，并制定了相应的管理体系。从中我们可以体会到3—4世纪鄯善王国民众具有强烈的珍惜水资源、合理利用水资源的生态环境意识。

考古发现，民丰县尼雅遗址一座果园外有一条宽约8英尺，南北长100码左右的古渠道。渠道边上有已经枯死的两排白杨树。遗址东南也发现有一条引水渠，宽40—50厘米。遗址佛塔西北约300米的地方有保存完好的田畦、水渠的痕迹。

① 林梅村：《沙海古卷——中国所出佉卢文书（初集）》，第281页。

说明在 3—4 世纪，鄯善王国内水利灌溉的兴盛。尼雅遗址果园间和居民的住宅之间，还分布着不少蓄水池，渠道将蓄水池连接起来，蓄水池无疑是调解洪水流量，保证灌溉和饮用需水的重要设施。鄯善王国水利灌溉设施和管理体系的完善，还可见于以下文书。《国王敕谕》368 记载：

> 1. 威德宏大、伟大之国王陛下敕谕（州长索阇伽，汝应悉知朕之谕令，当朕下令）
>
> 2. 处理国事之时，汝应关心国事，不惜以生命小心戒备。若扜弥和于阗（有什么消息，汝应向朕，伟大的国王陛下禀报，朕便能从中知悉一切。汝曾报告说），
>
> 3. ……耕地无水，结果无水。现将水引入汝州，不可能……（残）
>
> 4. 须由彼将人们登记造册，共计百人，务必将彼等和诸 aresa 一起于 7 月 15 日交左摩伽和沙布伽带到莎阇。汝，州长索阇伽（残）
>
> 5. 若彼等逾期前去而发生在沙阇捣乱破坏之类的事情。朕，伟大的国王将要汝赔偿……（残）①

可以得知谕令中提到"现将水引入汝州"，是为了解决"耕地无水"的情况，给其使用水资源的权利，以灌溉耕地。但是需要经过国王的批示，才能将水引入当地，说明该地与其他地方需要共用同一处水源，共有一条主渠。该地可通过斗门一类的分水设施与其他州调节用水。而该地所在的尼雅河流域的灌溉系统应该分为不同层级，主、干、支渠相配套，各层级均有斗门调节用水，从而形成灌溉范围广大而又较为完备的水利系统。此外，根据文书所记国王的敕谕对象可知，作为地方最高长官的州长索阇伽总管一州水利。

《信函》157 具体记载了鄯善王国地方水利管理：

> 底牍正面
>
> 1. 人皆爱慕、美名流芳之爱兄、州长车摩耶、书吏特伽左和探长苏左摩

---

① 林梅村：《沙海古卷——中国所出佉卢文书（初集）》，第 103—104 页。

诸大人，税监黎贝耶再拜稽首，

2. 谨祝福体健康，万寿无疆，并致函如下：……余还在此听说，

3. 汝等已在该处将水截流，余甚为欣喜。汝来信提及已带数人来此。当这些人到汝处时，要在泉边将祭牛一头奉献给贤善大神。

…………①

从文书中可以看出，负责截流水源的人即收信人，包括州长、书吏、探长等，截流时需要用祭牛一头献给贤善大神，可见其重视程度。文书 120 号中记载了参与水资源管理的其他地方官吏：

3 年 4 月 15 日，务必第二次去往 sitge potge。所有劳工到泉水［……］水体极其浑浊（kha［lu］sa）。由于那一过失，出身名门的人们达成协议。余等结束后，从 sitge potge 返回长官们那里。因皇家事务在那里的出身名门的人有：Namarazma、高级州长、Pamcimna、［Nam］masura、Tgaca、曹长阿波尼耶（Apniya）、Calmasa 和 Kamciya、贵人 Lyipana。②

以上内容说明因某种过失，水源出现了浑浊多泥的现象，对此需要负责的人员为"出身名门的人"，包括州长、曹长、贵人等官员。其中曹长应是直接负责州内地方用水事宜的重要人员。《国王敕谕》502 也说明了这个问题：

1. 威德宏大、伟大之国王陛下敕谕，致州长克罗那耶和税监黎贝耶谕令

2. 如下：今有沙门修爱上奏，曹长阿波尼耶已将水借来。彼将借来之水给了别人。

3. 当汝接到此楔形泥封木牍时，应即刻对此详细审理，此水是否为阿波尼耶所借，

4. 又是否将此水借人。此外，若排水口未曾准备好，则不

---

① 林梅村：《沙海古卷——中国所出佉卢文书（初集）》，第 279—280 页。

② 刘文锁：《关于佉卢文书年代学的研究状况》，《沙海古卷释稿》，北京：中华书局，2007 年，第 262—263 页。

5. 能让阿波尼耶赔偿损失。……①

国王需要对地方的用水情况亲自过问和干预，由州长、税监主管解决州内的用水纠纷。从沙门奏劾曹长"将水借来"转借他人可知，曹长对所借之水无单独处理权，借来的水源应为州内某一地区民众共有。"借水"就是当本地分配的灌溉水源缺乏时，需向别处借水，表明曹长担负着州内地方引水的职责。而根据佉卢文《信函》188 号，可以得知地方还有专门守护水源的人，即"守泉人"：

封牍背面

1. 彼将……带至泉边。……三岁之橐驼十头……

2. 汝一定得办此事。该牲畜务必赠予诸守泉人。

3. ……余已奉上礼品……若有何事，余定为汝办理。②

综上所述，可见鄯善王国拥有较为完备的灌溉设施体系，并相应地制定有较为严密的管水制度。国王亲自过问调控同一水源州际间的用水，也通过州长等地方官员干预州内地方用水。地方上由州长总管一州水利，负责截流、引水入州、借用水源、解决用水纠纷等；还有税监、贵人、曹长、探长、书吏等官员参与灌溉水源管理；各地方的引水由曹长主管，地方还有专门的守泉人。③这反映出鄯善一地从国王到各级官员以至普通民众，具有的强烈的水资源管护意识。

第二节　楼兰尼雅简纸文书中汉晋时期水资源管护意识

19 世纪末至 20 世纪初，一些外国考察队纷纷来到我国新疆沙漠深处访古探宝，大肆劫掠我国珍贵的文物文献。英国斯坦因 1901 年 1 月在尼雅遗址的发掘和同年 3

---

① 林梅村：《沙海古卷——中国所出佉卢文书（初集）》，第 125 页。

② 林梅村：《沙海古卷——中国所出佉卢文书（初集）》，第 286 页。

③ 李艳玲：《公元前 2 世纪至公元 7 世纪前期西域绿洲农业研究》，中国社会科学院研究生院博士学位论文，2010 年。

月瑞典斯文赫定在楼兰遗址的发掘,使得掩埋在流沙之下1600余年的古代王国——鄯善的面目呈现出来。1905—1928年,斯坦因、斯文赫定、亨廷顿、橘瑞超、贝格曼等也纷纷到此地考察,揭示了鄯善王国境内的诸多城池、烽燧、官署、住宅、寺院、墓地、种植园等的情况。出土的各类遗物中,包括大批汉文、佉卢文、粟特文、婆罗迷文木简、残纸。从对这些简纸文书的分析中我们可以看到汉魏晋时期鄯善地区农业生产的概况,当时人们对农田灌溉、土地耕耘等各个环节都实行了较为严格的管理,生动地反映出鄯善民众重视水土资源的合理利用及保护的意识。

一、重视农田灌溉的意识

鄯善地区环处沙漠,降雨量极少,为我国最干旱的一隅,灌溉遂成为保证农业丰收最重要的措施。51号木简云:"府家当今遗曹子,让往贷富民麦与贫子☐☐如此书,无余麦也。秋溉也。北头四畦种捃麦,南头☐　☐☐以大治,种杂麦,留住房麦,当种忍仲田中,若……。"[1]既有秋溉,还应有春溉、夏溉及冬灌,如同与其相邻的敦煌地区那样。

479简对溉田一事记之更详:

正面

　　　　　　　　大麦二顷已截廿亩　下床九十亩,溉七十亩。

将张金部见兵廿一人　小麦卅七亩已截廿九亩

　　　　　　　　　禾一顷八十五亩,溉廿亩,荝九十亩。

反面

　　　　　　　　大麦六十六亩已截五十亩　下床八十亩,
　　　　　　　　溉七十亩

将梁襄部见兵廿六人　小麦六十二亩,溉五十亩

　　　　　　　　　禾一顷七十亩,荝五十亩,溉五十亩[2]

---

① 林梅村编:《楼兰尼雅出土文书》,北京:文物出版社,1985年,第36页。
② 林梅村编:《楼兰尼雅出土文书》,第70页。

大麦、小麦、床（糜子）、禾都要及时灌溉，以利于其生长。

又如 431 简："将伊宜部，溉北河田一顷，六月廿六日剌。"①将伊宜部与上引 479 简之将张金部、将梁襄部等一样，均为当时楼兰一带的屯田部队，农田灌溉是其最重要的任务之一。

农田灌溉的水利设施须有专人维修管理。356 简："帐下将薛明言，谨案，文书前至楼兰，拜还，守堤兵廉决☐。"②当时楼兰屯田设有专门的守堤兵看护河堤，在尼雅遗址出土有汉代的木锨和筑堤修渠使用的大木夯（大木锤）亦可证明。此外，还有专门管理水利事业的官吏——水曹掾。481 简："泰始二年（266 年）八月　水曹　人☐下张掾。"③584 简："水曹掾左郎，白前府掾，所食诸部瓜菜，贾彩一匹付客曹。"④12 简："水曹请绳十丈。"⑤609 简："泰始三年（267 年）二月廿八日辛未言，书一封，水曹督田掾鲍湘、张雕言事，使君营以邮行。"⑥ 水曹督田掾或即水曹掾，鲍湘、张雕二人即是，他俩"以邮行"向上汇报情况。468 简："☐东空决六所，并乘堤，已至大决，中作☐☐五百一人作☐☐增兵。"⑦因为水大决堤，情况紧急，需增兵 500 人抢险固堤。可见当时屯田官兵对于水利设施的管理、维护非常重视。

二、重视土地耕耘与耕畜的管护意识

见于文书记载，由中原传入的铁犁、牛耕等先进农具、先进技术已普遍在楼兰使用。这一方面大大提高了劳动生产效率，激发了人们从事农业的积极性；另一方面也增大了土地的承载压力。据王炳华先生考证，西汉之前的新疆考古资料中未见任何犁类实物，无论是木犁、石犁，还是金属犁。在一些遗址和墓葬中却发现了木质掘土器、木耜等，说明汉代以前新疆确实尚未用犁，木制的耒耜是当

---

① 林梅村编：《楼兰尼雅出土文书》，第 66 页。
② 林梅村编：《楼兰尼雅出土文书》，第 61 页。
③ 林梅村编：《楼兰尼雅出土文书》，第 70 页。
④ 林梅村编：《楼兰尼雅出土文书》，第 77 页。
⑤ 林梅村编：《楼兰尼雅出土文书》，第 30 页。
⑥ 林梅村编：《楼兰尼雅出土文书》，第 79 页。
⑦ 林梅村编：《楼兰尼雅出土文书》，第 69 页。

时先进的生产工具。自汉代大力兴办屯垦后，中原的铁制农具和农业生产技术随着屯垦大军的到来源源不断地传入西域，给当地农业带来了新的生产力，大大促进了农业生产水平的提高。《后汉书》卷88《西域传》载，延光二年（123 年）敦煌太守张珰上陈经营西域三策，其中之一为"置军司马，将士五百人，四郡供其犁牛、谷食，出据柳中"①。柳中即今吐鲁番市鄯善县鲁克沁古城，当然不仅限于柳中，犁牛耕作在西域各地普遍兴起。古楼兰绿洲西北孔雀河北岸的尉犁县兴地山南汉晋时期的营盘遗址，曾发现汉代大铁铧，铧体舌形，剖面近等腰三角形，中部凸出，后部有扁圆形的銎，其大小、形制与关中长安等地所出汉代铁铧完全一致。

楼兰 525 号简："☒牛二匹☒。"②80LBT：021 号简："右二人牧牛验☒。"牛为宝贵资源，对其需要"官验"。514 号简："☒☒因主薄奉，谨遣（遗）大侯究犁与牛，诣营下受试。"③主薄即主簿，为西域长史佐僚，则此营当指西域长史营。魏晋时中原王朝曾封西域各族首领"奉晋大侯""亲晋王"等号，此"大侯"当亦属之；究，似为人名。文书所记当指西域长史营赠遗大侯犁与牛，并请其到营下"受试"之事。由此可见当时不仅楼兰屯军本身广泛使用铁犁、牛耕，而且还向西域各族传授犁、牛耕作技术，楼兰屯区实际上已成为西域先进的农业机具和技术的推广基地。324 号简文 "☒☒☒犁教☒☒"④，亦为传授犁耕技术之意。

又如 668 简，"☒侯而好耕也，让☒也☒而忽往惧姓（性）命，咸效牛☒☒☒☒☒☒☒相而背国也，悼群妖之吞乱……"⑤，亦言及牛耕之事。51 简、675 简还记载了牛与车的情况。51 简：

……☒☒车一乘

须著车也，官家设复持作车牛☒　☒☒都水

① 《后汉书》卷88《西域传》，第 1968 页。
② 林梅村编：《楼兰尼雅出土文书》，第 73 页。
③ 林梅村编：《楼兰尼雅出土文书》，第 72 页。
④ 林梅村编：《楼兰尼雅出土文书》，第 59 页。
⑤ 林梅村编：《楼兰尼雅出土文书》，第 85 页。

可少耳☑已并著牛车矣
…………①

675 简：

☑男，生年廿五，车牛二乘，黄牝牛二头。②

除犁、牛外，文书中记载楼兰地区的家畜还有胡牛、驴、羌驴、牡驴、驼他、胡驼他、马等，农具有胡甬、胡犁、胡向犁、锄、胡铁小锯、胡铁大锯、大钻、斧、铲矛刀、囚钎、囚𨰴、绳、胡索、毳索、褐囊、革囊、布囊、赤囊、连囊、驼它带等。大家畜与农具为当时最受人们重视的生产资料。

76 简："……☑马于营卖欲用……"③ 188 简反面："举弘共往马瘦不可乘不不不可……不可乘比乘马瘦不可为怀怀。"④ 414 简："官驰一头乘十五。"⑤439 简："……驼他二匹将朱游部。"⑥ 452 简："☑得驼他一匹到。"⑦457 简："出驼他蓟一具给工王柔治已五月九月☑☑。"⑧ 596 简："……☑若☑无驼足来至海头☑。"⑨

再如，记载驴的简牍很多。39 号简正面："……☑羌驴以为☑阿要务又迫莽（薅）锄。"⑩羌驴应为当地的驴种，可适用于农田作业；薅、锄即用于薅草、锄草的农具。64 简："……不得还所来生☑驱☑，☑驴用☑。"⑪ 323 简："☑☑驴

---

① 林梅村编：《楼兰尼雅出土文书》，第 36 页。
② 林梅村编：《楼兰尼雅出土文书》，第 86 页。
③ 林梅村编：《楼兰尼雅出土文书》，第 41 页。
④ 林梅村编：《楼兰尼雅出土文书》，第 50 页。
⑤ 林梅村编：《楼兰尼雅出土文书》，第 65 页。
⑥ 林梅村编：《楼兰尼雅出土文书》，第 67 页。
⑦ 林梅村编：《楼兰尼雅出土文书》，第 68 页。
⑧ 林梅村编：《楼兰尼雅出土文书》，第 68 页。
⑨ 林梅村编：《楼兰尼雅出土文书》，第 78 页。
⑩ 林梅村编：《楼兰尼雅出土文书》，第 34 页。
⑪ 林梅村编：《楼兰尼雅出土文书》，第 39 页。

五十六☐。"①434 简："……右二人共字驴四岁。"②439 简："右驴十二头，驼他二匹将朱游部。"③ 657 简："☐琦当起还☐琦还，起兴起起动☐驴☐当☐☐兹……"④659 简："一匹以上，☐☐廿枚驴一头，☐廿枚驴一头☐☐。"⑤667 简："……永毕吾前间主宾留驴在。"⑥较之牛、马、驼等大家畜，驴的体型虽较小，但因其性情温顺且富忍耐力、堪粗食、抗病力强，特别适宜西北干旱地区等地使用，可见驴在当地的农业生产及人们生活中扮演了十分重要的角色，时至今日驴仍为这一带人们喜爱的家畜。牛、马、驴、驼等牲畜被大量用于农业生产，受到人们的广泛重视。

　　楼兰城内出土用于加工粮食的残破石磨盘 4 块，可分为半圆形和长条形两种，均经过使用，正面中间已磨凹。276 号简："☐胡向犁☐。"⑦324 简："☐☐☐犁教☐☐。"⑧455 号简："胡犁支。"⑨其所记应为当地民族使用的犁。348 号简："承前新入胡耷合三百九十五枚。"⑩胡耷应为当地民族使用的掘土、翻土的农具，可能类似于今天的铁锹、砍土鏝一类农具。新入的胡耷竟多达 395 枚，可见其使用之广，也反映出当地农业的兴旺。57 号文书："……从史位宋政白：谨条督武谞☐物谷食与胡牛贾绫綵匹数☐。"⑪"从史位"为楼兰军府中负责贸易活动的官员，"宋政"一名文书中屡见，如 291 号泰始五年（269 年）简正面："敦煌短绫彩十匹……给吏宋政籴谷……付从史位宋政。"⑫本件文书反映了楼兰军府与西域各族间的交易活动，胡牛是颇受人们重视的物品。

---

① 林梅村编：《楼兰尼雅出土文书》，第 59 页。
② 林梅村编：《楼兰尼雅出土文书》，第 67 页。
③ 林梅村编：《楼兰尼雅出土文书》，第 67 页。
④ 林梅村编：《楼兰尼雅出土文书》，第 83 页。
⑤ 林梅村编：《楼兰尼雅出土文书》，第 84 页。
⑥ 林梅村编：《楼兰尼雅出土文书》，第 85 页。
⑦ 林梅村编：《楼兰尼雅出土文书》，第 55 页。
⑧ 林梅村编：《楼兰尼雅出土文书》，第 59 页。
⑨ 林梅村编：《楼兰尼雅出土文书》，第 68 页。
⑩ 林梅村编：《楼兰尼雅出土文书》，第 61 页。
⑪ 林梅村编：《楼兰尼雅出土文书》，第 38 页。
⑫ 林梅村编：《楼兰尼雅出土文书》，第 56 页。

第六章　黑水城出土西夏文书中蕴含的民众生态意识

黑水城文献是指中国内蒙古自治区西部阿拉善盟额济纳旗境内黑水城遗址的古代文献遗存。20 世纪初，该文献曾因俄、英等国探险家盗掘而大量流失国外。20 世纪 80 年代初，中国考古工作者对黑水城遗址有计划地进行了发掘，又出土了一批西夏文、汉文等文献。因此，现今世界上黑水城出土文献的主要收藏地就分别有"俄藏"、"英藏"和国内收藏三大部分。对于这些文书的研究，曾有许多学者，如史金波、聂鸿音、白滨等做过不少的工作，成果颇丰。

第一节　林草植被的种植及保护意识

黑水城文书的时代，主要涉及西夏、元代及北元时期，本书不拟牵扯过多，仅就有关西夏时期文书进行探讨。西夏占领河西地区后，因历经长期战争，森林资源遭到一定程度的破坏，这引起了统治者的忧虑。为了使祁连山、贺兰山等地区呈现"高山积雪""河水冰融""流水沃野""群羊塞道"等生态景观，西夏政权制定了专门的律法保护林草植被，并在灌溉渠道沿岸等处大量栽植林木植被。

《天盛改旧新定律令》[1]，为西夏仁宗天盛年间（1149—1169 年）颁行的一部法典，可简称为《天盛律令》，原文为西夏文，全书 20 卷，分 150 门，1461 条，内容包括刑法、诉讼法、行政法、民法、经济法、军事法等。其中涉及生态环境方面的法律就有不少。如卷 15 中《地水杂罪门》载：

> ……当沿所属渠段植柳、柏、杨、榆及其他种种树，令其成材，与原先

---

[1] 史金波、聂鸿音、白滨译注：《天盛改旧新定律令》，北京：法律出版社，2000 年。

所植树木一同监护，除依时节剪枝条及伐而另植以外，不许诸人伐之。转运司人中间当遣胜任之监察人。若违律不植树木，有官罚马一，庶人十三杖。树木已植而不护，及无心失误致牲畜入食时，畜主人等一律庶人笞二十，有官罚铁五斤。其中官树木及私家主树木等为他人所伐时，计价以偷盗法判断。诸人举之时，举赏当依偷盗举赏法得之。彼监护树木者自捕之而告，则赦其罪。自伐之时，无论树数多少，一律庶人十三杖，有官罚马一。①

又云：

沿渠干官植树木中，不许剥皮及以斧斤斫刻等。若违律时，与树全伐同样判断，举赏亦依边等法得之。

渠水巡检、渠主沿所属渠干不紧紧指挥租户家主，沿官渠不令植树时，渠主十三杖，渠水巡检十杖。并令植树，见诸人伐树而不告时，同样判断。②

由上可见，不仅对于私自砍伐树木、剥皮斫刻树木者予以严惩，而且对于违律不植树木、见人伐树而不举报者亦要惩罚；不仅对于普通民众违律者予以惩罚，而且对于官员的惩罚更为严厉（如庶人杖十三，有官罚马一匹）。用如此严苛的法律来保护林草植被，是难能可贵的，由此表明当时民众已深刻地认识到了林草植被的生态功能，因而才有这些法令的出台，反映出生活在干旱地区的民众强烈的生态保护意识。

第二节　动物资源的管理与保护意识

党项人本以畜牧为生，畜牧业是西夏的支柱性产业之一，牲畜特别是大家畜既是生产性资料，又是重要的军事战略物资，因此统治者特别重视牲畜生产，《天盛律令》用了整整一卷的篇幅规定了与畜牧生产相关的法律，即卷19，该卷共13

---

① 史金波、聂鸿音、白滨译注：《天盛改旧新定律令》卷15《地水杂罪门》，第505—506页。
② 史金波、聂鸿音、白滨译注：《天盛改旧新定律令》卷15《地水杂罪门》，第506页。

门，现存 9 门，即供给驮门、畜利限门、官畜驮骑门、畜患病门、官私畜调换门、校畜磨勘门、牧盈能职事管门、牧场官地水井门、贫牧逃避无续门。此外，卷 2《杀牛骆驼马门》，卷 3《妄劫他人畜驮骑门》《分持盗畜物门》《买盗畜人检得门》，卷 6《官披甲马门》，卷 11《共畜物门》等，都涉及官私牲畜的管护。与唐宋律《厩库》篇相比，《天盛律令》中的畜牧法更加丰富而具体，反映了人们对动物资源的有效管理和保护的强烈意识。杜建录先生曾对《天盛律令》进行了整理研究，总结出其具有刑罚严酷、军法完备、重视农田水利等经济法及专门规定了政府机构的品级与编制等特点。[①]

一、国有牧场的管理意识

1. 官私地界的分离

西夏建国初期，官私双方经常因牧场地界发生纠纷，为解决这一问题，《天盛律令·牧场官地水井门》明确规定：

> 诸牧场之官畜所至住处，昔未纳地册，官私交恶，此时官私地界当分离，当明其界划。官地之监标志者当与掌地记名，年年录于畜册之末，应纳地册，不许官私地相混。倘若违律时，徒一年。[②]

2. 禁止私人在官牧场内居住、放牧与垦荒

既然明确规定了官私牧场的界限，那么原来在官属牧地安家、放牧和垦荒的私家主如果"另外有私地者，不许于官地内安家，皆当弃之"。但是如果有以下情况，则可以例外，即：

> 地方无有，及若虽有而草木不生，或未有净水，无供给处，又原家实旧者，可于安家处安家[③]

---

① 杜建录：《论西夏〈天盛律令〉的特点》，《宁夏社会科学》2005 年第 1 期，第 89—92 页。
② 史金波、聂鸿音、白滨译注：《天盛改旧新定律令》卷 19《牧场官地水井门》，第 598 页。
③ 史金波、聂鸿音、白滨译注：《天盛改旧新定律令》卷 19《牧场官地水井门》，第 598 页。

但即便由于特殊情况在官牧场内居住的私人，也是不能随意在官畜处开垦荒地的。如果：

> 彼地方内之牧人、杂家主等于妨害官畜处新耕时，大小牧监不告于局分，不令耕旧田地，牧主、牧人等叨扰时，一律有官罚马一，庶人十三杖。若天旱□，官牧场中诸家主之寻牧草者来时，一年以内当安家，不许耕种。逾一年不去，则当告于局分而驱逐之。一年以内驱逐，及逾一年而不驱之时，有官罚马一，庶人十三杖。①

《唐律疏议》与《宋刑统》中缺少牧场管理的条款，《庆元条法事类》只列有"诸官牧草地放私畜产践食者，一笞四十，二加一等；猪、羊五笞四十，五加一等，罪止杖六十"②，内容较少。《天盛律令》对牧场的管护如此细致，这在古代法律中是很少见的。

3. 禁止在有害"官畜处"凿井

在官家牧场内凿井的，必须"于不妨害官畜处可凿井"。"若于妨害处凿井及于不妨害处凿井而牧人护之等，一律有官罚马一，庶人十三杖"③，以此可有效保护官畜处的饮用水源。

二、官牧生产的管护意识

1. 设立官牧机构，挑选胜任牧人

与少数民族的生活和生产习性相关，西夏的官牧生产一般以部落为单位进行。由相关文书内容可以看出，大小部落的首领，如末驱、小监、盈能等，既是各级

---

① 史金波、聂鸿音、白滨译注：《天盛改旧新定律令》卷19《牧场官地水井门》，第598页。
② （清）薛允升等撰：《唐明律合编·宋刑统·庆元条法事类》卷15，北京：中国书店，1990年，第139页。
③ 史金波、聂鸿音、白滨译注：《天盛改旧新定律令》卷19《牧场官地水井门》，第598—599页。

行政、军事首领，又是大小群牧首领，其中以盈能一职最为重要。《天盛律令》卷19《牧盈能职事管门》规定：

> 牧首领、末驱，各自当头监，于邻近二百户至二百五十户牧首领中遣胜任人一名为盈能，当领号印检校官畜。①

官牧的生产一般由牧人来承担，官畜如果死亡，由牧人赔偿。为了保证国家的财产不受损失，大小牧首领、牧监必须对牧人进行考察，有赔偿能力的牧人才能允许其领取骆驼、马、牛十五、二十以上，羊自七十以上的官畜进行生产。没有赔偿能力的"无主贫儿"是没有资格领取官畜进行牧养的，只能给能够胜任的牧人当"牧助"。如果违律：

> 大小牧监以胜任入不胜任，以不胜任入胜任中，及群牧司未收齐时，大小牧监、群牧司大人、承旨、都案、案头、司吏等有官罚马一，庶人十三杖，受贿则以枉法贪赃罪法及前述罪等比较，从重者判断。②

2. 对胜任首领的奖励

大小牧监、牧首领如果能够很好地完成工作，会得到相应的奖励。胜任相应职责时间越长，得到的赏赐就越大。奖励制度的实施有利于官牧的管理人员更加积极地管护好所牧养的牲畜。即：

> 大小牧监胜任一年，当予赏赐钱绢二，常茶三坨，绫一匹。二年连续胜任者，依前述法当予赏赐，当得一官。此后又胜任，则每年当加一官，赏赐当依前述所定予之。
>
> 牧首领，末驱本人胜任一年，当予赏赐银三两，杂锦一匹，钱绢五，茶五坨。二年连续胜任者，赏施当依前述所定数予之，其上当得一官。倘若彼

---

① 史金波、聂鸿音、白滨译注：《天盛改旧新定律令》卷19《牧盈能职事管门》，第595页。
② 史金波、聂鸿音、白滨译注：《天盛改旧新定律令》卷19《贫牧逃避无续门》，第599页。

又胜任，则每年当加一官，赏赐当依前述所定予之。[1]

3. 官畜繁殖率及每年应纳毛绒、乳酥的规定

胜任牧人领到规定的官畜后，必须按照百大母马一年五十驹，百大母牛一年六十犊，百大母羖羜一年六十羔羊的繁殖率，向官府缴纳幼畜，如果"不足者当令偿之，所超数年年当予牧人"[2]。这个繁殖率大致接近唐、宋律的规定。

官畜除课驹、犊、羔外，还须缴纳毛绒、乳酥：

> 四种畜中，牛、骆驼、羖羜等之年年应交毛、酥者，顶先当由群牧司于畜册上算明，斤两总数、人名等当明之而入一册，预先引送皇城、三司、行宫司所管事处。各牧监本人处放置典册，当与盈能处计之，数目当足。本人院中大小牧监中当派小监，与告状接，依汇聚数进之，不许住滞一斤一两。[3]

缴纳毛绒、乳酥的数量为：大公驯骆驼每年纳腿、项绒八两，大母驯骆驼等三两，旧驯骆驼公母一律二两；母骆驼一仔纳二斤酥，羖羜春毛绒七两，羊秋毛四两，羔夏毛二两，秋毛四两，羔绒不须纳；母羖羜以羔羊计，一羊羔三两酥。大犛牛十两、小牛八两，犊五两春毛，于纳羊绒之日交纳。[4]

这些规定充分反映了党项以畜牧为其重要经济命脉的特点。

4. 幼畜登记号印

幼畜对于畜牧业的持续发展是非常重要的，为了加强对幼畜的管理，《天盛律令》规定每年四月一日至十月一日，牧人须将四种官畜（驼马牛羊）所繁殖的仔、驹、犊、羔于盈能处置号印，盈能面前置号印于骆驼、马、牛之耳上，及羖羜、

---

① 史金波、聂鸿音、白滨译注：《天盛改旧新定律令》卷19《校畜磨勘门》，第594页。
② 史金波、聂鸿音、白滨译注：《天盛改旧新定律令》卷19《畜利限门》，第576页。
③ 史金波、聂鸿音、白滨译注：《天盛改旧新定律令》卷19《畜利限门》，第577—578页。
④ 史金波、聂鸿音、白滨译注：《天盛改旧新定律令》卷19《畜利限门》，第578—579页。

羊之面颊，以示为官畜。①

> 若违律仔中不置号印，有偿而不令偿、公母畜等不印时，盈能受贿者，依枉法贪赃罪法判断。未受贿，则仔、驹自一至二十，十三杖；二十以上至五十，徒三个月；五十以上至一百，徒六个月；一百以上一律徒一年。羔羊自一至五十，十杖；五十以上至一百，十三杖；一百以上至一百五十，徒三个月；一百五十以上至二百，徒六个月；二百以上一律徒一年。②

5. 官畜校检与注销

西夏畜牧法有关官畜死亡验视、注销的规定也非常严格，通常可按十分之一的正常死亡比例注销死畜。"四畜群公母畜混着，十中当减取一死，畜□当予牧人，若原先已死，则当算死减之，彼之皮及肉之价钱等不须交。"③

此外，对因突发性疾病而死亡的官畜，如验证属实，也予以注销。《天盛律令》规定：

> 诸牧场四种官畜中患病时，总数当明之。隶属于经略者，当速告经略处，不隶属于经略者，当速告群牧司。验者当往，于病卧处验之。其中因地程远而过限日，于验者未到来之前病卧而死时，当制肉疤，置接耳皮。皮、疤实有置印者，共用水井、草场之相邻官私畜患有同病，管事大小牧监、同院不同户之胜任人、验者等依次当担保只关，则可入注销中。不患病及并未亡而入死中为虚假时，以偷盗法判断。有举者，亦当依举偷盗之赏法予之。④

死畜的接耳皮，"大校到来时当验之，当断耳印而焚之"⑤，即将接耳印记焚

---

① 史金波、聂鸿音、白滨译注：《天盛改旧新定律令》卷19《牧盈能职事管门》，第595页。
② 史金波、聂鸿音、白滨译注：《天盛改旧新定律令》卷19《牧盈能职事管门》，第597页。
③ 史金波、聂鸿音、白滨译注：《天盛改旧新定律令》卷19《死减门》，第574页。
④ 史金波、聂鸿音、白滨译注：《天盛改旧新定律令》卷19《畜患病门》，第583—584页。
⑤ 史金波、聂鸿音、白滨译注：《天盛改旧新定律令》卷19《畜患病门》，第584页。

掉，以防作弊重验。死畜的肉当计价，"骆驼、马、牛一律五百，仔、犊，大羖勑等一百，小羖勑五十，与皮一并全部总计，当上交。群牧司到来时，钱当入库，皮送三司"①。

马院中的生熟马及予汉、契丹马的病死注销，亦大抵如此。首先将病情速告局分处，局分处遣医人探视：

> 其中已告，判写已出然后死，及已视然后死等，应告注销，计肉价熟马一缗，生马五百钱，原皮等当交三司。若牧监失误致瘦死亡、盗取，及预先未告而生癞患病死等，记名牧人当赔偿。其中牧人实无力赔偿，则牧人当承置命罪，所属小牧主偿之。小牧主实无力偿，则于首领、末驱等当催促偿之。倘若彼亦无力偿，则以置命判断，依法百上当承计审罪。预先未告而死者，入已告然后死中注销时，注销之畜计价，以偷盗法判断。②

6. 官畜死减的赔偿与处罚

诸牧场四种官畜在正常死减以外而损失者，当依法赔偿与处罚：

> ……紧紧催促牧人偿之。倘若牧人无力，则当催促小牧监令偿之。小牧监偿之不足，则当催促牧首领、末驱令偿之。其中倘若催促偿之而无所偿，实无力者，当置命。四种畜一律依以下所定之数高低判断。③

官畜若损失到一定数目，即要对相关人员处以极刑，但牧人损失驼、马四匹以内，小牧监九匹以内，牧首领、末驱十四匹以内，仅责以八至十三杖。这显然要比赔偿合算，许多牧人宁愿选择杖击，也不愿意赔偿。所以，律令对是否有赔偿能力的规定相当严格。假若牧人"实无力偿，则当令于盈能处置命，预先当告

---

① 史金波、聂鸿音、白滨译注：《天盛改旧新定律令》卷19《畜患病门》，第584页。
② 史金波、聂鸿音、白滨译注：《天盛改旧新定律令》卷19《畜患病门》，第583页。
③ 史金波、聂鸿音、白滨译注：《天盛改旧新定律令》卷19《校畜磨勘门》，第589页。

群牧司而送知状", 待大校时, 校畜官 "……应再好好问之。无力偿而已置命是实言, 则同场不同场人当担保", 方可 "依律令承罪"①。可见, 西夏当局对非正常死亡损失的官畜的赔偿和处罚规定十分细致, 严格执行。

7. 官畜校验

校畜就是在十月一日幼畜登记号印结束后, 官府组织的大规模的官畜校验。《天盛律令》对此也有着非常详细的规定。

校畜官员原则上从群牧司及诸司大人、承旨、前内侍之空闲臣僚等中遣真能胜任之人担任。黑水地区因为地程遥远:

> 校畜者当由监军、习判中一人前往校验, 完毕时, 令执典册、收据种种及一局分言本送上, 二月一日以内当来到京师。②

校畜的程序, 首先令牧场牲畜一并聚集, 然后对照畜册, 一一点验齿岁、毛色、公母、瘠肥。若是赔偿之畜, 更要与畜册仔细核校, "不许不实齿偿还"。③在校验过程中, 针对牧人之间相互索借官畜重验的问题, 律令专门规定:

> 诸牧人本人共验口上, 不许相互索借四种官畜再重验之。④

倘若违律时, 借者、索借者、再验之牧人、牧人之大小牧监等均要依律治罪。例如, 牧人索借骆驼、马者等:

> 自一至三徒二年, 三以上至五徒三年, 五以上至七徒四年, 七以上至九徒五年, 九年以上至十二徒六年, 十二以上至十五徒八年, 十五以上至十八徒十年, 十八以上至二十一徒十二年, 二十一以上一律当绞杀。⑤

---

① 史金波、聂鸿音、白滨译注:《天盛改旧新定律令》卷19《牧盈能职事管门》, 第596页。
② 史金波、聂鸿音、白滨译注:《天盛改旧新定律令》卷19《校畜磨勘门》, 第588页。
③ 史金波、聂鸿音、白滨译注:《天盛改旧新定律令》卷19《牧盈能职事管门》, 第596页。
④ 史金波、聂鸿音、白滨译注:《天盛改旧新定律令》卷19《校畜磨勘门》, 第586页。
⑤ 史金波、聂鸿音、白滨译注:《天盛改旧新定律令》卷19《校畜磨勘门》, 第586页。

由上可见，《天盛律令》对校畜的程序规定得非常详尽，以防止其中可能出现的舞弊现象，保证牲畜应有的头数和质量，由此体现出西夏政权对牲畜资源管护方面的高度重视。

三、其他有关畜牧方面的管理意识

1. 捡、罚畜应当交官牧场

《天盛律令》卷19《畜利限门》载：

> 诸人捡得畜，律令限期已过，应充公，及有诸人罚赃畜，又无力偿官钱物而换算纳畜等，由所辖司引送，当接与头字而送群牧司，于官畜中注册，同时当有成色说辞，磨勘司亦当予证明，二司当取敛状，与文典相接。[1]

同书卷20《罪则不同门》又云：

> 诸人有受罚马者，当交所属司，隶属于经略者当告经略处。经略使当行所属司，军卒无马者当令申领，于殿前司导送，册上当著为正编。若军卒无马者不申领，则当就近送于官之牧场，群牧司当行之，牧册上当著。[2]

2. 官牧场畜由群牧司负责调拨分配

《天盛律令》卷19《分畜门》已佚，但可从《名略》的条文目录中了解官畜调配的大概情况。诸如"遣分弱畜时分京师近边牧处管住""遣分弱畜时弱不分予好""牧场马畜遣分法""设宴祭神增福求继等分畜""不经群牧司分用畜""有无分畜御旨""予纳册迟""领畜者迟来早往""派供给小监册行磨勘""诸种何量供

---

① 史金波、聂鸿音、白滨译注：《天盛改旧新定律令》卷19《畜利限门》，第581页。
② 史金波、聂鸿音、白滨译注：《天盛改旧新定律令》卷20《罪则不同门》，第602页。

给往磨勘司导送"等①。显然，官牧场牲畜主要由群牧司负责调拨分配。

3. 严禁牧人擅自外借官畜

官畜是西夏的国家资产，负责牧养的牧人不能将官畜擅自借给他人使用，如果违犯律令规定擅自外借，借者、求借者都要按所定之罪进行惩罚。此外，还规定：

> 诸人不许牧人未知而随意捕官私畜驮、骑、耕作。若捕捉畜以驮骑耕作时，比前述牧人擅自将官私大小畜借人之日限罪状加一等，最重当为十年长徒。②

4. 不得减食牲畜草料

牧人领官牧场之马进行牧养，必须尽力精心为之，如果发现马食量减少或者变瘦弱，牧人要承担相应的责罚。《天盛律令》卷19《畜利限门》规定：

> 官牧场之马不好好养育而减食草者，计量之，比偷盗法加一等。未减食草，其时检校失误致马羸瘦者，当视肥马已瘦之数罚之，自杖罪至一年劳役，令依高低承罪。③

5. 严禁宰杀马、牛、骆驼

西夏规定，马、牛、骆驼等牲畜是不可以随意宰杀的，即便是牧人自属的也是如此，当然更不能盗杀，否则要承担相应的"徒刑"，即：

---

① 史金波、聂鸿音、白滨译注：《天盛改旧新定律令》卷19《分畜门》，第573—574页。
② 史金波、聂鸿音、白滨译注：《天盛改旧新定律令》卷19《官畜驮骑门》，第582页。
③ 史金波、聂鸿音、白滨译注：《天盛改旧新定律令》卷19《畜利限门》，第580页。

诸人杀自属牛、骆驼、马时，不论大小，杀一头徒四年，杀二头徒五年，杀三头以上一律徒六年。有相议协助者，则当比主造意依次减一等。

盗五服以内亲节之牛、骆驼、马时，按减罪法分别处置以外，其中已杀时，不论大小，杀一头当徒五年，杀二头当徒六年，杀三头以上一律当徒八年。

盗、杀未及亲节以及他人等之牛、骆驼、马等时，不论大小，一头当徒六年，二头当徒八年，三头以上一律当徒十年。

…………

诸人杀自属牛、骆驼、马时，他人知觉而食肉时，徒一年。盗杀及亲节牛、骆驼、马时，知觉食肉者，徒二年。[①]

可见，即使属于自己的牛、马、骆驼，亦不得私自屠杀，否则将被判重刑，官府用法律手段保护家畜的繁衍。

综上所述，由于畜牧业生产对于西夏政权的经济发展和人民生活关系重大，因而从官府到民众均十分重视牲畜（特别是马、牛、骆驼、羊四种家畜）的繁育和管护，以至于运用法律手段，制定相当细密的律条予以保护，将人们对于保护牲畜的生态观念上升到法律意识的高度。

第三节　水资源珍惜与保护意识

一、西夏时期水利设施的维修意识

史载，西夏境内"耕稼之事，略与汉同"。[②]其建国之初即有农田司、群牧司和受纳司的设置，以掌理农牧和粮食贮积给受。西夏文字典《文海》释"农"字，"农耕，灌溉之谓"，反映了西北绿洲地区农业土地开发与水利灌溉密不可分的关系。《宋史·夏国传》载："其地饶五谷，尤宜稻麦，甘、凉之间，则以诸河为溉，

---

① 史金波、聂鸿音、白滨译注：《天盛改旧新定律令》卷19《盗杀牛骆驼马门》，第154页。

② （清）吴广成：《西夏书事》卷16，龚世俊等：《西夏书事校证》，兰州：甘肃文化出版社，1995年，第186页。

兴、灵则有古渠曰唐来，曰汉源，皆支引黄河。故灌溉之利，岁无旱涝之虞。"①《金史·西夏传》亦记，其地"土宜三种……兴州有汉、唐二渠，甘、凉亦各有灌溉，土境虽小，能以富强，地势然也"②。甘、凉一带的灌溉河道据《西夏书事》卷 9 记，"有居延、鲜卑、沙河诸水，襟带回环"③。居延水即今黑河，沙河水为今石羊河水，鲜卑水大概是今金川河水。《西夏黑河建桥敕碑》载：

> 虔恳躬祭汝诸神等，自是之后水患顿息，固知诸神冥歆朕意，阴加拥裕之所致也。今朕载启神虔，幸冀汝等诸多灵神，廓慈悲之心，恢济渡之德，重加神力　密运威灵，庶几水患永息，桥道久长，令此诸方有情俱蒙利益，佑我邦家。④

西夏文百科全书《圣立义海》载：

> 积雪大山（祁连山），山高，冬夏降雪，雪体不融，南麓化，河水势长，夏国灌水宜农也……
> 焉支山上，冬夏降雪，炎夏不化，民庶灌耕。地冻，大麦、燕麦九月熟。⑤

祁连山脉（焉支山为其支脉之一）横亘河西走廊南境，其冰雪融水自古就为河西走廊水资源的主要来源，河西绿洲的形成及绿洲文明的兴起发展，全赖其哺育滋养之功。根据周春《西夏书》记载，西夏有 68 条或大或小的管道，灌溉面积达九万顷（或 51 000 公顷）。⑥

为了有效地管理农田水利事业，西夏设农田水利管理机构，在中央有农田司，地方为水利局分，水利局分设大人、承旨、合门、伕事小监、渠水巡检、渠头、

---

① 《宋史》卷 486《夏国二》，第 10831 页。

② 《金史》卷 134《西夏》，第 1925 页。

③ （清）吴广成撰，龚世俊、胡玉冰、陈广恩，等校证：《西夏书事校证》，第 106 页。

④ 陈炳应：《西夏文物研究》，银川：宁夏人民出版社，1985 年，第 139 页。

⑤ 〔俄〕克恰诺夫、李范文、罗予昆：《圣立义海研究》，宁夏：宁夏人民出版社，1995 年，第 58—59 页。

⑥ （清）周春：《西夏书》卷 9，北京大学图书馆藏书，第 10 页。

渠主等，专门负责一州一县，或一渠一沟的分水配水及渠系设施的维修管护。同时还制定了一系列有关水利灌溉的规章制度，如《天盛改旧新定律令》中就具体规定了水利设施及其用水、配水方法。

二、《天盛律令》中的农田水利意识

《唐律疏议》和《宋刑统》不载农田水利法，迄今能见到的唐宋水利法，除前引敦煌遗书 P.2507 唐开元《水部式》、宋代王安石变法期间的《农田水利法》外，南宋《庆元条法式类》卷 49《农桑门》也有农田水利方面的条文，但都相对简略。西夏则在国家法典中，详细规定了农田水利的开发与管理。学者聂鸿音、景永时、杜建录、许光县、骆祥译等人曾对此做过研究。

西夏境土大部分区域属于大陆性干旱气候，降水稀少且集中在夏季，年降水量39—400 毫米，蒸发量一般可达 3000 毫米，没有灌溉就没有农业。因此，西夏的统治者非常重视农田水利，并用立法的手段进行严格管理。《天盛律令》卷 15 的大部分门类，如《春开渠事门》《养草监水门》《渠水门》《桥道门》《地水杂罪门》等都属于农田水利方面的内容，突出地反映了当时民众强烈的水资源意识。

（一）春季开渠清淤意识

春季清淤开渠是灌区的头等大事，从主持人的选择，修渠人夫的多寡摊派，所需柳条、柴草的缴纳，到挖渠深宽的标准及对于超额派遣工头的处罚等，《天盛律令》都规定得非常细致，这对水利资源的有效管理和保护起到了重要作用。

1. 宰相主持春季开渠

西夏境内多风沙，极易淤塞灌溉渠道，水利工程不可能是一劳永逸的，每年春灌之前，就要组织大批人工疏浚渠道并整修渠首水口。此类大规模的工程，一家或几家是不能胜任的，须依靠国家或者地方官府的主持。《天盛律令》明确规定：

> 每年春开渠大事开始时，有日期，先局分处提议，伕事小监者、诸司及

转运司等大人、承旨、合门、前宫侍等中及巡检前宫侍人等，于宰相面前定之，当派胜任人。自□局分当好好开渠，修造垫板，使之坚固。①

一年之计在于春，春季开渠系关乎一年农业之大事，负责水利的官员必须于宰相面前定之，选派可胜任之人为之，并且要修造垫板，务必使其坚固耐用。

2. 官员渠水巡检

《天盛律令》卷15《渠水门》规定：

诸沿渠干察水渠头、渠主、渠水巡检、伕事小监等，于所属地界当沿线巡行，检视渠口等，当小心为之。渠口垫板、闸口等有不牢而需修治处，当依次由局分立即修治坚固。若粗心大意而不细察，有不牢而不告于局分，不为修治之事而渠破水断时，所损失官私家主房舍、地亩、粮食、寺庙、场路等及储草、笨工等一并计价，罪依所定判断。②

3. 按受益田亩摊派开渠人工

《天盛律令》规定：

……春开渠事大兴者，自一亩至十亩开五日，自十一亩至四十亩十五日，自四十一亩至七十五亩二十日，七十五亩以上至一百亩三十日，一百亩以上至一顷二十亩三十五日，一顷二十亩以上至一顷五十亩一整幅四十日。当依顷亩数计日，先完毕当先遣之。其中期满不遣时，伕事小监有官罚马一，庶人十三杖。③

---

① 史金波、聂鸿音、白滨译注：《天盛改旧新定律令》卷15《催租罚功门》，第494页。
② 史金波、聂鸿音、白滨译注：《天盛改旧新定律令》卷15《渠水门》，第499页。
③ 史金波、聂鸿音、白滨译注：《天盛改旧新定律令》卷15《春开渠事门》，第496—497页。

春天开渠自三月一日起至四月十日至，凡四十天。自四月十日至入冬结冰前约五个月为灌水期。为了保证夏灌，必须在四十天内完成开渠清淤之事，否则惩罚相当严厉：

> 每年春佚事大兴者，勿过四十日。事兴季节到来时当告中书，依所属地沿水渠干应有何事计量，至四十日期间依高低当予之期限，令完毕。其中予之期限而未毕时，当告局分处并寻谕文。若不寻谕文而使逾期时，自一日至三日徒三个月，自四日至七日徒六个月，自七日以上至十日徒一年，十日以上一律徒二年。①

4. 开渠宽度与深度的法定标准

《天盛律令》卷15《地水杂罪门》规定：

> 春开渠发役佚中，当集唐徕、汉延等上二种役佚，分其劳务，好好令开，当修治为宽深，若不好好开，不为宽深时，有官罚马一，庶人十三杖。②

以此保证所开渠道达到应有的宽度与深度，杜绝偷工减料，务使水流顺畅无滞。

5. 不许超额派遣工头

《天盛律令》卷15《春开渠事门》规定：

> 春挖渠事大兴者，二十人中当抽派一"和众"、一"支头"等职人。违律增派人数时，一人十三杖，二人徒三个月，三人徒六个月，自四人以上一律徒一年。受贿则与枉法贪赃罪比较，从重者判断。③

---

① 史金波、聂鸿音、白滨译注：《天盛改旧新定律令》卷15《春开渠事门》，第497页。
② 史金波、聂鸿音、白滨译注：《天盛改旧新定律令》卷15《地水杂罪门》，第508页。
③ 史金波、聂鸿音、白滨译注：《天盛改旧新定律令》卷15《春开渠事门》，第497页。

6. 修渠所需柴草、椽等的缴纳

修渠需用大量的蒲苇、柳条、碱蓬、梦萝、夏蒡等柴草，须按田亩多少缴纳，"未足者计价，以偷盗法判断"①。所需椽则：

> ……于百伕事人做工中当减一伕，变而当纳细椽三百五十根，一根长七尺，当置渠干上。若未足，需多于彼，则计所需而告管事处，当减伕职而纳椽。②

（二）水资源管护意识

灌溉渠道是公共设施，由于水源有大小、远近、足否之分，得水有早晚，需水有多寡，农户有阶级、强弱之别。因此，往往出现豪强霸占水利，或渠头收受贿赂，不依次放水的情况。为防止此类情况发生，《天盛律令》有明确的规定，这些规定对水资源的保护起到了至关重要的作用。

1. 农田水利管理者的派遣

派遣渠水巡检、渠主与渠头。渠水巡检、渠主、渠头为农田水利直接管理者，《天盛律令》规定：

> 大都督府至定远县沿诸渠干当为渠水巡检、渠主百五十人……沿渠干察水应派渠头者，节亲、议判大小臣僚、租户家主、诸寺庙所属及官农主等水□户，当依次每年轮番派遣，不许不续派人。若违律时有官罚马一，庶人十三杖。受贿则以枉法贪赃论。③

派遣察水渠头须有一定的数量，且需主要用水户轮番派遣，以防其中舞弊。

---

① 史金波、聂鸿音、白滨译注：《天盛改旧新定律令》卷15《渠水门》，第503页。
② 史金波、聂鸿音、白滨译注：《天盛改旧新定律令》卷15《渠水门》，第503页。
③ 史金波、聂鸿音、白滨译注：《天盛改旧新定律令》卷15《渠水门》，第499页。

2. 农田水利管理者的职责及失职的处罚

渠头等管水人员若放弃职事，造成渠破水断损失时，应按其损失的程度，量其价值，予以相应惩罚。

当值渠头并未无论昼夜在所属渠口，放弃职事，不好好监察，渠口破而水断时，损失自一缗至五十缗徒三个月，五十缗以上至一百五十缗徒六个月，一百五十缗以上至五百缗徒一年，五百缗以上至千缗徒二年，千缗以上至千五百缗徒三年，千五百缗以上至二千缗徒四年，二千缗以上至二千五百缗徒五年，二千五百缗以上至三千缗徒六年，三千缗以上至三千五百缗徒八年，三千五百缗以上至四千缗徒十年，四千缗以上至五千缗徒十二年，五千缗以上一律绞杀。其中人死者，令与随意于知有人处射箭、投掷等而致人死之罪状相同。伕事小监、巡检、渠主等因指挥检校不善，依渠主为渠头之从犯，巡检为渠主之从犯，伕事小监为巡检之从犯等，依次当承罪。①

可见，对于渠头等失职的惩罚相当严厉，唯有如此才能促使其尽职尽责，从而保证农田灌溉的顺利进行。渠水巡检巡察较大区域的水利设施，渠主专门管理某一支渠或某一段干渠。他们的日常任务是为了"于所属地界当沿线巡行"，如果发现问题，应当立即依次上报，由有关局分指挥维修。如果失职，亦须接受判罚。

3. 群众参与农田水利管理的职责

为加强水利灌溉设施的维护，《天盛律令》还规定灌区群众参与管理监督。卷15《渠水门》载：

沿唐徕、汉延、新渠、诸大渠等至千步，当明其界，当置土堆，中立一碣，上书监者人之名字而埋之，两边附近租户、官私家主地方所应至处

---

① 史金波、聂鸿音、白滨译注：《天盛改旧新定律令》卷15《渠水门》，第499—500页。

当遣之。①

这些"各自记名，自相为续"的渠道监护人，在渠水巡检、渠主的检校下行事：

> ……好好审视所属渠干、渠背、土闸、用草等，不许使诸人断抽之。若有断抽者时，当捕而告管事处，罪依律令判断。监者见而放纵时同之，不见者坐庶人十三杖，用草当偿，并好好修治。若疏于监视，粗心而渠断圮时，比渠头粗心大意致渠断破之罪状当减二等。②

4. 对不依次序灌水者的处罚

对不依次序灌水者的处罚亦很严厉：

> 渠水巡检、渠主等当紧紧指挥，令依番灌水。若违律，应予水处不予水而不应予水处予水时，有官罚马一，庶人十三杖。③

有权有势者，甚至包括宰相在内，亦不得倚其权势而破坏灌水次序，否则照样依法严惩。

> 节亲、宰相及他有位富贵人等若殴打渠头，令其畏势力而不依次放水，渠断破时，所损失畜物、财产、地苗、傭草之数，量其价，与渠头渎职不好好监察，致渠口破水断，依钱数承罪法相同，所损失畜物、财产数当偿二分之一。……诸人予渠头贿赂，未轮至而索水，致渠断时，本罪由渠头承之，未轮至而索水者以从犯法判断。渠头或睡，或远行不在，然后诸人放水断破者，是日期内则本罪由放水者承之，渠头以从犯法判断。若逾日，则本罪当

---

① 史金波、聂鸿音、白滨译注：《天盛改旧新定律令》卷15《渠水门》，第501页。
② 史金波、聂鸿音、白滨译注：《天盛改旧新定律令》卷15《渠水门》，第501页。
③ 史金波、聂鸿音、白滨译注：《天盛改旧新定律令》卷15《催租罪功门》，第494页。

由渠头承之。①

5. 强化毛细渠道管理

除干渠、支渠外,对于灌水毛细渠亦须依法管理,违律者同样要受到严惩。《天盛律令》卷15《地水杂罪门》规定:

> 租户家主沿诸供水细渠田地中灌水时,未毕,此方当好好监察,不许诸人地中放水。若违律无心失误致渠破培口断,舍院、田地中进水时,放水者有官罚马一,庶人十三杖。种时未过,则当偿牛工、种子等而再种之。种时已过,则当以所损失苗、粮食、果木等计价则偿之。舍院进水损毁者,当计价而予之一半。若无主贫儿实无力偿还工价,则依作错法判断。若人死者,与遮障中向有人处射箭投掷等而致人死之罪相同。②

综上可见,西夏时期人们对于水资源的开发利用、灌溉渠系的开挖疏浚、水利官员与各级管护人员的职责及对失职者的判罚等,均规定得相当详细,其相应的法律责任十分明确具体,凸显了人们强烈的对水资源爱惜与管护意识。

水利灌溉的发展推动了西夏农业生产技术的进步。《文海》中多次出现渠、畦、垄、地畴等反映农田水利建设的字条,如"渠"释为:"挖掘地畴中灌水用是也。""地畴"释为:"此者地畴也,畦也,开畦种田之谓也。""田畴"释为:"此者田畴也,种田也,出粮处也。"③随着灌溉渠系的开浚与发展,大片农田被划分为一方方小畦,农业生产的精细程度逐步提高。

(三)渠道防护林营建

干旱地区,渠道防护林的营建对于防止风沙淤积、壅塞渠道,保证行水的顺畅安全,有着特别重要的意义。《天盛律令》明文规定:

---

① 史金波、聂鸿音、白滨译注:《天盛改旧新定律令》卷15《渠水门》,第501—502页。

② 史金波、聂鸿音、白滨译注:《天盛改旧新定律令》卷15《地水杂罪门》,第506—507页。

③ 史金波、白滨、黄振华:《文海研究》,北京:中国社会科学出版社,1983年,第404、472页。

沿唐徕、汉延诸官渠等租户、官私家主地方所至处，当沿所属渠段植柳、柏、杨、榆及其他种种树，令其成材，与原先所植树木一同监护，除依时节剪枝条及伐而另植以外，不许诸人伐之，转运司人中间当遣胜任之监察人。[①]

从转运司人中间抽派植树监察人，反映出西夏对渠道沿线防护林带营建非常重视。负责所属渠段的植树造林也是渠水巡检与渠主的重要职责，如果他们未能尽职，即要接受处罚：

……沿所属渠干不紧紧指挥租户家主，沿官渠不令植树时，渠主十三杖，渠水巡检十杖，并令植树。见诸人伐树而不告时，同样判断。[②]

租户家主：

若违律不植树木，有官罚马一，庶人十三杖。树木已植而不护，及无心失误致牲畜入食时，畜主人等一律庶人笞二十，有官罚铁五斤。[③]

笔者曾研究得出，西夏时期正是由于人们对生态环境清醒的、强烈的意识与严格的法律制度，才使得其在近两个世纪的发展中农牧业资源得到有效保护，河西的农牧业开发也因而取得诸多成效，使河西成为西夏政权与宋、辽、金相抗衡的后方基地或曰之为其右臂。[④]

---

① 史金波、聂鸿音、白滨译注：《天盛改旧新定律令》卷15《地水杂罪门》，第505页。
② 史金波、聂鸿音、白滨译注：《天盛改旧新定律令》卷15《地水杂罪门》，第506页。
③ 史金波、聂鸿音、白滨译注：《天盛改旧新定律令》卷15《地水杂罪门》，第505—506页。
④ 李并成：《西夏时期河西走廊的农牧业开发》，《中国经济史研究》2001年第4期，第132—139页。

第七章　古代民众生态环境意识形成的自然、社会环境

敦煌、吐鲁番、黑水城等史料，皆出土于西北干旱地区，所涉及地域亦主要为干旱地区，当地民众生态环境意识的形成不可避免地深受西北干旱地区自然环境和社会环境的影响，因而探讨其生态环境意识的形成与发展状况，就有必要分析西北干旱地区的自然环境与社会环境。

第一节　西北地区自然环境简论

我国西北干旱地区主要包括新疆、甘肃河西走廊以及内蒙古西部、宁夏北部、青海西北部。在这片广袤的地带里，地貌类型复杂，气候条件多样，生态环境独特。

一、高山与盆地相间，沙漠、戈壁广布

本区西部阿尔泰山和天山之间为准格尔盆地，天山与昆仑山、阿尔金山之间为塔里木盆地。中部河西走廊北山（马鬃山、合黎山、龙首山）以北为阿拉善高原，北山与祁连山之间为河西走廊平原。祁连山与阿尔金山、昆仑山之间为柴达木盆地。东部为黄土高原地区。这种山地与盆地相间分布的状况，构成了本区地表结构的基本特征，对于沙漠、戈壁、草原、冰川及绿洲为主的自然景观的形成，干旱荒漠区内部的地域分异，具有显著的作用。许多巨大的山系，海拔一般都超过雪线高度，迎风面因山脉拦截水汽以获得较多的地面降水，从而形成干旱荒漠

区的"湿岛"。高山气温较低，孕育了大面积的冰川积雪，发源于高山冰雪区和森林草原地带的大小河流，汇聚在山前倾斜平原或山间盆地，形成串珠状的沃野绿洲。从河西走廊到天山南北，从银川平原到柴达木盆地，到处都有绿洲分布，绿洲成为人类活动的精华之域。

二、气候条件

西北干旱地区位处亚欧大陆的中心，距海洋遥远，四周多高大山系，源自海洋的湿润气流难以到达，具有典型的温带大陆性气候特征。

1. 干燥，降水变率大

西北地区年降水量分布极不均匀。随着距海里程的增加，降水量从东向西递减，绝大部分地区年降水量在 400 毫米以下，大大低于北半球同纬度的平均降水量。在温都尔庙—百灵庙—鄂托克旗—定边一线以西的广大干旱地区，年降水量通常不足 200 毫米。准噶尔盆地年降水量为 100—200 毫米，巴丹吉林沙漠在 50 毫米以下，塔里木盆地中、东部降水更少，在 10 毫米以下。东疆盆地的托克逊，多年平均降水量只有 3.9 毫米。

西北地区降水不仅少，而且很不稳定，即雨量的季节变化和年变率很大。通常降水量越少的地方变率越大。平均年变率，西部荒漠多在 40%以上。局部极端干旱地区，一年甚至连续几年滴雨不降。雨量的季节分配也极不均匀，冬季大部分沙区不足 10 毫米，占全年降水量的 10%以下；夏季相反，几乎集中了全年降水的 70%以上。

2. 日照强烈，气温较差大

西北地区相对日照的百分率一般在 70%以上，年日照时数为 2800—3400 小时，其中内蒙古西部、新疆东部、柴达木盆地和河西走廊最多，为 3400 小时左右；特别是夏季白昼时间长，获得的太阳辐射热量十分充足。区内大部分沙漠地带，年总辐射超过 4700 兆焦耳/平方米，柴达木盆地太阳辐射量可达 7500 兆焦耳/平方米，是全国最高的中心之一。

西北地区的年平均气温变化在 0—10℃，其递变趋势基本上是随纬度的增加、海拔的上升而降低，等温线大都被高山、高原分割成不规则的闭合或半闭合带状分布。冬季最冷月平均气温，北疆为−20—−10℃，天山以南塔里木盆地为−10—−8℃，准噶尔盆地东北边缘的富蕴，极端最低气温至−51.5℃，是全国最低的纪录之一。夏季，由于大陆的强烈增温，深居内陆的沙漠地区又成为炎热的中心。盆地和平原最热月平均气温均大于 22℃，河西走廊、准噶尔盆地、塔里木盆地为 24—26℃，吐鲁番盆地高达 33℃。本区不仅气温年较差大，而且日较差也大，各地昼夜温差一般都在 10—20℃，最大可达 35—40℃。气温变化大，有利于作物体内营养物质的积累，特别是瓜果、甜菜等糖分积累。但气温日振幅过大，也会增加冻害的威胁。

3. 风沙频繁，沙尘暴天气多

本地区天气的非周期性比较明显。寒潮、冷锋、气旋、阵雨等剧烈的天气变化要比其他气候区显著得多。特别是沙漠、戈壁地带，常年有风。隆冬时节，这里靠近全世界最强大的西伯利亚高压中心，朔风怒吼，异常干寒；春秋两季冷暖气流激烈交替，乍暖乍寒，尤多风沙；夏季为低压所控制，多垂直气流，也多"热东风"。山脉北麓地带亦多焚风。受气压分布形势和大气环流的影响，西北地区在风速地域分布上具有北大南小的特点，尤其是一些山谷隘口，风力更大。在风季风速达到 5 米/秒以上的"起沙风"是经常可见的；加之地表大部分为疏松的沙粒物质，易受风力吹扬，每每酿成风沙弥漫的沙尘暴天气。

三、水资源状况

西北地区的河流除黄河及北疆的额尔齐斯河外，均属于内陆流域，大多发源于周围的山地，向盆地内部汇集，构成向心状水系。区域内水资源分布极不均匀，山区多于山麓，山麓多于盆地、高原，甚至还有大面积的无流区。多数河流水量小，流程短，一般长度只有几十到几百千米。河流的水源补给有两种类型，一种是冰雪融水补给为主，其水位高低、流量大小与气温高低成正比，年变化与日变化都很大，夏季气温高，冰雪消融量大，河流水量大；冬季气温低，冰川消融停止，河流封冻，流量很小，甚至断流。一日之中，白天气温高时冰雪融化多，河水流量大；早晚则小。另一种为雨水补给型河流，它的水位、流量的大小，决定于降雨的发生及其大小，一般随着暴雨的来临，地表雨水汇聚成河，冲出山口，雨大则河流水量大，雨小则河流水量小，随着暴雨的出现而形成，也随着暴雨的结束而消失。在一年之中，这类河流经常是干涸的。

除河流外，西北地区各个盆地边缘山地与平原之间，大都有宽度不同、水量不等的泉水溢出带。此种泉水河在山前平原有较广泛的分布。

西北地区内陆湖泊众多，多呈咸水湖或者盐湖，往往在河川径流和地下水盆地低洼之区汇集。如准噶尔盆地的乌伦古湖、玛纳斯湖、艾比湖，塔里木盆地的罗布泊、台特马湖，吐鲁番盆地的艾丁湖，阿拉善高原的居延海、吉兰泰盐湖、雅布赖盐池，河西走廊的青土湖、哈拉淖尔等。这些湖泊的水量、水位，受第四纪气候变化的影响，有过较大的变化。第四纪山地冰川融水丰沛时期形成的古湖泊，其范围比现代要大得多。在艾比湖、玛纳斯湖、罗布泊等湖泊，都可以见到高耸的古湖岸和分布广阔的湖湘沉积。

四、荒漠性为主的土壤与生物资源

西北地区的成土过程，土壤、生物的地理分布规律，明显地受着强烈的干旱气候、地质地貌的影响。干旱、半干旱的气候和贫瘠多盐的土壤，限制了植物的生长、发育和分布，造成植物种类贫乏、植被结构简单，形成荒漠、荒漠草原、典型草原等景观。

1. 地带性分布的土壤——植被

西北地区的土壤类型复杂而多样。贺兰山、乌鞘岭以西属于地带性土类的，主要有灰漠土、灰棕漠土和棕漠土。非地带性的龟裂土和风沙土，在西北地区分布也很广。前者发育于粘性母质，后者发育于砂质母质，其共同的特点是剖面分异微弱，明显表现出母质的性状，土壤的有机质含量很低，石膏和易溶性盐分积累较小。草甸土、沼泽土在荒漠区的冲积平原分布较广，其形成受地下水浸润的影响，土壤水分含量较高，富含碳酸钙，具有不同程度的盐渍化，盐土则广泛分布于平原地下径流排泄作用弱的地段，典型的盐土剖面，一般没有生草层，地表为盐结皮或坚硬的盐结壳，其下为较疏松的盐与土的混合层，再下为盐斑层。此外，绿洲中分布着荒漠地区特有的绿洲土。它是经人类长期灌溉耕作，使原来的自然土壤通过土壤熟化和灌溉淤积过程而逐渐演变，从而形成的高肥力、高熟化的古老耕作土壤，其具有一定深度的"灌溉淤积层"，原来的漠境土土壤剖面深埋下部，结构与理化、生物性质都发生了质的变化。由于长期耕作，绿洲土较垦前自然土壤有明显的区别，富含有机质、氮素和可溶性盐类。

西北地区高大山系的山坡上分布着一系列随高度变化的土壤——植被带。它们使干旱荒漠地区出现了茂密的森林灌丛、绿色草原、草甸和绚丽多彩的高山植被，极大地丰富了西北地区植被——土壤的多样性和植物组成的复杂性。山地土壤——植被的垂直带，主要包括山地荒漠带、山地草原带、山地森林或山地森林草原带、亚高山灌丛草原带、高山草甸与垫状植被带。由于山地处于不同的水平地带，各个山地的景观垂直结构并不完全相同。据垂直带的差异以及有无山地森林的分布，可以分为两种不同的垂直带谱型：一种是基带为温带荒漠灰棕漠土，山腰有针叶林分布的垂直带谱型，多见于阿尔泰山南坡、天山北坡以及祁连山东段北坡；另一种是基带为暖温带荒漠棕漠土，山腰无森林分布的垂直带谱型，主要出现于天山南坡、昆仑山以及祁连山西段和阿尔金山的北坡。

2. 种类单调的野生动物

西北地区气候干燥少雨、植被稀疏，缺乏食物、水源和隐蔽场所，大多数动物难以正常生存。因此，动物群种类和数量贫乏，并且多集中在水源较多、草本丛生或山地有林木生长的地方。由于一些绿洲延伸到沙漠腹地，加上人类活动的影响，某些动物转移到沙区生活。野生动物都是由适应性极强的特殊种类组成，大多数动物群都是耐渴、耐饥、视觉和听觉发达以及奔跑迅速的广适性类型。代表性动物大致包括下列种类。

大、中型食草动物中最适应荒漠环境的是野骆驼，主要分布在新疆、甘肃西部和柴达木盆地西北隅。大型有蹄类动物有蒙古野马和野驴，野马只在我国新疆与蒙古国交界的地区，及乌鲁木齐东北到哈密、瓜州以北的一片地方生存。就分布范围而言，两种动物有交相重叠之处，但野驴的分布远大于野马。我国产两个亚种，蒙古野驴分布于准噶尔盆地和甘肃、内蒙古境内，体型较小，生活习性和野马相近，以各种荒漠植被为食。青藏高原的藏野驴，个体较蒙古野驴大，毛色较深。野驴常集群活动，有时达数百头之多，甚为壮观。鹅喉羚和黄羊是西北地区常见的有蹄类动物。由于 20 世纪 60 年代以来的大肆滥猎，加之农垦和牧区的扩大，它们的数量迅速下降，其中，鹅喉羚已经被列入国家二级保护动物。

西北地区的野生哺乳动物数量最多的是啮齿类，其典型代表是多种沙鼠和跳鼠。鸟类主要有沙鸡、漠鸡、白顶鸡、凤头百灵、白尾地鸦等。绿洲或河湖地段，夏季游涉禽类较多，特别是在河西走廊和塔里木盆地。柴达木盆地鸟类最少。猛禽较多，其余种类较为贫乏。

正是由于西北地区沙漠、戈壁广布，干旱、多风沙，水资源缺乏且分布不均匀，土壤以荒漠性土壤为主，生物资源种类单调等特点，迫于自身生存及社会发展的需要，当地的民众重视生态环境问题，更加努力地思考环境问题，关爱和养护自己生存的家园，也相应地形成了丰富的生态环境意识。

第二节 西北地区的社会环境简论

由于西北地区具有极其重要的战略地位，历史上一向为关中的西部门户和中原王朝向西伸出的右臂。《读史方舆纪要》："河西不固，关中亦未可都也。"[①]西北地区的安危和得失与中原王朝的命运息息相关。西北地区又是沟通旧大陆三大洲国际交通的主动脉——丝绸之路的必经之地，数千年来曾为东西方经济文化交流做出过巨大的历史贡献。正由于此，历代中原王朝为了稳定政局，巩固边防，发展中西经济文化交流，大都十分重视对西北地区的经营。河西走廊在大一统王朝国家安全体系及中西经济文化交流中即占据着显著的地位，河西的兴衰发展，不仅关乎西北地区的安宁和发展，关乎丝绸之路的畅通，甚或关乎天下的安危。明代李应魁《肃镇华夷志·图说》："河山襟带，为羌戎通驿之路。南有雪山，巍峨万仞；北有紫塞，延袤千里；实羌

---

① （清）顾祖禹撰：《读史方舆纪要》卷 10《直隶方舆纪要序》，上海：上海书店出版社，1998 年，第 83 页。

戎入贡之要途，河西保障之喉襟也。"①明代马文升也说："甘、凉地方，乃古胡虏左贤王之地，汉武帝倾海内之财，劳数十万之众，方克取之，设立酒泉、张掖等郡，以断匈奴之右臂。盖北则胡虏所居，南则番戎所处，若不分而离之，使番虏相合，不下数十余万，而中国何以当之？则甘凉地方，诚为西北之重地也。汉唐之末，终不能守，而赵宋全未能得。至我朝复入职方，设立都司，屯聚重兵……（一旦）甘、凉失守，则关中亦难保其不危。"

正由于历史上中国的地缘政治和边防重心主要在北方，所以西北地区的经营开发得到中央政府的高度重视。为了巩固边防、协调民族关系、发展丝绸之路交通、维护政治稳定，中原大一统政权大都在人力、物力、财政支持、政策倾斜诸多方面给予西北地区颇多关注。

数千年来，西北地区各族人民在这方热土上辛勤耕耘，取得了多方面的巨大成就，为我们民族和国家的发展做出了重大贡献。西北的开发使其成为国家重要的农产品、畜产品等的基地，成为丝绸之路的黄金路段。《汉书·地理志》载，西汉后期武威以西就出现了"风雨时节，谷籴常贱，少盗贼，有和气之应，贤于内郡"②的大好局面。《资治通鉴》卷216载，盛唐时期更是出现过"天下称富庶者无如陇右"③那样足以夸富于天下的繁荣景况。"金张掖"、"银武威"、"塞上江南"银川平原、富饶的吐鲁番盆地等，铸就了一笔笔的历史辉煌。关于历史上西北的开发，已有许多论著面世，这里就不一一列举了。

然而，我们应该看到，历史上西北在创造辉煌的同时，也曾有过深刻的教训，付出过惨痛的代价。某些地区的滥垦、滥牧、滥樵、滥用水资源等不合理的开发利用行为，对原本就脆弱的生态环境造成了多方面的破坏，甚至酿成严重恶果，如水土流失、沙漠化的发生发展等。

---

① （明）李应魁撰，高启安、邰惠莉点校：《肃镇华夷志校注》，兰州：甘肃人民出版社，2006年，第10页。
② 《汉书》卷28《地理志下》，第1313页。
③ 《资治通鉴》卷216《唐纪三十一》，第7847页。

第三节　历史上西北地区生态环境问题的产生
及其原因

自秦汉开始，历代中原王朝大都十分重视对西北地区的开发。大量的戍边田卒、御边移民、避乱的世家豪族、被贬谪的官员及其家属等，成为古代西北地区的开拓者和建设者。但在土地开发的过程中，不免存在着一些只追求短期经济利益、盲目的、无节制的行为，导致了诸多生态环境问题的出现。

一、古绿洲的沙漠化及其成因

沙漠化是沙质荒漠化的简称，其含义可简单地概括为在干旱、半干旱（包括部分半湿润）地区脆弱的生态条件下，由于人为过度的经济活动而破坏了生态平衡，使原非沙漠地区出现了以风沙活动为主要特征的沙质荒漠化的过程。沙漠化的结果导致地表逐渐为沙丘所侵占，造成土地生物生产量的急剧降低，土地滋生潜力的衰退和可利用土地资源的丧失。[①]如据笔者调查研究，位于敦煌市与瓜州县交界处的芦草沟下游一带古绿洲，其北部早在汉代后期就已开始沙漠化了，而其他部分则是在唐安史之乱后开始沙漠化的，其沙漠化进程盛于中、晚唐，终于元代中后期，沙漠化总面积约 360 平方千米。至今这片古绿洲上还残存着一些古城址，如五棵树井古城、甜涝坝古城、巴州古城、唐阶亭驿址等[②]。据敦煌遗书 P.2005《沙州都督府图经》所记，唐代苦水（即芦草沟）流灌其地，独利河水和锁阳城周围汉唐古绿洲的灌溉回归水亦泄入这片古绿洲。昔日曾是一块有着良好的灌溉条件、繁荣的农耕绿洲。

此外，河西地区历史时期古绿洲形成的沙漠化区域还有古居延绿洲、民勤西沙窝、张掖"黑水国"、马营河摆浪河下游地区、金塔东沙窝、玉门花海比家滩、

[①] 李并成：《沙漠历史地理学的几个理论问题——以我国河西走廊历史上的沙漠化研究为例》，《地理科学》1999年第 3 期，第 211—215 页。
[②] 李并成：《瓜沙二州间一块消失了的绿洲》，《敦煌研究》1994 年第 3 期，第 71—78 页。

疏勒河洪积冲积扇西缘（锁阳城一带）、古阳关绿洲等，历史时期古绿洲形成的沙漠化总面积达 4700 平方千米。河西地区沙漠化延续的时间长，一部分发生在汉代后期，有的延续到魏晋时期，其余大部分地段沙漠化则出现在唐代安史之乱以后，有的延及元代，一些地段还延至明清时期。如马营河、摆浪河下游沙漠化发生于唐安史之乱以后；疏勒河洪积冲积扇西缘古绿洲亦自安史之乱后逐渐荒废，延及元代大部分地段已成沙乡，明代正德以后完全沙化；古居延绿洲三角洲中上部地区沙漠化亦始于唐代中后期，而盛于 14 世纪以后。[①]

河西古绿洲沙漠化的原因，主要在于人为因素，在于历史上的滥垦、滥牧、滥樵、滥用水资源等对自然资源不合理的开发利用，以及战争的破坏等，同时也与自然因素（主要是气候波动）有关。

除河西地区外，新疆地区的古楼兰绿洲、尼雅河下游古绿洲、克里雅河下游古绿洲、渭干河下游古绿洲、古策勒绿洲、塔里木河中游昆冈古绿洲等，也都曾因为类似的一些原因而演变成了荒漠。历史的教训永远都不应忘记。

二、环境问题产生的直接原因——对土地无节制、不合理的开发

例如，河西走廊自西汉置郡后，掀起了河西开发的第一次高潮，唐代时又历经了第二次大规模开发浪潮。汉唐时期的开发往往以军事为重要目的，以屯田为主要形式之一。唐代陈子昂曾上书武则天说河西诸州"宜益屯兵，外得以防盗，内得以营农，取数年之收，可饱士百万。则天兵所临，何求不得哉？"[②]可见在此屯田，不仅能解决军需不济、运输困难等问题，同时还可通过移民实边、招募流民等活动，解决劳动力不足的问题。但与之同时也伴随着出现了一些不容忽视的环境问题，特别是位于河流下游的一些屯田区域，随着中上游开垦田地日益增多和人口持续增加，用水量急剧增大，遂使得下游垦区的来水量减少，大量耕地因

---

① 李并成：《河西走廊汉唐古绿洲沙漠化调查研究》，《地理学报》1998 年第 2 期，第 106—114 页。

② 《新唐书》，北京：中华书局，1975 年，第 4073 页。

得不到有效灌溉而被迫荒废。

　　以石羊河下游民勤西沙窝古绿洲为例。李并成调研得出，该处古绿洲位处现代民勤绿洲西部，其沙漠化面积约 800 平方千米，其北部三角城周围和西南部沙井柳湖墩、黄蒿井、黄土槽一带（面积约 60 平方千米），早在汉代后期即已沙化荒弃。而西沙窝古绿洲大部分地区（约 740 平方千米）的沙漠化过程则出现在唐代后期。唐代石羊河流域的开发地域主要集中在石羊河中游平原，当时凉州辖 6 个县，其中州治姑臧（今武威市）及神乌、嘉麟、昌松、天宝共 5 个县即设在中游平原，仅有武威 1 县置于下游绿洲平原，并且该县仅仅存在了 27 年即废弃，整个下游绿洲荒弃沙化。何以如此？其重要原因即在于唐代前期河西走廊为唐室屯兵的主要地区之一，石羊河中游凉州一带不仅集中了整个流域几乎全部的属县（除下游武威县设过 27 年外），而且大兴垦耕，封建经济高度发展。《册府元龟》卷 503 记，武后长安中凉州 "遂斛至数十钱，积军粮可支数十年"[①]。《新五代史·四夷附录三》载，河西、陇右三十三州中 "凉州最大，土沃物繁而人富乐"[②]。唐人诗吟："凉州七城十万家，胡人半解弹琵琶"[③]；"吾闻昔日西凉州，人烟扑地桑柘稠"[④]。中游绿洲凉州一带的这种惊人的发展，必然大量耗用灌溉水源，严重影响流灌下游地区的水量。可以说这一时期中游地区土地大规模开发所带来的经济繁荣在一定程度上是以下游地区的土地荒芜作为代价的。从这一点说，中游开垦愈烈，注入下游的水量愈少，则下游荒芜愈甚。同时由于唐代前期河西相应干旱，流域水源总量相对较少，有利于沙漠化过程的产生。沙质平原上弃耕的农田在水源不及又缺乏植被保护的情况下受风力的强烈吹扬，发生地面风蚀，并提供大量沙源，干涸的河床亦成为沙物资的源地，使得下游绿洲很快流沙壅起，出现吹扬灌丛沙堆，或形成流动沙丘和沙丘链，整个西沙窝古绿洲终于演变成了荒漠。乾隆《镇番县志》载，"今飞沙流走，沃壤忽成丘墟"[⑤]，这种情况同样适用于盛唐时的石羊河下游绿洲。今天于这一带古垦区所见，弃耕地密集分布，渠道、阡陌遗址仍

① （宋）王钦若等：《册府元龟》，第 6008 页。

② 《新五代史》卷 74《四夷附录三》，北京：中华书局，1999 年，第 610 页。

③ （唐）岑参：《全唐诗》卷 199《凉州馆中与诸判官夜集》，郑州：中州古籍出版社，2008 年，第 951 页。

④ （唐）元稹：《全唐诗》卷 419《西凉伎》，郑州：中州古籍出版社，2008 年，第 2107 页。

⑤ （清）张玿美等纂：《镇番县志·地理志·田亩》，兰州：甘肃人民出版社，1999 年，第 193 页。

可辨认，其间散落着大小不等的固定、半固定灌丛沙堆。[①]

这种结果的出现，正如恩格斯所指出的那样："如果说人靠科学和创造天才征服了自然力，那么自然力也对人类进行了报复，按他自然力的利用程度使它服从一种真正的专制，而不管社会组织怎样"[②]；"我们不要过分陶醉于我们对自然界的胜利。对于每一次这样的胜利，自然界都报复了我们。每一次胜利，在第一步都确实取得了我们预期的结果，但是在第二步和第三步却有了完全不同的、出乎意料的影响，常常把第一个结果又取消了"[③]。

三、环境问题产生的重要原因——政治军事形势的剧烈动荡

西北地区历来战乱较多，给社会经济的发展每每带来不利影响，也给原来就已经很脆弱的生态环境造成威胁和破坏。

例如，公元 755 年安史之乱爆发后，唐王朝急调河西陇右及安西四镇驻守的大部分精兵平定叛乱，致使吐蕃乘虚而入，于公元 786 年占领整个河西地区，河西原有人口或损于兵焚，或逃亡流逸，或倾城而徙，数量锐减，河西农业人口大幅度减少。更加之吐蕃奴隶主在河西实施民族和阶级压迫，对其治下的民众非其同族者强行蕃化，驱之为奴，并以其落后的奴隶制的以游牧为主的土地利用方式取代原来较先进的封建制的以农业为主的土地利用方式，致使河西大片良田沃土被迫弃耕抛荒，沦为荒壤。正如元代马端临《文献通考·舆地八》所说，河西"自唐中叶以后一沦异域，顿化为龙荒沙漠之区，无复昔之殷富繁华矣"。[④]后来虽有晚唐张议潮（别名张义潮）的短暂收复，但紧接着又历经唐末五代的战乱以及回鹘、党项等民族长达三个多世纪的统治，河西农业一直处于衰势。后来，西夏和宋的争夺战更使河西地区"自兵兴以后，败卒旁流，饥民四散"，"民不聊生，耕织无时，财用并乏。"[⑤]

---

① 李并成：《河西走廊历史时期沙漠化研究》，第 250—255 页。

② 《马克思恩格斯全集》第 18 卷，北京：人民出版社，1965 年，第 342 页。

③ 《马克思恩格斯全集》第 20 卷，北京：人民出版社，1971 年，第 519 页。

④ （元）马端临撰：《文献通考》卷 322《舆地八》，北京：中华书局，1986 年，第 2536 页。

⑤ 戴锡章撰，罗矛昆点校：《西夏纪》，银川：宁夏人民出版社，1988 年，第 666— 667 页。

河西如此，西北其他地区亦然，动荡的政治、军事形势，特别是大规模的战乱，对生产的发展和生态环境状况产生了极为不利的影响，造成大面积土地荒芜，环境恶化。

四、环境问题产生的必然原因——林草植被的过度砍伐

涌入西北地区的移民，为了生存，需要大量的生活燃料、牲畜饲料和建筑材料，再加上驻军及军事设施构建对林木、柴草等需求，就无法避免对绿洲植被的大量砍伐和破坏。从环境生态学的角度来看，对草木植被不科学、不合理的砍伐必然导致严重的生态后果。

当时民众对林草植被的破坏主要表现为刈草、打草籽和砍伐乔灌木等几个方面。

1. 刈草

本书前已论及，西北汉简中多见有关"茭"的记载，如"伐茭""积茭""运茭""载茭""守茭""取茭""出茭""入茭""始茭"等，又有专门簿记《省卒伐茭簿》（55·14）、《省卒茭日作簿》（EPT52：51）、《出茭簿》（EPT52：19）、《茭出入簿》（EPT56：254）、《官茭出入簿》（4·10）、《余茭出入簿》（142·8）、《茭积别簿》（EPT5：9）、《卒始茭名籍》（EPT43：25）、《买□茭钱直钱簿》（401·7B）等。"茭"，属于草类植物，主要用于军马饲料，亦可作为燃料和建筑辅助材料，在西北军事屯戍活动中有相当重要的意义。但这也导致了当地民众对绿洲边缘荒漠植被的大规模伐刈，使得生态环境遭到了严重的破坏。①举例如下。

（1）敦煌地区伐茭

敦煌汉简 816 记载：

　　　　☑岁一定作口　　万一千六百五十束，率人茭六十三束，多三百八束，为

---

① 王子今：《汉代河西的"茭"——汉代植被史考察札记》，《甘肃社会科学》2004 年第 5 期，第 97—101 页。

千六百一十七石二钧，率人茭四石一钧，转□□□□三石①

据《汉书·律历志》，1 石 4 钧，1 钧等于 30 斤，故此次伐茭的总重量可以超过 19 万斤。敦煌 1151 简记载：

平望伐茭千五百石，受步广卒九人，自因平望卒四韦以上一廿束为一石，卒日□千五百石奇九十六石，运积蒙。②

"平望"为汉代敦煌郡中部都尉下辖的候官。其中的"一廿"，应为"十二"③，如果 12 束为一石，1 束草的重量为 10 斤，那么平望候官此次伐茭重量就达 18 万斤之多，而且这些茭多数是伐自距其驻地不远的敦煌绿洲北部的边缘一带，对环境的破坏可想而知。当伐茭人手不够时，还会调动其他人员参与采伐。有时，为伐茭竟一次调动戍卒上百人之多。如敦煌悬泉汉简 Ⅱ0112②：112 载：

阳朔元年七月丙午朔己酉，效谷守丞何敢言之：府调甲卒五百册一人，为县两置伐茭给当食者，遣承将护无接任小吏毕，已移薄（簿）。谨案甲卒伐茭三处。④

此次伐茭行动调动的甲卒多达 541 人。此类简牍还有敦煌 1858 简"具册万二千四百卅束"⑤，1780 简"制诏酒泉太守，敦煌郡到戍卒二千人茭"⑥，1401 简"王宾茭千廿束。六人，率人茭百七十束"⑦等。从这些记载中不难看出，敦煌地区的伐茭数量大，次数多，参与人数多，对牧草、灌丛的繁育及生态环境的破坏无疑是比较大的。

（2）居延地区的伐刈

① 甘肃省文物考古研究所编：《敦煌汉简》，第 250 页。
② 甘肃省文物考古研究所编：《敦煌汉简》，第 263 页。
③ 李并成：《河西走廊历史时期沙漠化研究》，第 151 页。
④ 胡平生、张德芳编撰：《敦煌悬泉汉简释粹》，第 99 页。
⑤ 甘肃省文物考古研究所编：《敦煌汉简》，第 291 页。
⑥ 甘肃省文物考古研究所编：《敦煌汉简》，第 288 页。
⑦ 甘肃省文物考古研究所编：《敦煌汉简》，第 272 页。

河西其他地区也有很多类似的情况。如前引金关 73EJT2：26A 简："今余茭廿五万四百卅束，其十一万束积故□□□。"①余茭就达 25 万余束，重达 250 多万斤。又如居延新简 EPT10：23 简："今余茭万□。"EPT40：154 简："……定作廿七人伐茭千二百一十五束，率人伐卅……"EPT51：85："出茭卅束……。"EPT51：634："□茭四万二千三百□。"EPT52：85："受六月余茭千一百五十七束。"EPT52：149A："驷望隧茭千五百束直百八十，平虏隧茭千五百束直百八十，惊虏隧茭千五百束直百八十。凡四千五百束，直五百卅，尉卿取当还卅六□。"EPT52：546 简："出茭千七百一十六束，以食□。"EPT56：267："受十月余茭七千三百□。"EPT59：349A："高沙茭五千九百，河南茭二万一千八百一十五束……"EPT65：382："右鉼庭亭部茭八积五千五百卅六石二钧……"②居延汉简合校 4·30，4·32 简："出茭四百束，不侵隧长主忠买。"24·5 简："出茭九束，正月甲子以食□□。"30·19A 简："……二人伐木，六人积茭，十四人运茭四千六十，率人二百九十□……"32·15 简："……出茭卅束，食传马八匹。出茭八束，食牛。"57·3 简："·凡出茭九百卅六束。"59·3 简："出第廿五积茭六百五十三石。"70·7 简："入茭十束……"84·6A 简："绥和元年（前 8 年）九月以来，吏买茭、刺。"168·21 简："定作卅人伐菱，千五百束，率人五十束，与此三千八百束。"217·13 简："出茭八十束，以食官牛。"213·45 简："出茭二百束。"219·31 简："入茭百卅束□。"271·15B："见茭二千九百九十八束，□□麦二斗六升□□□□□□。"290·12 简："出茭食马三匹，给尉卿募卒吏四月十六日食……"333·10，333·11 简："出茭千五百束，十一月□。"336·37 简："出茭十五束。"341·21 简："入茭二百束。"505·24 简："安世隧卒尹咸，二十八日作四十五束，二十九日作四十七束，八月晦日作四十五束，·□二十。九月旦伐茭四十五束，月二日□茭四十□束。"等等。③

由以上记载可知，伐茭的数量几乎每次均成百上千束，以至更多，至少也有四五十束，从这些记载当中我们可以窥知居延等地区伐茭数量亦是很大的。

① 甘肃简牍保护研究中心、甘肃省文物考古研究所、甘肃省博物馆编：《肩水金关汉简》第 1 辑，第 22 页。
② 甘肃文物考古研究所、甘肃省博物馆、文化部古文献研究室，等编：《居延新简》，第 56、95、178、220、233、239、264、325、382、444 页。
③ 谢桂华、李均明、朱国炤：《居延汉简释文合校》，第 7、35、47、49、100、104、122、148、270、348、356、456、489、522、529、536、605 页。

据不完全统计，仅居延汉简中登录伐茭数量的简册就有51册，这在一定程度上反映出当时这些地区生态植被状况良好，但长期无节制的、大量的、疯狂的刈草行为直接导致了该地区植被更新速度的减缓，增加了绿洲草场退化以至沙漠化的潜在威胁。

肩水金关简也多有类似记载。如 73EJT21∶320 简"出茭千束付张子功"，73EJT21∶435 简"出茭千束付垣翁君"，73EJT23∶373 简"馤得骑士千秋张辅载茭百束"，73EJT23∶508 简"人积茭百五十石"，73EJT2∶26A 简"出茭千束，从吏丁富。凡出茭五千二百束……"[1]等，都足见其数量之巨大。

（3）寺院的伐茭活动

唐代寺院也参与伐取茭草的活动。据敦煌文书 S.5868《护国寺处分家人帖》载："右帖至仰领前仲家人刈草三日。"[2]S.0542V《吐蕃戌年（818年）六月沙州诸寺丁壮车牛役部》当中有大量龙兴寺曹小奴"刈草十日"、报恩寺安俊"刈草十日"、普光寺李毗沙"刈草十日"[3] 等记载。

（4）对"除陈茭地"作业的理解

居延新简中有这样的内容："……七月辛巳卒□二人，一人守茭，一人除陈茭地……"（EPT49∶10）[4]"守茭"，应该是指割草之后的现场看管，以防盗失，而"除陈茭地"很可能是清理"伐茭"之后的"茭地"。

既然有"陈茭地"，那就必然会有"新茭地"，可见当时有专门用以供"种茭"的田地，或专门留作生长茭草的自然地块，"除陈茭地"显然是为了更新再种，以利茭草的繁殖。

2. 打草籽

笔者曾研究得出，当时对草被资源的破坏还不仅仅限于直接刈伐，后果更为严重的是采打草籽。唐代前期《沙州仓曹会计牒》（P.2654）记，沙州官仓中贮存粮食、油品、铜钱等，同时还有草籽"壹阡柒拾捌硕肆斗肆胜肆合贰勺草子"，又

① 甘肃简牍保护研究中心、甘肃省文物考古研究所、甘肃省博物馆，等编：《肩水金关汉简》第2辑，第72、85、167、181页。
② 黄永武编：《敦煌宝藏》，第44册，第523页。
③ 姜伯勤：《唐五代敦煌寺户制度》，北京：中华书局，1987年，第31、32页。
④ 甘肃省文物考古研究所、甘肃省博物馆、文化部古文献研究室，等编：《居延新简》，第144页。

一笔"肆拾叁硕玖斗肆胜肆合叁勺草子"。[①]同时代的《沙州仓曹会计牒》(P.3446v)亦记,"肆拾叁硕玖斗肆胜肆合叁勺草子",又一笔"壹阡叁拾叁硕五斗草子,毛麟张口下打得,纳"。[②]P.2763v《沙州仓曹会计牒》亦有相同记载。"草子"即草籽。毋庸置疑,草籽的大量"打得"将会对草资源的繁育更新造成严重破坏,对草场的恢复带来恶劣影响。并且官仓中所存草籽须由百姓交纳,显然这是当地官府加在百姓头上的一项税种,如此一来这种破坏更会是长期性的,后果更不堪设想。官府收纳草籽的目的主要用作马匹等的精饲料。生长在河西一带的沙米(*Agriophyllum arenariium*)、沙蒿(*A.arenaria*)、沙篷(*A.arenarium*)、沙棘(*Hippophae rhamnoides*),以及禾本科的芨芨(*Achnatherum splendens*)和异燕麦属(*Holictotrichon*)等中、旱生植物籽粒,营养价值颇高,为上好的牲畜精饲料。沙蒿的拉丁文名称原意即是"使马育肥"之义。有些籽粒人亦可食,如清乾隆《镇番县志》载,贫民多采沙米等以糊口。道光《镇番县志》卷3《田赋考·物产》亦载:"沙米虽野产,储以为粮,可省菽、粟之半。"[③]《镇番遗事历鉴》记,雍正五年(1727年)"镇大饥,邑令杜振宜委参将刘顺,率民人五十众往沙漠采沙米以救荒。阅二十余日,共采净米二十五石六斗四升,饥者赖以全活"[④]。沙米的救灾之功可谓大焉。1942年刊《创修临泽县志》卷1载:"蓬,俗名沙米,实如蒺藜,中有米如稗子,食之益人。"[⑤]光绪《肃州新志·物产》载:"沙米,出野外沙滩中茨茎上,雨涝则生,旱则无。夷夏皆取子为米食之。"又云:"芨芨米,即芨芨草之子也,凶年人多采食之。"[⑥]今天以沙米酿做的凉粉、以沙棘制成的饮料竟成了宴会上颇受人们青睐的佳品。[⑦]

3. 采伐芦苇、柽柳等植物

绿洲边缘生长的柽柳、梭梭、芦苇、芨芨等植物,自古以来就是西北干旱地

---

① 唐耕耦、陆宏基编:《敦煌社会经济文献真迹释录》第1辑,第491页。

② 唐耕耦、陆宏基编:《敦煌社会经济文献真迹释录》第1辑,第493页。

③ 李并成:《河西走廊历史时期沙漠化研究》,第154—155页。

④ (清)谢树森、谢广恩等著,李玉寿校订:《镇番遗事历鉴》,香港:天马图书有限公司,2000年,第271页。

⑤ 甘肃省中心图书馆委员会编:《甘肃河西地区物产资源资料汇编》,1987年,第191页。

⑥ 甘肃省中心图书馆委员会编:《甘肃河西地区物产资源资料汇编》,第270页。

⑦ 李并成:《河西走廊历史时期沙漠化研究》,154—155页。

区居民薪柴的主要来源，亦可用于建材和制作燃放烽火用的"苣"的原料等，故当地对柽柳、芦苇的耗费数量巨大，砍伐活动一直未曾中断。

《汉书·西域传》记：鄯善（楼兰）"多葭苇、柽柳、胡桐、白草"。颜师古注"柽柳，河柳也，今谓之赤柽"[1]，西北许多地方俗称红柳。葭苇即芦苇，在干旱地区的河湖池沼岸边及水位较高的一些地方多有生长。胡桐即胡杨，白草指芨芨、沙蒿等。不仅是楼兰，这些植物在敦煌、居延等干旱地区亦多有分布。如今天河西留存的汉长城塞垣、烽燧乃至城堡的构建方式，大多是以土墼（或夯土）与芦苇（或柽柳等）层层交错叠压筑成的。笔者于敦煌、瓜州、玉门、金塔、额济纳旗等地实地所见，塞、燧墙体中每层芦苇（或柽柳）厚约 20—30 厘米，若墙高 5 米，约需苇层 6—8 层，而其基部则往往用厚约 40 厘米的罗布麻、柽柳、胡杨枝与夯土压实而成。试想仅此一项就将有多少芦苇、柽柳资源惨遭刀斧。当年燃放烽火的"苣"亦用芦苇制作，所用数量亦很大。至今在一些汉燧坞墙下仍堆放着大量未燃的苇苣，苣长者 224 厘米，短者 100 厘米许，直径约 5 厘米，以苇绳捆扎。有的烽燧周围还存放着芦苇、柽柳堆起的"积薪"堆，少者 3—5 堆，多者 10 余堆，每堆体积一般 2 米×2 米×1.3 米。

伐苇、砍柳、运苇等劳作往往成为戍卒主要的日常任务之一，这在当时戍卒每日劳作的"日作簿"简中亦有不少记载。如敦煌 204 简："□曹马掾遣从者来伐苇。"1027 简："募当卒张逢时 病 病 病 苇 苇 苇 格 苇 休 苇 苇 苇□。"该戍卒头 3 天病，接着伐苇 3 天、格（砍伐柽柳等）1 天，又伐苇 1 天、休息 1 天、接着伐苇 3 天……，814、1028—1032 简均为此类日作簿。如 1030 简："□格十五日 一日休 一日苣 一日格 九日苇 三日运苇□。"该卒 15 日仅有 1 天休息，余皆从事伐苇、运苇、砍枝、扎苣等劳作。又 1236A 简："十二月甲辰，官告千秋隧长记到，转车过车，令载十束苇，为期有教。"[2]居延汉简 133·21 记载："十一月丁巳，卒廿四人，其一人作长，三人养，一人病，二人积苇，右解除七人，定作十七人伐苇五百□，率人伐卅，与此五千五百廿束。"[3]，有关记载举不胜举。[4]

---

[1]《汉书》卷 96《西域传》，第 2858 页。

[2] 甘肃文物考古研究所编：《敦煌汉简》，第 227、258、266 页。

[3] 谢桂华、李均明、朱国炤：《居延汉简释文合校》，第 223 页。

[4] 李并成：《河西走廊历史时期绿洲边缘荒漠植被破坏考》，《中国历史地理论丛》2003 年第 4 期，第 124—133 页。

芦苇不仅可做建材，苇杆还可用以造纸、编织席、帘等物，花絮可做扫帚。居延新简 EPT59：46 即提到"苇器"、"取蒲"和"作席"："二月十二日见卒桼人，卒解梁苇器，卒沐恽作席，卒邴利作席，卒郭并取蒲。"苇器即用于"作席"的器具。蒲亦为生长于水边的植物，亦可用以制席，亦被大量采伐。如居延汉简 161·11 简："廿三日戊申卒三人，伐蒲廿四束大二韦，率人伐八束，与此三百五十一束。"①

居延新简中还可见"伐慈其""艾慈其"之事。EPF22：291："左右不射皆毋，所见橄到，令卒伐慈其，治薄，更着务令调利，毋令到不办，毋忽如律令。"②EPS4T2：75："☑第四部，其十二人养，凡见作七十二人，得慈其九百□□☑。"③居延汉简 133·15："第十候史殷省伐慈其……。"④33·24："一人□慈其，七束，廿人艾慈其，百束，率人八束。"⑤"艾慈其"即应为"刈慈其"。

关于"慈其"，《酉阳杂俎》卷 16《毛篇》"马"条说到马的饲草："瓜州饲马以蘋草，沙州以茨其，凉州以敦突浑，蜀以稗草。以萝卜根饲马，马肥。安北饲马以沙蓬根针。"⑥"沙州以茨其"，"茨其"正是"慈其"无疑。可见河西汉简所见"慈其"也就是饲草，而"伐慈其""艾慈其"就是对饲草的伐刈行为。⑦其实"慈其"或曰"茨其"，即在干旱荒漠地区到处生长的白刺（*Nitraria tangutorum* Bobr.），包括白刺、大白刺（*Nitraria roborwskii* Kom.）、小果白刺（*Nitraria sibirica* Pall.）、球果白刺（泡泡刺，*Nitraria sphaerocarpa* Maxim.）等蒺藜科植物，白刺吹扬灌丛沙堆为当地沙漠中最常见的地貌景观之一。白刺嫩叶可作饲料，果实为红色小浆果，即今天俗称的"黑枸杞"；茎干燃烧值较高，自古就为当地采伐的薪柴之一。实际上，河西地区自古迄今在一些用法中"茨"与"刺"是不分的，"白刺"有时亦可写作"白茨"。如敦煌文书 S.4782《丑年乾元寺堂斋修造两司都师文谦状》中就记载了"茨柴"的买入，"茨柴"即"刺柴"，指白刺、骆驼刺等薪柴。又如今天民勤县有一个乡名为"双茨科"，其得名即在于乡政府附近原有两株格外高大的

① 谢桂华、李均明、朱国炤：《居延汉简释文合校》，第 265 页。

② 甘肃省文物考古研究所、甘肃省博物馆、文化部古文献研究室，等编：《居延新简》，第 495 页。

③ 甘肃省文物考古研究所、甘肃省博物馆、文化部古文献研究室，等编：《居延新简》，第 560 页。

④ 谢桂华、李均明、朱国炤：《居延汉简释文合校》，第 222 页。

⑤ 谢桂华、李均明、朱国炤：《居延汉简释文合校》，第 52 页。

⑥（唐）段成式撰：《酉阳杂俎》，北京：中华书局，1985 年，第 132 页。

⑦ 王子今：《汉代河西的"茭"——汉代植被史考察札记》，《甘肃社会科学》2004 年第 5 期，第 97—101 页。

白刺之故。

从以上记载可知，敦煌、居延等地使用苇、柽柳的数量是十分惊人的，对芦苇、柽柳等植物的大肆砍伐，必将大大延缓其生长周期，降低其防风固沙的功能，从而导致环境退化及绿洲沙漠化危险的出现。

迨至唐代，除建筑、军事及人们日常生活等用度外，柴草还成为政府的税收之一。如 P.3745v《三月廿八日营小食纳油面柴食饭等数》中就有"蒸饼用面一硕、散枝八斗"[1]的记载，并要求克日完纳。唐代前期，税草就已经作为附加税按土地多少来征收了。如《新唐书》卷 51《食货志》载："贞观中，初税草以给诸闲，而驿马有牧田。"[2]开元年间，税草作为国家的一项财政收入，正式列入国家统一征税的范围。如吐鲁番文书《唐西州高昌县出草帐》(73TAM509：24（a）、24（b））就记载了此类情况：

1. 阚文㥄四束半　　张达子四束半　　张多鼠柒束　　赵永安四束半
2. 赵洛贞三束半　　范龙才一束　　张通仁四束半　　赵文忠拾束半
3. 曲孝忠柒束　　刘和德拾四束　　成嘉礼柒束　　　　柒束
4. 龙兴观柒束　　大宝寺三束半　　崇宝寺拾四束
5. 龙兴寺二拾四束半　　道戒寺二拾一束　　　　柒束
6. 证圣寺二拾一束　　开觉寺三拾伍束　　索善端三束
　　索善欢柒束　　　　　　　　　　　张元感一亩
7. 康守相二亩柒束　　大女□□小二亩柒束半四束半
8. 氾和敏二亩柒束　　樊中陁二亩柒束　　马葱元一亩半
9. 孙元敬二亩柒束　　□□寺二拾捌束　　□元寺二拾二
10. 普昭寺柒束　　　　　　静虑寺柒束
11. 静虑寺三束半　　崇圣寺柒束　　　善昭寺肆束
12. 尉大忠柒束　　严君君柒束　　张奉举拾束
13. 和埵均拾束半　　曲希乔二拾一束　　和埵均柒束
14. 阿智藏拾束　　张伏子柒束　　史德师三束半

① 黄永武编：《敦煌宝藏》，第 130 册，第 330 页。
② 《新唐书》卷 51《食货一》，北京：中华书局，1999 年，第 883 页。

15. 朱玄爽伍束　　　张信达柒束　　　苏才义拾伍半

16. 辛定德四束半　　　康玄智三束半　　　王玄 䏍 拾束半

17. 张玄素柒束　　　彭口爽柒束　　　范多用一束

18. 杨塭塭四束半　　　袁达子三束半　　　杨思君三束半

19. 崇圣寺拾四亩，四拾玖束。①

柴草税是按田亩多少来征收的。

4. 伐薪柴

遍览吐鲁番文书，发现里面有许多关于薪柴的记载。如《高昌传用西北坊鄀海悦等刺薪帐》（67TAM78：20）载：

1. ＿＿＿＿＿ 贰人传：用西北坊鄀海悦刺薪壹车

2. ＿＿＿＿＿ 保壹车，刘阿尊壹车，刘济伯壹车

3. ＿＿＿＿＿ 车，刘善庆壹车，左养胡壹车，贾法相 壹

4. ＿＿＿＿＿ 青守壹车，龙德相壹＿＿＿＿＿

5. ＿＿＿＿＿ 相壹车，吕嘿儿壹车，令 ＿＿＿＿＿

6. ＿＿＿＿＿ □儿壹 ＿＿＿＿＿

［后缺］②

又如《唐永徽五年（654 年）西州高昌县武城乡范阿伯等纳刺薪抄》（60TAM338：32/5）反映的亦是类似的情况：

1. 武 城 乡　　　　范阿伯　张塭子二 人 各纳 ＿＿＿＿＿

2. 一车其年七月廿一日前官令狐怀惠前官令狐＿＿＿＿＿

3. □□曹　　　　三人领

---

① 国家文物局古文献研究室、新疆维吾尔自治区博物馆、武汉大学历史系编：《吐鲁番出土文书》，第 9 册，第 23—25 页。

② 国家文物局古文献研究室、新疆维吾尔自治区博物馆、武汉大学历史系编：《吐鲁番出土文书》，第 4 册，第 67 页。

4. ［＿＿＿＿］众，张庆伯，刘不六

5. ［＿＿＿＿］各，纳永徽五年中

6. ［＿＿＿＿］其年九月四日里正赵延□[①]

"刺薪"，即前述西北干旱地区普遍生长的梭梭、白刺、柽柳等旱生灌木、半灌木植被，被大量用作薪柴等。以上两件文书第一件是说高昌西北坊鄯海悦等十四人，他们每人需纳一车刺薪。后一件也是高昌县百姓交纳薪柴的情况，从文书内容可以看出，每人交纳量仍为"一车"。且根据其他相关文书，我们还可以判断出当时高昌百姓每月都有交纳薪柴的任务。如：

《高昌张明憙入延寿七年（630 年）七月剂刺薪条记》（73TAM507：014/4，014/5）载：

1 庚寅岁七月［剂］［＿＿＿＿＿＿］［车］。参军和洛　主簿赵

2 张　　令狐［＿＿＿＿＿］。张明憙入[②]

《高昌延寿七年（630 年）十月某人入九月剂刺薪条记》（73TAM507：014/3）载：

1 庚寅岁九月剂刺薪一车参［＿＿＿＿＿］

2 善憙张　　令狐怀憙十月［廿］［＿＿＿＿］[③]

《高昌延寿七年（630 年）十二月张明憙入十月剂刺薪条记》（73tam507：014/6）载：

1 庚寅岁十月剂刺薪一车参军和洛［＿＿＿＿］

2 张众海令狐怀憙十二月廿九日张明憙入［＿＿＿＿］[④]

① 国家文物局古文献研究室、新疆维吾尔自治区博物馆、武汉大学历史系编：《吐鲁番出土文书》，第 5 册，第 140 页。
② 国家文物局古文献研究室、新疆维吾尔自治区博物馆、武汉大学历史系编：《吐鲁番出土文书》，第 5 册，第 186 页。
③ 国家文物局古文献研究室、新疆维吾尔自治区博物馆、武汉大学历史系编：《吐鲁番出土文书》，第 5 册，第 187 页。
④ 国家文物局古文献研究室、新疆维吾尔自治区博物馆、武汉大学历史系编：《吐鲁番出土文书》，第 5 册，第 188 页。

《高昌延寿八年（631年）六月剂刺薪残条记》（73TAM507：014/9-1）载：

　　1　□仰　岁六月，剂刺　薪　□□□□□□
［后缺］①

《高昌延寿九年（632年）正月剂刺薪残条记》（73TAM 507：012/16-1）载：

　　1　壬辰岁正月剂刺□□□□□□
　　2　　　张众海令狐　怀　□□□□　②

《高昌延寿九年（632年）闰八月张明憙人剂刺薪条记》（73 TAM 507：014/8）载：

　　1　壬辰岁闰八月剂刺薪一车，参军和洛□□□□
　　2　　　张　　令狐怀憙，廿三张明　憙　□③

《高昌延寿九年（632年）调薪车残文书》（60TAM307：4/3（b））载：

［前缺］
　　1　□□□□□□　宋须庆一车□□□
　　2　□□□□□□　　至闰八月初，案中□□□
　　3　□□□□　百一十五斛　　七斛破　薪一　车，□□
　　4　□□　五车，别　□□□□　车
　　5　□□案役闰□□□□　至十月初，案中　出□□□
　　6　□□日七□□□□　二百卅九车，□□□
［后缺］④

① 国家文物局古文献研究室、新疆维吾尔自治区博物馆、武汉大学历史系编：《吐鲁番出土文书》，第5册，第190页。
② 国家文物局古文献研究室、新疆维吾尔自治区博物馆、武汉大学历史系编：《吐鲁番出土文书》，第5册，第191页。
③ 国家文物局古文献研究室、新疆维吾尔自治区博物馆、武汉大学历史系编：《吐鲁番出土文书》，第5册，第193页。
④ 国家文物局古文献研究室、新疆维吾尔自治区博物馆、武汉大学历史系编：《吐鲁番出土文书》，第3册，第248—249页。

再如《高昌张明熹入剂刺薪条记》（73TAM507：014/9-2）[1]、《高昌调薪车残文书》（64TAM18：10/2）[2]、《高昌张明熹入物残条记》（73TAM507：014/9-4、012/16-2、014/9-5）[3]、《高昌某人入剂刺薪残条记》（73TAM507：014/7）[4]、《高昌调薪车残文书》（69TAM117：57/8-1）[5]、《高昌延昌三十三年（593年）调薪文书》（73TAM520：6/3-1）[6]、《高昌延昌三十四年（594年）调薪文书一》（73TAM520：6/2[7]、73TAM520：6/3-2[8]、73TAM520：6/3-3[9]）、《高昌延昌三十四年（594年）调薪文书二》（73TAM520：6/4-1[10]、73TAM520：6/4-2[11]）、《高昌延寿九年（632年）调薪车残文书》（60TAM307：4/3（b））[12]等，均为此类文书。学者陈国灿等曾对此做过研究。

吐鲁番出土高昌国时期赋税文书中亦有"丁输"，即按丁交纳实物税；又有"丁木薪"，就是按人丁纳柴薪。如《高昌高宁等城丁输木薪额文书》（66TAM48：24）载：

1 □□伍拾捌人，出薪二拾玖车、高宁一佰四人，出薪

2 □拾二车。横截四拾人，出薪二拾车。威神四 拾 肆 人，

3 出薪二拾二车，临川二拾四人，出薪拾二车。永昌

4 捌 拾 人，出薪四 拾

5 交河三拾捌人，出

6 拾柒车半。安乐陆拾伍人，出薪三拾三车。洿 林贰

---

[1] 国家文物局古文献研究室、新疆维吾尔自治区博物馆、武汉大学历史系编：《吐鲁番出土文书》，第5册，第200页。
[2] 国家文物局古文献研究室、新疆维吾尔自治区博物馆、武汉大学历史系编：《吐鲁番出土文书》，第2册，第308页。
[3] 国家文物局古文献研究室、新疆维吾尔自治区博物馆、武汉大学历史系编：《吐鲁番出土文书》，第5册，第201页。
[4] 国家文物局古文献研究室、新疆维吾尔自治区博物馆、武汉大学历史系编：《吐鲁番出土文书》，第5册，第203页。
[5] 国家文物局古文献研究室、新疆维吾尔自治区博物馆、武汉大学历史系编：《吐鲁番出土文书》，第5册，第246页。
[6] 国家文物局古文献研究室、新疆维吾尔自治区博物馆、武汉大学历史系编：《吐鲁番出土文书》，第3册，第31页。
[7] 国家文物局古文献研究室、新疆维吾尔自治区博物馆、武汉大学历史系编：《吐鲁番出土文书》，第3册，第32—33页。
[8] 国家文物局古文献研究室、新疆维吾尔自治区博物馆、武汉大学历史系编：《吐鲁番出土文书》，第3册，第34页。
[9] 国家文物局古文献研究室、新疆维吾尔自治区博物馆、武汉大学历史系编：《吐鲁番出土文书》，第3册，第35页。
[10] 国家文物局古文献研究室、新疆维吾尔自治区博物馆、武汉大学历史系编：《吐鲁番出土文书》，第3册，第37页。
[11] 国家文物局古文献研究室、新疆维吾尔自治区博物馆、武汉大学历史系编：《吐鲁番出土文书》，第3册，第38页。
[12] 国家文物局古文献研究室、新疆维吾尔自治区博物馆、武汉大学历史系编：《吐鲁番出土文书》，第3册，第248—249页。

7 拾 捌人，出薪拾四车。盐城柴拾伍人，□薪 三拾柒□。

8 　　　　都合得丁木薪三佰二拾车　 半 [①]

《高昌㳇林等城丁输木薪额文书》（66TAM48：43（b））载：

[前缺]

1 □□□十□人 㳇 林廿八人，交河三十八 人

2 永 安五十 五 人 ，永安乐六十六人

3 横 截 □□□，□□□十 八 人，永昌八十

4 ────────────── 人 出 薪 四 车

5 临川廿四人，宁戎三十五人，丁输三十五人，

6 出薪十七车半。[②]

《高昌临川等城丁输木薪额文书》（66TAM48：44、58）载：

1 ────────────── 额

2 ────────────── 一佰四 人 ，横□四拾□

3 □神 四拾四□，临川二拾四人，永昌捌 拾 □

4 □□三 拾 玖人，交河三拾捌人，□□伍 拾 伍 人

5 □□陆 拾 伍人，㳇林二拾 捌 人 ， 柒 盐城 拾 伍 人

[后残] [③]

实际上，"调薪""剂调薪"是从官府征敛的角度来说薪柴的交纳的，而"丁输"是从丁壮输纳的角度而言的。一个是主动的收，一个是被动的交，但都反映出当地百姓所交纳的薪柴数量应该是很大的。

在敦煌吐鲁番地区，薪柴还可以作为商品进行买卖。敦煌遗书中关于柴买卖

① 国家文物局古文献研究室、新疆维吾尔自治区博物馆、武汉大学历史系编：《吐鲁番出土文书》，第3册，第91页。

② 国家文物局古文献研究室、新疆维吾尔自治区博物馆、武汉大学历史系编：《吐鲁番出土文书》，第3册，第92页。

③ 国家文物局古文献研究室、新疆维吾尔自治区博物馆、武汉大学历史系编：《吐鲁番出土文书》，第3册，第93页。

额的记录很多。如 S.5927va《戌年某寺诸色斛斗入破历祘会残卷》记录粟一硕五斗可以用来买两车刺柴，而八斗麦可以买二硕草豉。

S.4782《丑年乾元寺堂斋修造两司都师文谦状》记载了"茨柴"的买入，一车茨柴的价格相当于五硕五斗豆。迻录如下：

29　茨柴两车买入

68　师修碨门用。豆两硕伍斗，充买茨柴一车用。油

69　半升，草斗一抄，充造药食用。麦一斗，解木

70　人食用。麦一硕充修碨功直用。面 壹 硕①

吐鲁番地区亦是如此。如《唐令狐婆元等十一家买柴供冰井抄》（67TAM78：44（a））载：

1 ＿＿＿＿＿＿ 令狐婆元

2 □贞护　　孙安相　　令 狐 ＿＿＿＿＿＿ 驴子　严怀保

3 右件十一家　　　　　　　青稞三胜三

4 　三合，用卖 ＿＿＿＿ 保 　　柴一车，供

5 冰井上　　［中残］　　 前 　 官　　　 前

6 官张

［后残］②

文书第4行的"卖"应为"买"，是说为了供应冰井之需，一位姓张的官员通知令狐婆元等十一家集资购买一车柴。说明吐鲁番地区柴是可以通过买卖而获得的。

另有一件《高昌延寿元年（624年）张寺主赁羊尿粪刺薪券》（67TAM80：13）载：

1 □□□□□ 申 岁闰七月竟日，张寺 主

---

① 唐耕耦、陆宏基编：《敦煌社会经济文献真迹释录》第3辑，第309页。

② 国家文物局古文献研究室、新疆维吾尔自治区博物馆、武汉大学历史系编：《吐鲁番出土文书》，第4册，第106页。

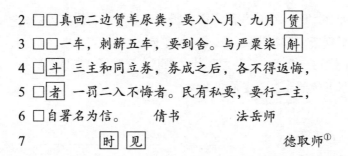

2 □□真回二边赁羊尿粪，要入八月、九月 赁

3 □□一车，刺薪五车，要到舍。与严粟柴 斛

4 □斗 三主和同立券，券成之后，各不得返悔，

5 □者 一罚二入不悔者。民有私要，要行二主，

6 □自署名为信。　　　倩书　　　　法岳师

7 　　　　时 见　　　　　　　　德取师①

　　该文书是一件契约文书，反映的是一个叫张寺主的人要租赁羊尿粪和刺薪之事。说明当时刺薪不仅可以买卖，还可以租赁，亦可用于抵押。不难想见当时会有不少专门从事砍伐薪柴的人，来满足市场的需求，这对环境的影响无疑是很大的。

　　敦煌归义军时期，所征赋税中除官布、地子之外，还专列"柴草"一项。如《天复四年（904年）应管衙前押衙兵马使子弟随身等状》（P.3324v）："如若一身，余却官布、地子、烽子、官柴草等大礼（例）。"②P.3155v、P.3214v、P.3257、P.3260、S.3728、P.5038、S.5073 等文书中亦有此类记载。笔者考得，当时每户交纳枝柴至少 20 束以上，仅敦煌全县每年官征枝柴就多达 15 万余束。若再加上民间的诸多用度，其数更巨，这对固沙林草植被的破坏程度之烈也就不言而喻了。③

　　通过以上的分析可以知晓，当时对林草植被的砍伐数量之巨、耗费之大、用度之多，都是惊人的。从其所伐数量之多可间接推知当时敦煌吐鲁番等地的植被状况应属良好的，可是这种大规模的、长时期的对林草植被的砍伐行为无疑会影响和破坏当地的生态环境，致使原本疏松的地表降低其原有的涵水能力，也降低了林草植被防风固沙、防止水土流失的功能和作用，必然直接影响到农田的保护，带来明显的生态后果。特别是对草籽的大量采集，更是一种不计后果的行为，会严重破坏和减缓林草植被恢复生长的周期以及更新换代的速度。当地民众也由此清醒地认识到林草植被对于防风固沙、保护农田的重要作用，为之发出呼吁，"大家互相努力，营农休取柴桋，家园仓库盈满，誓愿饭饱无损"（P.3702《太平颂》）④。

---

① 国家文物局古文献研究室、新疆维吾尔自治区博物馆、武汉大学历史系编：《吐鲁番出土文书》，第3册，第205页。

② 唐耕耦、陆宏基编：《敦煌社会经济文献真迹释录》第2辑，第450页。

③ 李并成：《敦煌文献与西北生态环境变迁研究》，《汉语史学报专辑（总第三辑）姜亮夫、蒋礼鸿、郭在贻先生纪念文集》，上海：上海教育出版社，2003年，第390—394页。

④ 黄永武编：《敦煌宝藏》，第130册，第75页。

五、战争对生态环境的破坏

（一）马匹践踏、军队屯兵扎营对林草植被的影响与破坏

古代，西北地区战事较多，对自然环境的破坏不言而喻。如发生在草原上的战争，对草原生态环境的破坏程度可想而知。大量兵力的驻扎加重了草原的承载力，马上厮杀，马匹对草场的践踏会对草原生态造成严重的破坏。一般来讲，家畜践踏直接作用于植被的土壤，轻度的践踏停止两年之后，草原才会出现恢复的迹象，重度的践踏在停止四年后，草原仍不能够恢复。[①]战争中马匹和士兵的践踏无疑是属于重度践踏，加之西北地区草原脆弱的生态环境，草场的恢复要比低海拔地区慢得多。若是草皮遭到严重的破坏，恢复起来就会更加困难，很可能会造成草场的荒漠化。

军队作战，需要屯兵扎营，而大批军队驻扎以后，首先需要解决的是生活问题，采取的主要方法就是就地取材，砍伐林木，搭建帐篷，引火做饭。如隋炀帝征讨吐谷浑时，在祁连山峨堡作战，所率40万大军就地伐木筑营、取薪、维修车辆，使峨堡原始森林遭到毁灭性的破坏。

（二）战争中火烧草场对生态的破坏

历史上的战事，常有人为破坏草场以遏制敌方骑兵进攻的战例。如东魏兴和二年（540年），柔然"阿那瓌度河西讨时，周文烧草，使其马饥，不得南进"。[②]贞观八年（634年），唐太宗以李靖为西海道行军大总管，率侯君集等五行军总管，大举进击吐谷浑。翌年击破吐谷浑，伏允表里受敌，一时溃退，尽烧青海原野，撤离伏俟城。《旧唐书·李靖传》载："吐谷浑烧去野草，以喂我师，退保大非川。诸将咸言春草未生，马已羸瘦，不可赴敌。唯靖决计而进，深入敌境，遂逾积石山。"[③]又如开元年间，唐蕃大非川之战后，"烧野草皆尽，悉诺逻顿大非川，无所

---

① 来霞霞：《隋唐时期青海草原战争与生态环境研究》，陕西师范大学硕士学位论文，2010年，第22页。

② 《北史》卷98《蠕蠕》，第2164页。

③ 《旧唐书》卷67《李靖传》，第1673页。

牧，马死过半"[1]。关于大非川的具体地点学术界曾有多种观点，有人主张大非川是在布哈河流域；有的则认为在大河坝草原或托索湖草原一带。大部分学者认同大河坝草原为大非川的看法。[2]

战争中火烧草原战术的运用，在给敌方造成损失的同时，也严重地破坏了草原的生态。火烧草原不仅使原有草被焚毁，导致风蚀增加，而且对土壤造成侵蚀，当地面覆盖物未恢复之前，侵蚀的危险性最大。在青南高原东部、祁连山东段和柴达木盆地东部，"灌丛草场与草甸草场在山地常呈复合体分布，灌丛草场一般占据土壤水分条件较好的山地阴坡，草甸草场区占据土壤水分条件较差的山地阳坡，天然草场主要由莎草科与禾本科植物构成，根系密集，错综盘结，形成厚约 10—15cm 的草皮层，在特定的天气条件下，引发的草火有时将这层草皮烧透，再加上牲畜践踏、残留的草根完全裸露在风中，使得草场退化，完全失去再生返青能力[3]。"引发的草火如果烧毁灌木丛，很难复生。草原火灾导致大面积草场资源的毁坏，高原受气候条件的制约，牧草低矮，冬、春季由于干燥，一旦着火，地表物全部烧尽，植物种类数量以及生物量大减，直接影响畜牧业生产和高原脆弱的生态环境。

综上可见，古绿洲的沙漠化、不合理的土地开垦、林草植被的破坏等，为历史上西北内陆地区最为主要的生态环境问题。这些问题的不断发生不仅给西北的社会经济发展带来诸多不利的影响，而且给人们的思想观念打下深深的烙印，迫使人们思考这些环境问题产生的原因和机制，强化人们对于水资源、林草资源、土地资源等合理开发、利用和保护的意识。

---

① 《新唐书》卷 216《吐蕃上》，第 4629 页。

② 谢全堂：《试论唐蕃大非川之战》，《青海社会科学》1991 年第 4 期，第 72—78 页。

③ 张景华：《青海草原火灾环境因素分析》，《自然灾害学报》2007 年第 1 期，第 71—75 页。

第八章　古代民众生态环境意识的史鉴意义

马克思说:"人们创造自己的历史,但是他们不是随心所欲地创造,也不是在他们自己选定的条件下创造,而是在自己直接碰到的既定的、从过去继承下来的条件下创造。"①中国传统文化,就是我们"直接碰到的、既定的、从过去继承下来的条件",是影响中国人过去、现在和将来的传统。传统是社会的一种生存机制和创造机制,借助于它历史才得以延续和发展,社会的精神成就和物质成就才得以保存和实现。因此我们应该努力熟悉传统,分析传统,继承优秀传统。我们挖掘、整理、总结蕴含在西北出土文献资料之中的古代民众生态环境意识,就是为了能够从中汲取有益成分,为今天生态文明建设及国民生态意识的提升提供史鉴。

一、重视国民生态环境意识的提升

当前,生态文明建设已纳入中国特色社会主义事业的总体布局中,促进大众生态意识的提升是其必然要求。从上述西北出土文献资料反映的内容来看,古代西北民众具有朴素的、普遍的和强烈的生态环境意识。这体现在相关生态法律法规的制定上,民众爱护土地资源、水资源、动植物资源的具体行动上;敦煌蒙书中从孩提时期就重视进行与自然和谐相处的理念教育,岁时节庆、民间习俗等所表达的感情等方面。今天我们应该进一步重视对国民的生态环境素质教育,努力增强环境保护的文化氛围,提升公民的环境意识;建立和完善有特色的环境教育体系,加强新闻宣传,营造有利于环境保护事业发展的舆论氛围。采取多种方式,把环境教育渗透到公民教育、学校教育的各个环节中,努力提高教育的质量和效

---

① 〔德〕马克思:《路易·波拿巴的雾月十八月》,《马克思恩格斯选集》第1卷,北京:人民出版社,1995年,第585页。

果。应发动群众共同制定环境行为规范，努力将保护环境、合理利用与节约资源的意识和行动渗透到人们的日常生活中；倡导符合绿色文明的生活习惯、消费观念和环境价值观念；把人的环境意识的提高过程与对人们切身利益的保护和改善联系起来，全面提升公民的生态环境意识。

二、重视生态环保法规的建设与完善

从西北出土文献的探讨中可以看到，古代西北地区有关生态环境保护的法律法规，既有中央王朝制定的《四时月令诏条》《水部式》等，也有鄯善王国颁行的保护林木、牲畜等的法规，以及西夏政权制定的《天盛改旧新定律令》，还有地方官府制定的《沙州敦煌县行用水细则》等。其中包含着对于动植物资源、水资源、土地资源等严密的合理利用和保护措施，具有良好的可操作性和执行力。这些法律法规值得我们今天在有关生态环保法规建设的过程中汲取其有益的成分。目前我国已经形成了以《中华人民共和国宪法》为主导，以《中华人民共和国环境保护法》为主体，以各项环境保护法规、规章等为基础的环境保护法律法规体系，应全面落实"依法治国"的战略部署，进一步完善生态保护方面法律体系的建设。

三、重视林草植被保护，大力植树营林

植树造林具有防风固沙、保持水土、涵养水分、改善土壤、净化空气等重要的生态作用，森林被称为"地球之肺"。古代民众通过对长期历史实践中正反两方面经验教训的总结，早已充分认识到森林的生态功用，十分注重通过植树造林、保护森林资源来发挥其生态效用和经济价值。虽然在历史上不乏因各种原因对森林植被的破坏，造成水土流失、生态恶化等局面，但植树造林的思想一直贯穿于古今。西北出土文献中既有官方敦劝民众广植树木、禁止肆意砍伐的规定，如《悬泉诏书》中的"禁止伐木""毋攻伐"，《天水放马滩秦简集释》中的"伐木忌"，佉卢文书及《天盛改旧新定律令》中对非法伐木的严格处罚等，又有平民百姓、寺院僧众积极营林植树的行动。植树造林虽然周期长、收益慢，但其重要的、长

远的生态功能是不能简单地用经济指标来衡量的，其关系到人类生存环境的好坏和社会持续发展的远景。而在各项经济建设大规模发展的今天，应大力借鉴和发扬古代民众保护林草植被、提倡植树护林的优良传统和宝贵经验，进一步开展国土绿化行动，加强林业重点工程建设，完善天然林保护制度，全面停止天然林商业性采伐，增加森林覆盖面积和蓄积量；发挥国有林区林场在绿化国土中的带动作用，扩大退耕还林还草规模，加强草原保护，严禁移植天然大树进城；创新产权模式，引导各方面资金投入植树造林。并坚持保护优先、自然恢复为主的原则，实施山水林田湖生态保护和修复系统工程，构建生态廊道和生物多样性保护网络，全面提升森林、湿地、草原等自然生态系统稳定性和生态服务功能。

四、重视保护野生动物等资源

自然界中任何一个物种的存在，都有利他性特征，各物种之间通过相互制约和相互协调，才能互生互利、共同生存和发展。其中任何一个物种的灭绝或大量减少，都会影响到整个生物链的平衡。随着社会发展与科技进步，人类认识自然、改造自然的能力日益提升，但如果无节制地滥捕滥杀动物资源，造成大量动物灭绝，破坏自然界的生态平衡，最终必然会威胁到人类生存。因此，人类必须坚持重视、保护自然界动物种类多样性，确立万物共生共存的大生命观。

西北出土文献《悬泉诏书》中对野生动物资源保护的诏条及《肩水金关汉简》《敦煌汉简》《居延汉简》《居延新简》等对马牛羊驼等圈养动物的重视、管理及保护，归义军时期对于牧马业、牧驼业、牧羊业的重视，敦煌解梦书中对动物梦境的分析，西州长行坊对马匹来源、勘印、牧养方式、牧养体系、马料供给的严格管理以及马匹患病、瘦损、死亡、丢失、退役后的精细处理所体现出的对马匹的重视与保护，长运坊对建立牛籍、牛车发送制度、堪印、饲养、牛畜患病、死亡处理的严格管理所体现出对牛畜的重视与保护，黑水城出土《天盛改旧新定律令》中"牧场官地水井门""牧盈能职事管门""校畜磨勘门""畜利限门""死减门""畜患病门""罪责不同门""官畜驮骑门""盗杀牛骆驼马门"等对国有牧场和官牧生产的管理等，都生动地体现了人们对动物资源的保护意识，这对于维持生物多样性、维护生态稳定方面无疑起到积极作用。时至今日，这些保护动物资源的意识及其指导下的相关举措，仍然值得我们借鉴。当前应进一步加强对野生动物资源的保护，可针对不同情况采取就地保护、易地保护和离体保存等不同方式。在"加强资源保护、积极驯养繁殖、合理开发利用"的方针指导下，进一步做好自然保护区的建设和有效管理；鼓励驯养繁殖，开展有计划的狩猎，打击非法贸易和滥捕滥猎，实施濒危野生动植物抢救性保护工程，建设救护繁育中心和基因库，强化野生动植物进出口管理，严防外来有害物种入侵。应有效保护草场资源，严禁超载滥牧，进一步发展畜牧业经济，为人民生活提供更多更好的各类畜产品。

五、重视保护水资源

水是地球生物赖以存在的物质基础，水资源是维系地球生态环境可持续发展的首要条件，因此保护水资源应是人类伟大、神圣的天职之一。我国是世界上 13 个贫水国家之一，淡水资源还不到世界人均占有量的 1/4。全国 600 多个城市半数以上缺水，地表水资源的稀缺又造成对地下水的过量开采，使得一些地方和城市地下水资源已近枯竭。尤其对于西北干旱半干旱地区来说，强化保护水资源、合理开发利用水资源更是有着特殊重要的意义。西北出土的居延汉简、居延新简、悬泉诏书、敦煌文书、吐鲁番文书、黑水城文书、佉卢文书等所记载的对于水利设施的维修维护以及有关水利官员的设置，敦煌文书中民间渠社组织的设立，《水部式》中对行水时间、行水办法、渠堰斗门等的建造和修护及对失职水利官员的惩罚的规定，《沙州敦煌县行用水细则》中对灌溉制度的严格规定，解梦书中所表现出的人们对水资源的渴望和一往情深，《天盛改旧新定律令》中"租地门""渠水门""春开渠事门""地水杂罪门""桥道门"中对水资源严密细致的有效管理以及对春季清淤开渠事项和防护林的建设等规定，都是古代民众对水资源的珍视和保护、合理利用意识的生动体现，值得我们今天借鉴。针对目前西北地区普遍性的水资源缺乏等问题，应按照《中共中央关于制定国民经济和社会发展第十三个五年规划的建议》，进一步强化江河源头和水源涵养区的生态环境保护。

应全面厘清管理边界，明确"守土"之责，落实属地责任，维护河湖健康，实现河湖功能永续利用，保障国家水安全。应加强水生态治理体系，系统整治江河湖沼滩涂库塘的水环境，开展退耕还湿、退养还滩工作，大力推进荒漠化、石漠化、水土流失综合治理，实行最严格的水资源管理制度，以水定产、以水定地、以水定城，建设节水型社会。进一步合理制定水价，编制节水规划，实施雨洪资源利用、再生水利用工程，建设更完善的国家地下水监测系统，开展地下水超采区综合治理。

六、重视爱护耕地

耕地，是人类赖以生存的基本资源和条件。过去一个时期由于人口大规模的增加和城市建设的开展，我国耕地面积逐渐减少。而耕地资源的重要性又使得我们必须有效保护耕地，确保耕地的数量和质量。西北出土文献中古代民众对于土地资源的养护与合理利用，包括分清不同区域的土地状况、保持土壤肥力以及因地因时合理利用土地等方面的意识和做法对于我们今天土地资源的保护亦有借鉴意义。我们应加大执法力度，建立土地动态巡查制度，完善土地巡查机构，认真落实基本农田保护制度，积极推进土地开发整理复垦，增加有效耕地面积。坚持最严格的节约用地制度，调整建设用地结构，降低非农用地比例，推进城镇低效用地再开发和工矿废弃地复垦，严格控制农村集体建设用地规模，进一步探索实行适合西北干旱半干旱地区的耕地轮作、休耕制度。

结　　语

　　生态环境是生物生存的摇篮。毋庸置疑，人类社会的发展亦深深地根植于生态环境中，人类文明演进与生态环境变迁之间的关系是一个颇具研究价值和意义的课题。史实表明，人类社会的发展、文明的前进都与生态环境状况紧密交织在一起。生态环境有其自身的规律性和区域性，生态文明的形成和发展也有着相应的规律性、区域性和民族性。我国传统社会和思想中蕴含的生态环境观念，博大精深、源远流长，内涵十分丰富，构成中华传统优秀文化的重要组成部分。重视和加强古代生态思想的研究，对于今天生态文明的建设和绿色发展有着积极的借鉴作用。而包含在卷帙浩繁的西北出土文献中的古代民众生态环境意识，作为我国传统生态环境思想的重要内容，既是一批弥足珍贵的史料，更是一笔迄今尚未充分纳入学界视野的、价值极高的思想文化财富，需要我们去努力挖掘和探析。通过本书的检索、梳理与研究，我们可以得出以下几点结论。

　　1）我国西北地区大量的出土文献资料中蕴含着古代民众丰富的生态环境意识内容，主要体现在以下几个方面：对于林草植被的珍爱、种植与保护意识，包括中央和地方政府所颁行的保护诏令及民众、寺院僧众对林草的种植；对动物资源的管理和养护利用，主要体现在对圈养动物的管理、对野生动物的保护、为保护家畜健康成长而进行的赛神活动以及政府颁行的法律诏令等方面；对水资源的管理与保护利用意识，主要体现在对水资源的开发与合理利用、水利设施的修筑和维护、水利机构和水利官员的设置以及对雨师、水神的崇拜、雩祭等方面；对土地资源的养护与有效利用意识，包括认清不同区域的土地状况、保持土壤肥力以及因地因时合理利用土地等方面。

　　2）西北出土简牍史料中古代民众对林草植被资源的爱惜、养护意识主要体现在人们对森林资源价值的认识与保护理念的提出，有关法律的颁布和实行，《悬泉诏书》等所反映的"禁止伐木"的规定及《居延汉简》中的"吏民毋得伐树木有无四时言""四时禁"的制度等方面；对动物资源的养护意识主要体现在《悬泉诏

392

书》中对野生动物资源保护的记载及《肩水金关汉简》《敦煌汉简》《居延汉简》《居延新简》等对马牛羊驼等圈养动物的重视、管理及保护上；对水资源的珍视、保护利用意识主要体现在《居延汉简》《居延新简》《悬泉诏书》等记载的水利设施的修筑及水利官员的设置上；对土地资源的养护利用意识主要体现在《悬泉诏书》等所反映的因地因时利用土地资源和《敦煌汉简》中所反映的对土地肥力的培育等方面。

3）敦煌遗书中蕴含的古代民众生态环境意识的内容非常丰富，除了文书中记载的平民百姓、寺院僧众对林草植被的种植、养护外，还体现在归义军时期官府对于牧马业、牧驼业、牧羊业的重视，以及水利设施的修筑，水利官员的设置，民间渠社组织的设立，《水部式》中对行水时间、行水办法、渠堰斗门等水利设施的建造和修护，对失职水利官员的惩罚的规定，《沙州敦煌县行用水细则》中的灌溉制度的规定等方面。同时，敦煌蒙书中对孩童进行的生态环境教育，敦煌岁时文化中祭风伯、祭雨师、祭川原、祭马祖、赛神、网鹰等活动，都是当时民众生态环境意识的重要表现。而通过对莫高窟、榆林窟等石窟壁画中形象资料的整理研究，我们发现壁画资料所展示的古人的生态环境意识，包括对青山绿水、树木花草的喜爱和追求，对动物生命的珍视，对环保卫生设施的关注，对良好居住环境的向往及对水资源的珍惜等方面。

4）敦煌民间生产风俗中的治水求雨仪式以及日常生活风俗中的生态信仰、民间禁忌，以及解梦等风俗虽不免羼杂诸多荒诞迷信的因素，但亦生动地体现出民众的生态环境意识。

5）吐鲁番出土文书中蕴含的生态环境意识主要体现在民众对当地自然环境的认知，依据自然条件进行适宜的农作物种植；官府对于家畜等动物资源的有效管理，包括长行坊对马匹来源、勘印、牧养方式、牧养体系、马料供给的严格管理以及马匹患病、瘦损、死亡、丢失、退役后的精细处理所体现出的对马匹的重视与保护，长运坊对建立牛籍、牛车发送制度、勘印、饲养、牛畜患病、死亡处理的严格管理所体现出的对牛畜的重视与保护等。而文书中反映出的吐鲁番地区的水利灌溉情况也真实地体现出了当地民众对于水资源的合理利用和倍加珍惜的强烈意识。

6）本书涉及的塔里木盆地出土文书，主要包含楼兰、尼雅出土的简、纸文书（含汉文、佉卢文文书）。其中楼兰文书反映出汉魏晋时期鄯善地区的农业生态状况，官府对水利灌溉、屯田开垦的高度重视，所设置的与农牧业生产有关的各类官吏，对土地资源的合理利用等，均生动地反映出当地屯垦军民及各族群众高度的生态环境意识。尼雅佉卢文书的"国王敕谕""籍账""信函"中既有国王颁布的严格保护林木植被的法规，又有大量关于牲畜的管理与爱护方面的细致记载等，反映出民众对于林木及动物资源的珍惜意识。

7）黑水城出土的西夏文书所反映的民众生态环境意识，主要包括对林草植被的种植及养护、水利设施的修筑管护等方面。尤为重要的是《天盛律令》作为"诸法合体"的综合性法典，同《唐律疏议》《宋刑统》相比，增设了许多有关生态环境方面的新的更加细密充实的条文，特别是结合西夏社会的实际情况在水利建设、渠道维修、牲畜养护、林木种植、草场管护以及相关机构、人员的设立及法律责任、生态管理体制等方面的内容比较突出。其中"牧场官地水井门""牧盈能职事管门""校畜磨勘门""畜利限门""死减门""畜患病门""罪责不同门""官畜驮骑门""盗杀牛、骆驼、马门"等都严格规定了对国有牧场的管理和对畜牧生产的管理，对于动物资源的合理利用及保护无疑起到重要作用。"租地门""渠水门""春开渠事门""地水杂罪门""桥道门"等，严格规定了有关林木资源管护、水利灌溉管理以及春季清淤开渠事项和防护林的建设等事项及法律责任，对于林草植被、水资源的保护利用具有积极意义，体现出民众积极的生态环境意识。

8）西北内陆地区干旱少雨、动植物资源贫瘠、沙漠戈壁广布、绿洲生态环境脆弱，客观上迫使人们更加重视自身生存环境及生态的保护和养育，促使人们生态环境意识的提升。而历史上不合理的水土资源的开发利用、战争的破坏以及人们认识和技术水平发展的局限所导致的环境问题（沙漠化的发生发展、林草植被和旱生固沙植被的破坏、水资源不合理的开发利用等），又迫使人们正视环境问题的出现，思考有效的应对与治理措施，采取有效的环境保护的相关行为和做法。这是古代西北地区民众环境保护意识形成、发展和深化的直接驱动因素。

9）西北出土文献中反映出的民众的生态环境意识，从整体上来看，表现出朴素、普遍、强烈等特点。古代西北民众生态环境意识的形成与发展在相当程度上应是自发的、不自觉的，或是环境所迫的，但也并非是零星的、片段的、随意的。在西北民众的意识中，或许缺少某些理论上的思辨，但人们对于自然山水、林草、动物普遍怀有淳朴的珍惜、爱护之情，这不仅主要表现在对土地资源、水资源、动植物资源等生态状况的全面体察与认知上，也表现在社会各界（官、民、僧、道等）民众普遍拥有的积极的生态观念、责任意识及生态行动中。并且古代西北民众对于水资源、林草资源的生态环境意识更为强烈和高昂，这显然是与西北地区特有的干旱少雨、沙漠戈壁广布的自然环境等因素密切相关。

10）西北出土文献中所反映出的生态环境意识，有许多方面值得我们今天借鉴、汲取。对于优秀传统文化需要我们进行创造性转化、创新性发展，我们应该科学认识和对待古代社会的生态文明思想，大力弘扬中华优秀传统生态思想智慧和精髓，正确认识和处理好今天经济社会发展与环境保护之间的关系；加强生态文明建设，建立有效的生态文明制度；完善生态环保法规，建立健全生态培育法制，通过各种媒体及有效方式大力开展生态文明教育；提升公众生态环境意识，培育公众生态责任，树立文明的生态行为方式；推动环保民间组织的健康发展，促进公众自觉参与环保事业，筑牢生态安全屏障；坚持节约优先原则，树立节约、集约、循环利用的资源观；加大环境治理力度，促进绿色发展。

参 考 文 献

1. 西北出土文献

《北京大学图书馆藏敦煌文献》，2 册，上海：上海古籍出版社，1995 年。

《俄藏敦煌文献》，17 册，上海：上海古籍出版社，1992—2001 年。

《俄藏敦煌艺术品》，6 册，上海：上海古籍出版社，1997—2002 年。

《法藏敦煌西域文献》，34 册，上海：上海古籍出版社，1994—2005 年。

《上海图书馆藏敦煌吐鲁番文献》，4 册，上海：上海古籍出版社，1999 年。

《天津市艺术博物馆藏敦煌文献》，7 册，上海：上海古籍出版社，1997 年。

《英藏敦煌文献（佛经以外部分）》，15 册，成都：四川人民出版社，1990—1995年。

《浙藏敦煌文献》，1 册，杭州：浙江教育出版社，2000 年。

〔日〕小田义久编：《大谷文书集成》，3 卷，京都：法藏馆，1984 年。

〔英〕韦陀编：《西域美术》（The Art of Central Asia），〔日〕上野阿吉译，3 卷，英国博物馆与日本讲谈社联合出版，1982—1984 年。

陈国灿、刘永增编：《日本宁乐美术馆藏吐鲁番文书》，北京：文物出版社，1997 年。

陈国灿、刘志安编著：《吐鲁番文书总目——日本收藏卷》，武汉：武汉大学出版社，2005 年。

段文杰主编：《中国美术全集·绘画编》第 14、15 卷《敦煌壁画》，上海：上海人民美术出版社，1985 年。

段文杰主编：《中国美术全集·雕塑编》第 7 卷《新疆彩塑》，上海：上海人民美术出版社，1989 年。

段文杰主编：《中国壁画全集·石窟壁画》（其中敦煌壁画为第 14～23 册），天津：天津人民美术出版社，1991 年。

敦煌文物研究所编：《中国石窟·敦煌莫高窟》，北京：文物出版社，1982—1987 年。

敦煌研究院编：《中国石窟·安西榆林窟》，北京：文物出版社，1990 年。

敦煌研究院等编：《甘肃藏敦煌文献》，6 册，兰州：甘肃人民出版社，1999—2000 年。

俄罗斯圣彼得堡东方所、中国社科院民族所、上海古籍出版社编：《俄藏黑水城文献》，

11 册，上海：上海古籍出版社，2002 年。

甘肃省文物考古研究所、甘肃省博物馆、文化部考古文献研究室，等编：《居延新简》，北京：文物出版社，1990 年。

甘肃省文物考古研究所编：《敦煌汉简》，2 册，北京：中华书局，1991 年。

甘肃省文物考古研究所编：《河西石窟》，北京：文物出版社，1988 年。

国家文物局古文献研究室、新疆维吾尔自治区、武汉大学历史系编：《吐鲁番出土文书》，10 册，北京：文物出版社，1981—1991 年。

郝春文等编著：《英藏敦煌社会历史文献释录》，第 1 卷，北京：科学出版社，2001 年；第 2—11 卷，北京：社会科学文献出版社，2003—2014 年。

胡平生、张德芳编撰：《敦煌悬泉汉简释粹》，上海：上海古籍出版社，2001 年。

黄永武主编：《敦煌宝藏》，140 册，台北：新文丰出版公司，1981—1986 年。

黄征、吴伟：《敦煌愿文集》，长沙：岳麓书社，1995 年。

林梅村：《楼兰尼雅出土文书》，北京：文物出版社，1985 年。

林梅村：《沙海古卷——中国所出佉卢文》，北京：文物出版社，1988 年。

柳洪亮编著：《新获吐鲁番文书及其研究》，乌鲁木齐：新疆人民出版社，1997 年。

马世长等主编：《中国美术全集·绘画编》第 16 卷《新疆壁画》，上海：上海人民美术出版社，1985 年。

潘重规编：《国立中央图书馆藏敦煌卷子》，台北：台北石门图书公司，1976 年。

任继愈主编：《国家图书馆藏敦煌遗书》，15 册，北京：北京图书馆出版社，2005 年。

荣新江、李肖、孟宪实编著：《新获吐鲁番出土文献》，北京：中华书局，2008 年。

上海古籍出版社、英国国家图书馆等编：《英藏黑水城文献》，4 册，上海：上海古籍出版社，2004—2005 年。

史金波、聂鸿音、白滨译注：《天盛改旧新定律令》，北京：法律出版社，2000 年。

唐耕耦、陆宏基编：《敦煌社会经济文献真迹释录》，第 1 辑，北京：书目文献出版社，1986 年；第 2—5 辑，北京：全国图书馆文献缩微复制中心，1990 年。

吴礽骧、李永良、马建华校释，甘肃省文物考古研究所编：《敦煌汉简释文》，兰州：甘肃人民出版社，1991 年。

西北民族大学等编：《法藏敦煌藏文文献》，10 册，上海：上海古籍出版社，2006 年。

谢桂华、李均明、朱国炤：《居延汉简释文合校》，北京：文物出版社，1987 年。

郑炳林校注：《敦煌地理文书汇辑校注》，兰州：甘肃教育出版社，1989 年。

中国文物研究所、甘肃省文物考古研究所编：《敦煌悬泉月令诏条》，北京：中华书局，2001 年。

2. 其他古籍文献

（春秋）管仲：《管子》，杭州：浙江人民出版社，1987 年。

（三国·魏）王肃注：《孔子家语》，杭州：浙江人民出版社，1984 年。

（汉）司马迁：《史记》，北京：中华书局，1975 年。

（汉）班固：《汉书》，北京：中华书局，1962 年。

（晋）王弼注：《道德经》，上海：上海书店，1986 年。

（南朝·宋）范晔：《后汉书》，北京：中华书局，1965 年。

（唐）杜佑：《通典》，北京：中华书局，1984 年。

（唐）长孙无忌等：《唐律疏议》，北京：中华书局，1983 年。

（唐）李林甫等撰，刘俊文点校：《唐六典》，北京：中华书局，1992 年。

（唐）吴兢：《贞观政要》，北京：中国商业出版社，2010 年。

（唐）李吉甫：《元和郡县图志》，北京：中华书局，1983 年。

（唐）徐坚：《初学记》，北京：中华书局，1980 年。

（唐）白居易：《白氏六帖》，北京：文物出版社，1986 年。

（宋）司马光：《资治通鉴》，30 册，北京：中华书局，1984 年。

（宋）朱熹注：《孟子》，上海：上海古籍出版社，1987 年。

（宋）王钦若等编：《册府元龟》，北京：中华书局，1989 年。

（宋）李昉：《太平广记》，北京：中华书局，1982 年。

（宋）乐史：《太平寰宇记》，北京：中华书局，2010 年。

（宋）王存撰，魏嵩山、王文楚点校：《元丰九域志》，北京：中华书局，1984 年。

（宋）王谠：《唐语林》，北京：中华书局，1987 年。

（宋）王钦若等编：《册府元龟》，北京：中华书局，1960 年。

（宋）李焘：《续资治通鉴长编》，北京：中华书局，1985 年。

（宋）窦仪等撰，吴翊如点校：《宋刑统》，北京：中华书局，1984 年。

（明）李贤等：《大明一统志》，西安：三秦出版社，1985 年。

（清）王先谦撰，沈啸寰、王星贤点校：《荀子集解》，北京：中华书局，1988 年。

（清）顾祖禹撰：《读史方舆纪要》，上海：上海书店出版社，1998 年。

（清）董诰等编：《全唐文》，上海：上海古籍出版社，1990 年。

（清）彭定求等编：《全唐诗》，北京：中华书局，1989 年。

《二十五史》，12 册，上海：上海古籍出版社、上海书店，1986 年。

《十三经注疏》（上下），上海：上海古籍出版社，1997 年。

郭庆藩辑，王孝鱼整理：《庄子集释》，北京：中华书局，1961 年。

李镜池著，曹础基整理：《周易通义》，北京：中华书局，1981 年。

3. 今人论著

〔美〕蕾切尔·卡森：《寂静的春天》，吕瑞兰、李长生、鲍冷艳译，上海：上海译文出版社，2014 年。

〔美〕J. 唐纳德·休斯：《什么是环境史》，梅雪芹译，北京：北京大学出版社，2008 年。

包庆德、包红梅：《"生态学马克思主义"研究述评》，《南京林业大学学报（人文社会科学版）》2004 年第 1 期，第 10—14 页。

包庆德：《起源与变迁：人类的生态和生态意识扫描》，《内蒙古民族师范学院学报（哲学社会科学版）》1998 年第 3 期，第 45—49 页。

陈国灿：《斯坦因所获吐鲁番文书研究》，武汉：武汉大学出版社，1994 年。

陈瑞台：《〈庄子〉自然环境保护思想发微》，《内蒙古大学学报（人文社会科学版）》1999 年第 2 期，第 102—108 页。

陈业新：《秦汉生态职官考述》，《文献》2000 年第 4 期，第 41—47 页。

陈业新：《儒家生态意识特征论略》，《史学理论研究》2007 年第 1 期，第 42—51 页。

陈直：《西汉屯戍研究》，《两汉经济史料论丛》，西安：陕西人民出版社，1980 年，第 1—69 页。

邓辉：《全新世大暖期燕北地区人地关系的演变》，《地理学报》1997 年第 1 期，第 63—70 页。

邓文宽：《敦煌写本〈百行章〉述略》，《文物》1984 年第 9 期，第 65—66 页。

丁俊：《从新出吐鲁番文书看唐代前期的勾征》，《西域历史语言研究所集刊》第二辑，北京：科学出版社，2009 年，第 125—157 页。

杜建录：《论西夏〈天盛律令〉的特点》，《宁夏社会科学》2005 年第 1 期，第 89—92 页。

杜建录：《西夏畜牧法初探》，《中国农史》1999 年第 3 期，第 107—113 页。

敦煌文物研究所整理：《敦煌莫高窟内容总录》，北京：文物出版社，1986 年。

冯培红：《唐五代敦煌的河渠水利与水司管理机构初探 》，《敦煌学辑刊》1997 年第 2 期，第 67—83 页。

高荣：《汉代河西的水利建设与管理》，《敦煌学辑刊》2008 年第 2 期，第 74—82 页。

郭锋：《敦煌的"社"及活动》，《敦煌学辑刊》1983 年第 1 期，第 80—91 页。

郭书田：《浅谈儒家的生态环境保护意识》，《中国农业生态学报》1998 年第 2 期，第 6—7 页。

韩光辉：《清代以来围场地区人地关系演变过程研究》，《北京大学学报（哲学社会科学版）》1998 年第 3 期，第 139—147 页。

韩茂莉：《历史时期黄土高原人类活动与环境关系研究的总体回顾》，《中国史研究动态》2000 年第 10 期，第 20—24 页。

郝春文：《敦煌的渠人与渠社》，《北京师范学院学报（社会科学版）》1990 年第 1 期，第 90—97 页。

郝二旭：《唐五代敦煌地区的农田灌溉制度浅析》，《敦煌学辑刊》2007 年第 4 期，第 335—343 页。

何双全：《敦煌悬泉壁书〈诏书四时月令五十条〉考述》，田澍主编：《中国古代史论萃》，兰州：甘肃人民出版社，2004 年。

侯吉侠：《试论生态意识与环境道德》，《烟台大学学报（哲学社会科学版）》1996 年第 3 期，第 52—56 页。

胡平生：《敦煌写本〈百行章〉校释补正》，《敦煌吐鲁番文献研究论集》，北京：北京大学出版社，1990 年，第 279—306 页。

胡同庆、施寿生：《论古代敦煌环保意识基础及其与现代大西北可持续发展之关系》，《敦煌研究》2001 年第 3 期,第 31—36 页。

胡同庆:《初探敦煌壁画中的环境保护意识》,《敦煌研究》2001 年第 2 期,第 51—59 页。

黄震:《庄子的环境保护思想及其启示》,《梧州学院学报》2008 年第 2 期,第 75—80 页。

李丙寅:《略伦先秦时期的环境保护》,《史学月刊》1990 年第 1 期,第 7—13 页。

李并成、许文芳:《从敦煌资料看古代民众对于动植物资源的保护》,《敦煌研究》2007 年第 6 期,第 90—95 页。

李并成:《敦煌文献与西北生态环境变迁研究》,《汉语史学报专辑》(总第三集),上海:上海教育出版社,2003 年,第 390—394 页。

李并成:《敦煌文献中蕴涵的生态哲学思想探析》,《甘肃社会科学》2014 年第 4 期,第 34—38 页。

李并成:《河西走廊汉唐古绿洲沙漠化调查研究》,《地理学报》1998 年第 2 期,第 106—114 页。

李并成:《河西走廊历史地理》,兰州:甘肃人民出版社,1995 年。

李并成:《河西走廊历史时期绿洲边缘荒漠植被破坏考》,《中国历史地理论丛》2003 年第 4 辑,第 124—133 页。

李并成:《河西走廊历史时期沙漠化研究》,北京:科学出版社,2003 年。

李并成:《历史上祁连山区森林的破坏与变迁考》,《中国历史地理论丛》2000 年第 1 辑,第 1—16 页。

李并成:《明清时期河西地区"水案"史料的梳理研究》,《西北师大学报(社会科学版)》2002 年第 6 期,第 69—73 页。

李并成:《沙漠历史地理学的几个理论问题——以我国河西走廊历史上的沙漠化研究为例》,《地理科学》1999 年第 3 期,第 211—215 页。

李并成:《唐代敦煌绿洲水系考》,《中国史研究》1986 年第 1 期,第 159—168 页。

李并成:《西夏时期河西走廊的农牧业开发》,《中国经济史研究》2001 年第 4 期,第 132—139 页。

李建华、洪梅:《论程颢的生态伦理思想》,《湘潭大学学报(哲学社会科学版)》2011

年第 5 期，第 138—142 页。

李金坤：《〈楚辞〉自然生态意识审美》，《南京师范大学文学院学报》2006 年第 4 期，第 15—23 页。

李金坤：《〈诗经〉然生态意识发微》，《学术研究》2004 年第 11 期，126—130页。

李金坤：《论唐代诗人的自然生态意识》，《宝鸡文理学院学报（社会科学版）》2008 年第 3 期，第 66—71 页。

李清凌：《隋唐五代时期西北的经济开发思想》，《西北师大学报（社会科学版）》2005 年第 6 期，第 42—45 页。

李澍：《李白诗歌中的生态意识及思想渊源》，《科技资讯》2012 年第 4 期，第 246页。

李万古：《论社会生态意识》，《齐鲁学刊》1997 年第 2 期，第 61—64 页。

李艳、谢继忠：《从黑城文书看元代亦集乃路的水利管理和纠纷》，《边疆经济与文化》2010 年第 1 期，第 121—122 页。

李玥凝：《汉简中的"方相车"补说》，《鲁东大学学报（哲学社会科学版）》2015 年第 3 期，第 55— 59 页。

李泽厚：《中国古代思想史论》，北京：人民出版社，1985 年。

连雯：《谢灵运〈山居赋〉的生态意识》，《鄱阳湖学刊》2010 年第 5 期，第 61—67 页。

令昕陇：《民间信仰的发生及其生态意识》，《齐齐哈尔大学学报（哲学社会科学版）》2010 年第 3 期，第 48—50 页。

令昕陇：《民间信仰中的生态意识——人与自然相互沟通的文化要素》，《连云港师范高等专科学校学报》2008 年第 1 期，第 33—35 页。

刘代汉、何新凤、吴江萍，等：《桂林瑶族狩猎传统习俗中的生态意识及其社会功能》，《桂林师范高等专科学校学报》2010 年第 3 期，第 77—79 页。

刘华：《我国唐代环境保护情况述论》，《河北师大学报（哲学社会科学版）》1993 年第 2 期，第 111—115 页。

刘湘溶：《论生态意识》，《求索》1994 年第 2 期，第 56—61 页。

刘彦威：《中国古代对林木资源的保护》，《古今农业》2000 年第 2 期，第 35—43 页。

罗桂环、王耀先、杨朝飞，等主编：《中国环境保护史稿》，北京：中国环境科学出版社，

1995 年。

罗移山：《论〈周易〉中的生态意识》，《孝感师专学报（社会科学版）》1999 年第 1 期，第 60—64 页。

吕志峰：《敦煌悬泉置考论——以敦煌悬泉汉简为中心》，《敦煌研究》2013 年第 4 期，第 67—72 页。

马雪芹：《明清时期黄河流域农业开发和环境变迁述略》，《徐州师范大学学报（哲学社会科学版）》1997 年第 3 期，第 118—120 页。

毛永波：《儒家环境保护思想发微》，《唐都学刊》2009 年 4 期，第 72—75 页。

明成满：《隋唐五代佛教的环境保护》，《求索》2007 年第 5 期，第 200—202 页。

倪根全：《秦汉环境保护初探》，《中国史研究》1996 年第 2 期，第 3—13 页。

乜小红：《唐代官营畜牧业中的监牧制度》，《中国经济史研究》2005 年第 4 期，第 120—129 页。

乜小红：《吐鲁番所出唐代文书中的官营畜牧业》，《敦煌研究》2005 年第 6 期，第 69—75 页。

彭松乔：《〈周易〉生态美意蕴解读》，《江汉大学学报（人文科学版）》2005 年第 12 期，第 15—20 页。

蒲沿洲：《孔子生态环境保护思想的渊源及诠释》，《太原师范学院学报（社会科学版）》2009 年第 1 期，第 30—32 页。

蒲沿洲：《论孟子的生态环境保护思想》，《河南科技大学学报（社会科学版）》2004 年第 2 期，第 48—51 页。

钱国旗：《儒学生态意识论要》，《青岛大学师范学院学报》1999 年第 2 期，第 1—5 页。

钱俊生、余谋昌：《生态哲学》，西安：陕西人民出版社，2000 年。

任俊华：《厚德载物与生态伦理——〈周易〉古经的生态智慧观》，《孔子研究》2005 年第 4 期，第 24—31 页。

色音：《萨满教与北方少数民族的环保意识》，《黑龙江民族丛刊》1999 年第 2 期，第 77—83 页。

沈利华：《论杜甫"草堂诗"中的生态意识》，《江苏社会科学》2005 年第 6 期，第 202—

206 页。

　　史苇湘：《敦煌研究文集》，兰州：甘肃教育出版社，2002 年。

　　苏金花：《试论唐五代敦煌寺院畜牧业的特点》，《中国经济史研究》2014 年第 4 期，第 18—29 页。

　　谭蝉雪：《敦煌岁时文化导论》，台湾：新文丰出版公司，1987 年。

　　田澍：《明代甘肃镇边境保障体系述论》，《中国边疆史地研究》1998 年第 3 期，第 27—38 页。

　　王炳华：《新疆农业考古概述》，《农业考古》1983 年第 1 期，第 102—117 页。

　　王东文：《〈周礼〉的生态伦理系统思想》，《阴山学刊》2012 年第 3 期，第 5—11 页。

　　王建革：《马政与明代华北平原的人地关系》，《中国农史》1998 年第 1 期，第 25—33 页。

　　王社教：《清代西北地区地方官员的环境意识——对清代陕甘两省地方志的考察》，《中国历史地理论丛》2004 年第 1 辑，第 138—148 页。

　　王欣、常婧：《鄯善王国畜牧业》，《中国历史地理论丛》2007 年第 2 辑，第 94—100页。

　　王雪梅：《儒家思想的生态智慧及其现实诠释》，《河南工业大学学报（社会科学版）》2015 年第 3 期，第 53—57 页。

　　王艳明：《从出土文书看中古时期吐鲁番的葡萄种植业》，《敦煌学辑刊》2000 年第 1 期，第 52—63 页。

　　王艳明：《从出土文书看中古时期吐鲁番地区的蔬菜种植》，《敦煌研究》2001 年第 2 期，第 82—88 页

　　王永兴：《吐鲁番出土唐西州某县事目文书研究》，《国学研究》1993 年第 1 卷，第 32—37 页。

　　王玉德、张全明：《中华五千年生态文化》，武汉：华中师范大学出版社，1999 年。

　　王子今：《汉代河西的"葵"——汉代植被史考察札记》，《甘肃社会科学》2004 年第 5 期，第 97—101 页。

　　王子今：《汉代居延边塞生态保护纪律档案》，《历史档案》2005 年第 4 期，第 111—121 页。

　　王子今：《秦汉时期气候变迁的历史学考察》，《历史研究》1995 年第 2 期，第 3—

19 页。

韦宝畏、许文芳：《汉元间敦煌地区的水资源开发——基于敦煌资料的考察与探讨》，《干旱区资源与环境》2010 年第 11 期，第 110—113 页。

吴宏歧：《黑城出土文书中所见元代亦集乃路的灌溉渠道及其相关问题》，《西北民族史论丛》第一辑，北京：中国社会科学出版社，2002 年。

吴礽骧：《敦煌悬泉遗址简牍整理简介》，《敦煌研究》1999 年第 4 期，第 98—106 页。

吴晓华：《生态意识的觉醒："道家万物齐一"思想的意义》，《南昌大学学报（人文社会科学版）》2008 年第 2 期，第 26—30 页。

谢清果：《道家的生态意识管窥》，《北京林业大学学报（社会科学版）》2012 年第 2 期，第 6—12 页。

许玮、廖常规：《〈周礼〉中的林业生态思想》，《才智》2012 年第 24 期，第 223—224 页。

薛瑞泽：《从〈楼兰尼雅出土文书〉看汉魏晋在鄯善地区的农业生产》，《中国农史》1993 年第 3 期，第 14—18 页。

严耕望：《秦汉地方行政制度》，上海：上海古籍出版社，2007 年。

杨昶：《明代的生态观念和生态农业》，《中国典籍与文化》1998 年第 4 期，第 116—120 页。

杨顺清：《侗族传统环保习俗与生态意识浅析》，《中南民族学院学报（人文社会科学版）》2000 年第 1 期，第 62—65 页。

姚文放：《文学传统与生态意识》，《社会科学辑刊》2004 年第 3 期，第 117—123 页。

叶朗：《中国传统文化中的生态意识》，《北京大学学报（哲学社会科学版）》2008 年第 1 期，第 11—13 页。

殷光明：《从敦煌汉晋长城、古城及屯戍遗址之变迁简析保护生态平衡的重要性》，《敦煌学辑刊》1994 年第 1 期，第 53—62 页。

於贤德：《中国古代生态文化的思想源流》，《嘉兴高等专科学校学报》2000 年第 1 期，第 9—14 页。

于国华、洪燕佳：《论〈归去来兮辞并序〉的生态意识》，《通化师范学院学报》2008 年第 5 期，第 45—47 页。

于耀：《从道教天人合一看生态环境保护思想》，《重庆工学院学报（社会科学版）》2007

年第 10 期，第 94—95 页。

袁付成：《诸子百家生态意识探究》，《农业考古》2009 年第 3 期，第 17—19 页。

张国雄：《明清时期两湖开发与环境变迁初议》，《中国历史地理论丛》1994 年第 2 辑，第 127—142 页。

张怀承、任俊华：《论中国佛教的生态伦理思想》，《吉首大学学报（社会科学版）》2003 年第 3 期，第 44—49 页。

张全明：《简论宋人的生态意识与生物资源保护》，《华中师范大学学报（人文社会科学版）》1999 年第 5 期，第 80—87 页。

张全明：《论宋代的生物资源保护及其特点》，《求索》1999 年第 1 期，第 115—119 页。

张润元：《清代长江流域人口运动与生态环境的恶化》，《学术月刊》1994 年第 4 期，第 132—140 页。

张实龙：《从〈放生序〉看清末中国乡村的生态意识》，《学术交流》2011 年第 3 期，第 203—205 页。

张亚萍：《唐五代敦煌地区的骆驼牧养业》，《敦煌学辑刊》1998 年第 1 期，第 56—60 页。

张亚萍：《唐五代归义军政府牧马业研究》，《敦煌学辑刊》1998 年第 2 期，第 54—60 页。

张亚萍：《晚唐五代归义军牧羊业管理机构——羊司》，《敦煌学辑刊》1997 年第 2 期，第 128—131 页。

张宜：《对〈周易〉的生态美学思想解读》，《辽宁大学学报（哲学社会科学版）》2003 年第 3 期，第 15—19 页。

张云飞：《天人合———儒学与生态环境》，成都：四川人民出版社，1995 年。

赵爽、杨波：《兰州市民环境意识调查研究与对策》，《北京邮电大学学报（社会科学版）》2007 年第 5 期，第 14—18 页。

郑阿财、朱凤玉：《敦煌蒙书研究》，兰州：甘肃教育出版社，2002 年。

郑炳林：《敦煌归义史专题研究三编》，兰州：兰州大学出版社，1997 年。

郑炳林：《敦煌写本解梦书校录研究》，北京：民族出版社，2005 年。

周魁一：《〈水部式〉与唐代的农田水利管理》，《历史地理》第四辑，上海：上海人民出版社，1986 年，第 8—101 页。

周雪梅、华建宝：《儒家的生态意识及其现代价值》，《南京航天航空大学学报（社会科学版）》2005 年第 2 期，第 17—20 页。

朱建路：《从黑城出土文书看元代亦集乃路河渠司》，《西夏学》2010 年第 1 期，第 85—91 页。

朱士光：《我国黄土高原地区几个主要区域历史时期经济发展与自然环境变迁概况》，《中国历史地理论丛》1992 年第 1 辑，第 125—151 页。

朱永香：《翩然走来的精灵——从"异类"解读〈聊斋志异〉的生态意识》，《宁波大学学报（人文科学版）》2012 年第 2 期，第 27—31 页。

邹逸麟：《我国古代的环境意识和环境行为——以先秦两汉时期为例》，天津：天津古籍出版社，1998 年。